Innovative Energietechnik

H. Menrad
A. König

Alkoholkraftstoffe

Springer-Verlag Wien New York

Dipl.-Ing. Holger Menrad, Dr.-Ing. Axel König
Volkswagenwerk AG
D-3180 Wolfsburg 1
Bundesrepublik Deutschland

Softcover reprint of the hardcover 1st edition 1982

Mit 167 Abbildungen

CIP-Kurztitelaufnahme der Deutschen Bibliothek

Menrad Holger:

Alkoholkraftstoffe / H. Menrad; A. König – Wien; New York: Springer, 1982.
(Innovative Energietechnik)
ISBN-13:978-3-7091-8664-0 e-ISBN-13:978-3-7091-8663-3
DOI: 10.1007/978-3-7091-8663-3
NE: König, Axel:

ISSN 0723-4589
ISBN-13:978-3-7091-8664-0

Geleitwort

Die Ereignisse der vergangenen Jahre haben uns vor Augen geführt, wie sehr unser heutiges Leben von der Energiefrage abhängt. Die Verfügbarkeit und der Preis von Energierohstoffen bestimmen zum entscheidenden Teil Wirtschaft und Wohlstand in den verschiedenen Regionen der Welt. Erdöl ist derzeit der dominierende Faktor. Als Ergänzung und als Alternative dazu sind zunehmend andere Energieträger notwendig, um die heute bestehende einseitige Abhängigkeit zu mildern. Dies ist besonders wichtig für den Straßenverkehr, der heute nahezu ausschließlich vom Erdöl abhängt.

In der heutigen Diskussion um Möglichkeiten, den Straßenverkehr der Zukunft mit alternativen Kraftstoffen zu versorgen, spielen die Alkohole Methanol und Ethanol eine besondere Rolle. Methanol als der Kraftstoff, der sich preisgünstig aus allen kohlenstoffhaltigen Energieträgern, fossil oder nachwachsend, herstellen läßt. Ethanol als der Kraftstoff, der mit einfacher Technologie aus nachwachsenden Rohstoffen erzeugt werden kann.

Die beiden Autoren, die die Aufgabe übernommen haben, die wesentlichen Fragen der Herstellung und der Anwendung von Alkoholkraftstoffen zu behandeln, kennen die Problematik aus eigener jahrelanger Forschungsarbeit bei der Erstellung und Optimierung von Alkoholmotoren und Alkoholfahrzeugen sowie aus der vergleichenden, systemanalytischen Betrachtung verschiedener Kraftstofftechnologien.

Sie geben damit Antworten auf die wesentlichen Fragen, die heute zu diesem Thema gestellt werden.

Wolfsburg, im September 1982

Dr.-Ing. Ulrich Seiffert
Leiter der Forschung der
Volkswagenwerk AG

Vorwort

Alkoholkraftstoffe sind eine der aussichtsreichsten Alternativen zu den Kraftstoffen aus Erdöl. Dieses Buch gibt einen Überblick über den heutigen Stand der Technik, von der Herstellung der Alkohole Methanol und Ethanol bis zu ihrem Einsatz in Motoren und Fahrzeugen. Daran schließt eine Beschreibung und Bewertung weiterführender Technologien sowie möglicher Einführungsstrategien an.

Die Autoren wenden sich an unterschiedliche Leserkreise. Dem anwendungstechnisch orientierten Motoren- und Fahrzeugfachmann sollen die besonderen Eigenschaften dieser Kraftstoffe nähergebracht werden, einschließlich grundlegender Informationen über Herstellungstechnologien und Zukunftspotential. Dem Kraftstoffhersteller sollen Hinweise auf Anwendungsmöglichkeiten, auch auf Anwendungsgrenzen, gegeben werden. Da das Buch sowohl Fachleute des einen oder anderen Gebietes als auch Nichtfachleute, Schüler und Studierende ansprechen soll, war es nicht zu vermeiden, an manchen Stellen dem Fachmann geläufige Grundlagen zu wiederholen. Bei der Fülle des Stoffes war es weiterhin unumgänglich, sich auf eine Beschreibung der aussichtsreichsten Technologien zu beschränken. Hierdurch kommen, obwohl die Autoren um Objektivität bemüht waren, an einigen Stellen persönliche Wertungen ins Spiel. Dies gilt insbesondere für die Teilaspekte, in denen die Entwicklung noch stark im Fluß ist.

Wir, die Autoren, bedanken uns zunächst bei unseren Familien für ihre Geduld, denn die Arbeit an diesem Buch geschah im wesentlichen zu Lasten der für sie vorgesehenen Freizeit. Unseren Vorgesetzten im Volkswagenwerk Wolfsburg, besonders Herrn Dr. U. Seiffert und Herrn Dr. W. Bernhardt, sind wir zu Dank verpflichtet für die Genehmigung und ihr Interesse an dem Thema. Für ihre aktive Mithilfe bedanken wir uns bei Mitarbeitern, besonders bei Herrn Dr. Wolfgang Held für seine kritische Überarbeitung sowie Frl. Annemarie Wagner und Frl. Karin Kuppe für ihren großen persönlichen Einsatz bei der Erstellung von Manuskript und Bildmaterial.

Wolfsburg, im Oktober 1982 H. Menrad, A. König

Inhaltsverzeichnis

1. Warum alternative Kraftstoffe?

Die vergangenen Jahrzehnte waren gekennzeichnet von einem rasch wachsenden Bedarf an Rohstoffen und Energie. Besonders die Verfügbarkeit preiswerter Energie in gut nutzbarer Form, wie bis 1973 durch billiges Rohöl gegeben, hat sich als Motor für eine exponentielle Wirtschaftsentwicklung erwiesen. Die zeitweise Erdölverknappung und der sich anschließende starke Energiepreisanstieg in den letzten Jahren haben einen grundsätzlichen Wandel mit sich gebracht, der sich insbesondere auf den Straßenverkehr auswirkt, der nahezu ausschließlich vom Rohöl abhängt.

Dem in der Vergangenheit rasch gestiegenen Bedarf an Energie auf der Basis Erdöl stehen begrenzte Vorräte gegenüber (Abb. 1.1). Die technisch maximal

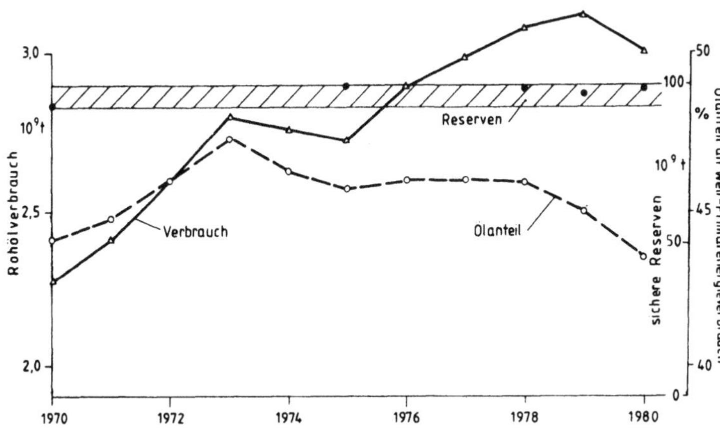

Abb. 1.1. Entwicklung von Welt-Rohölverbrauch und gesicherten Rohölreserven

mögliche Weltmineralölproduktion wird zur Zeit auf etwa 4×10^9 t/Jahr geschätzt. Der tatsächliche Mineralölverbrauch bei dem heutigen hohen Ölpreis und der ungünstigen Weltwirtschaftslage beträgt ca. 3 Milliarden t/Jahr. Auch bei einer Verbesserung der Weltwirtschaftslage ist jedoch nicht damit zu rechnen, daß die Mineralölförderung wesentlich über das gegenwärtige Niveau hinaus angehoben wird, da eine Reihe von Erdölländern inzwischen eine auf die Schonung ihrer Ressourcen bedachte Politik treiben. Das technisch mögliche Förderpotential wird demzufolge nicht ausgenutzt werden, und bei einem Anstieg des Weltprimärenergiebedarfs, wie er insbesondere für die Entwicklung der Dritten Welt erforderlich sein wird, muß dieser Zuwachs durch andere Primärenergieträger gedeckt werden.

Der Verkehrssektor bedingt in der Bundesrepublik Deutschland und im Mittel der westeuropäischen Staaten nur ca. 1/3 des Gesamtverbrauchs an Mineralölprodukten und in den USA etwa 50%. Es ist demzufolge noch ein erhebliches Potential gegeben, Mineralölprodukte in anderen Verbrauchssektoren zu substituieren und das freiwerdende Mineralöl für eine Nutzung im Verkehrssektor zu konvertieren.

Trotzdem sprechen einige gewichtige Gründe bereits heute dafür, auch für den Verkehrssektor Kraftstoffe zu entwickeln und in begrenztem Maße einzuführen, die auf zum Mineralöl alternativen Primärenergien basieren:

Versorgungssicherheit

Die Mineralölvorräte der Welt sind ungleichmäßig verteilt und entstammen zum erheblichen Teil politisch unsicheren Regionen. Die Entwicklung alternativer Energien verringert das Risiko von Versorgungsengpässen und politischer Erpreßbarkeit.

Nutzung heimischer Energieträger

Eine Reihe von Ländern oder Regionen ohne eigenes Rohöl verfügen über andere Primärenergieträger (z. B. Erdgas, Kohle, Biomasse), die zur Erzeugung alternativer Kraftstoffe prinzipiell geeignet sind. Die Entwicklung einer Industrie zur Erschließung dieser Energieformen für den Transportsektor verringert graduell die Abhängigkeit von Mineralölimporten und schafft ein Alternativkraftstoffpotential zur Bewältigung der dringendsten Transportaufgaben in Krisenzeiten. Darüber hinaus werden für die Rohstoffgewinnung und im Umwandlungsbereich Arbeitsplätze im eigenen Lande geschaffen, was zur Entlastung des Arbeitsmarktes beiträgt.

Kosten

Die Hoffnung, daß sich der Preisanstieg bei Mineralöl als vorübergehend oder reversibel erweisen wird, ist sicherlich unrealistisch. Vielmehr ist damit zu rechnen, daß auch in Zukunft die Ölförderländer einen maximal möglichen Anstieg der Ölpreise anstreben werden. Zwar haben sich die Preise anderer Primärenergien in der letzten Zeit ebenfalls erhöht, doch nicht in gleichem Maße wie die Ölpreise. So besteht heute in vielen Ländern der Welt die Chance, Kraftstoffe aus alternativen Primärenergien billiger herzustellen als aus Rohöl. Wird diese Chance genutzt, dann wird gleichzeitig ein unkontrolliertes weiteres Ansteigen des Rohölpreisniveaus verhindert.

In den meisten Ländern ohne eigene, erschlossene Energiequellen haben die gestiegenen Kosten für Rohölimporte bereits heute zu kritischen Engpässen in der Zahlungsbilanz geführt. Hier bietet die Entwicklung von Alternativkraftstoffen aus heimischen Primärenergieträgern die Möglichkeit zu einer Entlastung, selbst dann, wenn diese alternativen Kraftstoffe unter allgemeinen kommerziellen Kriterien teurer als Kraftstoffe aus Rohöl sind.

Dauer der Umstellung

Sowohl die Umstellung der Energierohstoffbasis als auch die Einführung alternativer Kraftstoffe ist nur langfristig vorstellbar. Wegen dieses langen Umstellungszeitraums ist es erforderlich, jetzt zu beginnen: Nur so kann gewährleistet werden, daß ohne akuten Druck technisch und wirtschaftlich optimierte Entwicklungen entstehen können. Dabei erfolgt die Umstellung von herkömmlichen Kraftstoffen auf die alternativen Energieträger kontinuierlich und vermeidet aufwendige und unnötig risikobehaftete Maßnahmen. Die notwendigen Investitionen verteilen sich über einen längeren Zeitraum.

Folgerungen

Die langfristige Absicherung der Energieversorgung für den Straßenverkehr erfordert deshalb folgende Maßnahmen:

- Ersatz von stationär genutzten Mineralölprodukten in Heizungen, bei der Erzeugung von elektrischer Energie und in der Chemie-Industrie durch solche Energieformen, die der Straßenverkehr nicht nutzen kann, das heißt, die vorhandenen Energieformen ihren Eigenschaften entsprechend optimal verwenden.
- Verringerung des Energiebedarfs, auch im Verkehrssektor, durch Verbesserung der vorhandenen Technologien.
- Einführung von geeigneten alternativen Kraftstoffen.

2. Mögliche Alternativen

Die heute verwendeten Kraftstoffe aus Mineralöl wurden über Jahrzehnte hinweg gleichzeitig mit den entsprechenden Motoren entwickelt und laufend verbessert. Die heutigen Kraftfahrzeugmotoren und die dazugehörigen Kraftstoffe einschließlich der Herstellungstechnologie aus Mineralöl stellen deshalb ein optimiertes, außerordentlich effektives System dar. Ein Fahrzeug/Kraftstoff-System, basierend auf zum Mineralöl alternativen Primärenergien, muß nicht notwendigerweise die gleiche optimale Form haben wie das vorhandene System. Mögliche Alternativen müssen sich aber in jedem Falle an dem heutigen Stand der Technik messen lassen. Alternativen, die unter einem der Gesichtspunkte

- Wirtschaftlichkeit
- Nutzungskomfort
- Umwelteinfluß

schlechter abschneiden als heutige Kraftstoffe aus Mineralöl, werden sich nicht als Langfristlösung für einen allgemeinen Einsatz im Individualverkehr qualifizieren.

Als zum Mineralöl alternative Primärenergieträger stehen prinzipiell zur Verfügung: Ölschiefer und Teersande, Erdgas, Kohle und Kernenergie als alternative fossile Primärenergien und Sonnenenergie, insbesondere in Form von „Biomasse" in Pflanzen gespeichert, als alternativer nachwachsender Rohstoff. Diese Primärenergiearten sind in ihrer Ursprungsform im allgemeinen nicht für eine Nutzung im Kraftfahrzeug geeignet. Sie müssen deshalb einem Umformungsschritt in einen geeigneten Sekundärenergieträger unterzogen werden. Als mögliche Sekundärenergieträger sind in der Diskussion: Synthetisches Benzin oder Dieselöl, die Alkohole Methanol oder Ethanol und Derivate daraus, Flüssiggas, Methan, Wasserstoff und Elektrizität. In dieser Aufstellung praktikabler Sekundärenergieträger sind feste Kraft- und Brennstoffe nicht enthalten. Ein motorischer Betrieb mit festen Energieträgern ist zwar für stationäre Anwendungen vorstellbar, jedoch nur mit einem zusätzlichen Umwandlungsschritt, z. B. mit Hilfe von Holzvergasern. Eine breitangelegte Anwendung im Transportsektor ist aber mit den heutigen Vorstellungen von Bedienungskomfort nicht mehr zu vereinbaren, so daß für den Einsatz in Fahrzeugmotoren nur gasförmige oder flüssige Kraftstoffe in Frage kommen.

Die meisten oben erwähnten gasförmigen oder flüssigen Sekundärenergieträger lassen sich aus mehreren der Primärenergien herstellen, wie aus Tabelle 2.1 hervorgeht. Besonders universell herstellbar sind Elektrizität und Wasserstoff, die aus sämtlichen Primärenergien abzuleiten sind. Methanol und Methan lassen sich aus allen kohlenstoffhaltigen Primärenergieträgern herstellen. Da Methanol in Benzin umgewandelt werden kann (Mobil-Verfahren), können die für eine

Tabelle 2.1. *Umwandlungsverfahren Primärenergien – Sekundärenergien*

Primär-energie	Sekundärenergie						
	Synthetisches Benzin oder Dieselöl	Methanol	Ethanol	Flüssig-gas	Methan	Wasser-stoff	Elektrizität
Ölschiefer, Teersande	×	×	(+)	+	×	×	×
Erdgas, Erdölgas	(×)	×	+	+	×	×	×
Kohle	×	×	(+)	(+)	×	×	×
Kernenergie	o	o	–	–	o	×	×
Biomasse	(×)	×	×	–	×	(×)	×

× Umwandlungstechnologie gegeben oder zu entwickeln
+ Umwandlungstechnologie gegeben, aber nur begrenzte Ausbeute möglich
( ) Umwandlung über Zwischenschritt möglich
o als Hilfsenergie zu verwenden
– Keine technisch sinnvollen Verfahren bekannt

Methanolerzeugung erarbeiteten Technologien mittelbar auch für die Erzeugung synthetischer Kohlenwasserstoffe genutzt werden. Flüssiggas fällt bei der Erdöl- und Erdgasverarbeitung zwangsweise an, die Verfügbarkeit wird aber durch die Rohstoffzusammensetzung und die Art des Verarbeitungsprozesses eng begrenzt. Flüssiggas ist demzufolge langfristig gesehen nicht als Alternativkraftstoff auf breiter Basis anzusehen, obwohl für die nächsten Jahre eine steigende Bedeutung auf verschiedenen Märkten, insbesondere auch in Westeuropa, abzusehen ist. Ähnliche Einschränkungen gelten für synthetisches Ethanol auf Basis von Produkten der Mineralöl-, Kohle- oder Erdgasverarbeitung, wegen des beschränkten Anfalles des Vorproduktes Ethylen und der kosten- und energieintensiven Herstellung. Ethanol aus Sonnenenergie, über den Zwischenschritt Biomasse, spielt andererseits eine Sonderrolle, denn in vielen Ländern der Erde ist diese Primärenergie die einzige, die im Lande in ausreichendem Maße verfügbar ist.

Eine grundlegende Bewertung des Langfristpotentials der in Tabelle 2.1 aufgeführten Sekundärenergieträger für den Fahrzeugantrieb ergibt sich aus einer Analyse der Handhabbarkeit. Synthetisches Benzin oder Dieselöl, wenn es spezifikationsgerecht den Anforderungen heutiger Fahrzeuge entsprechend aufbereitet wird, kann ohne irgendwelche Änderungen auf Fahrzeug- oder Verteilungsseite in den Kraftstoffmarkt eingebracht werden. Die anderen flüssigen Kraftstoffe, wie Methanol oder Ethanol, sind mit einem System zu verteilen und im Fahrzeug einzusetzen, das den heutigen Systemen sehr ähnlich ist. Insbesondere sind diese Kraftstoffe in einem drucklosen Tank im Fahrzeug mitzuführen, wobei die Energiedichte des Kraftstoffspeichers in der gleichen Größenordnung liegt wie beim heutigen Kraftstoff. Flüssiggas ist ein Gasgemisch, das sich bei Raumtemperatur nur durch Anwendung erhöhten Drucks verflüssigen läßt und in dieser Form in Druckflaschen oder Drucktanks im Fahrzeug mitgeführt werden kann.

Der Energiespeicher hat auch hier eine zum heutigen Kraftstoff vergleichbare Energiedichte. Der Speicher- und Tankvorgang ist aufwendiger als bei dem heutigen System, aber mit der gegenwärtigen Technik beherrschbar. Für die Speicherung von Methan werden drei Verfahren diskutiert. Eine Möglichkeit ist die Komprimierung des Methans und Speicherung in komprimierter Form in Druckflaschen. Mit dieser Technologie werden in einer Reihe von Ländern (z. B. Iran, Japan, Neuseeland) Fahrzeuge, insbesondere Taxen, betrieben. Für einen allgemeinen Einsatz sind die relativ geringe Reichweite der Fahrzeuge, das große Gewicht und der große Raumbedarf der Tanks und die unter Sicherheitskriterien kritisch zu bewertende Tankprozedur hinderlich. Eine zweite prinzipielle Möglichkeit zur Erdgasspeicherung ist die Verflüssigung durch Tiefkühlung und Speicherung in annähernd drucklosen Cryogentanks. Für eine Anwendung im PKW erscheint diese Möglichkeit aber absolut unrealistisch, sowohl aus Kostengründen als auch wegen der Sicherheit bei Betrieb und Betanken des Fahrzeugs. Beide Verfahren, Hochdruckspeicherung und Tiefkühlung, erfordern einen zusätzlichen Energieaufwand für die Kraftstoffspeicherung. Eine dritte Möglichkeit, die Speicherung gasförmigen Methans durch Anlagerung an Zeolithe, ist bisher nur wenig erforscht. Es ist aber anzunehmen, daß ein praktisch im Fahrzeug einzusetzendes System im Verhältnis zum heutigen Kraftstofftank so groß und schwer wird, daß eine Nutzung unrealistisch wird. Das gleiche Argument gilt in verstärktem Maße für die Speicherung von Wasserstoff oder elektrischer Energie zum Antrieb eines Fahrzeuges. Von den in Tabelle 2.1 dargestellten möglichen Alternativenergien bleiben demzufolge als Kraftstoffe mit Langfristpotential vornehmlich die synthetischen Kohlenwasserstoffe sowie die Alkohole Methanol und Ethanol übrig.

3. Warum Alkoholkraftstoffe?

Aus den im vorangehenden Kapitel diskutierten möglichen Alternativen zu heutigen Kraftstoffen bleiben für eine breite Anwendung nur die bei Umgebungsbedingungen flüssigen Kraftstoffe übrig. Der Grund dafür, daß nur flüssige Kraftstoffe für den allgemeinen Einsatz im individuellen Straßenverkehr in Frage kommen, liegt insbesondere in der einfachen Handhabung dieser Energieform. Flüssige Kraftstoffe

* sind heute weltweit eingeführt
* passen in das bestehende Verteilungs-, Lagerungs- und Vertriebssystem
* sind einfach an Bord eines Fahrzeugs zu speichern.

Außerdem ist der hohe technische Entwicklungsstand unserer heutigen Motorentechnik, speziell die Gemischbildungseinrichtungen (Vergaser, Einspritzung), auf flüssige Kraftstoffe abgestimmt. Für flüssige Alternativkraftstoffe ist deshalb der Umstellungsaufwand, ausgehend vom gegenwärtigen System, sehr gering. Die heutige Technologie kann im wesentlichen genutzt werden, so daß das Entwicklungsrisiko und die volkswirtschaftlichen Kosten einer Umstellung verhältnismäßig gering sind. Welcher flüssige Alternativkraftstoff langfristig die günstigsten Aussichten hat, ist insbesondere eine Frage der Wirtschaftlichkeit und des Entwicklungspotentials der mit den einzelnen Kraftstoffarten verbundenen Technologien der Kraftstoffproduktion und -anwendung.

3.1 Energiewirtschaftlichkeit

Auch in der Zukunft wird der Energiebedarf auf dem Transportsektor steigen. Diesen Bedarf mit einem möglichst geringen Einsatz an Kraftstoff zu decken, ist eine der wichtigsten Aufgaben zukünftiger Entwicklungen auf dem Fahrzeugsektor. Die Abdeckung des Kraftstoffbedarfs mit minimalem Einsatz von Primärenergie ist das wichtigste Kriterium für zukünftige Technologien der Kraftstofferzeugung. Die Frage der günstigsten Effektivität des Nutzungsweges Primärenergie – Energiedienstleistung stellt sich insbesondere beim künftigen Einsatz alternativer Primärenergien, da diese höhere Konversionsverluste bei der Umwandlung in Kraftstoffe mit sich bringen als Mineralöl. Als Beispiel werden in Abb. 3.1 einige Möglichkeiten anhand von Energieketten auf Basis Kohle mit der heutigen Situation, basierend auf dem Primärenergieträger Rohöl, verglichen. Die Energieketten beginnen jeweils an der Primärenergie-Lagerstätte und erstrecken sich über Förderung und Transport der Primärenergie, über die Herstellung verschiedener flüssiger Kraftstoffe aus der Primärenergie, bis hin zur Nutzung des flüssigen Kraftstoffs zur Erzielung einer bestimmten Transportleistung. Aus dem Vergleich

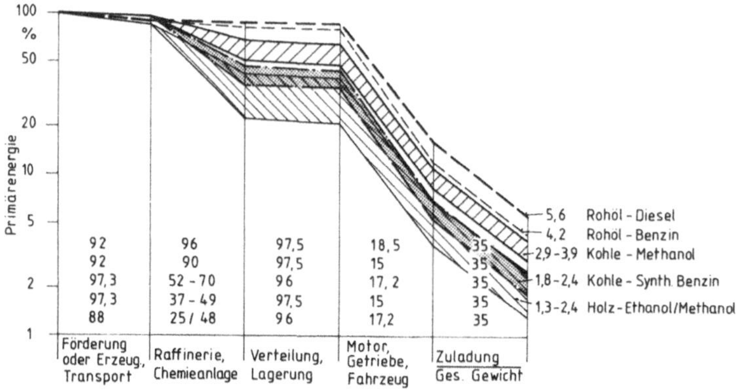

Abb. 3.1. Energieketten für die Herstellung und die Nutzung verschiedener Kraftstoffe am Beispiel eines Fahrzeugkonzeptes (VW Golf) gerechnet

ergibt sich, daß mit Kraftstoffen aus Kohle die Effektivität des heutigen, auf Mineralöl basierenden Systems nicht ganz erreicht wird, weil die Umwandlung von Kohle in geeignete flüssige Kraftstoffe notwendigerweise Energie beansprucht. Die Energiekette über den Sekundärenergieträger Methanol hat aber einen deutlich besseren Gesamtwirkungsgrad als die Energieketten über synthetisches Benzin. Dies gilt insbesondere dann, wenn für die Methanolproduktion ein Koppelprozeß eingesetzt wird, der neben Methanol noch andere Sekundärenergieträger, wie z. B. gasförmige Brennstoffe, erzeugt (obere Grenze des Streubereichs für Methanol in Abb. 3.1). Für die überlegene Energiewirtschaftlichkeit der Energiekette über Methanol sind zwei Ursachen verantwortlich. Zum einen ist die Umwandlung von Kohle in einen zum Einsatz im Fahrzeug geeigneten Kraftstoff bei Methanol günstiger als beim synthetischen Benzin, zum anderen bringt Methanol einen wesentlich höheren Wirkungsgrad in der motorischen Verbrennung als Benzin. Dieser Verbrauchsvorteil wirkt sich natürlich entsprechend auf die Gesamteffektivität einer Energiekette aus.

Zusätzlich sind in Abb. 3.1 Energieketten eingezeichnet für die Erzeugung von Ethanol oder Methanol aus Holz, wobei als Modellvorstellung die Erzeugung schnellwachsender Hölzer in einer Energieplantage gewählt wurde. Diese Energieketten geben insgesamt niedrigere Gesamteffektivitäten als die Energieketten, die auf fossilen Energieträgern beruhen. Die Erzeugung von Kohlenwasserstoffen aus Ethanol oder Methanol über weitere Umformungszwischenschritte, die prinzipiell möglich wäre, würde zu einer weiteren Verschlechterung des Energiekettenwirkungsgrades führen.

3.2 Kosten

Kostenkalkulationen für die Herstellung von Methanol einerseits und synthetischen flüssigen Kohlenwasserstoffen andererseits, beispielsweise auf Basis von Kohle, zeigen, daß Methanol deutlich preisgünstiger hergestellt werden kann. Diese Aussage gilt bereits für die Herstellung einer Einheit Sekundärenergie in Form von Methanol im Vergleich zu der entsprechenden Einheit synthetischer

Kohlenwasserstoffe. Sie gilt umso mehr, wenn bezogen wird auf eine Einheit Transportleistung, denn dann kommt auch hier der bessere Wirkungsgrad des Methanolmotors zum Tragen. Ein weiteres positives Argument für die Alkoholkraftstoffe ist die Tatsache, daß die Herstellungstechnologien für Methanol oder auch für Ethanol entwickelt und erprobt sind und die Herstellungskosten demzufolge exakt zu kalkulieren sind. Die Erzeugung synthetischer Kohlenwasserstoffe befindet sich demgegenüber erst in einer Pilotphase. Wesentliche Fragen, insbesondere der Produktaufarbeitung und Weiterverarbeitung einschließlich der damit verbundenen Umweltprobleme, sind noch nicht ausreichend untersucht und können demzufolge auch nicht abschließend kostenmäßig bewertet werden.

3.3 Umwelteinfluß

Im Vergleich zu Kohlenwasserstoff-Kraftstoffen bieten Alkohole einige Vorteile bezüglich des Umwelteinflusses. Der günstigere Energiekettenwirkungsgrad vermindert den Primärenergiebedarf für eine bestimmte Transportleistung und damit mittelbar auch die Emissionsbelastung im Umwandlungsbereich.

- Das Transportrisiko wird reduziert, weil die Alkohole in jedem Verhältnis mit Wasser mischbar sind und somit bei Unfällen Umweltschäden, z. B. im Erdreich, leicht zu beseitigen sind.
- Im Motorenabgas ist der Anteil an Kohlenmonoxid deutlich geringer als bei Benzinfahrzeugen, da ein Alkoholmotor mit höherem Luftüberschuß betrieben werden kann.
- Auch die Stickoxidemissionen sind bei richtig angepaßten Alkoholmotoren abgesenkt.
- Der Anteil an Kohlenwasserstoffen, das heißt unverbrannten bzw. teiloxidierten Kraftstoffanteilen, ist geringer als im Benzinbetrieb. Viel wesentlicher als ihre absolute Höhe ist die Zusammensetzung dieser Bestandteile. Hier sind bei Alkoholmotoren nahezu ausschließlich einfache Verbindungen zu finden, die rasch zerfallen. Polyzyklische Aromaten und solche Verbindungen, die zu hoher Inversionsbelastung führen, sind nicht oder nur in sehr geringen Mengen vorhanden.
- Der hier genannte niedrigere Schadstoffgehalt im Abgas bezieht sich sowohl auf Otto- als auch auf Dieselmotoren. Damit ist auf relativ einfache Weise eine der wenigen technischen Möglichkeiten gegeben, beim Dieselmotor einerseits die Zusammensetzung der Kohlenwasserstoffe im Abgas, zum anderen aber auch wirkungsvoll die Feststoffemissionen (Ruß) deutlich zu reduzieren.

Die höhere Aldehydemission des Alkohol-Ottomotors läßt sich mit relativ geringem technischen Aufwand beseitigen. Die hierfür notwendige Technologie ist bereits erprobt und läßt keine wesentlichen Probleme erwarten.

3.4 Langfristiges Entwicklungspotential

Zwar haben auch die Motoren für die heutigen Kohlenwasserstoff-Kraftstoffe noch ein erhebliches Entwicklungspotential in Richtung geringen Energieverbrauchs, der Einsatz von Alkoholen, besonders von Methanol, bietet jedoch zusätzlich Vorteile gegenüber Benzin und Dieselkraftstoff aus der Nutzung einiger günstiger thermodynamischer Effekte. Ein Beispiel hierfür ist der Fahrzeugbetrieb mit teildissoziiertem Kraftstoff, Kap. 7.3.

3.5 Folgerungen

Auf Basis der Kriterien

- hoher Wirkungsgrad in der Energienutzung,
- reduzierte Kosten,
- Unabhängigkeit vom Erdöl,
- machbare Technologie ohne großen Aufwand,
- geringe Umweltbelastung,

erscheinen Alkoholkraftstoffe für die Zukunft mehr und mehr interessant. Methanol und teilweise Ethanol sind dabei sowohl in reiner Form als auch als Zumischkomponente geeignet, während Isopropanol, Isobutanol und Tertiärbutanol in geringeren Mengen als Zumischkomponente in Frage kommen.

Als weitere Möglichkeiten sind Alkoholderivate, wie z. B. Ether, zu nennen, die hauptsächlich ebenfalls als Zumischkomponente in Frage kommen. Für die Verwendung in Dieselmotoren wird die Eignung von weiteren, aus Alkoholen zu gewinnenden Komponenten, z. B. Estern, noch untersucht.

In den folgenden Abschnitten wird zunächst die Herstellung von Alkoholen behandelt, anschließend ihre für den Einsatz als Kraftstoffe wichtigen Eigenschaften, während dann die praktische Anwendung in Motoren und Fahrzeugen diskutiert wird. Ein Ausblick über mögliche Einführungsstrategien bildet den Abschluß.

4. Herstellung von Methanol

4.1 Ausgangsmaterialien

Methanol wird heute praktisch ausschließlich durch Synthese aus Synthesegas nach einer der beiden Bruttogleichungen

$$CO + 2H_2 \rightleftharpoons CH_3OH - 91\ \text{kJ/Mol}$$

oder

$$CO_2 + 3H_2 \rightleftharpoons CH_3OH + H_2O - 50\ \text{kJ/Mol}$$

hergestellt. Die Beiträge anderer Herstellungsverfahren, wie z. B. die trockene Destillation von Holz (Holzgeistherstellung) sind mengenmäßig bedeutungslos.

Zur Synthesegasherstellung ist prinzipiell jedes kohlenstoffhaltige Material geeignet, so daß sich Methanolkraftstoff aus einer großen Vielfalt verschiedener Roh- und Reststoffe herstellen läßt. Zu nennen sind insbesondere: Mineralölrückstände oder schlecht nutzbare Mineralölfraktionen, Ölschiefer, Teersand, Erdgas, Erdölgas, Kohle, Torf, Holz, landwirtschaftliche Rückstände, kommunale Abfälle.

In Abb. 4.1 ist das Potential von fossilen, für die Methanolherstellung geeigneten Rohstoffen dargestellt, und zwar auf Basis von Daten der 11. Weltenergiekonferenz

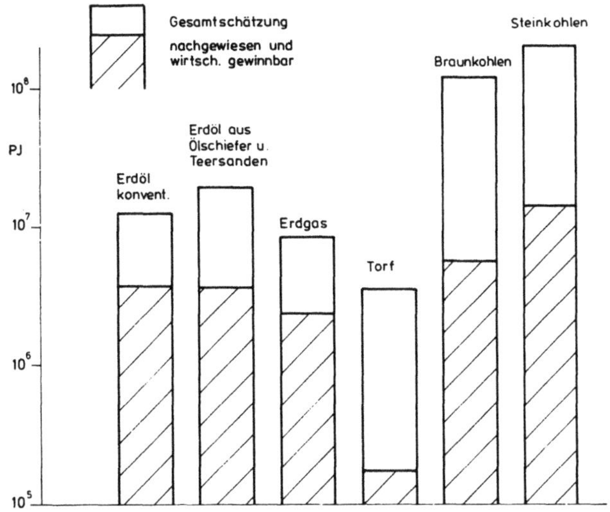

Abb. 4.1. Energieinhalt der fossilen Welt-Primärenergievorräte

[4.1]. Deutlich ist das große Übergewicht der festen Primärenergieträger Braunkohle und Steinkohle zu erkennen, auf denen, langfristig gesehen, auch die Versorgung mit flüssigen Kraftstoffen basieren muß. Welche Kraftstoffe aus Kohle hergestellt werden, ob konventionelle wie Benzin und Dieselöl oder unkonventionelle wie Methanol, wird zukünftig durch eine Gesamtbewertung unter den Gesichtspunkten

- Primärenergieverbrauch für eine bestimmte Transportleistung
- Wirtschaftlichkeit
- Umweltverträglichkeit

entschieden werden.

Eine ähnliche prinzipielle Entscheidung über die Art des zu erzeugenden Kraftstoffs ist auch bei der Verwendung von Ölschiefer und Teersanden zu treffen, insbesondere bei Materialien mit relativ geringem Gehalt an organischen Bestandteilen.

Bei dem Primärenergieträger Erdgas ist die Erzeugung von Methanol eine der Möglichkeiten, das Gas leichter und wirtschaftlicher transportierbar zu machen. Insbesondere für einen Überseetransport bietet sich diese Möglichkeit an, die als Alternative zur Erdgasverflüssigung anzusehen ist. Eine besondere Rolle spielt das bei der Erdölförderung zwangsweise anfallende Erdölgas, das heute zum größten Teil abgefackelt oder in die Erdöllagerstätte zurückgepumpt wird. Das Potential dieser Primärenergiequelle wird in [4.1] zu $400-700 \times 10^9$ m^3/a abgeschätzt, aus denen sich $400-700 \times 10^6$ t/a Reinmethanol (zur Kraftstoffbeimischung) oder $500-880 \times 10^6$ t/a Rohmethanol herstellen ließen. Diese Menge entspricht heizwertmäßig 33–58% des heutigen Welt-Benzinverbrauchs von ca. 580×10^6 t/a.

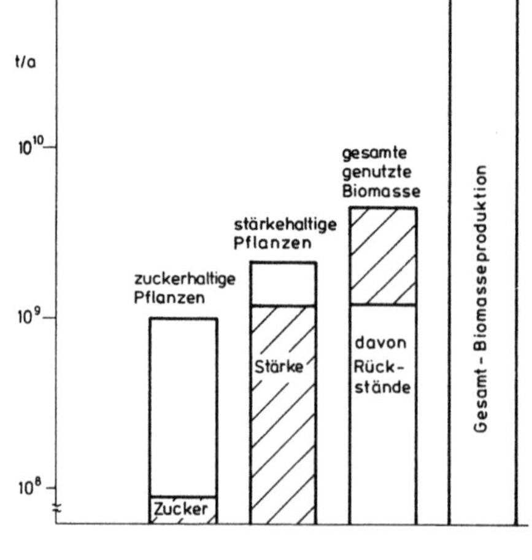

Abb. 4.2. Welt-Biomasseproduktion

Für die Methanolherstellung aus einer der Formen erneuerbarer Primärenergie bietet sich die Nutzung von Biomasse an. Abb. 4.2, nach Daten aus [4.2] und [4.3], zeigt das Potential für verschiedene Biomassenarten. Die insgesamt weltweit gebildete Biomasse wird zu 2×10^{11} t/Jahr geschätzt. Ihr Heizwert entspricht etwa dem achtfachen des gegenwärtigen Welt-Primärenergieverbrauchs von ca. 3×10^5 PJ. Nur etwa 2–3% des jährlich photosynthetisch gebildeten Materials wird heute einer Verwendung als Nahrungsmittel, als Baumaterial oder Energieträger zugeführt, und auch von dieser Menge bleibt wieder ein erheblicher Anteil als heute nicht genutzter Reststoff übrig. Eine vollständige Umsetzung der Rückstände, fast ausschließlich cellulosehaltiges Material, in Methanol würde eine Methanolproduktion von ca. 600×10^6 t/a ergeben. Dies entspräche im Heizwert ca. 48% des heutigen Welt-Benzinverbrauchs.

Selbstverständlich bedeuten die Mengenvergleiche nicht, daß eine entsprechende Methanolproduktion in diesem Rahmen tatsächlich möglich ist. Sie sollen lediglich dazu dienen, ansonsten abstrakte Zahlenwerte vorstellbar zu machen. Für eine, zumindest teilweise, Erschließung des Potentials an Rest- und Überschußprodukten fossiler oder erneuerbarer Primärenergie genügt die physische Verfügbarkeit der Primärenergie nicht, vielmehr müssen diese Primärenergieträger auch wirtschaftlich gesammelt und umgesetzt werden können, und schließlich muß auch ein entsprechender Bedarf für das Produkt Methanol bestehen.

4.2 Synthesegasherstellung

Die Methanolherstellung erfolgt stets in zwei Schritten, der Erzeugung von Synthesegas und der eigentlichen Methanolsynthese. Der für die Synthesegaserzeugung zu wählende Verfahrensweg ist vom Rohmaterial abhängig. Eine ganze Reihe von Verfahren kann als großtechnisch erprobt angesehen werden, wobei die großtechnische Anwendung nicht nur in der Erzeugung von Methanol liegen muß. Auch andere großtechnische Synthesen gehen vom Synthesegas aus, wie die Ammoniaksynthese, die Oxo-Synthese und die Fischer-Tropsch-Synthese. Vergasungsverfahren, die für diese Prozesse entwickelt wurden, sind deshalb ebenfalls für den Methanolprozeß einsetzbar.

4.2.1 Rohstoff Erdgas/Erdölgas

In Tabelle 4.1 sind die großtechnisch eingesetzten Verfahren zur Synthesegasherstellung zusammengestellt [4.4], [4.5], [4.6], [4.7]. Erdgas oder Erdölgas wird durch Wasserdampf-Reformierung nach der Bruttogleichung

$$CH_4 + H_2O \rightleftarrows CO + 3H_2 + 206 \text{ kJ/Mol}$$

in Synthesegas umgewandelt. Die Umsetzung erfolgt in von außen beheizten Röhrenspaltöfen verschiedener Konstruktionen, bei 15 bis 20 bar Druck und einer Temperatur von 850 bis 900°C.

Abb. 4.3 zeigt schematisch den Prozeßablauf der Synthesegaserzeugung und der sich anschließenden Methanolsynthese. Das Erdgas wird entschwefelt und gemeinsam mit dem Prozeßdampf in den Spaltreaktor eingeführt. Hinter dem Spaltreaktor wird die Enthalpie des heißen Synthesegases zur Dampferzeugung genutzt, das abgekühlte Synthesegas wird komprimiert und in die Schleife der Methanolsynthe-

Tabelle 4.1. *Großtechnisch eingesetzte Verfahren zur Synthesegasherstellung*

Rohstoff	Verfahrensprinzip	Druck bar	Temperatur °C	Verfahrensname
Erdgas/Erdölgas	Wasserdampf-Reformierung in Röhrenöfen	15 – 20	850 – 900	verschiedene Ofenkonstruktionen im Markt
Schweröl/Rückstandsöl	partielle Oxydation mit Sauerstoff und Wasserdampf	55 – 80	1 300 – 1 450	Shell-Verfahren, Texaco-Verfahren
Kohle	Vergasung in Wirbelschicht	atmosph.	850 – 1 100 (unter Ascheschmelzpunkt)	Winkler-Vergaser
	Vergasung in Flugstaubwolke	atmosph.	1 300 – 1 600 (über Ascheschmelzpunkt)	Koppers-Totzek-Vergaser
	Gegenstromvergasung im Festbett	bis 30	500 – 900	Lurgi-Vergaser

se eingespeist. Der bei der Wasserdampfreformierung des Erdgases überstöchiometrisch erzeugte Wasserstoff, der bei der Methanolerzeugung nicht verbraucht wird, wird mit dem Purgegasstrom aus dem Kreislauf der Methanolsynthese ausgeschleust. Er wird entweder zur Deckung des Wärmebedarfs der Spaltreaktion verbrannt, oder er kann in einer parallel betriebenen, wasserstoffverbrauchenden Anlage, beispielsweise einer Ammoniakproduktion verbraucht werden.

Eine weitere Möglichkeit zur Nutzung des überstöchiometrisch anfallenden Wasserstoffs ist es, dem Synthesegas CO_2 zuzugeben. Beispielsweise könnte CO_2

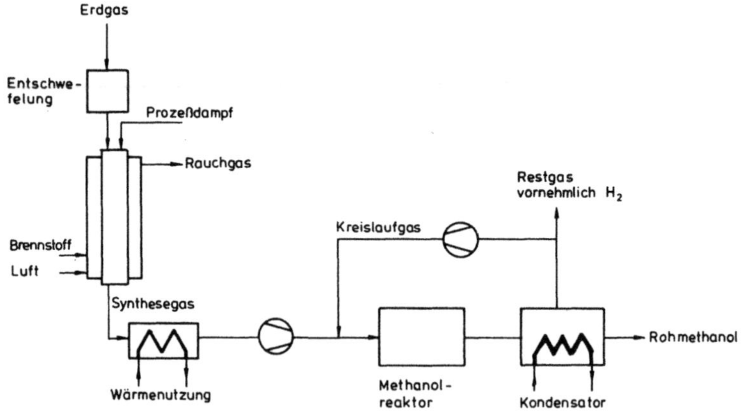

Abb. 4.3. Schemabild Methanolerzeugung aus Erdgas

aus dem Rauchgas des Spaltofens herausgewaschen werden, eine prinzipiell mögliche, aber aufwendige und teure Methode. Schließlich kann aus Erdgas auch durch partielle Oxidation mit Sauerstoff Synthesegas hergestellt werden. Durch Kombination aus endothermer Wasserdampfreformierung und exothermer partieller Oxidation entsteht ein Methanol-Synthesegas passender Zusammensetzung. Die Energieausnutzung ist bei dem kombinierten Prozeß günstiger als bei reiner Wasserdampfreformierung [4.8]. Wegen der zusätzlich erforderlichen Luftzerlegungsanlage dürfte dieses Verfahren jedoch in erster Linie für Großanlagen in Frage kommen.

4.2.2 Rohstoff Schweröl

Die Synthesegasherstellung aus Schweröl oder Rückstandsöl erfolgt durch partielle Oxidation mit Sauerstoff und Wasserdampf in einem Druckbereich von 55 bis 80 bar und bei einer Temperatur von 1300 bis 1450°C [4.9], [4.10]. Der Energiebedarf der Spaltreaktion wird durch eine Teilverbrennung von Schweröl mit Hilfe des Sauerstoffs gedeckt, der Wasserdampf dient zur Regelung der Vergasungstemperatur sowie zur Einstellung des für die Methanolbildungsreaktion erforderlichen stöchiometrischen Gemischs aus Wasserstoff und Kohlenmonoxid.

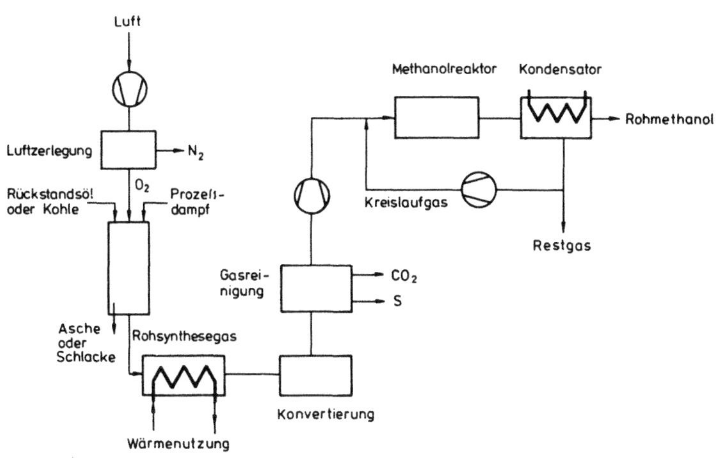

Abb. 4.4. Schemabild Methanolerzeugung aus Rückstandsölen oder Kohle

Abb. 4.4 zeigt schematisch den Verfahrensablauf bei der partiellen Oxidation von Rückstandsöl und die sich anschließende Methanolsynthese. Die im heißen Rohsynthesegas enthaltene Enthalpie wird zur Dampferzeugung genutzt. Falls das Rohsynthesegas nicht die für die Methanolsynthese notwendige Zusammensetzung hat, wird anschließend eine Rohgaskonvertierung durchgeführt, wobei Kohlenmonoxid mit Wasserdampf zu Kohlendioxid und Wasserstoff nach der Gleichung

$$CO + H_2O \rightleftharpoons CO_2 + H_2 \quad - 42\ \mathrm{kJ/Mol}$$

umgesetzt wird. Nach einer Gasreinigung, bei der das noch im Synthesegas enthaltene H_2S und das CO_2 aus dem Gasstrom entfernt wird, steht das Synthesegas nunmehr zur Einspeisung in die Methanolbildungsschleife zur Verfügung.

Das prinzipiell gleiche Verfahrensschema gilt auch für die Kohlevergasung mit Sauerstoff und Wasserdampf.

4.2.3 Rohstoff Kohle

Für die Synthesegaserzeugung auf Basis Kohle sind drei Verfahren, die in ihrem Grundaufbau prinzipielle Unterschiede aufweisen, großtechnisch erprobt [4.11], [4.12], [4.13], [4.14]. Im Winkler-Vergaser wird feinkörnige Kohle drucklos in einem Wirbelbett mit Sauerstoff und Wasserdampf vergast. Die Vergasungstemperatur liegt zwischen 850°C bei Braunkohle und bis zu 1 100°C bei Steinkohle und wird nach oben durch den Erweichungsbereich der entstehenden Asche begrenzt. Das Winkler-Verfahren in der beschriebenen Form eignet sich für reaktive Kohlen, insbesondere Braunkohle. Der Aschegehalt der Kohle spielt eine untergeordnete Rolle, auch aschereiche Kohle kann verarbeitet werden. Die Kohle muß feinkörnig gebrochen werden, mit einer maximalen Korngröße von 8 mm.

Beim Koppers-Totzek-Vergaser wird staubfein gemahlene, getrocknete Kohle in einer Flugstaubwolke vergast. Die Vergasungstemperatur liegt mit etwa 1 500°C über dem Ascheschmelzpunkt, so daß die Asche flüssig am Boden des Vergasers anfällt. Sie wird nach Erstarrung und Abkühlung als Granulat aus dem Vergaser ausgeschleust. Das Koppers-Totzek-Verfahren ist für alle Kohlen, unabhängig von ihrem Aschegehalt und ihrem Backvermögen geeignet.

Der heute noch einzige großtechnisch erprobte Vergasertyp für Druckbetrieb ist der Lurgi-Vergaser. In ihm wird stückige Kohle in einem feststehenden Bett im Gegenstrom bei Temperaturen zwischen 500°C und 900°C und Drücken von ca. 30 bar entgast und mit Sauerstoff und Wasserdampf vergast. Das Verfahren wurde bisher insbesondere für schwachbackende Kohlen, mit Aschegehalten unter 35% und nur geringem Feinkornanteil eingesetzt. Durch eine Anpassung von Vergaserbauart und Betriebsbedingungen lassen sich aber auch aschereichere und stärker backende Kohlen vergasen [4.15].

Alle großtechnisch genutzten Kohlevergasungsverfahren werden intensiv weiterentwickelt. Die Entwicklungsziele dabei sind insbesondere die Anhebung der Vergasungsleistung pro Raumeinheit des Vergasers durch die Anhebung des Vergasungsdrucks und die Steigerung der Reaktionsgeschwindigkeit im Vergaser durch Anhebung der Vergasungstemperatur. Bei einer Weiterentwicklung des Winkler-Verfahrens, dem Hochtemperatur-(HTW)-Verfahren, wird der Vergasungsdruck auf 10 bar und die Vergasungstemperatur auf 950°C angehoben. Bei Braunkohle mit niedrigerer Ascheerweichungstemperatur kann zur Kohle Kalk beigemengt werden, wodurch das Schmelzintervall der Asche angehoben wird [4.16], [4.17]. Weitere Kohlevergasungsprozesse, die nach dem Wirbelschichtverfahren unter Druck arbeiten, werden in den USA insbesondere zur Herstellung von synthetischem Erdgas entwickelt. Zu nennen sind insbesondere der Synthan-Prozeß und das U-Gas-Verfahren [4.4], [4.11], [4.18].

Eine Weiterentwicklung des Koppers-Totzek-Verfahrens zu höheren Vergasungsdrücken ist das Shell-Koppers-Verfahren, das bei Drücken bis 30 bar abläuft [4.19]. Nach dem gleichen Grundprinzip, der Druckvergasung von Kohle in einer Flugstaubwolke, arbeitet auch das Texaco-Verfahren [4.20].

Auch beim Saarberg/Otto-Druckvergasungsverfahren wird Kohle in einer Flugstaubwolke vergast. Die Besonderheit dieses Verfahrens ist der Kontakt der Vergasungszone zu einem Schlackenbad, wodurch extrem hohe Vergasungstemperaturen und damit extrem kurze Reaktionszeiten erreicht werden [4.21].

Von Weiterentwicklungen des kommerziellen Lurgi-Verfahrens sind insbesondere zwei Richtungen zu nennen. In einer Versuchsanlage wird die Erhöhung des Vergasungsdrucks von 30 bar auf 100 bar erprobt, wovon nicht nur ein höherer Durchsatz des Vergasers erwartet wird, sondern auch eine Verringerung des spezifischen Energieverbrauchs [4.22]. Bei einer Weiterentwicklung des Lurgi-Verfahrens durch die British Gas Corporation wird die Vergasungstemperatur so weit angehoben, daß die Schlacke in flüssiger Form anfällt. Diese Verfahrensvariante erlaubt es, den Vergaser im Optimum des spezifischen Energieverbrauchs zu betreiben [4.23], [4.24].

Allen bisher beschriebenen Vergasungsverfahren ist gemeinsam, daß sie einstufig arbeiten und die für die Vergasung erforderliche Reaktionswärme durch Verbrennung eines Teils der Kohle im Reaktor selbst erzeugen. Es werden darüber hinaus einige Verfahren entwickelt, bei denen die eigentliche Kohlevergasung und die Energieerzeugung getrennt ablaufen. Diese Verfahren haben prinzipiell den Vorteil, daß Vergasungsatmosphäre und Vergasungstemperatur nur unter dem Gesichtspunkt der Produktanforderung und ohne Rücksicht auf die reaktionskinetischen Erfordernisse bei der Wärmeerzeugung gewählt werden können. Mehrstufige Verfahren bzw. Verfahren mit externer Energiebereitstellung sind [4.4], [4.11]:

Der Hygas-Prozeß, bei dem in einem mehrstufigen Reaktor Kohle mit Wasserdampf und einem wasserstoffreichen Gasdampfgemisch hydriert wird. Das Hydriergas wird extern durch Vergasen des Restkokses mit Wasserdampf erzeugt.

Der Cogas-Prozeß, bei dem Koks mit Wasserdampf in einer Wirbelschicht vergast wird. Die benötigte Prozeßenergie wird extern durch eine Teilverbrennung des Kokses erzeugt und in die Vergasungsreaktion durch heiße Keramikpellets oder überhitzten Koks eingebracht.

Der CO_2-Akzeptor-Prozeß, bei dem ebenfalls Kohle mit Wasserdampf in einer Wirbelschicht vergast wird. Hier wird der Wärmebedarf der Vergasungsreaktion durch Zugabe von gebranntem Kalk gedeckt, der mit CO_2 exotherm reagiert. Das entstehende Calciumcarbonat wird in einer externen Stufe regeneriert.

Der Bigas-Prozeß, bei dem in einer ersten Vergasungsstufe Synthesegas erzeugt wird, das in einer zweiten Vergasungsstufe mit der hier eingespeisten Kohle und Wasserdampf für eine hydrierende Vergasung benutzt wird.

Der KGN-Festbettvergaser, bei dem in zwei zeitlich aufeinander folgenden Prozeßstufen mit unterschiedlichen Reaktionsbedingungen eine Erhitzung des Kohlebettes erfolgt und die erzeugte Wärme anschließend zur Erzeugung von Synthesegas benutzt wird [4.25].

Eine besondere Rolle können langfristig Kohlevergasungsverfahren gewinnen, bei denen die benötigte Vergasungswärme extern durch einen Hochtemperaturkernreaktor bereitgestellt wird [4.7], [4.14], [4.26]. Hier werden zwei prinzipiell unterschiedliche Verfahrenswege verfolgt. Bei der hydrierenden Kohlevergasung mit Hilfe von Hochtemperatur-Prozeßwärme wird extern Wasserstoff durch

Methan-Wasserdampfreformierung erzeugt. Die hierfür benötigte Spaltwärme wird durch einen Hochtemperatur-Kernreaktor aufgebracht. Der Wasserstoff dient, in ausgewogenem Verhältnis mit Wasserdampf, zur Kohlevergasung, wobei die benötigte Prozeßwärme aus der exothermen Wassergasreaktion zwischen Kohlenstoff und Wasserstoff gedeckt wird. Bei der nuklearen Wasserdampfvergasung wird die Hochtemperatur-Kernwärme direkt in den Vergasungsreaktor eingebracht. Die Kohlevergasung erfolgt in einem Wirbelbett mit Wasserdampf als Vergasungsmittel. Innerhalb des Wirbelbettes befinden sich Heizschlangen, durch die Helium mit etwa 950°C fließt. Die von den Heizschlangen in das Wirbelbett eingetragene Wärme dient zur Deckung des Wärmebedarfs der endothermen Vergasungsreaktion. Vor der großtechnischen Nutzung der Verfahren zur Kohlevergasung mit nuklearer Wärme sind allerdings noch eine Reihe komplizierter technologischer Probleme zu lösen, nicht nur bei der eigentlichen Vergasung, sondern auch bei der Entwicklung des Hochtemperatur-Kernreaktors. Ein Einsatztermin für diese Verfahren läßt sich demzufolge heute noch nicht absehen.

Die Zusammensetzung des bei der Kohlevergasung entstehenden Rohgases ist von den Vergasungsbedingungen, insbesondere dem Vergasungsdruck und der Vergasungstemperatur, abhängig.

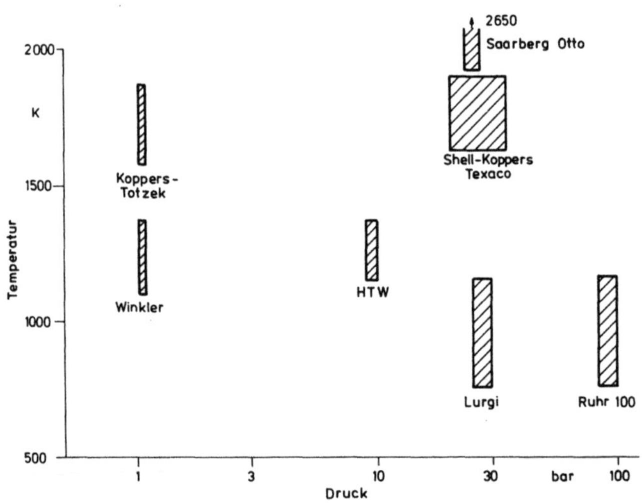

Abb. 4.5. Temperatur- und Druckbereich einiger Kohlevergasungsverfahren

In Abb. 4.5 sind die Temperatur- und Druckbereiche einiger Kohlevergasungsverfahren graphisch dargestellt, Tabelle 4.2 enthält die mittleren Rohgaszusammensetzungen bei diesen Vergasungsverfahren.

Wie aus den in Tabelle 4.2 zusammengestellten Beispielen hervorgeht, begünstigen niedrige Vergasungstemperatur und hoher Vergasungsdruck die Bildung von Methan bei der Kohlevergasung. Bei höherer Temperatur und geringerem Druck wird bis zum Wasserstoff und Kohlenmonoxid durchgespalten. Entspricht die Rohgaszusammensetzung nicht der für die Methanolbildung erforderlichen Gaszusammensetzung, so muß zwischen Kohlevergasung und Methanolsynthese

Tabelle 4.2. *Mittlere Rohgaszusammensetzung bei einigen Kohlevergasungsverfahren (Vol. %)*

	Winkler	HTW	Koppers-Totzek	Shell-Koppers	Texaco	Saarberg-Otto	Lurgi	Lurgi-Abstich	Ruhr 100
H_2	35,3	35,3	33,3	25,6	33	31,4	39	28,4	32
CO	48,2	51,9	53,0	65,1	55	54	19	55,9	22
CH_4 und höhere K.W.	1,8	3,2	0,1	–	0,1	0,2	12	7,5	16
CO_2	13,8	8,9	12,0	0,8	11	13,2	30	3,5	28
CO_2 nach Konversion (rechnerisch)	34,2	31,7	36,2	35,7	36,7	38,7	29,7	31,7	32

noch eine Rohgaskonvertierung durchgeführt werden. Für die Einstellung des stöchiometrischen Gemisches aus CO und H_2 wird die Konvertierungs-Reaktion

$$CO + H_2O \leftrightharpoons CO_2 + H_2 \quad - 42\ kJ/Mol$$

verwendet.

Das bei der Konvertierung gebildete CO_2 wird zusammen mit dem primär in der Vergasung gebildeten CO_2 aus dem Synthesegas entfernt. Dieser rechnerische CO_2-Gehalt ist in Tabelle 4.2 ausgewiesen und kann als Anhaltspunkt für den bei der Kohlevergasung eingetretenen Energie- und Kohlenstoffverlust für die Deckung der Reaktionsenergie dienen. Es zeigt sich, daß dieser Zahlenwert mit steigender Vergasungstemperatur höher, also ungünstiger, wird.

Das bei den Vergasungsverfahren mit niedriger Temperatur und hohem Druck gebildete Methan wird heute, soll das Rohgas als Methanolsynthesegas dienen, einer Nachspaltung zugeführt. Hierfür wird erneut Hochtemperatur-Energie benötigt, so daß der energetische Vorteil dieser Verfahren wieder verlorengeht.

Alternativ hierzu könnte das gebildete Methan jedoch auch direkt verwendet werden, als synthetisches Erdgas [4.8], [4.27], [4.28]. In Abb. 4.6 sind diese beiden Verfahrensvarianten schematisch gegenübergestellt. Im ersten Fall wird das aus der Syntheseschleife des Methanolreaktors ausgeschleuste, methanreiche Purgegas einer autothermen Reformierung mit Sauerstoff zugeführt. Das dabei entstehende Synthesegas wird dem von der Kohlevergasungseinheit kommenden Synthesegas zugemischt. Im zweiten Fall wird das Purgegas einem Methanisierungsreaktor zugeführt, in dem es in synthetisches Erdgas von Pipeline-Qualität umgewandelt wird. Der Anteil der Produkte liegt dabei etwa so, daß 1/3 des erzeugten Heizwerts im synthetischen Erdgas steckt und 2/3 im Methanol [4.29].

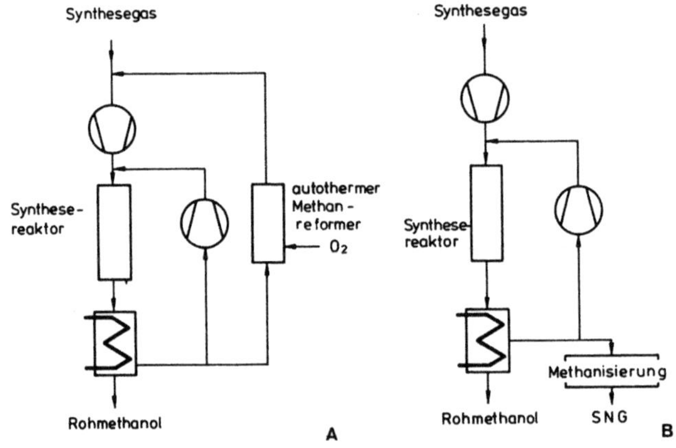

Abb. 4.6. Methanolerzeugung aus methanhaltigem Synthesegas ohne (*A*) und mit (*B*) paralleler Erzeugung von synthetischem Erdgas (SNG)

Für den Gesamtprozeß der Herstellung von Nutzenergie aus der Primärenergie Kohle ergibt sich im Falle des Koppelprozesses ein besserer Nutzungsgrad. Werden für Kohlevergasung mit Methanol als einzigem Produkt Wirkungsgrade zwischen

48 und 52% erreicht, so lassen sich in einem Koppelprozeß Methanol und Methan mit einem Gesamtwirkungsgrad von 58–62% erzeugen. Für eine Koppelproduktion von Methanol und Industrieheizgas wird sogar ein energetischer Wirkungsgrad von 67,3% erwartet [4.25].

Die für die Vergasung von Kohle entwickelten Verfahren sind in abgewandelter Form auch für die Vergasung von Torf, Holz sowie landwirtschaftlicher und kommunaler Abfälle geeignet.

4.2.4 Rohstoffe Torf und Holz

Steinkohle, Braunkohle, Torf und Holz stellen pflanzliche Biomasse unterschiedlichen Alters dar. In Tabelle 4.3 nach [4.30] sind die Elementaranalysen von Steinkohle, Braunkohle, Torf und Holz, jeweils bezogen auf die wasser- und aschefreie Grundsubstanz, zusammengestellt. Es zeigt sich, daß mit zunehmendem Alter insbesondere der Kohlenstoffgehalt steigt und der Sauerstoffgehalt stark abnimmt. In direktem Verhältnis zum Sauerstoffgehalt steht der Heizwert des Rohstoffs, der für Holz am niedrigsten und für Steinkohle am höchsten liegt.

Tabelle 4.3. *Zusammensetzung von Kohle, Torf und Holz. Substanz absolut trocken, aschefrei (Gew.-%)*

	Steinkohle	Braunkohle	Torf	Holz
C	79,5	66,6	56,9	49,5
H	4,7	4,9	5,7	6,1
O	12,7	26,9	35,9	44,1
N	1,4	1,2	1,3	0,3
S	1,7	0,4	0,2	0,02
unterer Heizwert (kJ/kg)	31 100	25 500	21 800	18 400
oberer Heizwert (kJ/kg)	32 100	26 600	23 000	19 700

Für die Vergasungseigenschaften relevante Unterschiede zwischen Torf und Braunkohle sind: Der wesentlich höhere Anteil an flüchtigen Bestandteilen im Torf, der geringere Heizwert, bedingt durch höheren Sauerstoffgehalt, und die höhere Reaktivität. Torf kann deshalb mit extrem kurzen Reaktionszeiten vergast werden. Bei entsprechender Prozeßführung ist es darüber hinaus möglich, einen gegenüber Kohle höheren Anteil an Primär-Kohlenwasserstoffen bei der Vergasung zu erhalten. Torf bietet sich deshalb besonders für eine Koppelproduktion Methanol und Kohlenwasserstoff an [4.31].

Für die Vergasung von Holz eignen sich insbesondere Verfahren, die für Rohstoff in stückiger Form entwickelt wurden, da dann der Aufwand für die Holzzerkleinerung gering ist.

Verfahren zur Vergasung von Holz werden deshalb aus Kohlevergasungsverfahren entwickelt, die entweder mit einem Festbett oder mit einer Wirbelschicht arbeiten. Zur Erhöhung der spezifischen Ausbeute und zur Verringerung der Investitionskosten werden Verfahren, die bei erhöhtem Druck arbeiten, vorgeschlagen [4.32], [4.33], [4.34].

Wegen der gegenüber Kohle hohen Reaktivität von Holz sind hohe Umsatzraten bereits bei relativ niedriger Temperatur zu erreichen, was die Effektivität der Synthesegaserzeugung verbessert. Weitere positive Aspekte von Holz gegenüber Kohle als Energieträger sind der geringe Aschegehalt und der außerordentlich geringe Schwefelanteil im Holz. Diese Eigenschaften vereinfachen die Synthesegaserzeugung und vor allen Dingen die Synthesegasreinigung. Wegen des im Rohstoff bereits enthaltenen Sauerstoffs ist der Bedarf an externem Sauerstoff für die Vergasung geringer, was ebenfalls positiv zu bewerten ist. Andererseits sind aber der Kohlendioxid- und Wassergehalt des Rohsynthesegases höher, so daß das Verhältnis aus fertigem Synthesegas zu Rohgas ungünstiger wird. Insgesamt gesehen liegen die Wirkungsgrade der Methanolerzeugung aus Holz etwas über denen aus Kohle [4.30], [4.32].

Methanolerzeugung aus Holz bedeutet Herstellung eines flüssigen Energieträgers für Kraftfahrzeuge aus einem nachwachsenden Rohstoff. Dieser Prozeß ist als Teilschritt eines geschlossenen Kohlenstoffkreislaufs anzusehen, der mit der Fixierung von Kohlenstoff aus dem in der Luft enthaltenen Kohlendioxid in einer Pflanze beginnt und mit der Freisetzung von Kohlendioxid bei der motorischen Verbrennung endet. Der Nutzeffekt dieses Kreislaufs hängt in erster Linie von den Energie- und Kohlenstoffverlusten bei der Umwandlung des Holzes in Methanol ab.

Da die konventionellen Verfahren, nach dem Vorbild der Kohlevergasung, Kohlenstoffverluste von etwa 50% mit sich bringen, wurden verschiedene Prozesse mit Einkoppelung von Fremdenergie vorgeschlagen [4.33], [4.35], [4.36]. In Tabelle 4.4 werden vier Verfahren hinsichtlich Holzverbrauch und Stromverbrauch miteinander verglichen. Alle Prozeßvarianten basieren auf einer Wirbelschichtvergasung bei einem Vergasungsdruck von 10 bar. Bei der Variante A wird der für die Abstimmung des Roh-Synthesegases auf die stöchiometrischen Erfordernisse der Methanolsynthese erforderliche Wasserstoff komplett durch eine Wasserelektrolyse erzeugt. Der dabei entstehende überschüssige, nicht für die Holzvergasung erforderliche Sauerstoff kann einem externen Verbraucher zugeführt werden. Die Variante B beinhaltet ebenfalls eine Wasserelektrolyse, aber nur in einem Ausmaß, wie durch den Sauerstoffbedarf der Holzvergasung gegeben. Das verbleibende Wasserstoffdefizit wird durch eine Synthesegaskonversion gedeckt. Bei der Variante C wird der benötigte Vergasungssauerstoff durch Luftzerlegung gewonnen, die gesamte Synthesegasanpassung wird durch Rohgas-Konvertierung durchgeführt.

Tabelle 4.4. *Verfahrensvarianten zur Methanolerzeugung aus Holz, nach [4.33], [4.35]*

Alternative	A[1]	B	C	D
Holzverbrauch ($t/t_{Methanol}$, 30% Feuchte)	1,3	2,0	2,6	3,5
Stromverbrauch aus externer Quelle ($kWh/t_{Methanol}$)	5 300	2 800	700	–
Kohlenstoffnutzung[2] (%)	82	54	41	31
Energetischer[3] Gesamtwirkungsgrad (%)	42	47	52	43

[1] Es entstehen 397 $m_N^3/t_{Methanol}$ Überschußsauerstoff.
[2] Kohlenstoffgehalt des trockenen Holzes angenommen zu 50 Gew.-%.
[3] Stromerzeugung aus Wasserkraft mit Wirkungsgrad von 65%.

In allen drei Fällen A–C wird die benötigte elektrische Energie extern bezogen. Der Fall D entspricht dem Fall C, mit interner Stromerzeugung.

Der Holzverbrauch für die einzelnen Verfahrensvarianten liegt zwischen 1,3 t/t Methanol beim Verfahren A, entsprechend einer rechnerischen Kohlenstoffnutzung von 82%, bis 3,5 t/t Methanol beim Verfahren D, entsprechend einer Kohlenstoffnutzung von 31%. Selbstverständlich sind die Verfahrensvarianten A und B nur dann sinnvoll, wenn billige elektrische Energie aus Wasserkraft zur Verfügung steht. Dies ergibt sich auch aus der Betrachtung der energetischen Gesamtwirkungsgrade der Prozesse, bei denen für die Stromerzeugung ein Wirkungsgrad von 65% eingesetzt wurde. Würde man den Strom in einem thermischen Kraftwerk, beispielsweise aus Holz, erzeugen, so wären die Verfahren A und B deutlich schlechter als die Varianten C und D.

Eine weitere Möglichkeit zur Holzvergasung mit elektrischer Energie als Zusatzenergie ist die Wasserdampfvergasung in einem elektrisch direkt beheizten Vergaser [4.36]. Zur Erzeugung von Synthesegas für eine Tonne Methanol werden Verbrauchszahlen von 1,7 t Holz (30% Feuchtigkeit) und 1 340 kW/h elektrischer Energie angegeben. Ein direkter Vergleich zu den Werten in Tabelle 4.4 ist nicht möglich, da keine Angaben über den zusätzlichen Energieverbrauch im Prozeß bei der Methanolherstellung, insbesondere der Synthesegaskompression und der Methanoldestillation, vorliegen.

4.2.5 Rohstoff Abfälle

Für die Umwandlung von festen, städtischen Abfällen in Wertstoffe wurden Pyrolyseverfahren vorgeschlagen, die als Alternative zur Mülldeponie oder Müllverbrennung anzusehen sind. Für die Erzeugung von Methanol aus Abfall werden 4–7 t Abfall/t Methanol benötigt, abhängig von der Zusammensetzung des Abfalls, insbesondere dem Gehalt an zellulosehaltigen Rückständen [4.37], [4.38].

Zur Vergasung von landwirtschaftlichen Abfällen ist für die Wahl eines Vergasungsverfahrens die Konsistenz des Rohstoffs von besonderer Bedeutung. Landwirtschaftliche Abfälle mit relativ hoher Dichte, wie Kokosnußschalen oder Maiskolben, lassen sich gut in einem Festbettreaktor vergasen. Leichte Produkte wie Stroh oder Reisschalen lassen sich in diesem Reaktortyp jedoch nicht ohne weiteres vergasen, sondern müssen vorher kompaktiert werden. Da dieser Vorgang hinsichtlich Energieverbrauch und Kosten aufwendig ist, werden für die Vergasung spezifisch leichter landwirtschaftlicher Abfälle Fließbettverfahren entwickelt, die keine Materialvorbehandlung erfordern [4.39].

4.3 Methanolsynthese

Methanol ist nur eines der Produkte, die sich bei erhöhter Temperatur und erhöhtem Druck aus Synthesegas bilden können. Nebenreaktionen, wie die Bildung von Methan, Propanol oder Dimethyläther, sind nicht nur möglich, sondern sogar thermodynamisch bevorzugt. Aus diesem Grund ist für die Methanolsynthese ein hochselektiver Katalysator notwendig. In Abb. 4.7 ist die Methanol-Gleichgewichtskonzentration aufgetragen, wie sie sich in einem stöchiometrischen Gemisch aus Wasserstoff und Kohlenmonoxid, abhängig von Temperatur und Druck, einstellt [4.40]. Die ersten großtechnisch betriebenen Metha-

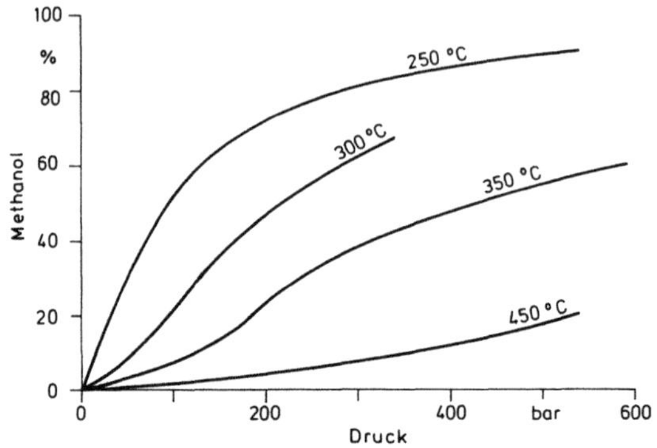

Abb. 4.7. Gleichgewicht der Methanol-Bildungsreaktion nach [4.40]

nolanlagen benutzten Katalysatoren auf Basis Zinkoxid/Chromoxid, die erst bei Temperaturen um 350°C eine ausreichende Reaktionsgeschwindigkeit der Methanolbildungsreaktion ergaben. Diese hohen Temperaturen bedingten gleichzeitig hohe Synthesedrücke von 300–350 bar, wie sich aus Abb. 4.7 ergibt. Mit der Entwicklung von Katalysatoren auf Kupferbasis, deren Arbeitstemperatur wesentlich niedriger liegt, ergab sich gleichzeitig die Möglichkeit, den Synthesedruck herunterzusetzen. Hieraus resultieren folgende Vorteile:

- Die Investitionen für die Synthesestrecke werden geringer,
- es werden weniger Nebenprodukte produziert,
- für die Synthesegaskompression können Turbokompressoren anstelle der für die Hochdrucksynthese benötigten Kolbenkompressoren eingesetzt werden. Bei entsprechendem Vordruck des Synthesegases aus der Synthesegaserzeugung kann auf eine Kompression sogar verzichtet werden.

Bei der Verwendung der Katalysatoren auf Kupferbasis sind drei Randbedingungen zu beachten. Die maximale Katalysatortemperatur soll 270°C nicht übersteigen, da oberhalb dieser Temperaturgrenze durch Rekristallisationsvorgänge eine schnelle Katalysatoralterung eintritt. Das Synthesegas muß eine Mindestkonzentration an Kohlendioxid enthalten, um den Katalysator, der in oxidischer Form vorliegt, vor einer Reduktion zu schützen. Am günstigsten wird das Synthesegas so eingestellt, daß sich für die Konzentrationen der Einzelbestandteile das stöchiometrische Verhältnis ergibt:

$$\frac{H_2 - CO_2}{CO + CO_2} = 2.$$

Schließlich sind Kupferkatalysatoren extrem empfindlich gegen Schwefelvergiftung. Das Synthesegas muß deshalb durch eine entsprechende Reinigung bis auf einen Rest-Schwefelgehalt von weniger als 1 ppm gereinigt werden.

Da bei einem Durchgang des Synthesegases durch den Methanolreaktor nur ein Teil des Synthesegases in Methanol umgewandelt wird, wird das Synthesegas in einem Kreislauf geführt. Auf Reaktionsdruck komprimiertes Synthesegas wird in einem Wärmetauscher auf Reaktionstemperatur vorgewärmt. Als wärmeabgebendes Medium dient das den Reaktor verlassende, methanolhaltige Gas. Das vorgewärmte Gas tritt dann durch den Reaktor hindurch, wobei ein Teil des Synthesegases exotherm zu Methanol reagiert. Die Wärme des abreagierten Gases wird nacheinander im Synthesegaswärmeaustauscher, einem Dampferzeuger und schließlich einem Kondensator genutzt. In einem Separator wird das kondensierte Methanol vom Gas getrennt. Der überwiegende Teil des verbleibenden Gases wird in die Syntheseschleife zurückgeführt, ein Teil des Gases wird als Purgegas ausgeschleust, um ein zu starkes Ansteigen von Inertgasbestandteilen zu verhindern. Zur Abfuhr der bei der exothermen Methanolbildungsreaktion freiwerdenden Wärme und damit zur Kontrolle der Reaktions- und Katalysatortemperatur wurden drei verschiedene Verfahrensvarianten und Reaktorkonstruktionen entwickelt. Diese Verfahrensprinzipien sind in Abb. 4.8 schematisch dargestellt.

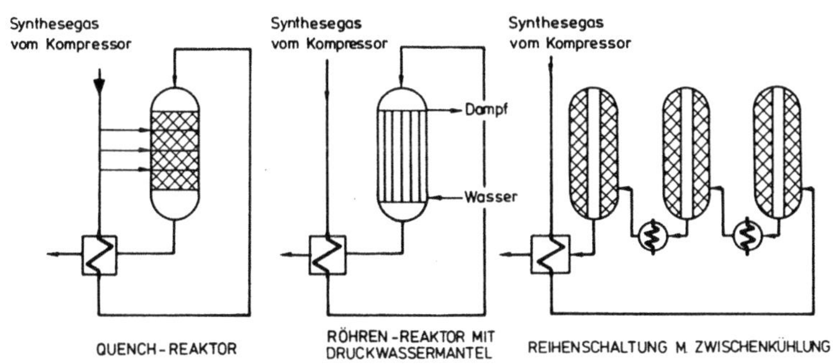

Abb. 4.8. Ausführungsformen von Methanolreaktoren

Beim ICI-Verfahren wird die Reaktion durch die Einleitung von kaltem Quenchgas, das aus dem Synthesegaskreislauf abgezweigt wird, kontrolliert. Das Quenchgas wird direkt in das Katalysatorbett auf verschiedenen Ebenen eingeleitet [4.41].

Beim Lurgi-Verfahren wird ein Röhren-Reaktor verwendet. Die Methanolbildung findet in den katalysatorgefüllten Rohren statt, im Außenraum des Reaktors befindet sich siedendes Wasser von vorgegebenem Druck, das die freiwerdende Reaktionswärme aufnimmt. Die Reaktionswärme wird demzufolge am gleichen Ort abgeführt, an dem sie entsteht. Die Reaktionsbedingungen sind damit quasi als isotherm anzusehen [4.42].

Das Topsoe-Verfahren arbeitet mit drei hintereinander geschalteten Reaktoren, zwischen denen das Synthesegas jeweils gekühlt wird. Die Reaktoren sind hier als annähernd adiabat anzusehen, Wärmeerzeugung und Wärmeabfuhr sind räumlich getrennt [4.43].

Das im Methanolabscheider anfallende Roh-Methanol enthält noch eine Reihe von Verunreinigungen. Neben Wasser, das aus stöchiometrischen Gründen aus dem im Synthesegas enthaltenen CO_2 entsteht, sind hauptsächlich Methylformiat, Dimethyläther, Kohlenwasserstoffe und höhere Alkohole enthalten. Diese Verunreinigungen machen bei den Niederdruck-Methanol-Verfahren nur etwa

1000–2000 ppm im Rohmethanol aus. Bei Verwendung des Methanols im Chemiesektor werden die Verunreinigungen durch eine zweistufige Destillation aus dem Methanol entfernt. Bei Verwendung des Methanols als Alternativ-Kraftstoff brauchten nicht so strenge Anforderungen an die Reinheit des Methanols gestellt zu werden. Die höheren Alkohole und der Dimethyläther könnten im Methanol verbleiben, bei Verwendung des Methanols als unvermischter Kraftstoff könnte obendrein ein Wassergehalt von einigen Prozent erlaubt werden.

Für die Methanol-Destillation wird Wärmeenergie benötigt, die etwa 10% der im Rohstoff enthaltenen Wärmeenergie entspricht. Allerdings würde ein Wegfall der Destillation nicht bedeuten, daß der energetische Wirkungsgrad der Methanolerzeugung um 10% ansteigt, da für die Destillation nur Wärme mittleren Temperaturniveaus benötigt wird, die bei anderen Teilprozessen abfällt oder auf höherem Temperaturniveau schon einmal genutzt wurde. Realistisch würde die Verwendung von Rohmethanol anstatt von Reinmethanol den Rohstoffverbrauch um 3–5% senken, wobei neben dem Wegfall des Wärmeverbrauchs der Destillation die Vermeidung von Produktverlusten in der Destillation und der Verbleib brennbarer Nebenprodukte im Methanol eine Rolle spielen [4.44], [4.45].

Insbesondere für die Verwendung von Methanol als Zumischkomponente ist ein Anteil höherer Alkohole im Methanol erwünscht, da er die Wassertoleranz des Methanol-Benzin-Gemischs erhöht, siehe Abschnitt 6.3.2. Durch Wahl geeigneter Katalysatoren und Anpassung der Reaktionsbedingungen ist es möglich, Methanol-Kraftstoff mit höheren Alkoholen, beispielsweise der in Tabelle 4.5 dargestellten Zusammensetzung, zu erzeugen [4.6], [4.46], [4.47]. Es ist allerdings ungewiß, ob dieser Weg, der naturgemäß zu einem höheren Synthesegas-Verbrauch führt, wirtschaftlicher ist als andere Verfahren zur Erzeugung höherer Alkohole. Hier sind insbesondere die Oxo-Synthese und die Hydratation von Olefinen zu nennen.

Tabelle 4.5. *Zusammensetzung von Methylkraftstoff*

Methanol	88,7–83,5 Gew.-%
Ethanol	2,2– 2,3 Gew.-%
Propanol	2,7– 3,6 Gew.-%
Butanol	5,3– 8,7 Gew.-%
Amylalkohol	1,1– 1,9 Gew.-%

4.4 Wirtschaftlichkeit

Die Wirtschaftlichkeit der Methanol-Erzeugung wird insbesondere vom eingesetzten Rohstoff bestimmt. Der Rohstoff bestimmt die Technologie der Synthesegas-Erzeugung, den Aufwand, der für Synthesegas-Reinigung und Konvertierung zu treiben ist, und schließlich gehen die Rohstoffkosten in starkem Maße direkt in die Produktkosten ein. Für eine Methanol-Anlage mit einer Kapazität von 3000 Tonnen pro Tag, die in einem westeuropäischen Land errichtet wird, sind beim Kostenstand 1981 etwa folgende Gesamtinvestitionskosten (autarke Anlage inklusive Kosten für Gebäude und Anlagenerrichtung) anzusetzen:

Rohstoff Erdgas: 410 Mio. DM,
Rohstoff Schweröl: 600 Mio. DM,
Rohstoff Steinkohle: 850 Mio. DM,
Rohstoff Braunkohle: 900 Mio. DM.

Für die Methanol-Erzeugungskosten ergibt sich der in Abb. 4.9 dargestellte Zusammenhang, wobei die Ansätze für die Betriebskosten der Anlage und die Verbrauchszahlen für Rohstoff und Energie aus Tabelle 4.6 zu entnehmen sind [4.7], [4.48], [4.49].

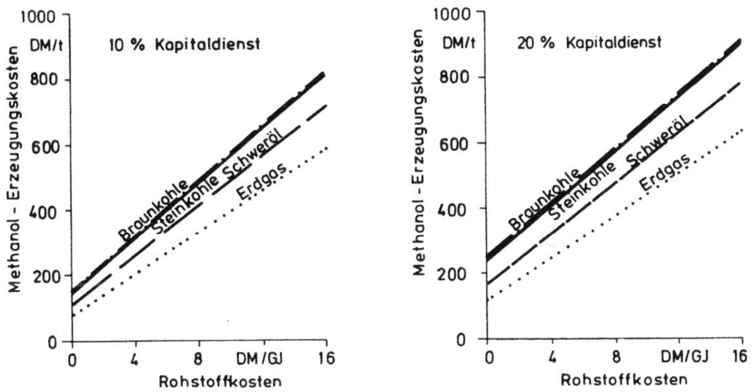

Abb. 4.9. Methanol-Gestehungskosten

Tabelle 4.6. *Betriebskosten und Rohstoffverbrauch*

	Erdgas	Schweröl	Braunkohle	Steinkohle
Betriebskosten*, DM/t Methanol	33	45	64	64
Rohstoffverbrauch, kJ/t Methanol (unterer Heizwert)	32	38	41	41

* inklusive Reparaturen

Durch Vergrößerung der Anlagenkapazität läßt sich eine Verringerung der spezifischen Investitionskosten erreichen. Als Maximalkapazität für eine Einstranganlage können etwa 5000 t/Tag angenommen werden. Noch größere Anlagen müssen durch Parallelschalten mehrerer Stränge konstruiert werden. In diesem Fall ergibt sich eine Kostendegression nur noch durch Verbilligung von Nebenanlagen, Infrastrukturmaßnahmen, Planungs- und Organisationskosten. Bei einer Anlage zur Erzeugung von Methanol aus Kohle sind für eine Anlage mit einer Tageskapazität von 5000 t um 10 – 15% niedrigere spezifische Investitionskosten anzusetzen als für eine Anlage mit 3000 t/Tag, bei einer Anlage für 15000 t/Tag würden die spezifischen Investitionskosten um 25 – 30% niedriger anzusetzen sein.

In Tabelle 4.7 sind Kosten für verschiedene Energiearten in der Bundesrepublik im Jahre 1977 denen von Mitte 1981 gegenübergestellt. Die extreme Rohölverteue-

Tabelle 4.7. *Materialkostensituation DM/GJ*

	Erdgas	Rückstandsöl	Braunkohle	Deutsche Steinkohle	Importkohle
1977	5,3	3,8	2,0	4,8	3,1
1981	10,4–18	12	3,4	7,7	4,8–7,6

rung in diesem Zeitraum hat sich selbstverständlich zuerst auf den Wärmepreis des Rückstandsöls ausgewirkt, der in dieser Zeit um mehr als das vierfache anstieg. Im Gefolge der Ölpreise stieg auch der Preis für Erdgas, der langfristig an den Preis von Ölprodukten gekoppelt ist. Die weite Spanne der Erdgaspreise Mitte 1981 erklärt sich aus der Tatsache, daß alte Verträge noch auf relativ niedrigem Preisniveau abgewickelt werden, bei Neuverträgen jedoch wesentlich höhere Preise akzeptiert werden müssen. Eine ähnliche Situation, wenn auch nicht ganz so extrem, ist bei Importkohle gegeben, bei der in Neuverträgen annähernd das Preisniveau der deutschen Steinkohle erreicht wird. Der nach wie vor mit Abstand preisgünstigste Energieträger in der Bundesrepublik Deutschland ist die heimische Braunkohle. Braunkohle steht jedoch zur Zeit für Zwecke der Alternativkraftstofferzeugung nur beschränkt zur Verfügung.

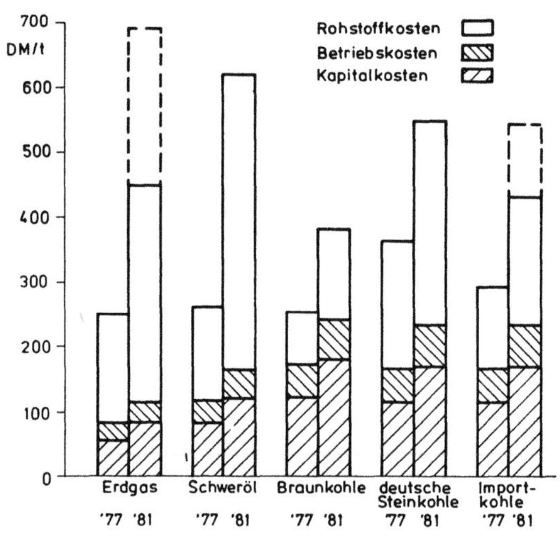

Abb. 4.10. Herstellkostenvergleich 1977/1981

Ein Vergleich der Methanol-Herstellkosten im Jahre 1977 mit denen von Mitte 1981 zeigt einige interessante Entwicklungen (Abb. 4.10). Die Kalkulationen wurden unter folgenden Voraussetzungen durchgeführt: Investitionskosten und Betriebskosten im Jahre 1977 um 20% niedriger als Mitte 1981, Kapitaldienst 1977 17%/a, 1981 20%/a.

1977 waren die Erzeugungskosten für Methanol aus Erdgas, Rückstandsöl und Braunkohle innerhalb der Genauigkeitsgrenzen einer derartigen Abschätzung gleich. Die geringeren Rohstoffkosten bei Braunkohle kompensierten gerade die höhere Belastung, die durch die Amortisierung des höheren Investitionsbedarfs entstanden. Methanol aus deutscher Steinkohle lag mit etwa 40% höheren Kosten außerhalb eines möglichen Wettbewerbs. 1981 bot Methanol aus Braunkohle mit Abstand die preisgünstigste Möglichkeit zur Erzeugung eines alternativen Kraftstoffs in Deutschland. Auch Methanol aus Steinkohle, sowohl importiert als auch aus deutscher Produktion, wäre noch billiger als Methanol aus Schweröl oder Erdgas, wenn das Erdgas zu Preisen an der oberen Grenze des heutigen Preisniveaus bezogen werden müßte.

Durch die Entwicklung der Energiepreise hat sich auch der Anteil der Rohstoffkosten an den Gesamtmethanolkosten deutlich erhöht. Damit kommt der möglichst effektiven Nutzung des Rohstoffs bei der Methanolherstellung, das heißt dem Gesamtwirkungsgrad der Anlage, heute eine noch größere Bedeutung zu als vor einigen Jahren. Eine Kostensenkung durch besonders große Anlagen wäre insbesondere bei den kapitalintensiven Anlagen auf Kohlebasis möglich, während sie für Anlagen auf Basis Erdgas oder Schweröl wegen der relativ geringen Bedeutung der kapitalabhängigen Kosten nur noch wenig bringt. Hierbei ist allerdings zu beachten, daß diese Betrachtung für einen Standort der Methanolanlage in Westeuropa oder einem anderen hochindustrialisierten Land gilt. Für eine Methanolanlage beispielsweise im Nahen Osten oder in Afrika können sich wegen standortbedingter Erschwernisse (fehlende Infrastruktur, große Transportentfernungen für Anlagenkomponenten, höherer Aufwand für Baubetreuung und Inbetriebnahme) wesentlich höhere Investitionskosten ergeben. Stehen gleichzeitig Erdgas oder Rückstandsöl mit geringen Einstandskosten zur Verfügung (1–2 DM/GJ), dann verändert sich die Relation aus Fixkosten und Rohstoffkosten grundlegend. In diesem Fall bringt auch eine Anlagenvergrößerung eine entsprechende Verringerung der Gesamtkosten mit sich.

Für Anlagen zur Erzeugung von Methanol aus Torf oder Holz sind in etwa die gleichen Investitionskosten anzusetzen wie für Anlagen auf Basis Braunkohle [4.30]. Bei der möglichen Anlagengröße sind insbesondere bei Holz als Rohstoff Restriktionen gegeben durch die Rohstoffverfügbarkeit und die mittlere Trans-

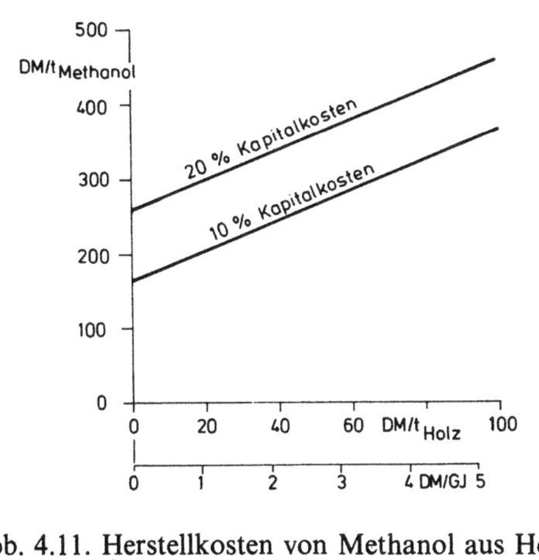

Abb. 4.11. Herstellkosten von Methanol aus Holz

portentfernung. Bei einem Hektarertrag von 10–15 t Trockensubstanz, wie er für schnellwachsende Bäume (Eukalyptus, Pinien, Pappeln) realistisch ist, werden für eine Methanolanlage mit einer Tageskapazität von 1 000 t ca. 600 km^2 Anbaufläche benötigt. Ein derartiges Areal könnte kreisförmig mit einem Radius von etwa 15 km angelegt werden, mit der Methanol-Produktionsanlage in der Mitte. Die mittlere Transportentfernung des Holzes beträgt dann ca. 10 km, was verhältnismäßig geringe Transportkosten verursacht [4.50], [4.51]. Die Investitionskosten für eine Methanolanlage aus Holz mit einer Tageskapazität von 1 000 t sind zu etwa 320 Mill. DM anzusetzen. Bei einem Kapitaldienst von 20%/a und spezifischen Betriebskosten der Anlage von 70 DM/t Methanol ergibt sich der in Abb. 4.11 dargestellte Zusammenhang zwischen Rohstoffkosten und Methanolgestehungskosten. Es zeigt sich, daß bei Rohstoffpreisen von 40–60 DM/t Trockensubstanz, wie sie z. B. in den USA und in Brasilien als realistisch angesehen werden, die Methanolerzeugung aus Holz auch unter wirtschaftlichen Gesichtspunkten eine ernstzunehmende Alternative darstellt.

Aus dem Vergleich mit den Methanol-Herstellungskosten aus fossilen Energieträgern in Abb. 4.10 ergibt sich, daß auch für deutsche Verhältnisse die Methanolerzeugung aus Holz wirtschaftlich ist, wenn Abfallholz mit Maximalkosten von 100 DM/t eingesetzt wird.

Literatur

[4.1] Survey of Energy Resources. 11. Welt-Energiekonferenz. München 1980.
[4.2] Hall, D. O.: Solar Energy through Biology – Fuel for the Future. Res. Publ. University of London, King's College, 1980.
[4.3] Kolbusch, P., Schäfer, W.: Biokonversion. Biologisch-Technische Systeme zur Energiegewinnung. Studie der Dornier-System GmbH, 1978.
[4.4] Autoren-Team: Rohstoff Kohle. Verlag Chemie, 1978.
[4.5] Mundo, K.-J.: Verfahrenswege und Gestehkosten für die Bereitstellung von Methanolkraftstoff in der BRD. International Symposium on Alcohol Fuel Technology, Paper No. 3.1. Wolfsburg 1977.
[4.6] Baron, G., Möller, F. W., Supp, E.: Methanolsynthese und Möglichkeiten der Fuel-Methyl-Herstellung. International Symposium on Alcohol Fuel Technology, Paper No. 3.6. Wolfsburg 1977.
[4.7] Autoren-Team: Neuen Kraftstoffen auf der Spur. Verlag TÜV Rheinland, 1974.
[4.8] Supp, E.: Gasoline Production from Natural Gas or Coal. KTI-Symposium, Los Angeles 1980.
[4.9] Madsack, H.-J., Buskies, U.: Kohle und Erdöl als hochwertige Rohstoffe für die chemische Industrie. Erdöl und Kohle **30**, 1 (1977).
[4.10] Tippmer, K.: Synthesegase durch autotherme partielle Oxydation von Kohlen- und Rückstandsölen. Erdöl und Kohle **32**, 6 (1979).
[4.11] Schilling, H.-D., Bonn, B., Krauss, U.: Kohlenvergasung. Rohstoffwirtschaft International, Bd. 4. Verlag Glückauf, 1979.
[4.12] Bodle, W. W., Schora, F. C.: Coal Gasification Technology Overview, in: Advances in Coal Utilization Technology. Symp. Pap. Inst. of Gas Technology, 1979.
[4.13] Roberts, G. F.: Gasification of Coal. Welt-Energiekonferenz, München 1980, Positionspaper zu RT1.
[4.14] Peters, W.: Möglichkeiten und Grenzen des zukünftigen Einsatzes von Kohle in der Energieversorgung. Brennstoff – Wärme – Kraft **32**, 9 (1980).
[4.15] Hiller, H.: Kohle-Druckvergasung. Erdöl und Kohle **28**, 2 (1975).

[4.16] Franke, F., Pattas, E., Nitschke, E., Keller, J.: Herstellung von Methanol aus rheinischer Braunkohle. International Symposium on Alcohol Fuel Technology, Paper No. 3.2. Wolfsburg 1977.
[4.17] Anlagen für die Kohletechnologie/Rheinbraun-HTW-Verfahren. Firmenschrift der Uhde GmbH, 1981.
[4.18] Patel, J. G.: The U-Gas Process. 6th Annual Conference on Coal Gasification, Liquefaction and Conversion to Electricity. University of Pittsburg, 1979.
[4.19] Vogt, E. V., van der Burgt, M. J.: Status of the Shell-Koppers Process, CEP, März 1980.
[4.20] Cornils, B., Hippel, J., Ruprecht, P., Langhoff, J., Dürrfeld, R.: Rohstoffe und Energie durch Kohlevergasung: Die Ruhrchemie/Ruhrkohle-Demonstrationsanlage zur Texaco-Kohlevergasung. Brennstoff – Wärme – Kraft **32**, 10 (1980).
[4.21] Rossbach, M., Küffner, P., Füssmann, G., Grams, W.: Druckvergasung nach dem Saarberg-Otto-Verfahren. Haus der Technik – Vortragsveröffentlichungen Nr. 405.
[4.22] Peyrer, H., Röbke, G.: Die Versuchsanlage Ruhr 100 zur Weiterentwicklung der Lurgi-Druckvergasung von Steinkohlen. Chemie-Technik **9**, 8 (1980).
[4.23] Sharman, R. B., Lacey, J. A., Scott, J. E.: The British Gas/Lurgi Slagging Gasification. Synfuels Int. Conf., Frankfurt 1981.
[4.24] The Pipeline Gas Demonstration Plant. Report from Continental Oil Company for U.S. Dep. of Energy, FE 2542-10.
[4.25] Bauer, J., Dorstewitz, U., Kaimann, W., Schauerte, H.: The KGN Fixed-Bed Gasifier and the Planned Gasworks "Riedelland". Synfuels Int. Conf., Frankfurt 1981.
[4.26] van Heek, K., Jüntgen, H.: Die Herstellung von Motorenkraftstoffen durch Kohlevergasung. International Symposium on Alcohol Fuel Technology, Paper No. 3.3. Wolfsburg 1977.
[4.27] Jackson, R. G.: The Role of Methanol as a Clean Fuel. SAE 740 642.
[4.28] Eisenlohr, K. H., Gaensslen, H.: Motorkraftstoffe aus Kohle. Erdöl und Kohle **33**, 5 (1980).
[4.29] Mitteilung der Firma Lurgi Kohle und Mineralöltechnik GmbH.
[4.30] Keller, J.: Conceptual Design of Methanol Plants Based on Coal, Peat and Wood. Firma Uhde, Symposium Stockholm, 1980.
[4.31] Punwani, D. V.: Synthetic Fuels from Peat. Paper Presented at Management Assessment of Peat as an Energy Resource. Arlington 1979.
[4.32] Kohan, St. M.: Production of Methanol from Wood. Third International Symposium on Alcohol Fuels Technology. Asilomar, California 1979.
[4.33] Nitschke, E., Wehner, H.: Herstellung von Methanol durch Vergasung von Holz. Vortrag auf der Achema. Frankfurt 1979.
[4.34] Yang, U., Trindade, S. C.: Gasification of Lignocellulosics for Methanol Production. Fourth International Symposium on Alcohol Fuels Technology. Guarujá, Brasil 1980.
[4.35] Mundo, K. H., Wehner, H.: The Production of Methanol from Wood, Processes, Foresting and Economics. Third International Symposium on Alcohol Fuels Technology. Asilomar, California 1979.
[4.36] Oliveira, E. S.: The Electro Chemical Route Wood to Syngas. Fourth International Symposium on Alcohol Fuels Technology. Guarujá, Brasil 1980.
[4.37] Die Herstellung von Brennstoffen aus festen städtischen Abfällen. Touring **26**, 4. Juli 1974.
[4.38] Conversion of Solid Waste to Methanol or Ammonia. Feasibility Study, prep. for City of Seattle. Math. Sci. Northwest Inc., 1974.
[4.39] Molle, J. F.: Two New Types of Biomass Gasifiers Developed at C.N.E.E.M.A. 1st E.C. Conf. on Energy from Biomass. Brighton 1980.

[4.40] Hughes, D. O.: Methanol, The Chemical of the Future. Chemsa, October 1980.
[4.41] McIntosh, A. C. P.: ICI Low Pressure Methanol Process. Alcohol Fuels. Sydney 1978.
[4.42] Hamilton, C. J.: Methanol from Coal via the Lurgi Route. Alcohol Fuels. Sydney 1978.
[4.43] Methanol from Coal Technology. Firmenschrift der Haldor Topsoe A/S, Dänemark.
[4.44] Nitschke, E., Keller, J.: Betrachtungen über die Energieumwandlung bei der Produktion von Methanol aus Kohle. Chemie – Ingenieur – Technik **9**, 3 (1980).
[4.45] Wirtschaftlichkeitsstudie Methan – Methanol. Studie der Salzgitter AG für das BMFT, ET 3057, 1976.
[4.46] Laux, P. G.: The Catalytic Production and Mechanism of Formation of "Methyl Fuel". International Symposium on Alcohol Fuel Technology, Paper No. 3.5. Wolfsburg 1977.
[4.47] Sugier, A., Arlie, J. P., Freud, E.: The I.F.P. Way to Produce $C_1 - C_5$ Alcohols for Use as a Gasoline Blending Component. Fourth International Symposium on Alcohol Fuels Technology, Guarujá, Brazil, October 5–8, 1980.
[4.48] Methanol Production from Coal. Firmenschrift der Lurgi GmbH, 1979.
[4.49] Keller, J., Nitschke, E.: Production Cost Analysis for Methanol from Coal, Heavy Oil and Natural Gas Referred to Different Plant Locations. AICHE – IMIG Joint Meeting, Acapulco 1980.
[4.50] Norman, J. B.: Optimum Methods of Handling Woodships for Energy Plantations. 14th IECE Conference. Boston 1979.
[4.51] Jones, J. C., et al.: A Comparative Economic Analysis of Alcohol Fuels Production Options. Third International Symposium on Alcohol Fuel Technology. Asilomar, California 1979.

5. Herstellung von Ethanol

5.1 Ausgangsmaterialien

Für die Erzeugung von Ethanol-Kraftstoff werden im folgenden nur die Prozesse berücksichtigt, die von erneuerbaren Rohstoffen ausgehen. Industriealkohol aus Ethylen und Ethanol, das als Nebenprodukt bei der Fischer-Tropsch-Synthese anfällt, werden nicht weiter berücksichtigt.

Prinzipiell eignet sich für die Ethanolerzeugung jede zucker-, stärke- oder cellulosehaltige Biomasse. In Tabelle 5.1 sind die für eine Ethanol-Kraftstoffherstellung wichtigsten Vertreter der drei Biomassen zusammengestellt. Die Mengenverhältnisse der Jahresproduktion verschiedener Biomassen wurden bereits in Abb. 4.2 dargestellt. Danach machen zuckerhaltige Pflanzen mit ca. 10^9 t/a weniger als 1‰ der insgesamt gebildeten Biomasse aus. Aus diesen 10^9 t zuckerhaltiger Pflanzen werden weniger als 10^8 t Zucker pro Jahr gewonnen, die Trockensubstanz des verbleibenden Restes besteht in erster Linie aus Cellulose. Auch die Produktion der verschiedenen stärkehaltigen Pflanzen summiert sich nur zu weniger als 1‰ der Gesamtbiomasse. Auch hier besteht der bei der Nutzung verbleibende Rest, immerhin ca. 10^9 t pro Jahr, überwiegend aus Cellulose.

Tabelle 5.1. *Pflanzliche Rohstoffe für die Ethanol-Erzeugung*

Zuckerhaltig	Stärkehaltig	Cellulosehaltig
Zuckerrohr	Getreide	Holz
Zuckerrübe	Mais	Waldrestholz
Zuckerhirse	Maniok	schnellwachsende Bäume
	Kartoffeln	oder Sträucher
		Einjahrespflanzen
		Hanf
		Kenaf
		Landwirtschaftliche Rückstände
		Bagasse
		Stroh
		Strünke, Hülsen, Schalen
		Kommunale Abfälle
		Altpapier
		Holzreste

Dieser Mengenvergleich der verschiedenen Biomassenarten zeigt deutlich, daß für eine Nutzung zur Herstellung von Alternativkraftstoffen insbesondere cellulosehaltiges Material sinnvoll zu verwenden ist. Ein weiteres Argument für die Nutzung von Cellulose ist, daß Zucker und Stärke Glieder der menschlichen Nahrungskette sind, Cellulose jedoch nicht. Trotzdem geht die konventionelle Ethanolerzeugung, auch die Erzeugung von Ethanol-Kraftstoff, heute praktisch ausschließlich von zucker- oder stärkehaltigen Rohstoffen aus.

Soll Ethanol-Kraftstoff jedoch eine Langfristlösung von überregionaler Bedeutung werden, so ist eine Nutzung von cellulosehaltigen Roh- und Reststoffen unabdingbar.

Unabhängig von der Art der eingesetzten Biomasse muß eine Kraftstofferzeugung aus erneuerbaren Primärenergieträgern bedeuten, in den natürlichen Kreislauf aus Biomasseentstehung und Biomassezerfall eine zusätzliche Nutzungsstufe einzubauen, ohne diesen Kreislauf nachhaltig zu stören. Diese Forderung in Einklang zu bringen mit der für eine Kraftstofferzeugung aus Biomasse nun einmal erforderlichen Beanspruchung der Ressourcen Boden, Wasser, Luft ist die Hauptaufgabe bei der Entwicklung ökologisch akzeptabler Gesamtkonzepte.

5.2 Herstellungsverfahren

5.2.1 Grundlagen

Die Herstellung von Gärungsalkohol aus Glucose durch Hefe erfolgt nach der Bruttoreaktion

$$C_6H_{12}O_6 \rightarrow 2C_2H_5OH + 2CO_2, \tag{1}$$

wobei die Bildungsenthalpie

$$\Delta G^0 = -234 \text{ kJ/Mol Glucose}$$

beträgt. Den zur Gärung befähigten Hefen ist damit die Möglichkeit gegeben, auch unter Sauerstoffabschluß, also unter anaeroben Bedingungen, Energie (freie Enthalpie) zu gewinnen.

Die Gesamtreaktion setzt sich aus zahlreichen Einzelschritten zusammen, die jeweils durch ein bestimmtes Enzym katalysiert werden [5.1] – [5.4]. Die Existenz lebender Hefezellen in der zu vergärenden Zuckerlösung ist jedoch nicht Grundvoraussetzung für die Gärung, vielmehr haben zellfreie Extrakte von Hefezellen, die die entsprechenden Enzyme enthalten, dieselbe Wirkung.

Neben der Disproportionierungsreaktion (1), die nur einen geringen für das Hefewachstum nutzbaren Energiebeitrag liefert, katalysiert das Enzymsystem der Hefen auch die Oxidationsreaktion:

$$C_6H_{12}O_6 + 6O_2 \rightarrow 6H_2O + 6CO_2, \tag{2}$$

$$\Delta G^0 = -2\,873 \text{ kJ/Mol Glucose.}$$

Aus der Reaktion (2) kann die Hefe die für das Wachstum von Zellmasse erforderliche Energie schöpfen. Voraussetzung für diese Reaktion sind aerobe Bedingungen, das heißt ein ausreichender Sauerstoffpartialdruck in der Kulturlösung.

Die Vergärung von zuckerhaltigen Lösungen durch Hefen ist die Grundlage der klassischen Gärungstechnologie (Herstellung von Trinkbranntwein, Bier und

Wein). Hefen sind jedoch nicht die einzigen Mikroorganismen, die zur alkoholischen Gärung befähigt sind. Auch einige Bakterien oder bestimmte Pilze können Alkohol bilden. Die Stoffwechselwege dieser Organismen unterscheiden sich jedoch von denen der Hefen mit dem Ergebnis, daß auch andere Stoffwechselprodukte als Ethanol in größerer Menge gebildet werden können und die Gärgeschwindigkeit und Alkoholausbeute unterschiedlich sind.

Für die größtmögliche Alkoholbildung ist es wichtig, daß für den jeweiligen Mikroorganismus die optimalen Kulturbedingungen eingestellt werden. Es müssen vergärbare Zucker, Nährsalze und eventuell auch Wuchsstoffe in ausreichender Konzentration vorliegen. Die Gärtemperatur und der pH-Wert sind so zu regulieren, daß sie dem Optimalbereich der Mikroorganismen entsprechen. Die meisten technischen Fermentationsprozesse verlaufen zwischen 25 und 40°C.

Zwischen dem minimalen und maximalen pH-Wert liegt eine sehr große Spannweite. Während für Hefen und Pilze der optimale pH-Bereich zwischen $pH = 4-6$ liegt, bevorzugen Bakterien höhere Werte im Bereich von $pH = 6-8$.

Diese Richtwerte schließen nicht aus, daß bestimmte Organismen auch unter extremen Bedingungen außerhalb dieser Bereiche existieren können.

Eine Darstellung des zeitlichen Verlaufs von kennzeichnenden Parametern bei einer konventionellen diskontinuierlichen alkoholischen Gärung zeigt Abb. 5.1a [5.5], [5.6]. Nach einer kurzen Verzögerungsphase erfolgt ein rascher Abbau der Zuckerkonzentration, unter gleichzeitigem Anstieg der Alkoholkonzentration. Mit fortschreitender Gärdauer wird die Hefeneubildung verlangsamt und schließlich bei höheren Alkoholkonzentrationen durch Produktinhibierung gehemmt. Die Population lebender Hefezellen erreicht einen Maximalwert und nimmt gegen Ende des Gärprozesses wegen des Absterbens von Zellen sogar ab. Die Zuckerkonzentration nimmt nach einer etwa logarithmischen Kurve ab, gleichzeitig strebt die Alkoholkonzentration asymptotisch einem Grenzwert zu. Dieser Grenzwert ergibt sich aus der Stöchiometrie der Reaktion (1) als Funktion der ursprünglichen Zuckerkonzentration, vermindert um den Anteil des Zuckers, der für die Bildung von Hefemasse oder Nebenprodukten verbraucht wurde.

Praktisch werden 90 bis 95% des ursprünglich in der Maische enthaltenen Zuckers in Alkohol umgesetzt. Mit Abklingen des Gärprozesses wird auch die CO_2-Bildung entsprechend verringert, so daß die Entgasung überwiegt und die CO_2-Konzentration absinkt. Der Gärprozeß wird beendet, wenn eine Verlängerung der Reaktionszeit keine wirtschaftlich interessante Ausbeutesteigerung mehr bringt. Die Gärung mit Bakterien hat prinzipiell den gleichen Verlauf wie die mit Hefen (Abb. 5.1b) [5.5]. Die geringere Biomasseproduktion bei gleicher Gärleistung zeigt jedoch, daß die spezifische Gärrate der Bakterien höher als die der Hefen sein kann. Einige thermophile Bakterien haben darüber hinaus den Vorteil, daß sie bei höherer Gärtemperatur arbeiten. Bei ihrer Verwendung kann nicht nur auf die Kühlung des Gärgefäßes verzichtet werden, höhere Gärtemperaturen beschleunigen auch die Gärung, verringern den Energiebedarf für die Aufkonzentrierung des Alkohols und vermindern die Infektionsgefahr.

Darüber hinaus besteht bei sehr hohen Gärtemperaturen die Möglichkeit, das gebildete Ethanol aus der Gärlösung zusammen mit dem gebildeten CO_2 auszutreiben. Damit wird eine Produktinhibierung durch höhere Ethanolkonzentrationen vermieden. Langfristig gesehen ist deshalb Bakterien-Gärungen ein

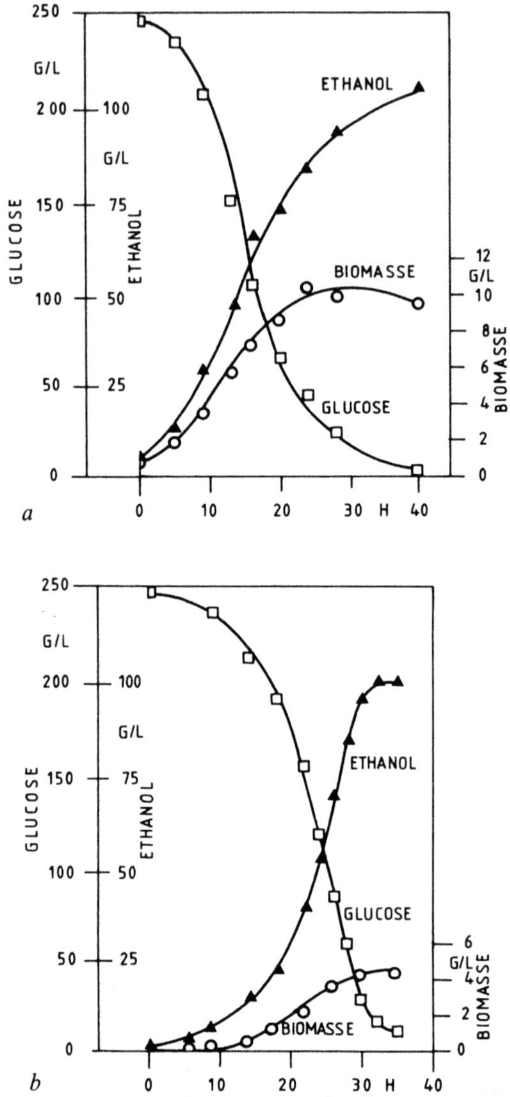

Abb. 5.1. Zeitlicher Ablauf der alkoholischen Gärung. *a*: Gärung mit Hefe, *b*: Gärung mit Bakterien nach [5.5]

hohes Potential zuzuerkennen, technisch genutzt werden in der Ethanol-Kraftstofftechnologie jedoch heute nur Hefen.

Die Gärdauer hängt sehr stark vom Rohstoff und der gesamten Prozeßführung ab. Die Verwendung bereits adaptierter Bakterien oder Hefen und die Einhaltung der optimalen Gärbedingungen können die Gärzeit erheblich verkürzen.

Bei der Fermentation mit Hefen steigt die Umsetzungsgeschwindigkeit zwischen 20°C und 35–40°C etwa linear mit der Temperatur und sinkt bei noch höheren Temperaturen dann schnell ab. Zur Erreichung kurzer Fermentationszeiten und damit kleiner Gärvolumina wäre demzufolge eine hohe Gärtemperatur anzustreben. Andererseits steigen mit wachsender Gärtemperatur die Ausbeuteverluste durch ausgedampften und von dem gebildeten Kohlendioxid mitgerissenen Alkohol. Im allgemeinen erfolgt deshalb die Gärung bei einer Temperatur zwischen 28 und 32°C. Zur Begrenzung der Temperatur muß die bei der Gärung auftretende exotherme Wärmetönung durch eine Kühlung des Gärbehälters ausgeglichen werden. Steht in tropischen oder subtropischen Ländern kein Kühlwasser mit entsprechend niedrigem Temperaturniveau zur Verfügung und kann die Gärung bei höheren Temperaturen (38 bis 40°C) durchgeführt werden, wobei Hefen mit größerer Temperaturtoleranz eingesetzt werden müssen, dann kann auf Kühlaggregate verzichtet werden. Der Alkoholverlust durch Ausdampfen kann durch eine Wäsche des Kohlendioxids, bei dem sich der Alkoholdampf im Waschwasser löst, vermieden werden. Zumindest bei mittleren und großen Anlagen rechtfertigt die Steigerung der Ausbeute den hierfür erforderlichen höheren apparativen Aufwand.

Einige osmotolerante Hefen können im Extremfall Lösungen mit Zuckerkonzentrationen von 25–30% vergären. Da hohe Zuckerkonzentrationen im zu vergärenden Substrat entsprechend hohe Alkoholkonzentrationen nach der Vergärung und damit geringeren Aufwand bei der Alkoholanreicherung bedeuten, sind sie prinzipiell positiv zu bewerten. Nachteilig ist die lange Gärdauer bei hohen Zucker-Ausgangskonzentrationen, bedingt durch die Inhibierung der Hefevermehrung und des Hefestoffwechsels bei hohen Alkoholkonzentrationen. Normalerweise wird deshalb in großtechnischen Anlagen nur mit Zuckerkonzentrationen gearbeitet, die eine Alkoholkonzentration von 7–10 Vol.-% ergeben. Bei der Verarbeitung zuckerhaltiger Rohstoffe ergibt sich eine derartige Zuckerkonzentration automatisch, bei stärkehaltigen Rohstoffen oder bei der Verarbeitung von Melasse wird das Substrat entsprechend verdünnt.

Umfangreiche Forschungsarbeiten haben ergeben, daß es möglich ist, Hefen zu isolieren, die sowohl bei hohen Temperaturen (40°C) als auch bei hohen Zuckerkonzentrationen gären können. Abb. 5.2 nach [5.7] zeigt den Vergleich einer

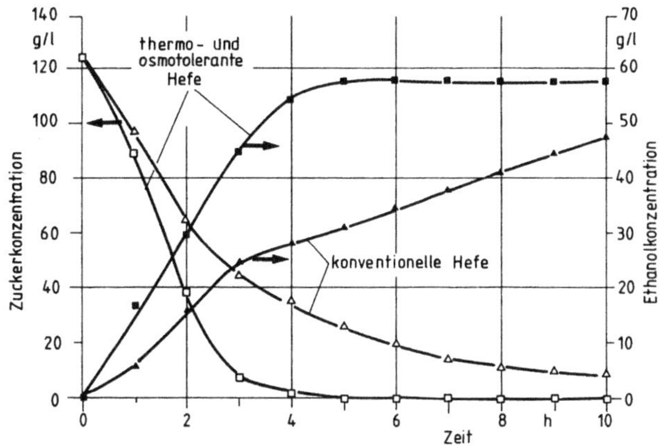

Abb. 5.2. Vergleich des Gärverlaufs mit einer thermo- und osmotoleranten Hefe zu konventioneller Brennereihefe

konventionellen Brennereihefe mit einer thermo- und osmotoleranten Hefe, aus dem sich die wesentlich höhere Raum/Zeitausbeute der weiterentwickelten Hefen klar ergibt.

Die für die Lebenstätigkeit von Hefen optimalen Umgebungsbedingungen begünstigen auch das Wachstum anderer Mikroorganismen. Für die alkoholische Gärung besonders wichtig sind Nebengärungen durch die Anwesenheit von säurebildenden Bakterien (Milchsäurebakterien, Buttersäurebakterien, Essigbakterien). Diese Nebengärungen sind in jedem Falle schädlich, da die Bakterien für ihre eigene Lebenstätigkeit Zucker oder Alkohol verbrauchen und damit die Ausbeute verringern. Außerdem können die durch Bakterien gebildeten Säuren die Gärleistung der Hefen verringern.

Schließlich führt bei der Verwendung des Alkohols als Treibstoff Säure zu erhöhter Korrosionsgefahr in Fahrzeugen und im Verteilungssystem (Kap. 7.8.4).

Zur Vermeidung von Infektionen werden die in den Brennereien benutzten Apparate regelmäßig gereinigt und bei Bedarf mit Dampf sterilisiert. An den zu verarbeitenden Rohstoffen anhängende Erdreste werden durch Waschen entfernt, und die zu vergärende zuckerhaltige Lösung wird bei Bedarf ebenfalls sterilisiert oder pasteurisiert. Einen großen Einfluß auf die Gefahr der Ausbreitung von Infektionen hat auch die Hefekonzentration zu Beginn der Gärung. Durch hohe Hefekonzentrationen und hohe Hefewachstumsraten wird das Wachstum anderer Mikroorganismen unterdrückt und damit die Gefahr von Nebengärungen verringert.

5.2.2 Zuckerhaltige Rohstoffe

Der komplette Prozeß der Alkoholherstellung aus zuckerhaltiger Biomasse beinhaltet neben der eigentlichen Alkoholherstellung durch Gärung eine Reihe weiterer Verfahrensschritte, die in Abb. 5.3 schematisch dargestellt sind [5.1],

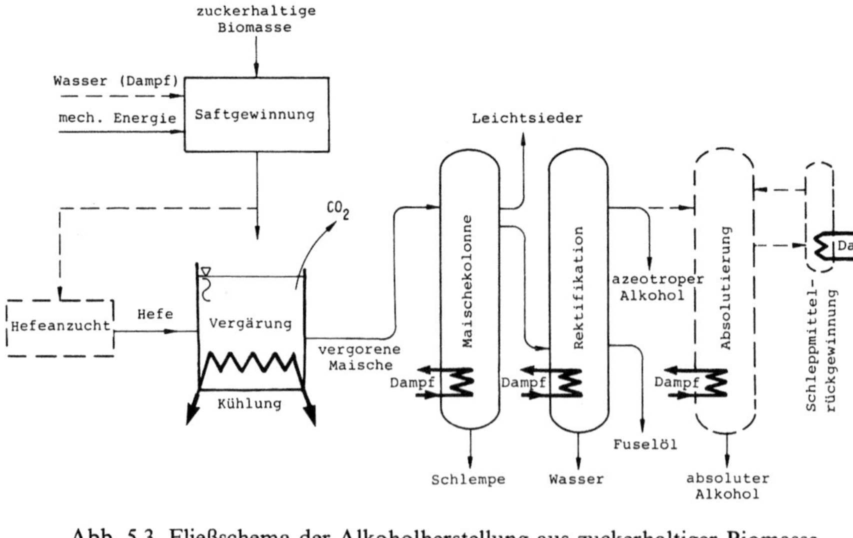

Abb. 5.3. Fließschema der Alkoholherstellung aus zuckerhaltiger Biomasse

[5.8], [5.9]. Aus der zuckerhaltigen Biomasse wird unter Einsatz mechanischer und/oder thermischer Energie der Zucker in wäßriger Lösung abgetrennt. Die dabei angewandte Methode ist insbesondere vom Typ des Rohmaterials abhängig. Die konventionelle Rohsaftgewinnung aus Zuckerrohr erfolgt heute durch Auspressen der Zuckerrohrstangen mittels Rollermühlen. Alternativ hierzu wurde vorgeschlagen, das Zuckerrohr in einer Hammermühle zu zerkleinern und anschließend den Zucker durch eine Gegenstromextraktion zu gewinnen. Die gleiche Technologie ist auch für Zuckerhirse als Rohstoff einsetzbar [5.10], [5.11]. Auch für die Rohsafterzeugung aus Zuckerrüben wird eine Kombination aus mechanischem und thermischem Aufschluß angewandt [5.12] – [5.14]. Die Zuckerrüben werden gewaschen, geschnitzelt, und dann wird der Zucker im Gegenstrom mit heißem Wasser extrahiert. Die entstehende Zuckerlösung erreicht eine Zuckerkonzentration von etwa 12 Gewichtsprozent. Die verbleibenden, wassergesättigten Schnitzel werden ausgepreßt und zu Viehfutter weiterverarbeitet.

Die Herstellung von Zuckerrohsaft für die Alkoholkraftstofferzeugung entspricht heute im wesentlichen der Technologie, wie sie für die Zuckerindustrie entwickelt wurde. Dies ergibt sich schon aus der Tatsache, daß die Anfänge der Alkoholkraftstoffherstellung auf einer Kombination Zucker/Alkoholerzeugung beruhten. Alkohol wurde in den zuckererzeugenden Ländern (z. B. Brasilien) aus der bei der Zuckerkristallisation verbleibenden, die nichtkristallisierbaren Zucker enthaltenden Mutterlauge (Melasse) hergestellt und darüber hinaus in Zeiten von Zuckerüberschuß auch aus Zuckerrohsaft, um eine Kontrolle des Zuckermarktes zu gewährleisten. Für die Zuckerherstellung ist es erforderlich, den Zuckerrohsaft, der eine Reihe gelöster und ungelöster Verunreinigungen enthält, zu klären und zu sterilisieren. Hierzu wird der Zuckerrohsaft mit Kalkmilch neutralisiert und erhitzt, wobei die Verunreinigungen ausfallen und in einem Sedimentationsbehälter abgetrennt werden. Der verbleibende, klare Saft wird dann weiterverarbeitet. In Produktionsanlagen, die nur für die Erzeugung von Ethanol errichtet werden und nicht für eine Koppelproduktion Zucker/Alkohol, kann auf die Saftreinigung im Prinzip verzichtet werden. Erforderlich ist jedoch in jedem Fall eine Saftpasteurisierung, um Fremdkeime, die die Vergärung behindern würden, zu limitieren.

Die zu vergärende Zuckerlösung wird in den Gärbehälter, im einfachsten Fall einem offenen Behälter mit Außenkühlung durch Wasserberieselung, gepumpt und mit Hefe versetzt. Die Hefe entstammt entweder einer in der Produktionsanlage selbst geführten Hefeanzuchtstation, in der sie sich nach einem bestimmten Verfahrensschema [5.1] ständig regeneriert, oder sie wird, insbesondere bei sehr kleinen Anlagen, von einer anderen Brennerei bezogen. Nach Abschluß des Gärprozesses wird aus der vergorenen Maische in einem mehrstufigen Konzentrationsprozeß der Alkohol angereichert. In einer ersten Stufe (Maischekolonne) wird bei einer einfachen Destillation eine Anreicherung des Alkohols bis auf eine Konzentration von etwa 35% erreicht. Das Sumpfprodukt dieser Kolonne, die Schlempe, enthält die in der Maische noch enthaltenen, physikalisch oder chemisch gelösten Feststoffe, insbesondere Hefe und Mineralsalze. Gleichzeitig werden am Kopf der Kolonne Leichtsieder abgeschieden. In einer zweiten Stufe (Rektifikation) erfolgt die Anreicherung des Alkohols auf eine Konzentration von ca. 96%. Höhere Konzentrationen sind durch atmosphärische Destillations-/Rektifikationsverfahren nicht zu erreichen, da Ethanol und Wasser bei dieser Konzentration ein Azeotrop bilden. Maischekolonne und Rektifikationskolonne können zu einer Kolonne vereinigt werden, bei der die erstere die Abtriebssäule und die zweite die Verstärkungssäule bilden.

Neben den beiden Hauptprodukten Ethanol und Kohlendioxid bilden Hefen bei der alkoholischen Gärung eine Reihe von Nebenprodukten [5.2]. Glycerin entsteht in geringen Mengen durch enzymatische Reduktion von Gärungszwischenprodukten. Es wird bei der Destillation des Alkohols abgetrennt und verbleibt im Sumpfprodukt der Destillationskolonne, der Schlempe. Auch Acetaldehyd ist ein Zwischenprodukt der alkoholischen Gärung und nach Abschluß der Gärung in geringen Mengen in der vergorenen Maische enthalten. Wegen seines niedrigen Siedepunktes geht es bei der Destillation in den Rohspiritus über und wird bei der Rektifikation am Kopf der Kolonne abgeschieden. Eine Reihe weiterer Nebenprodukte werden unter dem Namen „Fuselöle" zusammengefaßt. Ihre Entstehung ist mit dem Aminosäurestoffwechsel der Hefen gekoppelt. Fuselöle machen etwa 0,5% des gebildeten Ethanols aus und bestehen in der Hauptsache aus einem Gemisch höherer Alkohole und geringen Mengen von Estern. Bei der konventionellen Alkoholkonzentration fallen die Fuselöle in der Rektifikation an. Bei der Verwendung des Ethanols als Kraftstoff oder Kraftstoffkomponente ist eine Abtrennung der Fuselöle nicht erforderlich. Schließlich ist in Ethanol aus verschiedenen Rohstoffen (insbesondere aus Sulfitablauge und Holzzucker) auch bis zu 3% Methanol enthalten. Methanol entsteht durch die Spaltung bestimmter Methylester (z. B. Pektine), die in einigen Substraten enthalten sind. Bei der Verwendung des Ethanols im Kraftstoffsektor ist auch diese Komponente unkritisch.

Soll Ethanol als Mischkraftstoffkomponente verwendet werden, ist eine weitere, wesentliche Verringerung des Wassergehalts, das heißt die Erzeugung absoluten Alkohols erforderlich. Hierzu wird im allgemeinen eine Schleppmitteldestillation angewandt, mit Benzol, Cyclohexan oder einem Benzol-/Benzin-Gemisch als Schleppmittel. Die Absolutierung des Ethanols erfordert zwei weitere Kolonnen bei der Alkoholkonzentration, die eine zur Extraktion des Wassers, die andere zur Rückgewinnung des Schleppmittels.

5.2.3 Stärkehaltige Rohstoffe

Die Alkoholerzeugung aus stärke- oder cellulosehaltigen Rohstoffen unterscheidet sich von der Alkoholerzeugung aus zuckerhaltigen Rohstoffen hauptsächlich bei der Rohstoffvorbereitung und -aufbereitung. Stärke und Cellulose sind polymere Zucker, wobei Stärke einen Polymerisationsgrad von 400 bis 6 000 besitzt und Cellulose einen von $\leqslant 10^4$. Da Polysaccharide vom Enzymsystem der Hefe nicht vergoren werden, ist als Vorstufe vor der Vergärung eine Auftrennung der langkettigen polymeren Moleküle, also eine „Verzuckerung" von Stärke oder Cellulose, erforderlich.

Als Beispiel für die Aufbereitung eines stärkehaltigen Rohstoffs ist in Abb. 5.4 ein Fließbild für ein Verfahren zur Ethanolerzeugung aus Maniok dargestellt [5.9], [5.15]. Frische Maniokwurzeln werden am Anfang des Produktionsprozesses gewogen, gewaschen, geschält und zu einer Maische vermahlen. Ein Teil der Maische wird abgezweigt und zu einem Mehl getrocknet. Dieses Mehl ist lagerfähig

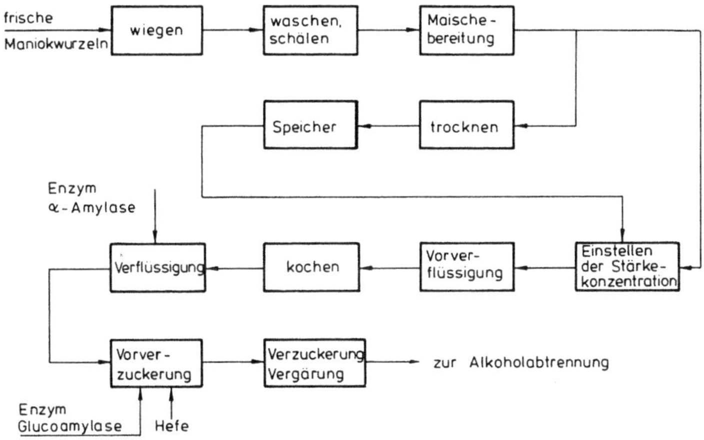

Abb. 5.4. Fließschema der Alkoholherstellung aus Maniok

und kann zur Einstellung der Stärkekonzentration im Produktionsprozeß sowie zur ganzjährigen Alkoholproduktion, unabhängig von der Maniokerntezeit, genutzt werden. Die Verzuckerung der Stärke erfolgt in drei Stufen. Durch einen Kochprozeß werden die Stärkekörner aus dem Zellverband gelöst und aufgeschlossen. Da bei diesem Vorgang die Viskosität der Maische außerordentlich stark ansteigt (Verkleisterung), wird bereits hier ein Verflüssigungsenzym (α-Amylase) hinzugefügt, das eine Reduzierung des Polymerisationsgrades der Stärke und dadurch eine Lösung der Stärke in der Maische herbeiführt. Voraussetzung für die enzymatische Teilverflüssigung beim Kochprozeß ist der Einsatz eines genügend temperaturstabilen Enzyms. Steht ein derartiges Enzym nicht zur Verfügung, ist eine Verflüssigung auch durch Zugabe von Säure möglich [5.16]. Die vollständige Verflüssigung und Lösung der Stärkebruchstücke erfolgt nach Abkühlung der Maische und Zugabe weiterer α-Amylase. Für die Verzuckerung der gelösten Stärke ist der Einsatz eines weiteren Enzyms erforderlich. In dem als Beispiel gewählten Prozeß nach Abb. 5.4 werden mittels Glucoamylase die Stärkebruchstücke bis zur Glucose durchgespalten, die dann mittels Hefe vergoren wird. Verzuckerung und Vergärung werden simultan im gleichen Gefäß durchgeführt, wobei die Verzuckerung den zeitbestimmenden Schritt darstellt.

Auch bei den anderen stärkehaltigen Rohstoffen gehen der Vergärung die Teilschritte Aufschluß, Verflüssigung und Verzuckerung voraus. Bei den traditionellen Prozessen der Trinkbranntweinherstellung aus Getreide oder Kartoffeln werden Aufschluß und Verflüssigung zu einem Dämpfprozeß (Henze-Dämpfer) zusammengefaßt [5.1], [5.2]. Dieser Prozeß beruht darauf, daß sich Stärke bei Temperaturen oberhalb 125°C in Wasser löst und nach einer ausreichend langen Dämpfzeit (30 bis 60 Minuten, je nach Temperatur) auch bei einer Abkühlung der Maische in Lösung bleibt. Die Verzuckerung der aufgeschlossenen und gelösten Stärke kann mit Hilfe von Säuren oder Enzymen geschehen. Während die enzymatische Verzuckerung für Trinkbranntweinzwecke ausschließlich angewandt wird, ist für eine Verwendung des Alkohols im industriellen Bereich auch eine Verzuckerung mit Säure gebräuchlich.

Für eine Verringerung des Bedarfs an thermischer Energie für die Stärkeverzuckerung kann die Stärkeaufbereitung und -verflüssigung durch die Anwendung mechanischer Energie unterstützt werden. Werden die Stärkekörner während des Aufschlusses hohen Schubspannungen ausgesetzt, beispielsweise in der Spaltströmung zwischen einem sich schnell drehenden Rotor und einem feststehenden Stator, so werden die Viskositätsspitzen während des Verkleisterungsprozesses vermieden. Es können dann stärkehaltige Lösungen mit einem höheren Gehalt an Trockensubstanz und bei relativ niedriger Temperatur durchgesetzt werden, was wegen der geringeren zu erwärmenden Maischemenge zu einer Ersparnis an thermischer Energie führt [5.17]. Diesem Minderbedarf an thermischer Energie steht ein zusätzlicher Bedarf an mechanischer oder elektrischer Energie gegenüber, was im Einzelfall gegeneinander aufzurechnen ist.

Bei einer Kombination aus thermischem und mechanischem Aufschluß unter Zugabe von Säure ist auch eine Stärkeverzuckerung auf rein physikalisch-chemischem Wege ohne Zugabe eines biologischen Katalysators möglich [5.18]. Ein besonderer Vorteil dieses Verfahrens ist die sehr kurze Verzuckerungszeit (3 – 5 Minuten), nachteilig ist das erforderliche hohe Temperaturniveau von 120 bis 180°C.

5.2.4 Cellulosehaltige Rohstoffe

Rohstoffzusammensetzung

Cellulosehaltige Roh- und Reststoffe enthalten als Hauptbestandteile Cellulose, Hemicellulose, Lignin und stoffspezifische Begleitstoffe. In Tabelle 5.2 sind für einige Roh- und Reststoffe, die für eine Alkoholherstellung in Frage kommen, die Zusammensetzungen angegeben [5.19] – [5.23]. Cellulose ist ein Kohlehydrat, das in den Zellwänden pflanzlicher Stoffe in Form von Fasern eingelagert ist. Sie besteht aus hochpolymeren Kettenmolekülen mit bis zu 10000 Glucoseeinheiten. Die Cellulosefasern werden von Hemicellulose umgeben, ebenfalls einem Kohlehydrat, bestehend aus 100 – 200 Zuckereinheiten. Während die Hemicellulose von Nadelhölzern etwa zu gleichen Teilen aus Hexose- und Pentose-Bausteinen besteht, enthält die Hemicellulose von Laubholz und von Einjahrespflanzen überwiegend nur Pentosane. Cellulose und Hemicellulose sind eingebettet in eine Ligninstruktur, die das Stützgerüst der Pflanze darstellt.

Lignin ist ein sehr komplexes Polymer, das aus verschiedenen Phenylpropanbausteinen besteht, die in vielfältiger Weise miteinander verknüpft sind.

Tabelle 5.2. *Bestandteile verschiedener cellulosehaltiger Roh- und Reststoffe* (*Gew.-%*)

	Hexosane	Pentosane	Lignin
Nadelholz	40 – 54	7 – 10	26 – 31
Laubholz	35 – 45	19 – 30	20 – 25
Eukalyptus	43 – 49	16 – 17	26 – 27
Getreidestroh	38 – 40	17 – 21	6 – 21
Maisstroh	35 – 41	15 – 28	10 – 17
Bagasse	38 – 42	19 – 21	20 – 22
Altpapier	50 – 70	6 – 15	12 – 25

Von besonderer Bedeutung für die Herstellung von Alkoholkraftstoffen ist der Gehalt an Hexosanen, da die bei einer Hydrolyse des Materials gebildeten Hexosen überwiegend konventionell mit Hefe vergoren werden können. Der Hexosan-Anteil liegt beim Altpapier am höchsten, so daß unter diesem Gesichtspunkt Altpapier den attraktivsten Rohstoff für die Ethanolerzeugung darstellen würde. Andererseits enthält gerade Altpapier eine Reihe von Begleitstoffen (Chemikalien und Schwermetalle aus Druckfarben, Leime und sonstige Papierhilfsstoffe), die sich erschwerend auf die Hydrolyse, die nachfolgende Vergärung der gebildeten Zucker sowie auf die Verwertung oder Entsorgung von Nebenprodukten und Reststoffen auswirken. Von den verschiedenen Holzarten wären Nadelhölzer unter dem Gesichtspunkt maximaler Alkoholausbeute pro Masseneinheit des Holzes günstiger zu bewerten als Laubholz. Durch den wesentlich höheren Hektarertrag von schnellwachsenden Laubhölzern wird dieser Vorteil aber wieder kompensiert.

Holzverzuckerung

Für die Hydrolyse cellulosehaltiger Materialien existieren sowohl physikalisch-chemische als auch biochemische Verfahren. In beiden Fällen werden durch den Einfluß von Katalysatoren Bindungen innerhalb der Makromoleküle aufgebrochen und an den Bruchstellen Wasser angelagert. Technische Bedeutung haben bisher nur die physikalisch-chemischen Verfahren gewonnen, die enzymatischen Hydrolyseverfahren befinden sich noch in der Entwicklung.

Die physikalisch-chemische Hydrolyse der Polysaccharide in cellulosehaltigen Roh- und Reststoffen erfolgt mit Säuren. Während für die Aufspaltung der Hemicellulosen bereits ein Dampfdruckaufschluß in Verbindung mit den im Holz selbst enthaltenen Mineralsäuren genügt, sind für die Hydrolyse der Cellulose wegen des höheren Polymerisationsgrades und der dichteren Packung der Moleküle schärfere Maßnahmen erforderlich. Zwei Verfahrenswege wurden entwickelt und in der Vergangenheit auch bereits großtechnisch eingesetzt: Der Celluloseaufschluß mit konzentrierten Säuren bei Raumtemperatur und der Aufschluß mit verdünnten Säuren bei erhöhter Temperatur [5.19].

Verfahren mit konzentrierten Säuren

Von den mit konzentrierten Säuren arbeitenden Verfahren ist insbesondere das Bergius-Rheinau-Verfahren mit seinen Varianten zu nennen. Es nutzt als Katalysator für die Cellulose-Hydrolyse Salzsäure mit einer HCl-Konzentration von 41% und arbeitet bei Raumtemperatur und Atmosphärendruck. Ein besonderes Problem des Verfahrens, das in zwei Anlagen großtechnisch durchgeführt wurde, stellte die Extraktion des Zuckers aus dem säurehaltigen Substrat und die anschließende Wiedergewinnung und Aufkonzentrierung der Salzsäure dar.

Verfahren zur Cellulosehydrolyse mit konzentrierter Schwefelsäure, die bis zur Anlagenerstellung entwickelt wurden, sind die Verfahren von Giordani-Leone und das Hokkaido-Verfahren. Beim ersteren wurde die Haupthydrolyse durch Kneten von mit konzentrierter Schwefelsäure angeteigtem Holz bewerkstelligt. Die in der Haupthydrolyse benutzte Schwefelsäure wird mittels eines ausgeklügelten Verfahrens zur Säure- und Verdünnungswasserführung auch in der Nachhydrolyse und für die Vorhydrolyse der nächsten Holzcharge genutzt. Lediglich die im Hydrolysat verbleibende Schwefelsäure geht durch Neutralisation verloren. Beim

Hokkaido-Verfahren, das in der Haupthydrolyse mit 80%iger Schwefelsäure arbeitete, wird die Schwefelsäure nach Auswaschen des gebildeten Zuckers mittels eines Dialyse-Verfahrens erneut aufkonzentriert und zurückgewonnen. Auch dieser Weg ist, wegen der benötigten großen Membranflächen, außerordentlich aufwendig. Neueste Entwicklungen zur Cellulosehydrolyse mit konzentrierter Säure werden insbesondere mit flüssigem [5.24], [5.25] oder gasförmigem [5.26] Fluorwasserstoff durchgeführt. Cellulose wird bei Raumtemperatur von Fluorwasserstoff angegriffen, wobei sich ein konzentrationsabhängiges Gleichgewicht aus oligomeren Cellulosebruchstücken und Glucosylfluorid bildet. Der Fluorwasserstoff kann durch Ausdampfen oder Desorption größtenteils aus dem Substrat entfernt werden. Das Glucosylfluorid wird durch Zugabe geringer Wassermengen hydrolysiert, wobei die gebildete Glucose zu Oligomeren polymerisiert. In einer konventionellen Nachhydrolyse können die Oligomere zu vergärbaren Zuckern abgebaut werden.

Verfahren mit verdünnten Säuren

Während bei den Verfahren zur Holzverzuckerung, die mit konzentrierten Säuren und bei niedrigen Temperaturen arbeiten, in einer Stufe eine nahezu vollständige Hydrolyse der Cellulose zu erreichen ist, ist bei den Verfahren mit verdünnter Säure und entsprechend höherer Temperatur die parallel zur Zuckerbildung auftretende Zuckerzersetzung zu beachten. Für beide Reaktionen, Zuckerbildung und Zuckerzersetzung, gelten Reaktionsgleichungen erster Ordnung, in denen die Reaktionsgeschwindigkeitskonstante proportional zur Wasserstoffionenkonzentration ist. Da die Geschwindigkeiten beider Reaktionen in der gleichen Größenordnung liegen, folgt daraus, daß ein einstufiges Hydrolyseverfahren nur eine begrenzte Zuckerausbeute liefern kann. Abb. 5.5 (nach [5.23]) zeigt die Verhältnisse, wie sie sich für eine Hydrolysereaktion bei 180°C und mit 0,6%iger Schwefelsäure ergeben. Kurve *B* zeigt den Umsatz der Zuckerbildungsreaktion, während Kurve *A* die resultierende Zuckerkonzentration unter Berücksichtigung der Zersetzung des gebildeten Zuckers beschreibt. Eine höhere Zuckerausbeute, als

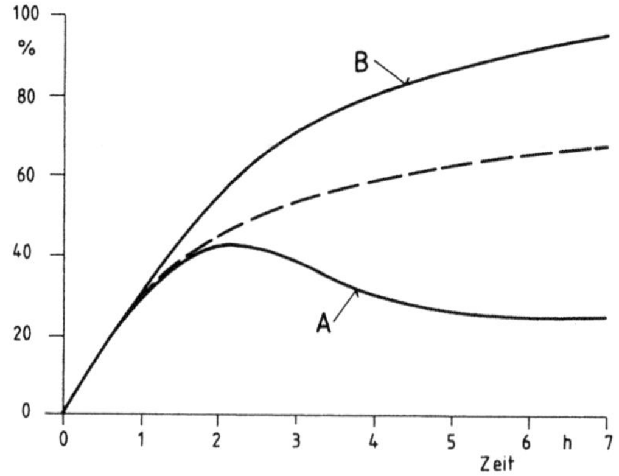

Abb. 5.5. Zuckerbildung und Zuckerzersetzung bei der Holzhydrolyse mit verdünnter Schwefelsäure

dem Maximum der Kurve A entspricht, kann nur erzielt werden, wenn bereits im Verlauf der Hydrolysereaktion Zucker aus dem System ausgeschleust wird.

Dieses Prinzip wurde bereits früher im Scholler-Verfahren angewandt, bei dem in mehreren, zeitlich aufeinanderfolgenden Schüben jeweils nur ein Teil der Cellulose verzuckert wurde und der gebildete Zucker ausgewaschen wurde, bevor er sich zersetzen konnte. Holzverzuckerungsanlagen nach dem Scholler-Verfahren wurden in Deutschland, der Schweiz und in Korea zwischen 1930 und 1959 großtechnisch betrieben. Noch heute arbeiten Anlagen nach einem ähnlichen Verfahren in der UdSSR. Mit dem Scholler-Verfahren wurden Zuckerausbeuten von bis zu 80% der theoretisch möglichen Zuckermenge erreicht. Nachteilig ist, daß zur Erreichung hoher Ausbeuten eine entsprechend große Anzahl von Perkolationsschritten erforderlich ist. In der Praxis wurde mit 12–24 Schüben gearbeitet, was Gesamtreaktionszeiten von 14 bis 24 Stunden ergab. Weiterhin wird mit steigender Stufenzahl auch die Zuckerkonzentration in der abfließenden Lösung und damit die Alkoholkonzentration nach der Fermentation immer geringer. Dadurch wird der Energieverbrauch für die Aufkonzentrierung des Alkohols wesentlich erhöht. Die verwendete Schwefelsäure wurde beim Scholler-Verfahren nicht zurückgewonnen, sondern mit Kalk neutralisiert und der gebildete Gips abfiltriert. Der Schwefelsäureverbrauch lag bei etwa 0,6 kg/l erzeugtem Ethanol, mit einem entsprechenden Gipsanfall von ca. 0,8 kg/l. Auch dieser Aspekt ist als Nachteil des traditionellen Scholler-Verfahrens anzusehen und bei Neu- oder Weiterentwicklungen von Holzhydrolyseverfahren mit verdünnter Schwefelsäure zu verbessern.

Weiterentwicklungen

Genauere reaktionskinetische Untersuchungen der Zuckerbildungs- und Zuckerzersetzungsreaktionen ergaben, daß bei höheren Temperaturen die Reaktionsgeschwindigkeit der Zuckerbildungsreaktion schneller ansteigt als die der Zersetzungsreaktion [5.27], [5.28]. Dadurch können auch in einem einstufigen Prozeß höhere Zuckerkonzentrationen erreicht werden.

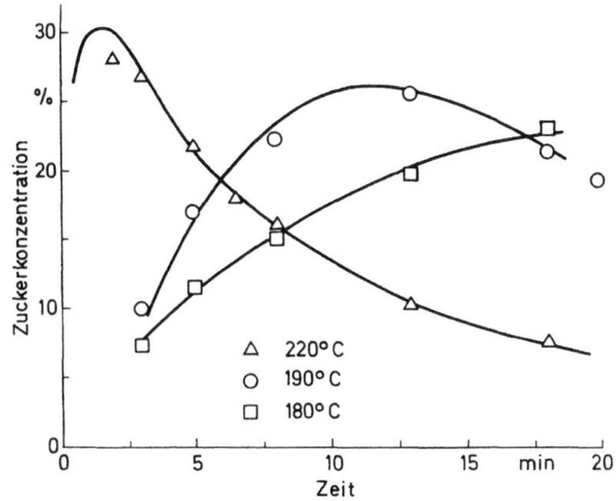

Abb. 5.6. Holzhydrolyse mit verdünnter Schwefelsäure bei verschiedenen Temperaturen

Wie Abb. 5.6 nach [5.29] zeigt, verringert sich gleichzeitig die optimale Reaktionszeit so stark, daß eine Reaktionsführung in einem ruhenden Reaktorbett, wie es dem Scholler-Verfahren entspricht, nicht mehr möglich ist. Aus diesem Grund werden kontinuierliche Hydrolyseverfahren entwickelt, bei denen ein Stoffstrom cellulosehaltigen Materials in einem Durchflußreaktor einem örtlich und zeitlich genau definierten Verlauf von Säurekonzentration und Temperatur unterworfen wird. An Reaktorbauformen wurden vorgeschlagen und werden zur Zeit untersucht [5.30] – [5.32]:

* senkrechter Rohrreaktor mit Schwerkraftdurchströmung,
* waagerechter Rohrreaktor mit Zwangsförderung durch Doppelschnecke (Extruder),
* waagerechter Rohrreaktor mit Zwangsförderung durch eine speziell geformte Förderschnecke.

Die Umsetzungsgeschwindigkeiten der Hemicellulose sowie der verschiedenen Modifikationen der Cellulose sind so unterschiedlich, daß auch bei höheren Temperaturen im kontinuierlichen Verfahren eine genügend hohe Zuckerausbeute nur durch eine mehrstufige Anordnung zu erreichen ist. Es sind allerdings keine 12 – 24 Stufen erforderlich wie beim Scholler-Verfahren, sondern es genügt eine Vorhydrolysestufe und eine oder zwei Haupthydrolysestufen. In Abb. 5.7 ist ein

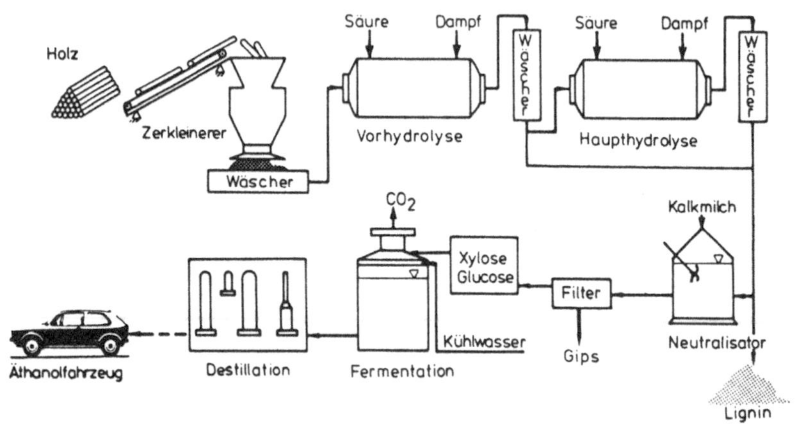

Abb. 5.7. Fließschema der Ethanol-Erzeugung aus Holz mittels Säurehydrolyse

komplettes Schemabild des Verfahrensablaufs einer kontinuierlichen Anlage für die Herstellung von Ethanol aus cellulosehaltigen Rohstoffen dargestellt. Abb. 5.8 gibt einen Überblick über die im Prozeß entstehenden Haupt- und Nebenprodukte. Das cellulosehaltige Material wird auf ein Maß zerkleinert, daß die Diffusion der Schwefelsäure in die Poren des Materials nicht mehr geschwindigkeitsbestimmend für den Reaktionsablauf ist. Anschließend wird das Material gewaschen, um anhängendes Fremdmaterial zu beseitigen, mit Säure imprägniert und in die Vorhydrolyse eingespeist. In der Vorhydrolyse wird der überwiegende Teil der Hemicellulose sowie ein kleiner Teil der Cellulose hydrolysiert. Die Zucker, die vorwiegend aus Pentosen und zu einem geringen Teil aus Hexosen bestehen, werden ausgewaschen und an der Haupthydrolyse vorbeigeführt.

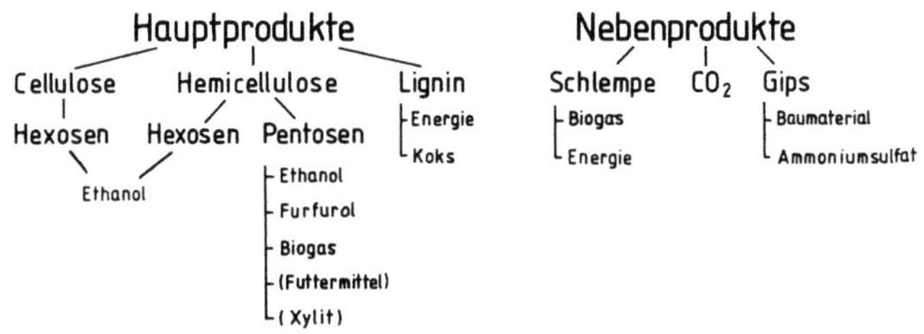

Abb. 5.8. Mögliche Produkte der Holzhydrolyse

Der Hauptstrom, der jetzt nur noch aus Lignocellulose besteht, wird erneut mit Säure vermischt und der ein- oder zweistufigen Haupthydrolyse zugeführt, in der die Cellulose aufgespalten wird. Nach jedem Haupthydrolyseschritt werden erneut die Zucker ausgewaschen und von dem verbleibenden Feststoff abgetrennt, so daß schließlich eine Aufteilung des Materials auf drei Teilströme erreicht ist: Ein Teilstrom enthält im wesentlichen die Zucker aus der Hemicellulose, der zweite die Zucker aus der Cellulose und der dritte das Lignin, Reste der Cellulose und wasserunlösliche Reaktionsprodukte. Bei der Schaltung nach Abb. 5.7 werden die zuckerhaltigen Teilströme aus Vor- und Haupthydrolyse vereint, mit Kalkmilch neutralisiert und nach Abtrennung des entstehenden Gipses der Gärung zugeführt. In einer konventionellen Gärung mit Hefen werden nur die Hexosen zu Alkohol umgesetzt, die Pentosen bleiben im vergorenen Substrat. Prinzipiell ist allerdings auch eine Umsetzung der Pentosen in Alkohol möglich, und zwar auf zwei Wegen:

* Fermentation mit Schimmelpilzen (Fusarium Oxysporum). Dieses Verfahren ist im Labormaßstab erprobt, wegen der langen Fermentationszeiten, der hohen Ansprüche an Konstanz der Fermentationsbedingungen und der geringen Alkoholtoleranz der Mikroorganismen jedoch noch nicht wirtschaftlich einsetzbar [5.33].
* Isomerisierung der Xylose zu Xylulose und nachfolgende konventionelle Vergärung. Auch dieses Verfahren ist bisher nur im Labormaßstab erprobt [5.34].

Die Erzeugung von Ethanol auch aus den Pentosen wäre für eine Holzhydrolyseanlage zur Alkohol-Kraftstoffherstellung der bevorzugte Verfahrensweg. Alternative Nutzungen der Pentosen wären die Furfurol- oder die Biogaserzeugung. Die Erzeugung von Hefezellmasse als Futtermittel und die Herstellung von Xylit aus der Xylose, die beide prinzipiell möglich wären, sind nicht als realistischer Weg anzusehen, da die entsprechenden Märkte für diese Produkte fehlen.

Das verbleibende Lignin kann nach Trocknung verbrannt werden und zur Deckung des Prozeßenergiebedarfs dienen. Eine höherwertige Nutzung des Lignins ist die Verkohlung, die zu einem hochwertigen Hüttenkoks führt. Für die Schlempenutzung/Schlempeentsorgung bietet sich eine Biogaserzeugung an, insbesondere wenn die Schlempe noch die Pentosen enthält. Andernfalls kann die Schlempe eingedickt und gemeinsam mit dem Lignin verbrannt werden. Der als weiteres Nebenprodukt auftretende Gips kann deponiert oder nach Aufarbeitung als Baumaterial genutzt werden. Möglich ist auch eine Umsetzung des Gipses mit Ammoniak und Kohlendioxid zu Ammonsulfat, das als Düngemittel verwendet werden kann. Hierdurch ist gleichzeitig eine Möglichkeit zur Nutzung des bei der Gärung anfallenden Kohlendioxids gegeben. Alternative Nutzungsmöglichkeiten für das CO_2 sind die Verflüssigung oder die Erzeugung von Trockeneis für die Lebensmittelindustrie oder zur Verwendung als Schutzgas in der Schweißtechnik.

Enzymatische Hydrolyse

Eine langfristig aussichtsreiche Alternative zur Säurehydrolyse von cellulosehaltigen Rohstoffen ist die enzymatische Hydrolyse [5.35] – [5.38]. Sie hat den Vorteil niedriger Prozeßtemperatur und kann deshalb bei Atmosphärendruck und in vergleichsweise einfachen Anlagen durchgeführt werden. In Abb. 5.9 wurde ein schematisches Fließbild für eine Anlage zur Ethanolerzeugung aus cellulosehaltigem Rohstoff, in diesem Falle Bagasse, dargestellt [5.39].

Die Bagasse wird zerkleinert und ein Teil abgezweigt für die Erzeugung von Prozeßenergie. In einer weiteren Vorbehandlungsstufe wird der Festverbund der Cellulose mit der Hemicellulose und dem Lignin zerstört. Ein Teilstrom der Lösung wird für die Enzymproduktion verwendet. Der überwiegende Teil wird in den Hydrolysefermenter eingespeist. Hier wird die Cellulose durch die Wirkung von Enzymen, die beispielsweise von dem Pilz Trichoderma reesei oder dem Bakterienstamm Clostridium thermocellum produziert werden, bis zur Glucose zersetzt. Der gewonnene Zucker wird abgetrennt, konventionell zu Ethanol fermentiert und der gebildete Alkohol aufkonzentriert. In dem in Abb. 5.9 dargestellten Schema werden die Enzymproduktion, die enzymatische Hydrolyse und die alkoholische Gärung in unterschiedlichen Anlageteilen durchgeführt. Es können aber auch zwei dieser

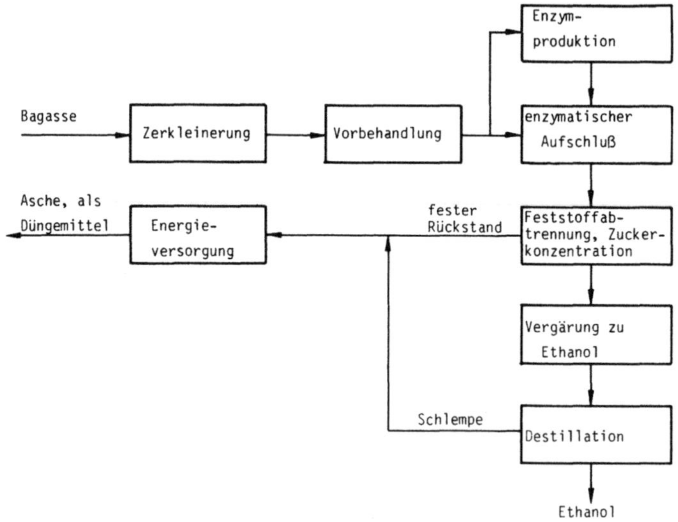

Abb. 5.9. Fließschema der Ethanolerzeugung aus Bagasse mittels enzymatischer Hydrolyse

Operationen oder alle drei simultan ausgeführt werden, wenn beispielsweise Mischkulturen aus cellulase- und alkoholbildenden Mikroorganismen eingesetzt werden und die im Fermenter eingestellten Reaktionsbedingungen beide Reaktionen ermöglichen.

Nachteilig an der enzymatischen Hydrolyse cellulosehaltiger Materialien und einer technischen Nutzung bisher entgegenstehend sind der hohe Aufwand für die Vorbehandlung des Materials (Feinmahlung oder Vorhydrolyse), der erforderlich ist, um den Enzymen den Zutritt zur Cellulose zu ermöglichen, die hohen Kosten und der Materialverbrauch für die Enzymproduktion sowie die lange Reaktionsdauer.

5.2.5 Weiterentwicklung der Gärungstechnologie

Neben den Forschungs- und Entwicklungsarbeiten zum Rohstoffaufschluß und zur Erschließung zusätzlicher Rohstoffquellen betreffen weitere Entwicklungsschwerpunkte der Ethanol-Kraftstofftechnologie den eigentlichen Gärungsprozeß und die Alkoholkonzentrierung.

Weiterentwicklungen der Gärung zielen insbesondere auf eine effektivere, rationellere Produktion mit kurzen Gärzeiten und kontinuierlicher Betriebsweise. Durch höhere Hefekonzentrationen zu Beginn der Gärung wird eine Absenkung der Gärzeit erreicht.

Aus diesem Grund wird in modernen Verfahrenskonzepten zur Ethanol-Kraftstofferzeugung mit Heferückführung gearbeitet. Dabei wird die den Fermenter verlassende, vergorene Würze durch eine Zentrifuge geleitet, wobei die Hefezellen abgetrennt werden. Die Hefe wird in einer Hefeaufbereitungsstation gewaschen, regeneriert und dann für einen weiteren Gärprozeß bereitgestellt. Überschüssige Hefe kann einer Verwendung als Futtermittel zugeführt werden. Eine besonders einfache Verfahrensweise ergibt sich bei der Verwendung flokkulierender Hefen, bei denen ein einfacher Sedimentationsbehälter zur Hefeabtrennung genügt. Bei Gärverfahren mit Heferückführung verringern sich die Gärzeiten auf 9–12 Stunden gegenüber 36–48 Stunden bei Verfahren ohne Heferückführung.

Die Heferückführung stellt bereits den ersten Schritt für die Entwicklung kontinuierlicher Gärverfahren dar. Kontinuierliche Verfahren werden in letzter Zeit verstärkt für die Gewinnung von Ethanol-Kraftstoff vorgeschlagen [5.40]–[5.45]. Sie zeichnen sich gegenüber diskontinuierlichen Verfahren dadurch aus, daß die Bedingungen in den Fermentationsbehältern, insbesondere die Konzentration an vergärbaren Zuckern und Alkohol sowie die Hefepopulation, zeitlich konstant sind. Auch örtliche Konzentrationsunterschiede innerhalb der Fermenter werden möglichst gering gehalten, indem die Fermenter so durchströmt werden, daß eine möglichst ideale Vermischung des Fermenterinhalts erfolgt. Im Grenzfall sind die Reaktoren für eine kontinuierliche Fermentation als „Chemostaten“ anzusehen. Die Fermentationsbedingungen werden dabei so gewählt, daß im Fermenter eine aktuelle Zuckerkonzentration von weniger als 0,1% vorliegt. Alkoholkonzentrationen können je nach Zuckerkonzentration am Fermentereintritt, der Alkoholtoleranz der verwendeten Hefen und der zu akzeptierenden mittleren Durchflußrate zwischen 7 und 10% erreichen.

In Abb. 5.10 ist das Verfahrensprinzip einer kontinuierlichen Fermentation anhand von Flußbildern zweier Verfahrensvarianten [5.42], [5.43] schematisch

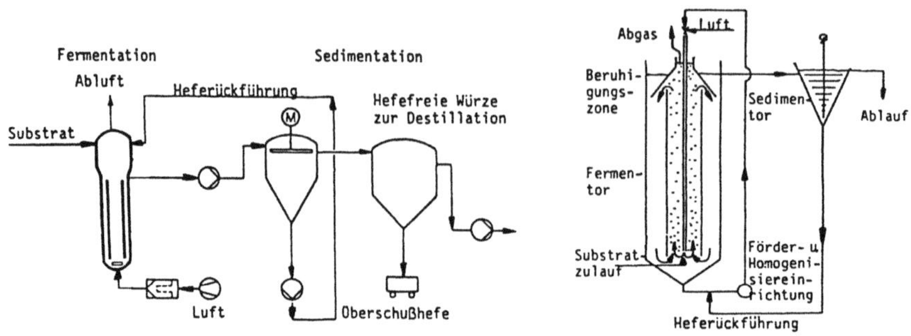

Abb. 5.10. Kontinuierliche Gärverfahren: links: nach Faust et al. [5.42]; rechts: nach Meyrath [5.43]

dargestellt. Bei beiden Verfahren wird ein kontinuierlicher Strom zuckerhaltigen Substrats, das vorher gereinigt und auf den gewünschten pH-Wert und Zuckergehalt eingestellt wurde, in den Fermenter eingespeist. Im Fermenter wird durch die Pumpwirkung von in den Reaktor eingeblasener Luft ein definiertes Strömungsprofil erzeugt. Durch die Strömung wird das in den Fermenter eingespeiste Substrat rasch mit dem Fermenterinhalt vermischt. Die Lufteinblasung erfüllt nicht nur den Zweck einer Strömungsindizierung, sie ist auch für den Gärprozeß selbst notwendig. Die Hefen benötigen bei den im kontinuierlichen Fermenter herrschenden Bedingungen eine Mindestsauerstoffmenge für ihre Lebenstätigkeit. Die mittlere Verweildauer im Fermenter wird durch eine entsprechende Bemessung der Zulaufmenge eingestellt. Verweildauern zwischen 1 – 5 Stunden, je nach Fermentationsbedingungen (Alkoholkonzentration im Fermenter, Hefekonzentration, Sauerstoffzugabe) sind für das Erreichen einer etwa 95%igen Alkoholausbeute ausreichend. Das vergorene Substrat fließt dann über einen Überlauf aus dem Fermenter. Zur Erzielung ausreichend hoher Gärleistungen und auch zur Verminderung von Infektionen ist in jedem Fall eine hohe Hefekonzentration im Fermenter erforderlich. Diese kann prinzipiell dadurch erreicht werden, daß durch eine entsprechende Strömungsführung im Fermenter und durch den Einsatz flokkulierender Hefen das vergorene Substrat und die Hefen vor dem Auslauf getrennt werden, das heißt die Hefe im Fermenter zurückgehalten wird. Ein derartiges Verfahren ist als Brauverfahren großtechnisch erprobt [5.45]. Bei den Verfahrensvarianten nach Abb. 5.10 wird die Hefeabtrennung jedoch außerhalb des Fermenters durchgeführt, da dann eine Kontrolle und Einstellung der Hefekonzentration einfacher zu bewerkstelligen ist.

Verzuckerte Maischen aus stärkehaltigen Rohstoffen haben stets einen gewissen Feststoffgehalt. Aus diesem Grund lassen sich eine Hefeabtrennung und Heferückführung nicht durchführen. Diese Tatsache ist insbesondere auch für kontinuierliche Verfahren zur Vergärung stärkehaltiger Substanzen von Bedeutung. Hier müssen die Bedingungen (Verweilzeit im Reaktor, Sauerstoffgehalt in der Maische, Strömungsverhältnisse) so gewählt werden, daß die mit der vergorenen Maische aus dem Fermenter ausgetragene Hefemenge durch eine gleich große Menge neugebildeter Hefe ersetzt wird. Andernfalls würden die Hefen mit der Zeit aus dem Fermenter ausgewaschen werden, und der Gärprozeß käme zum

Stillstand. Eine weitere Beschränkung liegt in dem Verzuckerungsgleichgewicht der Stärke, das gegen Ende der Gärung den geschwindigkeitsbestimmenden Schritt darstellt. So wurden für die vollständige kontinuierliche Vergärung einer Misch-Branntwein-Maische 32–40 Stunden benötigt [5.41].

Eine besonders elegante Möglichkeit zur Durchführung eines kontinuierlichen Fermentationsverfahrens ist die Trägerfixierung von Mikroorganismen [5.46], [5.47]. Hierbei werden Mikroorganismen in eine poröse Matrix, deren Poren zwar für das umzusetzende Substrat und die gebildeten Produkte durchlässig sind, jedoch nicht für den Mikroorganismus selbst, eingebettet. Der Substratstrom wird kontinuierlich durch die Matrix hindurchgeführt, der Zucker wird an den in der Matrix eingebetteten Zellen umgesetzt, und die Umsetzungsprodukte werden wieder in den Flüssigkeitsstrom abgegeben. Absterbende Zellen werden nach Auflösen der Zellwand ebenfalls vom Flüssigkeitsstrom aus der Matrix herausgelöst, ihr Platz wird von neugebildeten Zellen eingenommen.

5.3 Wirtschaftlichkeit

5.3.1 Kosten

Die Wirtschaftlichkeit der Ethanol-Kraftstofferzeugung wird von einer Vielzahl von Parametern beeinflußt [5.8], [5.48]. Die hauptsächlichen Einflußgrößen sind: Art und Kosten des Rohstoffs, autonome Produktionsstätte oder Koppelung mit Herstellung eines anderen Produktes, Standort und Größe der Produktionsanlage. Kostenkalkulationen können deshalb nur für ein konkretes Projekt durchgeführt werden und sind schwer zu verallgemeinern. Hinzu kommt, daß die Technologie der Ethanol-Kraftstofferzeugung insbesondere beim Einsatz unkonventioneller Rohstoffe, wie Cassava, Holz oder Stroh, noch am Anfang ihrer Entwicklung steht. In Tabelle 5.3 sind Richtwerte für die spezifischen Investitionskosten von Ethanol-Anlagen für die Verarbeitung von zuckerhaltigen, stärkehaltigen oder cellulosehaltigen Rohstoffen angegeben [5.12], [5.23], [5.32], [5.38], [5.49]–[5.54]. Der geringste technologische Aufwand ist für die Verarbeitung von zuckerhaltigen Rohstoffen, insbesondere von Zuckerrohr, gegeben. Andererseits ist die Ernte von Zuckerrohr saisonal begrenzt und das Zuckerrohr selbst oder der aus dem Zuckerrohr ausgepreßte Saft nur sehr begrenzt haltbar. Alkoholfabriken auf Basis Zuckerrohr haben deshalb im allgemeinen eine Betriebsperiode von nur etwa

Tabelle 5.3. *Spezifische Investitionskosten von Ethanol-Anlagen*

Rohstoff	Spezifische Investitionskosten DM/m^3/a	Anlagekapazität m^3/a	Betriebsperiode
Zuckerrohr/Zuckerhirse	700–1 500	$10^2 - 10^5$	saisonal (180 d/a)
Zuckerrübe	4 500–5 500	$5 \times 10^3 - 2 \times 10^4$	saisonal (90 d/a)
stärkehaltige Rohstoffe (Cassava, Getreide)	600–1 000	$5 \times 10^4 - 4 \times 10^5$	ganzjährig
cellulosehaltige Rohstoffe	1 500–4 000	$5 \times 10^4 - 2 \times 10^5$	ganzjährig

180 Tagen im Jahr, was sich auf die spezifischen Investitionskosten negativ auswirkt. Bei Zuckerrüben als Rohstoff beträgt die Betriebsperiode aus den gleichen Gründen sogar nur ca. 90 Tage im Jahr mit daraus resultierenden noch wesentlich höheren spezifischen Investitionskosten. Anlagen für Alkohol aus Zuckerrohr werden in einer großen Variationsbreite der Anlagenkapazität gebaut. Wegen der relativ einfachen Technologie sind auch Kleinstanlagen mit Jahreskapazitäten von nur ca. 100 m^3 Ethanol möglich und in ihren spezifischen Investitionskosten nicht entscheidend schlechter als wesentlich größere Anlagen [5.55].

Anlagen auf Basis stärkehaltiger Rohstoffe können ganzjährig betrieben werden, da diese Materialien nach entsprechender Vorbehandlung lagerfähig sind. Sie liegen deshalb trotz des zusätzlichen Produktionsschrittes der Stärkeverzuckerung in ihren spezifischen Investitionskosten günstiger als die Anlagen auf Basis zuckerhaltiger Rohstoffe. Für eine wirtschaftliche Produktion von Ethanol-Kraftstoff ist eine Mindestgröße der Anlagen erforderlich, die zu 50 000 m^3 Ethanol pro Jahr zu beziffern ist. Das gleiche gilt auch für Anlagen auf Basis cellulosehaltiger Rohstoffe, bei denen außerdem wegen des wesentlich aufwendigeren Gesamtprozesses die spezifischen Investitionskosten drei- bis viermal so hoch liegen wie bei den anderen Rohstoffen. Der niedrigere Zahlenwert in Tabelle 5.3 für die spezifischen Investitionskosten gilt dabei für einen enzymatischen Celluloseaufschluß, der höhere Wert für den Säureaufschluß.

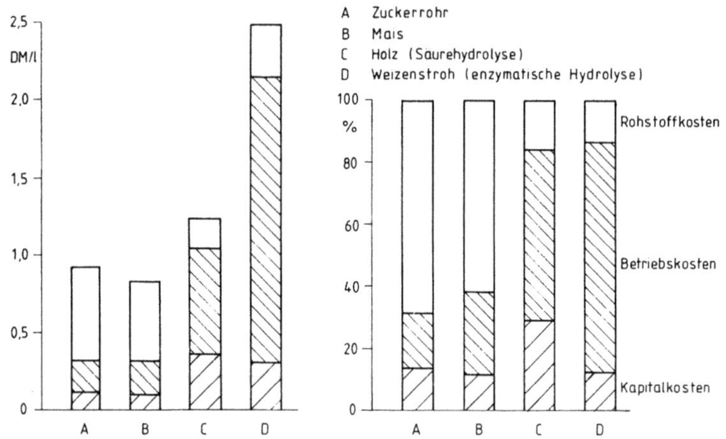

Abb. 5.11. Herstellkosten von Ethanol in den USA

In Abb. 5.11 [5.8] wurden für amerikanische Verhältnisse die Herstellungskosten von Ethanol aus vier verschiedenen Rohstoffen und mit vier verschiedenen Verfahren dargestellt und auf einzelne Kostengruppen aufgeteilt. Die Umrechnung der Landeswährungen wurde hier und auch in den nachfolgenden Bildern so vorgenommen, daß der Umrechnungskurs zur DM zum Zeitpunkt der Veröffentlichung zugrundegelegt wurde und der sich dann ergebende DM-Betrag mit der jährlichen DM-Inflationsrate bis zum Jahre 1981 multipliziert wurde. Es ergibt sich, daß unter den in den USA vorliegenden Bedingungen die Ethanolerzeugung auf Basis Mais die günstigste ist, und zwar wegen des gegenüber Zuckerrohr günstigeren Rohstoffpreises. Die Erzeugung von Ethanol aus Holz ergibt wegen der höheren spezifischen Investitionskosten und insbesondere wegen der höheren Betriebskosten (Personalaufwand, Kosten für Chemikalien, Reparaturkosten) höhere Kosten. Wegen des wesentlich niedrigeren Rohstoffpreises zeigt sich jedoch ein starkes Entwicklungspotential. Weiterentwickelte Verfahren mit höheren Durchsätzen und damit geringeren spezifischen Investitionskosten, mit geringerem Chemikalienbedarf und mit rationeller, weitgehend automatisierter Prozeßführung können gegenüber den Verfahren mit konventionellen Rohstoffen konkurrenzfähig werden. Bei den Verfahren mit enzymatischer Hydrolyse werden die Herstellungskosten des Ethanols zum ganz überwiegenden Teil von den Enzymkosten bzw. den Kosten der Enzymherstellung bestimmt. In die Enzymherstellung geht auch ein erheblicher zusätzlicher Anteil cellulosehaltiger Rohstoffe, was auch zu einem absolut höheren Rohstoffkostenanteil gegenüber den Verfahren mit Säurehydrolyse führt.

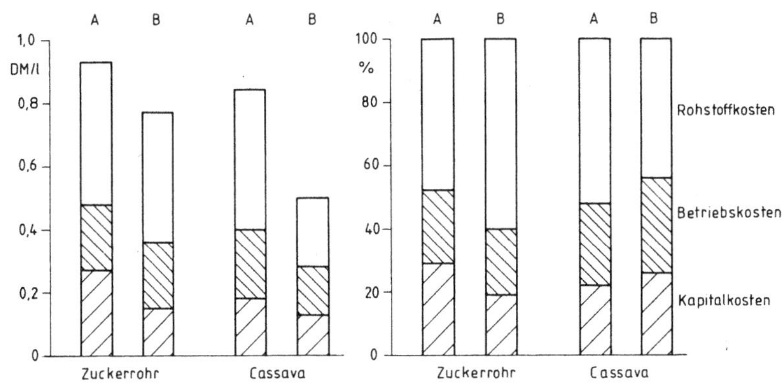

Abb. 5.12. Herstellkosten von Ethanol aus Zuckerrohr oder Cassava. *A*: Brasilien [5.49], *B*: Australien [5.50]

Die Herstellungskosten von Ethanol aus Zuckerrohr oder Cassava wurden in Abb. 5.12 für zwei Produktionsländer, Brasilien und Australien, verglichen [5.49], [5.50]. Es wurden für die Kostenrechnung folgende Annahmen getroffen: jährliche Kapitalkosten 20% der Investitionskosten, Verbrauchszahl für Zuckerrohr 14,5 t/m^3 Ethanol, für Cassava 5,4 t/m^3 Ethanol. Größe der Produktionsanlagen: Die brasilianischen Anlagen haben eine Tageskapazität von 150 m^3, entsprechend einer Jahreskapazität von 27000 m^3 bei Zuckerrohr und 49500 m^3 pro Jahr bei Cassava. Die australischen Anlagen sind für eine Jahreskapazität von 140000 m^3 ausgelegt. Während die Kostenunterschiede beim Ethanol aus Zuckerrohr gering sind und durch die unterschiedliche Anlagengröße erklärt werden können, ergeben sich bei der Ethanolherstellung aus Cassava extrem große Unterschiede, die insbesondere auf unterschiedliche Rohstoffkosten zurückzuführen sind. Die Ursache hierfür dürfte im unterschiedlichen Mechanisierungsgrad der Landwirtschaft in Brasilien einerseits und Australien andererseits liegen.

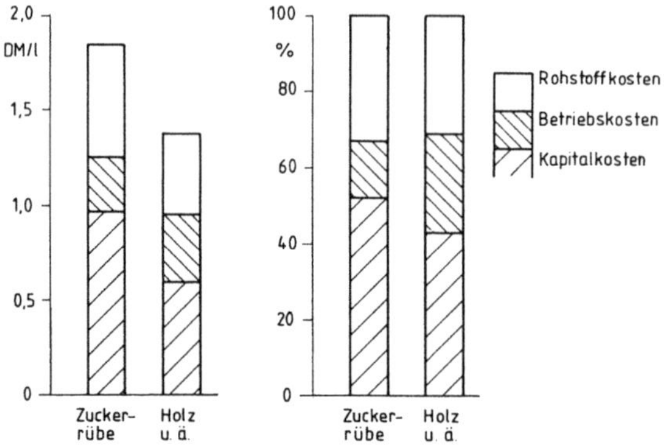

Abb. 5.13. Herstellkosten von Ethanol aus Zuckerrüben oder cellulosehaltigen Roh- und Reststoffen

In Abb. 5.13 werden die Ethanol-Herstellungskosten aus Zuckerrüben oder cellulosehaltigen Roh- und Reststoffen für europäische Verhältnisse miteinander verglichen [5.12], [5.23], [5.32]. Auch hier werden die jährlichen Kapitalkosten wieder zu 20% der Investitionskosten angenommen. Als Zuckerrübenpreis wurde ein B-Rüben-Preis von 60 DM/t angenommen, für die cellulosehaltigen Roh- und Reststoffe wurden Kosten von 100 DM/t_{atro} angesetzt. Für Ethanol aus Zuckerrüben ergeben sich Herstellungskosten von 1,85 DM/l. Diese hohen Kosten resultieren zum einen aus der nur 90 Tage pro Jahr betragenden Betriebsperiode und den damit verbundenen hohen Kapitalkosten und zum anderen aus den relativ hohen Rohstoffkosten. Bei den cellulosehaltigen Roh- und Reststoffen ist ein wesentlich günstigerer Wert zu erreichen, wenn es gelingt, die spezifischen Investitionskosten auf 3000 DM/m^3 Jahresproduktion zu begrenzen und eine Alkoholausbeute von 240 l/t_{atro} zu erreichen.

5.3.2 Energiebilanzen

Neben der Kostenwirtschaftlichkeit der Ethanol-Kraftstofferzeugung ist auch die Energiewirtschaftlichkeit zu beachten. Eine Kraftstofferzeugung aus Biomasse wäre sinnlos, wenn für die Produktion der Biomasse und im Umwandlungssektor ebensoviel Energie benötigt würde, wie im erzeugten Kraftstoff enthalten ist.

Den größten Einzelposten des Prozeßenergieverbrauchs im Umwandlungsbereich stellt die Rektifikation/Absolutierung dar. Die heute in der Branntweinherstellung gebräuchlichen Verfahren benötigen für die Erzeugung azeotropen Alkohols 6–9 MJ/l und für die Erzeugung absoluten Alkohols 10–13 MJ/l. Bei der Alkoholkraftstoffherstellung ist ein derartig hoher Bedarf an Prozeßenergie nur für Zuckerrohr wegen der im Überschuß vorliegenden Bagasse zu akzeptieren. Bei stärke- oder cellulosehaltigen Rohstoffen dagegen ist ein energetisch effektives Anreicherungsverfahren für den Alkohol Grundvoraussetzung für eine insgesamt positive Energiebilanz.

Für die energetische Verkoppelung bei der Alkoholanreicherung sind prinzipiell zwei Wege gangbar [5.56]–[5.59]:

* Destillation/Rektifikation unter erhöhtem Druck, mit der Möglichkeit, die Kondensationswärme in einer parallelen atmosphärischen Destillations/Rektifikationsstufe oder in der Absolutierung zu nutzen.
* Einsatz von Wärmepumpen, um den Abwärmestrom einer atmosphärischen Destillation/Rektifikation erneut auf Nutztemperaturniveau zu bringen.

In Abb. 5.14 sind in stark vereinfachter Weise das Schaltbild einer konventionellen Rektifikation/Absolutierung (Schaltung *A*) sowie als Beispiele für energetisch verkoppelte Systeme zwei Schaltungen für die Herstellung wasserhalti-

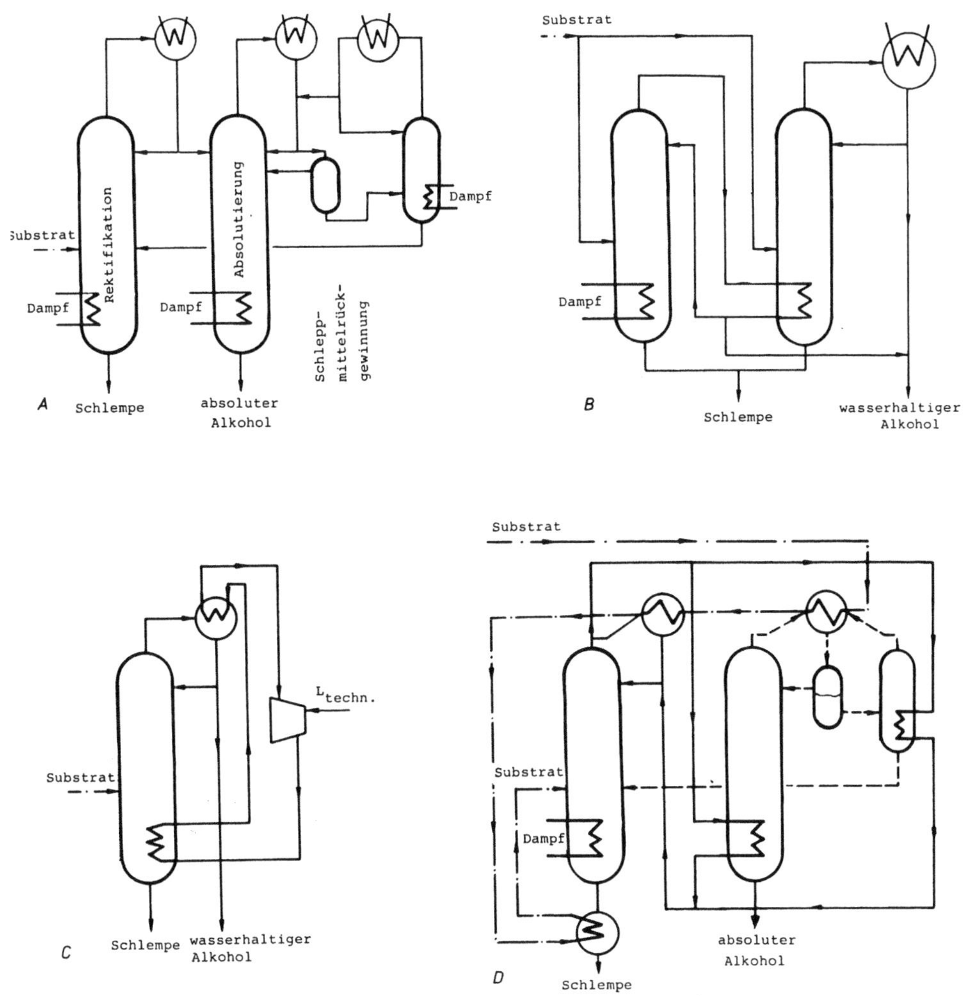

Abb. 5.14. Destillation-Rektifikation-Absolutierung. *A*: Konventionelle Erzeugung absoluten Alkohols, *B*: Zweidruckverfahren zur Erzeugung azeotropen Alkohols, *C*: Einsatz einer Wärmepumpe bei der Erzeugung azeotropen Alkohols, *D*: Zweidruckverfahren für die Erzeugung absoluten Alkohols

gen und eine Schaltung für die Herstellung absoluten Alkohols dargestellt. Bei der Schaltung *B* wird das vergorene Substrat auf zwei Teilströme aufgeteilt und zwei Rektifikationskolonnen, die auf unterschiedlichem Druck-/Temperaturniveau arbeiten, zugeführt. Eine Kolonne wird mit Dampf beheizt, die andere durch die Kondensationswärme des Rücklaufs der ersten Kolonne. Da 40–45% des eingespeisten Flüssigkeitsmengenstroms in der zweiten Kolonne aufkonzentriert werden können, ist eine Absenkung des Dampfverbrauchs gegenüber dem konventionellen System um den gleichen Prozentsatz zu erreichen, allerdings muß der Dampf eine etwas höhere Qualität haben. Die Schaltung *C* arbeitet mit einer Rückführung der Prozeßwärme innerhalb der Rektifikationskolonne. Die im Rückflußkondensator anfallende Wärme wird durch ein Wärmeträgermedium aufgenommen, von einer Wärmepumpe auf ein höheres Temperaturniveau gehoben und zur Verdampfung weiteren vergorenen Substrats genutzt. Bei der Schaltung *D* wird die Destillation/Rektifikation des gesamten Substratstroms unter erhöhtem Druck (3 bis 4 bar) durchgeführt. Ein Teilstrom des aus dem Kopf der Rektifikationskolonne austretenden azeotropen Alkoholdampfes wird genutzt, um nacheinander die Absolutierungskolonne und die Schleppmittelrückgewinnungskolonne, die beide bei Atmosphärendruck arbeiten, mit Prozeßwärme zu versorgen. Der restliche Alkoholdampf dient zur Beheizung einer Vorwärmstufe für frisch vergorene Maische. Beide Teilströme werden nach der Kondensation wieder vereint und als Rücklauf in die Rektifikation zurückgeführt.

Mit den Schaltungen nach Abb. 5.14 sind Prozeßenergieverbräuche von 3 bis 4 MJ/l für azeotropen Alkohol und von 4,5 bis 6 MJ/l für absoluten Alkohol zu erzielen. Diese Werte gelten für Alkoholkonzentrationen im vergorenen Substrat von 7–9 Vol.-%, wie sie bei konventionellen Rohstoffen erreicht werden. Bei geringeren Ausgangs-Alkoholgehalten, wie sie bei der Vergärung von Holzhydrolysaten auftreten, ist ein höherer Energieverbrauch in Kauf zu nehmen [5.23], [5.59].

Der zweite Komplex bei der Ethanol-Kraftstoffherstellung, in dem ein bedeutender Anteil Prozeßenergie benötigt wird, ist die Verwendung oder Entsorgung der Schlempe. Die Schlempe enthält alle im Substrat gelösten Mineralstoffe und ist damit prinzipiell sowohl als Düngemittel als auch als Viehfutter geeignet. Besonders Getreideschlempen haben wegen ihres hohen Proteingehalts einen großen Futterwert. Vor Verwendung der Schlempe als Futtermittel ist eine Aufkonzentrierung bzw. Trocknung erforderlich, deren Prozeßenergiebedarf mit 5–8 MJ/l erzeugten Alkohols anzusetzen ist. Besteht keine Möglichkeit zur Schlempeverfütterung, so kann die eingedickte Schlempe verbrannt werden, wodurch zumindest der Prozeßenergiebedarf der Schlempeeindampfung abgedeckt wird. Dieser Weg bietet sich insbesondere für Verfahren auf Basis cellulosehaltiger Rohstoffe an, wo eine gemeinsame Verbrennung von Lignin und Schlempe durchgeführt werden kann.

Eine weitere Möglichkeit zur Schlempenutzung ist die anaerobe Zersetzung der organischen Schlempeanteile (Biogaserzeugung). Auf diese Weise ist eine teilweise Entsorgung der Schlempe unter gleichzeitiger Erzeugung einer hochwertigen Energieform möglich.

In den Abb. 5.15 bis 5.18 wurde der Energiefluß bei der Erzeugung von Ethanol aus Zuckerrüben, Zuckerrohr, Mais und cellulosehaltigen Rohstoffen dargestellt, wobei die Darstellungsweise [5.60] und die Daten [5.23], [5.32], [5.60] – [5.63] entnommen wurden. Die Darstellungen sind jeweils auf die aus einem Hektar gewinnbare Alkoholmenge bezogen und umfassen die gesamte Kette von der landwirtschaftlichen Erzeugung des Rohmaterials bis zum netto verfügbaren Kraftstoff. Bei der in der Landwirtschaft und im Umwandlungssektor notwendigen Energie wird zwischen zwei Energieformen unterschiedlicher Wertigkeit differenziert. Die Energie für technische Mittel ist chemischer Energie, also reiner Exergie, gleichzusetzen und damit von gleicher Wertigkeit wie der erzeugte Ethanol-Kraftstoff. Der Bedarf an Energie für technische Mittel wird deshalb auch dem erzeugten Kraftstoff gegengerechnet. Die darüber hinaus benötigte Prozeßenergie ist als Energieform niedrigerer Qualität anzusehen und nach Möglichkeit durch

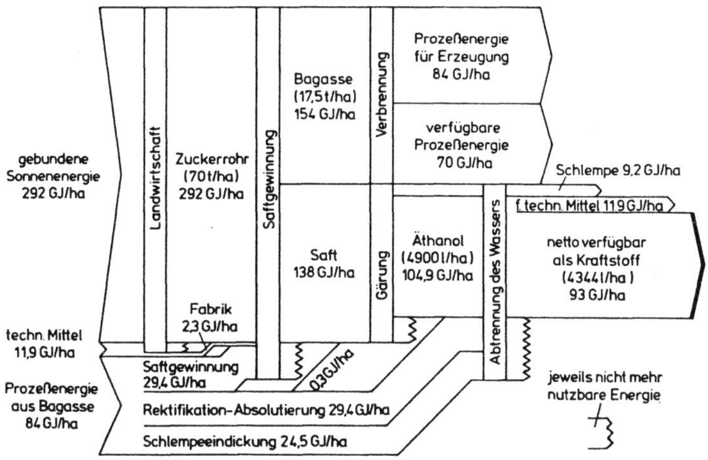

Abb. 5.15. Energieflußbild für Ethanol aus Zuckerrohr

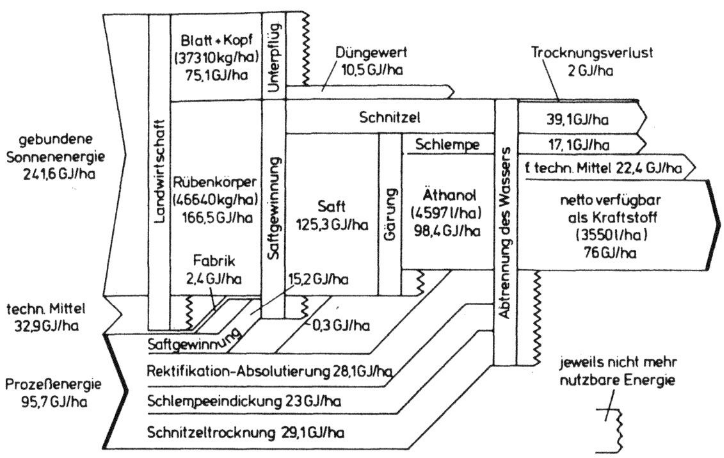

Abb. 5.16. Energieflußbild für Ethanol aus Zuckerrüben

Verbrennen von Neben- oder Restprodukten abzudecken. Für die Rektifikation/Absolutierung wurden energetisch effektive Verfahren angenommen, mit einem spezifischen Energieverbrauch von 6 MJ/l absoluten Alkohols bei konventionellen Rohstoffen und von 7,5 MJ/l absoluten Alkohols bei cellulosehaltigen Rohstoffen.

Bei der Ethanol-Kraftstofferzeugung aus Zuckerrohr (Abb. 5.15) steht die Bagasse als Lieferant für Prozeßenergie zur Verfügung, wobei bei einer modernen Produktionsanlage sogar nur etwa die Hälfte der zur Verfügung stehenden Bagasse für die Prozeßenergiegewinnung benötigt wird. Für die Abdeckung des Energiebedarfs technischer Mittel (Düngemittel, Kraftstoff) wird nur relativ wenig Energie benötigt, so daß annähernd 90% des erzeugten Ethanol-Kraftstoffs als netto verfügbar anzusehen sind.

Bei der Erzeugung von Ethanol-Kraftstoff aus Zuckerrüben läßt sich der Bedarf an Prozeßenergie nicht einfach aus der Verbrennung von zwangsweise anfallenden Nebenprodukten abdecken. Bei dem in Abb. 5.16 dargestellten Konzept werden Rübenblatt und Rübenkopf nach der Ernte untergepflügt, wodurch der Bedarf an technischen Mitteln für Düngung weitgehend abgedeckt wird. Als Produkte werden Ethanol-Kraftstoff sowie Futtermittel (Rübenschnitzel, eingedickte Schlempe) erzeugt, wobei etwa 80% des erzeugten Kraftstoffs als netto verfügbar anzusehen sind. Die benötigte Prozeßenergie muß als Wärme von außen zugeführt werden, sie könnte bei anderen Konzepten durch Verbrennung oder anaerobe Zersetzung von Neben- und Restprodukten abgedeckt werden.

Bei der Erzeugung von Ethanol-Kraftstoff aus Mais wird ein verhältnismäßig großer Anteil des erzeugten Kraftstoffs rechnerisch für die Abdeckung des Energiebedarfs technischer Mittel verbraucht, Abb. 5.17. Nur etwa 35% sind als netto verfügbar anzusehen. Von besonderer Bedeutung ist hier die Produktion eines proteinreichen Futtermittels als Nebenprodukt. Die benötigte Prozeßenergie kann leicht durch die Verbrennung von Maisspindeln und Maisstroh abgedeckt werden, wenn dieses Material durch entsprechende Erntetechnik in der Alkoholfabrik anfällt.

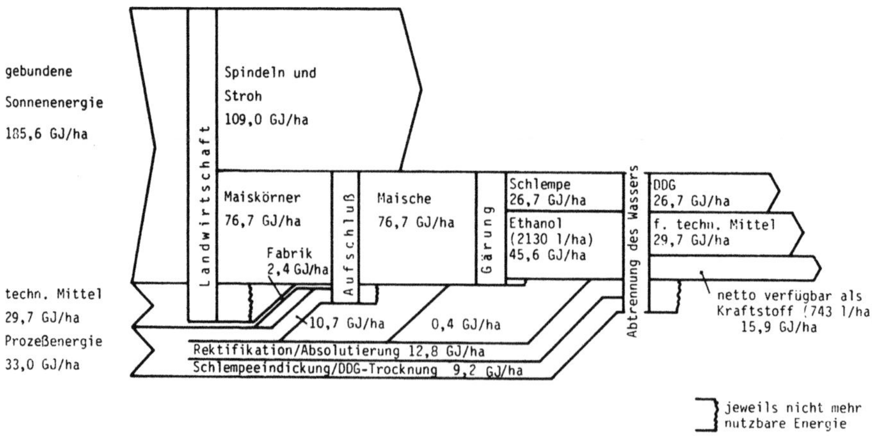

Abb. 5.17. Energieflußbild für Ethanol aus Mais

Während die Ethanol-Kraftstofferzeugung aus Zuckerrohr, Zuckerrüben und Mais Stand der Technik ist, ist das Energieflußbild für die Erzeugung von Ethanol aus cellulosehaltigen Rohstoffen (Abb. 5.18) als Entwicklungsziel anzusehen. Für den land- oder forstwirtschaftlichen Bereich ist nur ein verhältnismäßig geringer Bedarf an Energie für technische Mittel (in erster Linie Transportenergie) gegeben. Der Aufschluß des cellulosehaltigen Materials erfordert dagegen einen wesentlich höheren Einsatz hochwertiger Energie als bei konventionellen Rohstoffen. Insgesamt ergibt sich jedoch mit einem Wert von 74% für den Anteil des netto verfügbaren Ethanol-Kraftstoffs eine sehr günstige Effektivität für diese Energiekette. Der Bedarf an Prozeßenergie liegt, bezogen auf den Volumenstrom des erzeugten Ethanols, ebenfalls höher. Durch Nutzung der Energieinhalte des Lignin, der nicht aufgeschlossenen Cellulose und der Schlempe ist dieser Bedarf aber abzudecken.

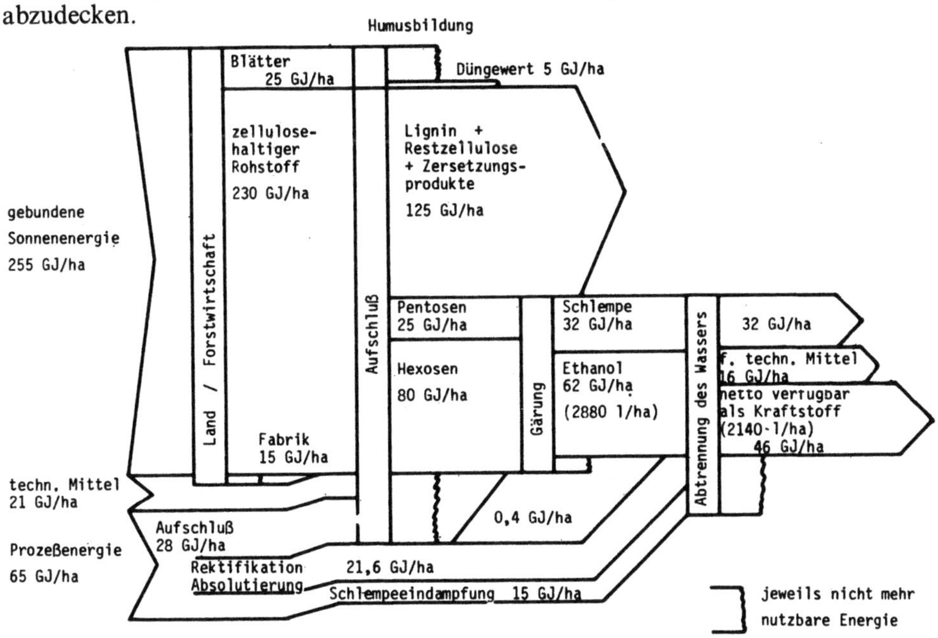

Abb. 5.18. Energieflußbild für Ethanol aus Holz

Literatur

[5.1] Ullmann: Enzyklopädie der technischen Chemie, 4. Auflage (1974), Verlag Chemie, Weinheim/Bergstraße.

[5.2] Kreipe, H.: Technologie der Getreide- und Kartoffelbrennerei. Verlag Hans Carl, Nürnberg 1972.

[5.3] Pieper, H. J., Bruchmann, E.-E., Kolb, E.: Technologie der Obstbrennerei. Verlag Eugen Ulmer, Stuttgart 1977.

[5.4] Kampen, W. E.: Ethyl Alcohol – The Automobile Fuel of the Future. Sugar y Azucar, April 1978.

[5.5] Rogers, P. L., Lee, K. J., Tribe, D. E.: High Productivity Ethanol Fermentations with Zymamonas Mobilis. Process Biochemistry **15**, 6 (1980).

[5.6] Prince, B. E., McCann, D. J.: The Continuous Fermentation of Starchs and Sugars to Ethyl Alcohol. Alcohol Fuels Conf., Sydney 1978.

[5.7] Luca, S.: Inst. für Gärungsgewerbe und Biotechnologie, Berlin, persönliche Mitteilung.
[5.8] Paul, J. K., Hrsg.: Ethyl Alcohol Production and Use as a Motor Fuel, Noyes Data Corp., Park Ridge, NJ 1979.
[5.9] Perlman, D., Hrsg.: Advances in Applied Microbiology. Academic Press, 1980.
[5.10] Rudolph, K., Tentscher, W., Owsianowski, R.-P.: Direkte Herstellung von Äthanol aus Zuckerrohr. Second International Symposium on Alcohol Fuels Technology. Wolfsburg, Germany, November 21 – 23, 1977.
[5.11] Brüschke, H., Tusel, G. F., Ballweg, A. H.: Description of a Full Scale Ethanol Production Plant for Direct Processing of Sugar Cane and Sweet Sorghum according to a Thermal Treatment Process – Technical and Economical Aspects. Fourth International Symposium on Alcohol Fuels Technology, Guarujá, Brazil, October 5 – 8, 1980.
[5.12] Reinefeld, E., Wagner, F., Winner, C.: Die Zuckerrübe als Energiepflanze. Zuckerindustrie **105**, Nr. 1 (1980).
[5.13] Kirby, K. D., Mardon, C. J.: Solid Phase Fermentation for Intermediate Scale Ethanol Production. Fourth International Symposium on Alcohol Fuels Technology. Guarujá, Brazil, October 5 – 8, 1980.
[5.14] Earl, W. B., Brown, W. A. N.: The Economics of Fuel Ethanol from Beet. Fourth International Symposium on Alcohol Fuels Technology. Guarujá, Brazil, October 5 – 8, 1980.
[5.15] Lindemann, L. R., Rocchiccioli, C.: Ethanol in Brazil, Brief Summary of the State of Industry in 1977. Biotechnology and Bioengineering, Vol. 21 (1979).
[5.16] Nielsen, B. H., Rosendal, P.: Application of Low-Temperature Liquefaction in Production of Ethanol from Starch. Fourth International Symposium on Alcohol Fuels Technology. Guarujá, Brazil, October 5 – 8, 1980.
[5.17] Misselhorn, K. U.: Supramyl – ein Verfahrensschritt für die Herstellung von Energie-Alkohol. Vortrag anläßlich der Hannover-Messe 1980.
[5.18] Hugues, J. F.: Non-Enzymatic Hydrolysis of Carbohydrates. Fourth International Symposium on Alcohol Fuels Technology. Guarujá, Brazil, October 5 – 8, 1980.
[5.19] Riehm, T.: Hydrolysate aus Holz und Einjahrespflanzen. In: Die Hefen, Band 2. Verlag Hans Carl, Nürnberg 1962.
[5.20] Sitton, O. C., Foutch, G. L., Book, N. L., Gaddy, J. L.: Ethanol from Agricultural Residues, Process Biochemistry, September 1979.
[5.21] Puls, J., Dietrichs, H. H.: Separation of Lignocelluloses into Highly Accessible Fibre Materials and Hemicellulose Fraction by the Steaming-Extraction Process. 1st E. C. Conference on Energy from Biomass. Brighton 1980.
[5.22] Sistig, P., Wagner, F., Rapp, P.: Vorstudie zur biotechnologischen Verwertungsmöglichkeit von Müllaltpapier. Schlußbericht im Auftrag des Ministeriums für Ernährung, Landwirtschaft und Umwelt des Landes Baden-Württemberg, November 1978.
[5.23] Wettstein, P., De Vos, J.: The Net Energy Balance of Ethanol Production from Wood. Fourth International Symposium on Alcohol Fuels Technology. Guarujá, Brazil, October 5 – 8, 1980.
[5.24] Lamport, P. T. A., et al.: HF Saccharification: The Key to Ethanol from Wood? 1st E. C. Conference on Energy from Biomass, Brighton 1980.
[5.25] Defaye, J., Gadelle, A.: Degradation of Cellulose with Hydrogen Fluoride. 1st E. C. Conference on Energy from Biomass. Brighton 1980.
[5.26] Erckel, R.: Hauptlaboratorium der Hoechst AG, Frankfurt, persönliche Mitteilung.
[5.27] Grethlein, H. E.: Chemical Breakdown of Cellulosic Materials. J. Appl. Chem. Biotechnol. **28** (1978).
[5.28] Saeman, J. F.: Key Factors in the Hydrolysis of Cellulose. In: Biomass as a Nonfossil Fuel Source. ACS Symp., Ser. 144, 1981.

[5.29] Guha, B. K., Fowler, G. E., Titchener, A. L.: Engineering Evaluation of Chemical Conversion of Wood to Liquid Fuel Alcohol, Alcohol Fuels. Sydney 1978.
[5.30] Knauth, H.: Fa. CEC, Meersburg, persönliche Mitteilung.
[5.31] Rugg, B., Armstrong, P., Stanton, R.: The New York University Continuous Acid Hydrolysis Process. ACS Symp. on Fuels from Biomass. San Francisco 1980.
[5.32] Reitter, F. J.: Fa. Zellplan, München, persönliche Mitteilung.
[5.33] Rosenberg, S. L.: Fermentation of Pentose Sugars to Ethanol and other Neutral Products by Microorganisms. Enzyme Microb. Technol. **2** (1980).
[5.34] Cheng-Shung Gong et al.: Production of Ethanol from D-Xylose by Using D-Xylose Isomerase and Yeasts. Appl. and Environmental Microbiology. Feb. 1981.
[5.35] Takagi, M., et al.: A Method for Production of Alcohol Directly from Cellulose Using Cellulase and Yeast. Proc. Bioconversion Symp., IIT. Delhi 1977.
[5.36] Linden, J. C., et al.: Enzymatic Hydrolysis of the Lignocellulosic Component from Vegetative Forage Crops. Biotechnology and Bioengineering Symp. No. 10, 1980.
[5.37] Andreoni, P., et al.: Production of Ethanol from Wastes via Enzymatic Hydrolysis of Cellulose. 1st E. C. Conference on Energy from Biomass. Brighton 1980.
[5.38] Eppert, G. H., Katzen, R.: Chemicals from Biomass by Improved Enzyme Technology. ACS Symp., Ser. 144, 1981.
[5.39] Gray, P. P., Dunn, N. W.: Cellulose – A Substrate for Bioconversion to Ethanol, Alcohol Fuels. Sydney 1978.
[5.40] Cysewski, G., Wilke, C. R.: Rapid Ethanol Fermentations Using Vacuum and Cell Recycle. Biotechnology Bioengineering **19** (1977).
[5.41] Engelbart, W.: Kontinuierliche Vergärung von Maischen aus stärkehaltigen Rohstoffen. Die Branntweinwirtschaft **118**, Nr. 2 und 5 (1978).
[5.42] Faust, U., Knecht, R.: Novel Continuous Fermentation Process for Ethyl Alcohol. Third International Symposium on Alcohol Fuels Technology. Asilomar, California, May 28 – 31, 1979.
[5.43] Meyrath, J.: Das Alco-Floc-System, eine kontinuierliche und zuverlässige Methode zur Äthanolproduktion mit extrem hoher Produktivität. 4. Symp. Technische Mikrobiologie. Berlin 1979.
[5.44] Larson, E.: A Demo Plant for the Production of Fermentation Ethanol for the Motor Fuel Market in Sweden. Fourth International Symposium on Alcohol Fuels Technology. Guarujá, Brazil, October 5 – 18, 1980.
[5.45] Royston, M. G.: Tower Fermentation of Beer. Process Biochemistry **1**, 4 (1966).
[5.46] Mitsuru Wada, Jyoji Kato, Ichiro Chibata: Continuous Production of Ethanol in High Concentration Using Immobilized Growing Yeast Cells. European J. Appl. Microbiol. Biotechnol. **11**, 67 – 71 (1981).
[5.47] Sturgeon, C. M., Kennedy, J. F.: A Quick-Reference Summary of Recent Literature on Molecular Immobilization and Bioaffinity Phenomena: Survey No. 12. Enzyme Microb. Technol., Vol. 3, October 1981.
[5.48] Mission Analysis for the Federal Fuels from Biomass Program, Stanford Research Institute Study prepared for the United States Department of Energy, 1978/1979.
[5.49] de Carvalho, A. V., Milfont, W. N., Yang, V., Trindade, S. C.: Energetics, Economics and Prospects of Fuel Alcohols in Brazil. Second International Symposium on Alcohol Fuels Technology, Wolfsburg, Germany, November 21 – 23, 1977.
[5.50] Biell, T. A., Batstone, D. B.: Potential for Multi-Crop Processing within the Sugar Industry. Alcohol Fuels. Sydney 1978.
[5.51] McCann, D. J., Prince, R. G. H.: Agro-Industrial Systems for Ethanol Production. Alcohol Fuels. Sydney 1978.
[5.52] Houben, H.: Motortreibstoff (Ethanol) aus Ein- und Zweijahrespflanzen wie Zuckerrüben, Manioka, Zuckerrohr. Zuckerindustrie **105**, 1 (1980).

[5.53] Scheller, W. A.: The Production of Ethanol by the Fermentation of Grain. Second International Symposium on Alcohol Fuels Technology. Wolfsburg, Germany, November 21 – 23, 1977.

[5.54] Moon, G. D., Messick, J. R., Essley, C. E., Katzen, R.: Technical and Economic Assessment – Motor Fuel Alcohol from Grain and Other Biomass. Third International Symposium on Alcohol Fuels Technology. Asilomar, California, May 28 – 31, 1979.

[5.55] Villen, R. A.: Microplants for Ethyl Alcohol Production. Fourth International Symposium on Alcohol Fuels Technology. Guarujá, Brazil, October 5 – 8, 1980.

[5.56] Misselhorn, K.: Äthanolherstellung unter energiewirtschaftlichem Aspekt, Stand der Technik. Die Branntweinwirtschaft, März 1980.

[5.57] Stegemann, J.: Energiesparende Äthanol-Destillieranlagen. Vortrag Hannover Messe 1980.

[5.58] Katzen, R., Frank, B., Gionnoni, V. T.: Low Energy Motor Fuel Grade Alcohol Destillation Systems. Fourth International Symposium on Alcohol Fuels Technology. Guarujá, Brazil, October 5 – 8, 1980.

[5.59] Leppanen, O., Denslow, J., Ronkainen, P.: Energy Consumption in the Distillation of Fuel Alcohol. Fourth International Symposium on Alcohol Fuels Technology. Guarujá, Brazil, October 5 – 8, 1980.

[5.60] Batel, W., et al.: Äthanol aus nachwachsenden Rohstoffen als alternativer Kraftstoff für Fahrzeuge. Grundl. Landtechnik **31**, 4 (1981).

[5.61] Scheller, W. A.: An Analysis of Gasohol Energetics. ACS Symp. Ser. 144, 1981.

[5.62] Serra, G. I., Goldenberg, J., de Carvalho, C. M., Moreira, J. R.: The Energetics of Alternative Biomass Sources for Ethanol Production in Brazil. Third International Symposium on Alcohol Fuels Technology. Asilomar, California, May 28 – 31, 1979.

[5.63] Smith, N., Corcoran, T. J.: Wood Production Energetics, ACS Symp. Series 144, 1981.

6. Eigenschaften von Alkohol-Kraftstoffen

6.1 Unterschiede zu heutigen Kraftstoffen

Otto- und Dieselkraftstoffe heutiger Prägung bestehen aus einem Gemisch verschiedener Kohlenwasserstoffe. Ihre Stoffdaten sind, je nach Zusammensetzung dieser Gemische, in gewissen Grenzen variabel. Deshalb enthalten die Spezifikationen für Kraftstoffe bei den einzelnen Eigenschaften Toleranzbreiten.

Die jahrzehntelange Erfahrung ermöglicht es, aus im Labor gewonnenen Meßdaten, wie z. B. Dampfdruck, Octan- und Cetanzahlen usw., das Verhalten im Motor vorauszubestimmen. Dafür liegt bei den aus Erdöl gewonnenen Kohlenwasserstoffen eine ausreichend breite Erfahrungsbasis vor. Alkoholkraftstoffe unterscheiden sich in einigen ihrer physikalischen Daten und lassen somit auch eine Änderung im motorischen Verhalten erwarten.

In der Praxis zeigt sich, daß nicht alle aus der Erfahrung mit bisherigen Kraftstoffen definierten Kennwerte für die motorischen Eigenschaften das gleiche Verhalten im Motor ergeben, wenn Alkohole eingesetzt werden.

So kann man z. B. aus den Kennziffern für Flüchtigkeit und Dampfdruck von Alkohol- und Alkoholmischkraftstoffen Probleme im Heiß- und Kaltfahrverhalten bei Fahrzeugen mit Ottomotoren erwarten. Allerdings reagieren die Fahrzeuge deutlich unterschiedlich auf die heutigen Kraftstoffe aus Erdöl einerseits und alkoholhaltige Kraftstoffe andererseits, trotz gleicher Kenndaten. So wird z. B. ein alkoholhaltiger Kraftstoff trotz gleicher Kenndaten für die Flüchtigkeit eher zu Problemen durch Dampfblasenbildung führen als ein vergleichbares herkömmliches Benzin. Dies gilt besonders für Methanol-, im geringeren Maße aber auch für Ethanol-Mischkraftstoffe. Ein anderes Beispiel ist die Zündwilligkeit von Dieselkraftstoffen, ausgedrückt und definiert durch die Cetanzahl. Auch hier lassen die im Labor an Prüfmotoren ermittelten Werte keinen direkten und zuverlässig quantitativen Schluß auf das Verhalten von Alkoholkraftstoffen in praktischen Dieselmotoren zu, besonders nicht in direkt einspritzenden Motoren.

Die für den motorischen Betrieb wesentlichen Eigenschaften der primär interessierenden Alkohole sind in der Tabelle 6.1 zusammengetragen, im Vergleich dazu die entsprechenden Zahlenwerte für heutige Otto- und Dieselkraftstoffe.

Im folgenden seien die wichtigsten Daten der Alkohole und ihre Auswirkung auf den motorischen Betrieb diskutiert. Soweit erforderlich, wird auf Vergleiche mit heutigen Kraftstoffen eingegangen. Hier wird in erster Linie Methanol berücksichtigt, da ein Kraftstoff auf Methanolbasis aus heutiger Sicht am ehesten Realisierungschancen in Industrieländern hat.

Wie ein Methanolkraftstoff in der Zukunft aussehen wird, ist heute noch nicht abzusehen. Dies hängt stark von den wirtschaftlichen Herstellverfahren ab. In den

Tabelle 6.1. *Stoffwerte von Alkoholen und Otto- bzw. Dieselkraftstoff*

	Methanol	Ethanol	Ottokraftstoff DIN 51 600 Normal	Ottokraftstoff DIN 51 600 Super	Dieselkraftstoff DIN
Dichte bei 15°C, kg/l	0,795	0,790	0,715 – 0,755	0,730 – 0,780	0,815 – 0,855
Viskosität bei 20°C, mPas	0,6	1,2	0,42		3,7
Spezifische Wärme bei 20°C, kJ/kg (kcal/kg)	2,55 (0,61)	2,72 (0,65)	2,01 (0,48)		1,93 (0,46)
Siedepunkt(bereich) bei 1,013 bar, °C	64,7	78,5	25 – 215		175 – 360
Dampfdruck nach Reid, mbar	320	160	600 – 900 Winter 450 – 700 Sommer		–
Heizwert H_u					
MJ/kg (kcal/kg)	19,66 (4 700)	26,77 (6 400)	42,7 (10 200)	43,5 (10 400)	ca. 42,5 (10 160)
MJ/l (kcal/l)	15,63 (3 737)	21,15 (5 056)	31,4 (7 500)	32,8 (7 830)	ca. 35,7 (8 540)
Gemischheizwert, kJ/kg Luft	3 073	2 975	ca. 2 990		ca. 2 925
stöchiometrisch, (kcal/kg Luft)	(734)	(711)	(714)		(702)
Luftbedarf, kg Luft/kg Kraftstoff	6,4	9,0	ca. 14,8	ca. 14,7	ca. 14,6
stöchiometrisch, m³ Luft/l Kraftstoff	4,3	5,9	ca. 8,5	ca. 8,7	ca. 9,5
Verdampfungswärme bei 1,013 bar					
kJ/kg (kcal/kg)	1 109 (265)	904 (216)	380 – 500 (90,8 – 120)		251 (60)
kJ/MJ Heizwert	56,4	33,8	8,9	11,5	5,9
Volumenvergrößerung					
(angesaugte Luft + Kraftstoffdampf), %	6,5	7,0	5,8	5,8	5,4
(angesaugte Luft + flüssiger Kraftstoff), %	21,0	14,7	7,2	7,2	6,7
Temperatur-Erniedrigung bei Verdampfung des stöchiometrischen Gemischs, K	122	74	~20	~23	–

USA wird als Methyl-Fuel ein Kraftstoff diskutiert, der neben Methanol 5–15% höhere Alkohole enthält, wobei sich Ethanol, Propanol und Isobutanol wie 2:3:5 verhalten. Außerdem wird Rohmethanol propagiert, das je nach Herstellverfahren ebenfalls bis zu einigen Prozenten höhere Alkohole und dazu bis zu 30% Wasser enthalten kann [6.1].

Die Diskussion konzentriert sich deshalb im wesentlichen auf reines Methanol. Auf Unterschiede zu den anderen Alkoholen wird hingewiesen, im allgemeinen gilt auch für Ethanol und die höheren Alkohole die hier aufgezeigte Tendenz.

Soweit Alkohol-Mischkraftstoffe abweichende Eigenschaften zeigen, werden diese in den entsprechenden Abschnitten diskutiert.

6.2 Alkohole als Kraftstoffe

6.2.1 Chemisch-physikalische Eigenschaften

Chemische Zusammensetzung

Methanol (CH_3OH) besteht aus einer OH-Gruppe und einem Methyl-Radikal. Es gleicht in seinen Eigenschaften stärker dem Wasser als die Kohlenwasserstoffe aus Erdöl. Im Gegensatz zu Benzin und anderen Erdöl-Kohlenwasserstoffen

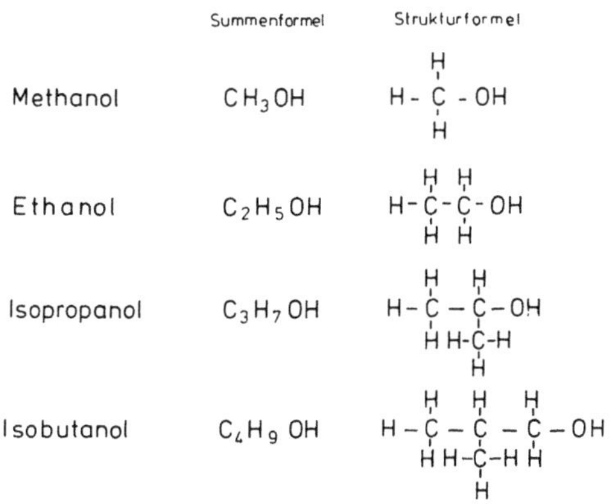

Abb. 6.1. Summen- und Strukturformeln von Alkoholen

Tabelle 6.2. *Sauerstoffgehalt von Alkoholen und Ethern*

	Sauerstoffgehalt im Molekül (Gew.-%)
Methanol	50,0
Ethanol	34,7
Isopropanol, IPA	26,6
Isobutanol, IBA	21,6
Tertiärbutanol, TBA	21,6
Methyl-tert. Butylether, MTBE	18,2
Ethyl-tert. Butylether, ETBE	15,7

enthält Methanol nur ein Kohlenstoffatom pro Molekül und hat somit keine C – C Bindung. Ein weiteres Unterscheidungsmerkmal zu den heute üblichen Kraftstoffen ist das Sauerstoffatom. Beide Unterschiede wirken sich auf die Verbrennungseigenschaften aus. Entsprechendes gilt für die höheren Alkohole, wie Ethanol, Isopropanol, Isobutanol (Abb. 6.1). Das heißt, auch hier ist die charakteristische OH-Gruppe und damit ein gewisser Sauerstoffgehalt im Molekül vorhanden. Bei den höheren Alkoholen nehmen jedoch mit steigender Anzahl an C-Atomen die wasserähnlichen Eigenschaften (polare Bindung) ab, ebenso der Sauerstoffgehalt (Tabelle 6.2).

Heizwert

Das Charakteristikum der Alkohole, die OH-Gruppe, und der dadurch bedingte Sauerstoffgehalt bewirken, daß diese Kraftstoffe geringere Heizwerte als die reinen Kohlenwasserstoffe bieten. Methanol hat den höchsten Sauerstoffgehalt und dementsprechend den geringsten Energieinhalt. Allgemein ist zu sagen, daß sich die Heizwerte der Alkohole mit steigendem Wasserstoffgehalt, das heißt abnehmendem Kohlenstoffgehalt im Molekül, verringern. Höhere Alkohole weisen zwar höhere Heizwerte als Methanol auf, erreichen jedoch nicht die Werte der Benzin-Kohlenwasserstoffe (Tabelle 6.3).

Tabelle 6.3. *Heizwerte von Alkohol- und Ether-Mischkomponenten im Vergleich zu Ottokraftstoff*

	kJ/kg	kJ/l	% von Ottokraftstoff (Super)
Methanol	19 660	15 630	47,6
Ethanol	26 770	21 150	64,5
Tertiärbutanol, TBA	33 070	26 790	81,6
Isobutanol, IBA	32 500	26 130	79,6
Isopropanol, IPA	30 060	23 630	72,0
Methyl-tert. Butylether, MTBE	35 171	26 044	79,4
Ethyl-tert. Butylether, ETBE	36 050	26 691	81,4
Zum Vergleich:			
Normalkraftstoff	ca. 42 700	ca. 31 400	95,7
Superkraftstoff	ca. 43 500	ca. 32 800	–

Aus den Heizwertdaten muß demnach gefolgert werden, daß für die gleiche Leistungsausbeute eine größere Menge an Alkoholkraftstoff notwendig ist als bei Kohlenwasserstoffen.

Da sich die Dichten von Alkoholen und Benzin nur geringfügig unterscheiden, ergeben sich auch nur geringe Unterschiede, wenn der Heizwert auf die Gewichts- bzw. Volumeneinheit bezogen wird. Der volumenbezogene Heizwert ist in der Praxis wichtiger, da die Kraftstoffe nach Volumen verkauft und besteuert werden und die Gemischbildungseinrichtungen (Vergaser bzw. Einspritzanlagen) eine volumetrische Zumessung zur Verbrennungsluft vornehmen.

Luftbedarf

Aufgrund des Sauerstoffgehalts der Alkohole werden geringere Luftmengen pro kg bzw. pro Volumeneinheit Kraftstoff als bei Benzin benötigt. Da ein niedrigerer Heizwert auch einen geringeren Luftbedarf bedeutet, können mit einer bestimmten Luftmenge immer etwa gleiche Wärmemengen freigesetzt werden, so daß der Heizwert der Kraftstoffe, seien es Alkohole oder Kohlenwasserstoffe, auf die Motorleistung keinen wesentlichen Einfluß hat. Bezieht man den Luftbedarf nicht auf die Kraftstoffmenge, sondern auf den Energieinhalt für eine bestimmte Leistungsausbeute, so ist der Luftbedarf für alle Kraftstoffe nahezu gleich, nämlich etwa zwischen 3,8 und 4,1 kg Luft/10000 kJ (14–15 kg Luft pro 10000 kcal).

Gemischheizwert

Für die mögliche Leistungsausbeute von Verbrennungsmotoren ist der Gemischheizwert bedeutend, das heißt der Heizwert pro Volumeneinheit Kraftstoff-Luftgemisch. Da Alkohole zusammen mit ihrem niedrigen Heizwert entsprechend geringeren Luftbedarf haben, wird der Heizwert eines Raumteils Kraftstoff-Luftgemisch nur geringfügig unterschiedlich zu Kohlenwasserstoffen sein.

Der Gemischheizwert wird üblicherweise auf einen Kubikmeter Luft (15°C 735 mm Hg, stöchiometrisches Gemisch, Lambda = 1) bezogen. Dabei wird der Kraftstoff jeweils als vollkommen verdampft angesehen.

Aufgrund der Daten von Heizwert, Luftbedarf und Gemischheizwert der Alkoholkraftstoffe ist zu erkennen, daß der niedrigere Heizwert der Kraftstoffe nicht auch eine niedrigere Motorleistung zur Folge hat, sondern etwa gleiche Werte in der Leistung aus der motorischen Verbrennung zu erwarten sind.

Verdampfungswärme

Die Verdampfungswärme kennzeichnet die Energie, die einem Stoff zugeführt werden muß, um ihn ohne Temperaturänderung vom flüssigen in den gasförmigen Zustand zu überführen.

Alkohole zeichnen sich durch höhere Verdampfungswärme als Kohlenwasserstoffe aus, wobei Methanol die höchste Verdampfungswärme aller Alkohole hat und nur noch von Wasser und Ammoniak übertroffen wird (Tabelle 6.4).

Tabelle 6.4. *Verdampfungswärme von Alkoholen und -komponenten im Vergleich zu Ottokraftstoff*

Ottokraftstoff	335 kJ/kg
Methyl-tert. Butylether, MTBE	322 kJ/kg
Tertiärbutanol, TBA	544 kJ/kg
Isobutanol, IBA	680 kJ/kg
Isopropanol, IPA	700 kJ/kg
Ethanol	910 kJ/kg
Methanol	1100 kJ/kg

Die spezifischen Verdampfungswärmen, das heißt bezogen auf die Kraftstoffmenge, sind von der Temperatur nur geringfügig abhängig.

In der Praxis wird durch die Verdampfungswärme eine Abkühlung des Kraftstoff-Luftgemisches während der Gemischbildung hervorgerufen. Der theoretische Temperaturabfall bei stöchiometrischem Luftgemisch und vollständiger adiabatischer Verdampfung beträgt bei Benzin rund 20°C, für Methanol-Benzin-Gemisch mit 20% Methanol-Gehalt etwa 33°C und für reines Methanol etwa 122°C. Dies führt im praktischen Motorbetrieb zu einem starken Temperaturabfall im Vergaser- und Ansaugsystem. Die Absenkung der Gemischtemperatur im Zusammenhang mit der niedrigen Flüchtigkeit der Alkoholkraftstoffe führt dazu, daß ein großer Teil des Kraftstoffes flüssig im Ansaugsystem vorhanden ist. Damit wird es schwierig, insbesondere bei Motoren mit zentraler Gemischbildung (Vergasermotoren), eine gleichmäßige Verteilung der Kraftstoffmengen auf die einzelnen Zylinder zu erreichen. Um diesen Nachteil zu beheben, muß das Kraftstoff-Luftgemisch intensiver vorgewärmt werden, oder es müssen andere Maßnahmen zur Unterstützung der Gemischqualität getroffen werden.

Eine Vereisung des Gemischbildungssystems, z. B. im Leerlauftrakt des Vergasers, ist jedoch nicht zu befürchten, da alle Alkohole durch ihre Mischbarkeit mit Wasser den Ansatz und die Bildung von Eis an Bauteilen verhindern.

Im Hinblick auf die Realität im Motor sollte die Verdampfungswärme jedoch nicht auf die Kraftstoffmenge, sondern auf den Energieinhalt des Kraftstoffes bezogen werden. Bei dieser Betrachtung zeigt sich, daß für Methanol etwa die 7fache Wärmemenge notwendig ist, um den Kraftstoff für vergleichbare Leistung wie bei Benzin-Kohlenwasserstoffen zu verdampfen.

Die durch die hohe Verdampfungswärme der Alkohole bewirkte Abkühlung des Gemisches erhöht den Liefergrad des Motors. Da ein Teil des Kraftstoffes erst bei der Verdichtung verdampfen wird und damit zusätzlich kühlt, ist mit geringerer Verdichtungsarbeit zu rechnen. Ein Verbrennungsablauf bei tieferen Temperaturen läßt geringere NO_x-Schadstoffbildung erwarten. Insgesamt kann durch die höhere Verdampfungswärme mit intensiver Innenkühlung des Motors gerechnet werden.

Dampfdruck und Siedeverhalten

Otto- und Dieselkraftstoffe sieden in einem bestimmten Temperaturbereich, dargestellt durch die Siedekurve, bei der über den abgedampften Mengen die zugehörige Temperatur aufgetragen wird. Entsprechend der verschiedenartig möglichen Zusammensetzung der Otto- und Dieselkraftstoffe berücksichtigt das Siedekurvenband die möglichen Toleranzbreiten. Naturgemäß haben Alkohole dagegen einen Siedepunkt, da es sich um einheitliche Stoffe handelt. Die Siedepunkte von Methanol und Ethanol liegen im unteren Bereich der Siedekurve für Ottokraftstoffe und lassen demnach aufgrund dieser Eigenschaft einige wesentliche Unterschiede im motorischen Verhalten erwarten.

Die Siedekurve der Benzin-Kohlenwasserstoffe beginnt unterhalb der Siedepunkte der Alkohole. Entsprechend sind die Dampfdruckwerte von heutigen Ottokraftstoffen höher als die der Alkohole (Abb. 6.2). Methanol (Siedepunkt 64,7°C) hat den höchsten Dampfdruck der Alkohole, der aber mit dem Wert RVP = 0,32 bar noch deutlich geringer als bei Benzin ist.

Die geringe Flüchtigkeit der Alkohole läßt, zusammen mit der hohen Verdampfungswärme, zunächst Probleme in der Gemischverteilung von Vergasermotoren erwarten, da nur geringe Kraftstoffmengen im Saugsystem verdampft sind

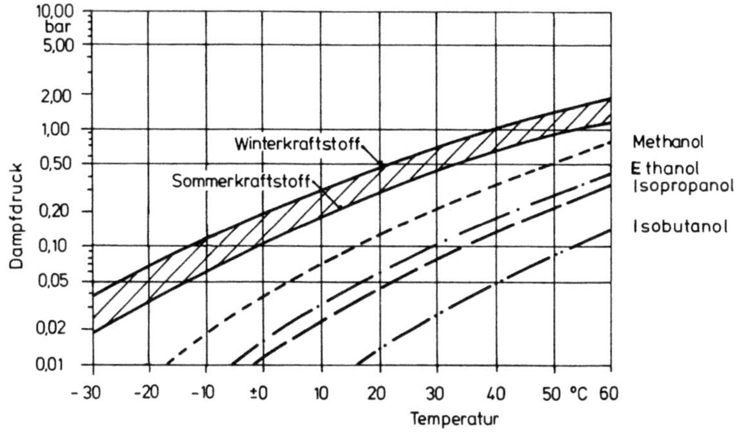

Abb. 6.2. Temperaturabhängiger Dampfdruck von Alkoholen im Vergleich zu Sommer- und Winterkraftstoff für Ottomotoren [6.2]

und die flüssige Phase des Kraftstoffes nur schwierig in allen Betriebszuständen gleichmäßig auf die einzelnen Zylinder verteilt werden kann.

Die geringe Flüchtigkeit der Alkohole wirkt sich außerdem besonders nachteilig auf das Kaltstartverhalten und das Fahrverhalten des noch nicht betriebswarmen Motors aus. Bei kühler Außentemperatur müssen deshalb besondere Maßnahmen getroffen werden, auf die im Abschnitt 7.24 eingegangen wird.

Zündgrenzen

Flammpunkt und Zündtemperatur von Kraftstoffen sind bei der Verwendung in Verbrennungsmotoren nur von geringem Einfluß. Für die motorische Verbrennung sind jedoch die Zündgrenzen der Kraftstoffe von erheblicher Bedeutung, insbesondere für Ottomotoren.

Die Entflammbarkeit durch Fremdzündungen eines Kraftstoff-Dampf-Luftgemischs ist nur dann gegeben, wenn die Konzentration des Kraftstoffdampfes zwischen einem Mindestwert (untere Zündgrenze, armes Gemisch) und einem Höchstwert (obere Zündgrenze, reiches oder fettes Gemisch) liegt. Die Zündgrenzen in Luft bei Atmosphärendruck betragen für [6.2]:

	untere Zündgrenze	obere Zündgrenze
Methanol	5,5 bis 6	26 bis 37 Vol.-%
Benzin	0,6 bis 1,0	7 bis 8 Vol.-%

wobei die in der Literatur angegebenen Werte in den genannten Bereichen schwanken. Versuche am Motor haben gezeigt, daß Methanol im Bereich des Luftverhältnisses λ von 0,34 bis 2,0 zündfähig ist. Die entsprechenden Zündgrenzen für Benzin betragen 0,4 bis 1,4. Das bedeutet, daß beide Zündgrenzen bei Methanol erweitert sind und daß sich bei Methanolbetrieb ein mageres Kraftstoff-Luftgemisch noch zünden läßt. Dies läßt erwarten, daß ein Motorbetrieb mit ärmerem Gemisch, das heißt mit höherem Luftüberschuß möglich wird, was günstigeren Wirkungsgrad und weniger Abgasschadstoffe verspricht.

Ähnliche Verhältnisse gelten für die höheren Alkohole. Die Zündgrenzen von Kraftstoff-Luftgemischen hängen im wesentlichen von der Aufnahmefähigkeit der Luft für Kraftstoffdampf ab (temperaturabhängiger Partialdruck). Bei normalem Ottokraftstoff ist bereits bei Temperaturen über − 10°C mehr Kraftstoff verdampft, als einem noch zündfähigen Gemisch entspricht. Für Methanol liegt diese Grenze bei etwa + 27°C, für Ethanol bei + 29°C. Das bedeutet, daß sich nur unterhalb dieser Temperaturen im Kraftstoffbehälter zündfähige Alkohol-Luftgemische bilden können. Hier handelt es sich um die oberen Zündgrenzen. Die unteren Zündgrenzen liegen auf jeden Fall für alle hier genannten Kraftstoffe weit unterhalb praktisch vorkommender Temperaturen.

Um genügend Kraftstoff zur Bildung eines stöchiometrischen Gemischs zu verdampfen, muß ein Benzin-Luftgemisch eine Temperatur von mindestens − 20°C erreichen, die entsprechenden Werte für Methanol liegen bei + 18°C bzw. für Ethanol bei + 20°C. Diese Werte sind gleichzeitig ein Hinweis auf die Fähigkeit dieser Kraftstoffe, ohne zusätzliche Hilfsmittel einen Kaltstart von Motoren zu ermöglichen. Es kann errechnet werden, daß die Ansaugluft auf einen Wert von 208°C aufgeheizt werden müßte, um mit stöchiometrischem Gemisch bei der Verdampfung des Methanols die Gemischtemperatur auf + 18°C zu halten [6.2].

Aus diesen Werten kann abgeleitet werden, daß das Starten eines Motors für Ethanol bei einer Gemischtemperatur unter + 20°C und für Methanol bei einer Temperatur von unter + 18°C theoretisch nicht mehr möglich erscheint. In der Praxis zeigt sich jedoch, daß auch magere Gemische noch zündfähig sind, so daß die praktische Starttemperatur für Methanolmotoren bei etwa + 10°C liegt.

Die tiefe Gemischtemperatur senkt den an sich schon niedrigen Dampfdruck der Alkoholkraftstoffe noch weiter ab, was sich zusätzlich ungünstig für den Startvorgang auswirkt.

Zündtemperatur

Die niedrigste Temperatur, bei der sich ein Kraftstoff-Luftgemisch selbst entzünden kann, wird als Zündtemperatur bezeichnet. Sie ist keine Stoffkonstante,

Tabelle 6.5. *Zündtemperaturen von Alkoholen und Kohlenwasserstoffen*

n-Heptan	230°C
Isobutanol	405°C
Ethanol	420°C
Isopropanol	425°C
Methanol (rein)	478°C
Methanol mit 5 Vol.-% Wasser	480°C
Methanol mit 10 Vol.-% Wasser	485°C
Methanol mit 20 Vol.-% Wasser	490°C
Methanol mit 28 Vol.-% Wasser	495°C
Benzol	575°C

sondern hängt von den Arbeitsbedingungen ab, die in DIN 51794 festgelegt sind. In der Literatur finden sich etwas unterschiedliche Angaben über die Zündtemperatur, eine Übersicht ist in der Tabelle 6.5 gegeben.

Flammpunkt

Der Flammpunkt nach DIN 51455 hat für den Betrieb im Motor keine Bedeutung, wohl aber für Lagerung und Transport. Die Verordnung über brennbare Flüssigkeiten unterscheidet die Gefahrenklasse I (Flammpunkt unter 21°C), zu der Otto-Kraftstoffe gehören, sowie die Gefahrenklasse A II (Flammpunkt 21 bis 55°C) zu der z. B. Petroleum gehört, und die Gefahrenklasse A III (Flammpunkt 55 bis 100°C), in die Dieselkraftstoffe fallen.

Der Flammpunkt bei 760 Torr beträgt für Methanol 11°C und liegt bei Benzin unter – 20°C. Damit gehört Methanol ebenso wie die Ottokraftstoffe zu der Gefahrenklasse I.

6.2.2 Verbrennungseigenschaften

Flammenfortpflanzungs- bzw. Zündgeschwindigkeit und Brenngeschwindigkeit

Die Geschwindigkeit der Flammenfront gegenüber der Umgebung, z. B. gegenüber einer Gefäßwand, wird als Flammenfortpflanzungsgeschwindigkeit bezeichnet. Bei Bestimmung dieses Wertes, der auch Zündgeschwindigkeit genannt wird, haben die Versuchsbedingungen, wie z. B. Größe und Form des Versuchsgefäßes, und das Luftverhältnis einen deutlichen Einfluß. So sind die im Motor bei großer Gemischturbulenz gemessenen Werte für die Geschwindigkeit wesentlich höher als die in einem geschlossenen Gefäß ohne Strömung ermittelten Werte (z. B. in der Verbrennungsbombe).

Die Zündgeschwindigkeit von Methanol und Benzin als Funktion des Luftverhältnisses ist in Abb. 6.3 dargestellt [6.1]. Demnach liegt die Brenngeschwindigkeit von Methanol im Luftüberschuß höher als bei Benzin. Das bedeutet, daß zur Erzielung eines maximalen effektiven Mitteldrucks der Zündzeitpunkt entspre-

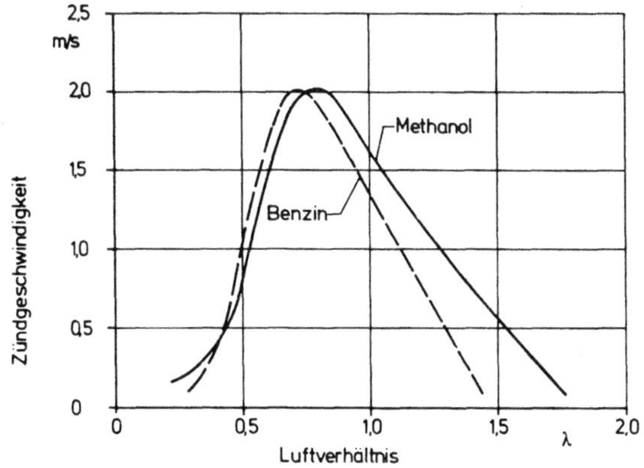

Abb. 6.3. Zündgeschwindigkeit als Funktion des Luftverhältnisses [6.1]

chend angepaßt werden muß. Diese Tatsache, zusammen mit der bei Methanol und anderen Alkoholen aufgrund der günstigen Octanzahl möglichen höheren Verdichtung des Motors erfordern insgesamt eine geringere Zündverstellung in Richtung früh als bei vergleichbaren Benzinmotoren.

Im Gegensatz zu anderen Kohlenwasserstoff-Diffusionsflammen zeigt es sich, daß die Methanolflamme nicht rußt, auch nicht bei sehr fetten Kraftstoff-Luftgemischen. Dies erklärt, daß in Verbrennungsmotoren aus der Verwendung von Methanol oder anderen Alkoholen keine Rußemission festgestellt werden kann. Dieser Effekt läßt sich besonders erfolgversprechend nutzen, wenn Maßnahmen gefragt sind, den Ausstoß an Feststoffemissionen von Verbrennungsmotoren, insbesondere Dieselmotoren, zu reduzieren.

Volumenvergrößerung

Unter der Volumenvergrößerung wird die Zunahme des Gasvolumens bei der Verbrennung verstanden, wobei die Verbrennungsgase auf Druck und Temperatur der Ansaugluft umgerechnet werden und das Verbrennungswasser als Dampf eingesetzt wird.

Dabei sind zwei unterschiedliche Annahmen für die Zuführung des Kraftstoffes in den Brennraum möglich:

1. Der Kraftstoff wird völlig verdampft, also raumbeanspruchend in den Zylinder eingebracht. Das Ausgangsvolumen ist somit groß und die Volumenvermehrung entsprechend klein.
2. Der Kraftstoff wird flüssig, das heißt praktisch ohne Raumbedarf, eingebracht. Damit ist das Ausgangsvolumen klein und die Volumenvergrößerung entsprechend groß.

Für den ersten Fall, das heißt unter der Annahme des dampfförmigen Kraftstoffes, liegt die Volumenvermehrung für Alkohole zwischen 6 und 8%, die für Benzin-Kohlenwasserstoffe bei etwa 2 – 7%, das heißt, die Unterschiede sind relativ gering.

Für den zweiten Fall, wenn der Kraftstoff flüssig in den Brennraum eingebracht wird und damit das Kraftstoffvolumen vernachlässigt werden kann, beträgt für Methanol die Volumenvergrößerung 21% und die für die C_2- bis C_4-Alkohole noch immerhin zwischen 14,5 und 11%. Methanol hat somit eine dreimal so große Volumenvergrößerung wie Benzin.

Diesem zweiten Fall für die Einbringung des Kraftstoffes in flüssiger Form entsprechen Dieselmotoren und zum Teil auch Einspritz-Ottomotoren. Bei Vergasermotoren wird insbesondere beim Methanol-Betrieb der Kraftstoff auch zum Teil flüssig in den Brennraum gelangen, da eine vollständige Verdampfung des Kraftstoffes kaum möglich sein wird [6.2].

Die Volumenvergrößerung ist neben der Verdampfungswärme als Hauptgrund für die Mehrleistung von Methanol-Motoren gegenüber dem Benzinbetrieb anzusehen.

Da immer ein Teil des Kraftstoffes vor dem Schließen des Einlaßventils verdampft sein wird, ist die reale Volumenvergrößerung zwischen den beiden hier genannten Werten zu erwarten.

Wassergehalt im Abgas

Bei der Verbrennung von 1 kg Alkoholkraftstoff entstehen 1,1 bis 1,2 kg Wasser, was nur unerheblich unterschiedlich von den entsprechenden Werten der Benzinkohlenwasserstoffe ist.

Da jedoch auch dieser Wert auf den Heizwert des Kraftstoffes bzw. den Kraftstoffdurchsatz bezogen werden muß, ergeben sich wesentlich höhere Wassermengen im Abgas, bei Methanol etwa das 2,3fache im Vergleich zu Ottokraftstoff.

Der höhere Wasserdampfgehalt im Abgas führt bei ungünstig langen Abgasleitungen und geringer Motorlast oder im Leerlauf zu Kondensatbildung in der Abgasanlage und damit unter Umständen zu erhöhter Korrosionsgefahr. Bei extrem niedrigen Außentemperaturen muß durch die größeren kondensierten Wasserdampfmengen im Abgas mit Sichtbehinderungen unmittelbar hinter dem Fahrzeug gerechnet werden.

6.2.3 Mischbarkeit von Alkoholen mit Benzin und Dieselkraftstoff

Die Zumischung von wasserfreiem Methanol zu wasserfreiem Benzin bereitet keine Schwierigkeiten. Die Löslichkeit der Kohlenwasserstoffe in Methanol nimmt dabei mit steigender Kohlenstoffzahl ab und ist bei Aromaten etwas günstiger als bei Paraffinen.

Bereits geringe Wassermengen führen zur Entmischung (Phasentrennung) des Methanol-Benzin-Gemischs. Dieser Effekt nimmt mit sinkender Temperatur zu. Die Tendenz wird dadurch verstärkt, daß Benzin-Methanol-Gemische hygroskopisch sind. Dadurch kann in extrem ungünstigen Fällen bereits durch das „Atmen" über die Belüftung der Kraftstofftanks so viel Wasser im Mischkraftstoff aufgenommen werden, daß bei niedrigen Temperaturen und hoher Luftfeuchte mit Phasentrennung zu rechnen ist, wenn der Mischkraftstoff nicht genügend Reserve durch ausreichend hohen Aromatenanteil bzw. Lösungsvermittler bietet.

Über die Mischbarkeit von Methanol und Benzin und die richtige Zusammensetzung von Mischkraftstoffen zur Vermeidung von Phasentrennung wurden einige umfangreiche Arbeiten veröffentlicht. Näheres hierüber in Abschnitt 6.3.

Die Löslichkeit von Methanol im Dieselkraftstoff ist deutlich schlechter als die von Methanol in Benzin. Auch hier ist sinkende Temperatur und zunehmender Wasseranteil für die Stabilität der Mischung ungünstig. Es besteht nach bisherigen Erkenntnissen nur wenig Aussicht, Methanol im Dieselkraftstoff als Mischung stabil zu halten, wenn nur wenige Prozent der notwendigen Lösungsvermittler eingesetzt werden.

Die Mischbarkeit der höheren Alkohole Ethanol, Propanol, Butanol wird mit Ottokraftstoff und Dieselkraftstoff umso besser, je höher die Anzahl der C-Atome ist. Die höheren Alkohole erweisen sich, wie bereits erwähnt, bereits in wenigen Prozentanteilen als deutliche Verbesserung für die Stabilität von Alkohol-Kohlenwasserstoff-Mischungen.

6.2.4 Bestimmung der Octanzahlen von Alkoholkraftstoffen

Von besonderer Wichtigkeit für den Betrieb von Ottomotoren ist die Klopffestigkeit von Kraftstoffen. Als Maß der Klopffestigkeit dient die Octanzahl, wobei zwischen Research-(ROZ)- und Motor-(MOZ)-Octanzahl nach DIN 51756 zu unterscheiden ist. Die Octanzahl nach der Motor-Methode stellt aufgrund der damit definierten höheren Gemischtemperatur eine schärfere Bewertung dar und ist ein Maß für die Neigung zum Hochgeschwindigkeitsklopfen.

Bei der Bestimmung ROZ_{100} (auch Front-OZ genannt) wird dem Kraftstoff die bis 100°C siedende Fraktion entnommen und ihre Klopffestigkeit nach dem ROZ-Verfahren bestimmt.

Die Messung von Octanzahlen über den Wert von 100 hinaus ist nur durch die Bildung von Hilfsgrößen möglich, da diese Werte außerhalb der ursprünglich definierten Meßmethode liegen. Eine gewisse Streuung bei Vergleichen, je nach der verwendeten Meßmethode, ist dabei nicht auszuschließen.

Die OZ-Werte der Alkohole lassen sich nur sehr schwierig bzw. ungenau nach den genormten Verfahren im CFR-Klopfprüf-Motor bestimmen. Die Größe der Vergaserdüsen muß dem Heizwert der Kraftstoffe angepaßt werden, die genormten Druckgeber verzeichnen teilweise bereits Klopfen, wenn lediglich der Druckanstieg durch die Alkoholkraftstoffe erhöht wird, ohne daß die Klopfgrenze erreicht ist. Eine Modifizierung der OZ-Prüfbedingungen ist in Bearbeitung.

Eine exakte Bestimmung der Octanzahlen nach der Research-Methode für die hier genannten Alkoholkraftstoffe ist außerdem schwierig, da zu den bereits genannten Problemen unterschiedliche Bewertungen bei den genormten Prüfmotoren festzustellen sind. In jedem Falle liegen jedoch die ROZ-Werte aller Alkoholkraftstoffe über 100 Einheiten [6.2].

Bei der Bestimmung der Motoroktanzahl (MOZ) soll das Kraftstoffluftgemisch vor Eintritt in den Motor mit Hilfe einer elektrischen Heizung auf 150°C aufgewärmt werden. Die hohe Verdampfungswärme der Alkohole, insbesondere von Methanol, führt jedoch dazu, daß die übliche Ausrüstung am CFR-Prüfmotor nicht den vorgeschriebenen Temperaturbereich erreichen läßt. Aus diesem Grunde kann mit diesem Motor die MOZ von Methanol nicht einwandfrei bestimmt werden.

Insgesamt sind über die exakte Bestimmung der Octanzahlen von Alkoholkraftstoffen noch weitere Forschungsarbeiten notwendig.

Im Rahmen eines deutschen Forschungsprogramms wird eine Vereinheitlichung des Meßverfahrens zur Octanzahlbestimmung von Alkoholkraftstoffen angestrebt. Dabei wird im wesentlichen die Gemischheizung verstärkt und so der hohen Verdampfungswärme der Alkohole angepaßt. Es bleibt zu hoffen, daß dieses Verfahren sich bewährt und international anerkannt wird [6.52].

Tabelle 6.6. *Klopffestigkeit (Octanzahlen) von Alkoholen [6.2]*

	ROZ	MOZ	Sensitivity
Methanol	114,4	94,6	19,8
Ethanol	111,4	94	17,4
Isopropanol	118,0	101,9	16,1
Isobutanol	110,4	90,1	20,6

In Tabelle 6.6 sind die nach heutiger Kenntnis bestimmten Octanzahlen der hier interessierenden Alkohole angegeben. Es ist dabei zu erkennen, daß die ROZ-

Werte sehr hoch liegen, während die MOZ-Ergebnisse im Vergleich dazu überraschend niedrig sind.

Die Differenz zwischen beiden Werten (Sensitivity) ist hoch und läßt entsprechende Reaktionen der Motoren erwarten, wenn sie mit Alkoholkraftstoffen betrieben werden.

Die praktische Überprüfung des Klopfverhaltens an Fahrzeugen [= Straßenoctanzahl (SOZ)] zeigt jedoch bei alkoholhaltigen Kraftstoffen teilweise deutliche Unterschiede zu den im Labor ermittelten Werten für ROZ und MOZ (Kapitel 7.2.2).

Weitere Informationen über das Klopfverhalten von Alkohol-Benzin-Mischkraftstoffen finden sich in Kapitel 6.3.3 und in der Literatur [6.3], [6.4], [6.5].

6.3 Alkohol-Benzin-Mischkraftstoffe

Das Interesse an Mischkraftstoffen hat in den letzten Jahren immer mehr zugenommen. Durch Zumischung von geeigneten Komponenten wird versucht, den vorhandenen Kraftstoff zu strecken und die Eigenschaften von Ottokraftstoffen den gegebenen Erfordernissen anzupassen. Als Zumischkomponenten werden meist sauerstoffhaltige Verbindungen, insbesondere Alkohole, verwendet. Damit wird versucht, die Octanzahl des Kraftstoffes bei vermindertem Gehalt an Blei oder anderen Klopfbremsen zu verbessern. Von den Alkoholen ist in den Industrieländern hauptsächlich Methanol von Interesse, deshalb werden die folgenden Ausführungen primär am Beispiel Methanol erläutert.

Sauerstoffhaltige Komponenten beeinflussen wichtige Qualitätsmerkmale von Ottokraftstoffen, wie Flüchtigkeit (Dampfdruck und Siedeverhalten), Klopffestigkeit (Octanzahlen), Heizwert, Viskosität, Wasserempfindlichkeit (Entmischung) und andere. Außerdem wird durch diese Mischkomponenten das Verhalten von Materialien (Kunststoffe, Gummiteile) beeinflußt, teilweise wird auch an Metallen Korrosion festgestellt [6.17], [6.18], [6.19], [6.20].

Es ist deshalb von besonderer Wichtigkeit, den Einfluß solcher Mischkomponenten auf die hier genannten wichtigen Kraftstoffmerkmale zu kennen. Es ist leicht einzusehen, daß durch die Änderung wichtiger Qualitätsmerkmale von Kraftstoffen das Verhalten der Fahrzeuge beeinflußt wird. So kann eine Änderung der Flüchtigkeit von Kraftstoffen Einbußen im Start- und Fahrverhalten bei kalter und heißer Maschine zur Folge haben. Durch Wasserempfindlichkeit hervorgerufene Entmischung des Kraftstoffes sowie Veränderungen an den Bauteilen können zu Störungen, sogar zum Ausfall des Fahrzeuges, führen.

6.3.1 Auswirkungen der Alkoholzumischung

Einfluß auf das Siedeverhalten

Die sogenannte Siedekurve ist definiert als der Zusammenhang zwischen verdampften Anteilen bzw. Destillatmenge und der zugehörigen Siedetemperatur. Das Zumischen von Komponenten führt in den meisten Fällen zu einer merklichen Änderung der Siedekurve. Dieser Effekt ist besonders ausgeprägt bei Alkoholen und da besonders fühlbar bei Methanol. Abb. 6.4 zeigt den Einfluß der Zumischung verschiedener Methanolmengen sowie den Einfluß von Ethanol. Ganz deutlich ist die Zunahme der verdampften Menge im Temperaturbereich zwischen 60 und 80°C

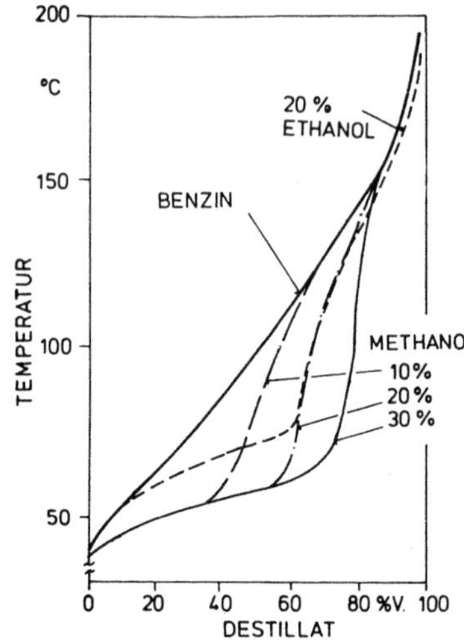

Abb. 6.4. Siedekurven nach DIN 51751 von Methanol- bzw. Ethanol-Mischkraftstoffen für Ottomotoren

zu erkennen. Da dies der bei den meisten Fahrzeugen übliche Betriebsbereich von Kraftstoffpumpe und Vergasern bei heißgefahrenen Motoren ist, kann leicht eingesehen werden, daß diese Verschiebung der Siedekurve entsprechende Maßnahmen am Fahrzeug erfordert. So müssen diese Eigenschaften der Kraftstoffe berücksichtigt werden, wenn es nicht gelingt, durch andere Maßnahmen auf der Kraftstoffseite diesen Einfluß zu kompensieren. Wird in einen Kraftstoff mit gegebener Siedelinie eine Komponente dazugefügt, so ist es zunächst zu erwarten, daß die neu hinzugefügte Komponente einen Anstieg der Destillatmenge bis zum Siedepunkt der neuen Komponente hervorruft, während oberhalb des Siedepunkts die Mengen im Vergleich zum Grundkraftstoff etwas abfallen. Das andersartige Verhalten von Methanol- und Ethanol-Mischkraftstoffen ist auf die Bildung von azeotropen[1] Gemischen aus Methanol und Komponenten des Grundkraftstoffes zurückzuführen.

Aus der Veränderung der Siedekurve durch die Beimischung von Alkoholen könnte nun der Schluß gezogen werden, daß sich damit die Flüchtigkeit des Kraftstoffes im unteren Bereich verbessert und damit auch das Fahrverhalten bei kaltem Motor, da weniger Kondensatverluste im Ansaugsystem auftreten und mehr Kraftstoff in verdampfter Form vorhanden sein müßte. Dieser Schluß aus dem Verlauf der Siedekurve nach DIN 51751 ist jedoch nicht gesichert, da die hier angezeigte höhere Flüchtigkeit nur unter den besonderen Prüfbedingungen zur Ermittlung dieser Siedekurve auftritt. Nach dieser Prüfvorschrift ist eine konstante Destillationsgeschwindigkeit einzuhalten. Damit muß die Heizleistung für die Kraftstoffprobe überproportional gesteigert werden, weil zur Verdampfung des Mischkraftstoffes höhere Wärmemengen als bei normalen Kraftstoffen erforderlich sind. Dies ist auf die höhere Verdampfungswärme der Alkohole zurück-

[1] Erläuterung von speziellen Begriffen vor dem Sachverzeichnis, Seite 274.

zuführen. Beim praktischen Motorkonzept ist jedoch in der kalten Anfahrphase die Wärmemenge, die zum Verdampfen des Kraftstoffs zur Verfügung steht, begrenzt. Dies führt bei den meisten Fahrzeugkonzepten zu erhöhten Kondensationsverlusten im Ansaugsystem und somit zu einer Verschlechterung des Fahrverhaltens im kalten Zustand durch Abmagerung des Gemischs oder ungünstige Verteilung auf die einzelnen Zylinder.

Um aus den analytischen Daten der Siedekurve direkt Rückschlüsse auf das Kaltfahrverhalten von Kraftstoffen zu ermöglichen, müßten entweder das Analyseverfahren zur Ermittlung der Siedelinie abgewandelt werden oder zusätzlich andere Meßdaten, wie z. B. Angabe der notwendigen Wärmemenge zur Verdampfung, noch mit zum Ausdruck gebracht werden.

Die unterschiedlichen Verdampfungswärmen von Alkoholen im Vergleich zu Benzin sind in Tabelle 6.4 zusammengestellt.

Auswirkung auf den Dampfdruck

Nach DIN 51754 wird der Reid-Dampfdruck in einer vorgeschriebenen Apparatur (Kraftstoffkammer und Luftkammer) ermittelt. Entsprechend dem Prüfverfahren sollte innerhalb der Apparatur eine wasserdampfgesättigte Atmosphäre herrschen. Dabei ist die absolute Wassermenge im Meßsystem nicht fixiert, so daß es beim Einsatz von alkoholhaltigen Mischkraftstoffen zu Phasentrennung kommen kann, wenn das Wasseraufnahmevermögen des Kraftstoffs überschritten ist. In diesem Falle würde ein zu niedriger Dampfdruck für den Gesamtkraftstoff gemessen. Deshalb wurde in letzter Zeit vorgeschlagen, das Bestimmungsverfahren

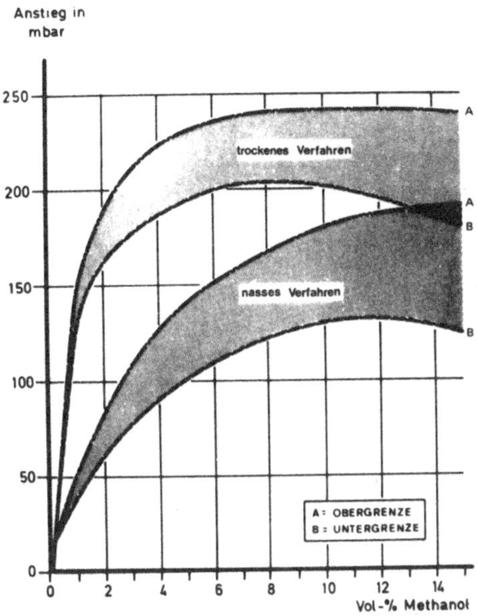

Abb. 6.5. Anstieg des Reid-Dampfdrucks von Ottokraftstoff durch Methanolbeimischung. Vergleich der Meßverfahren naß und trocken [6.17]

zu ändern, indem mit trockener Apparatur gearbeitet wird. Dies würde jedoch bedeuten, daß bei der Verwendung von methanolhaltigen Kraftstoffen deutlich höhere Dampfdruckwerte ermittelt werden als nach dem bisher allgemein eingeführten nassen Verfahren.

Obwohl die Alkohole selbst geringe Dampfdruckwerte haben, führen sie in der Mischung mit Ottokraftstoffen zu einer drastischen Erhöhung des Dampfdruckwertes, was auf die bereits erwähnte Azeotropbildung zurückzuführen ist. Abb. 6.5 zeigt den Einfluß der Zugabe verschiedener Methanolmengen auf den Reid-Dampfdruck. Die Abbildung zeigt außerdem die Unterschiede zwischen nassem und trockenem Meßverfahren. Den Einfluß der Zusammensetzung des Grundkraftstoffes auf die Flüchtigkeit der Mischung berücksichtigt die in der Abbildung angegebene Streubandbreite. Es ist auf der Abbildung ebenfalls zu erkennen, daß höhere Alkoholgehalte wieder zu einem Abfall des Dampfdruckwertes führen [6.17]. Ethanol führt zu einer geringeren Zunahme des Dampfdrucks, während höhere Alkohole kaum noch einen Einfluß zeigen. Dieser Effekt ist in Tabelle 6.7 dargestellt.

Tabelle 6.7. *Einfluß der Zumischung von jeweils 10% verschiedener Alkohole bzw. -derivate auf den Reid-Dampfdruck des Mischkraftstoffes, zum Vergleich die Werte für die reinen Komponenten. Nach [6.17]*

	Mischkraftstoff (10 %) bar	Reine Komponente bar
Methanol	0,81	0,32
Ethanol	0,70	0,18
Tertiärbutanol	0,64	0,07
Isobutanol	0,63	0,04
Methyl-Tertiär-Butylether	0,65	0,56
Grundkraftstoff zum Vergleich		0,66

Die drastische Erhöhung der Flüchtigkeit des Mischkraftstoffes erfordert eine entsprechende Anpassung des Grundkraftstoffes. In der Regel werden zu diesem Zweck leichtsiedende Bestandteile, insbesondere Butan, herausgenommen. Das bedeutet jedoch, daß ein Zusatz von Methanol nicht in allen Fällen eine Vermehrung von Ottokraftstoffen in gleichem Maße mit sich bringt, insbesondere dann nicht, wenn das in diesem Falle freigesetzte Butan nicht anderweitig sinnvoll eingesetzt werden kann.

Die hohe Flüchtigkeit methanolhaltiger Mischkraftstoffe kann durch die Zugabe geeigneter Komponenten verringert werden, die den Dampfdruckanstieg wieder kompensieren und deshalb größere Freiheiten in der Zusammensetzung des Grundkraftstoffes ermöglichen. Wie Abb. 6.6 zeigt, kann durch die Zugabe von Isobutanol die durch Methanol verursachte Dampfdruckerhöhung weitgehend kompensiert werden, teilweise sogar unter die Ausgangswerte des Grundkraftstoffes. In gleicher Art können auch andere geeignete Stoffe, wie z. B. Tertiärbutanol, eingesetzt werden.

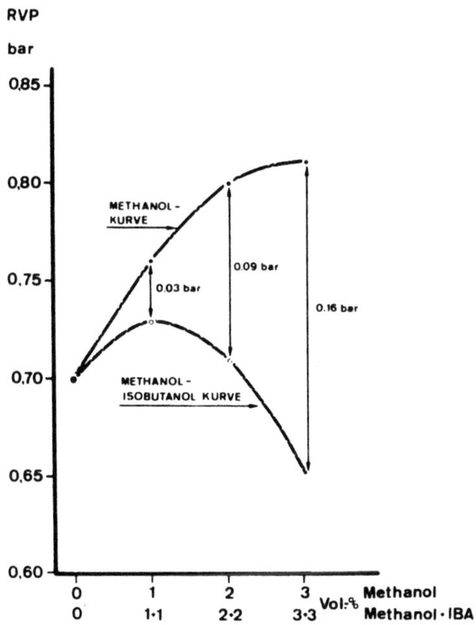

Abb. 6.6. Vergleich der Dampfdruckänderung (RVP) eines Ottokraftstoffs durch Zusatz von Methanol bzw. Methanol-Isobutanol [6.17]

Auswirkungen auf Heizwert und Luftzahl

Der geringere Energieinhalt von Alkoholen führt zu einer Erhöhung des volumetrischen Kraftstoffverbrauchs. So läßt sich errechnen, daß bei einer Zumischung von 15 Vol.-% Methanol zu Ottokraftstoff 1,09 l dieses Mischkraftstoffes dem Heizwert von 1 l herkömmlichem Ottokraftstoff entsprechen, das heißt unter Berücksichtigung des Energieinhalts müßte der volumetrische Mehrverbrauch dieses Mischkraftstoffes 9% höher als der von herkömmlichen Ottokraftstoffen sein (hierzu Kapitel 7.2.2).

In Tabelle 6.3 sind die Heizwerte der wichtigsten Alkohol-Mischkomponenten mit normalem Ottokraftstoff verglichen. Abb. 6.7 zeigt den Einfluß der Zumischung von Alkoholen und Ethern auf die Luftzahl für gleichen Grundkraftstoff (Abmagerungseffekt).

Einfluß auf die Viskosität

Abb. 6.8 zeigt den Einfluß von Methanol als Mischkomponente auf die Viskosität von Ottokraftstoffen. Daraus ist zu erkennen, daß geringe Methanolzusätze bis etwa 4% keinen nennenswerten Einfluß haben und die Viskosität nur wenig steigern. Bei höherem Methanolanteil ist ein nahezu linearer Anstieg bis zur Viskosität des reinen Methanols festzustellen.

Schmierungsprobleme von Motorenteilen, z. B. Kraftstoffpumpen, bei der Anwendung von Mischkraftstoffen können somit nicht auf eine Absenkung der Viskosität, sondern eher auf einen Materialangriff oder eine Änderung der

Oberflächenstruktur durch die sauerstoffhaltigen Mischkomponenten zurückgeführt werden.

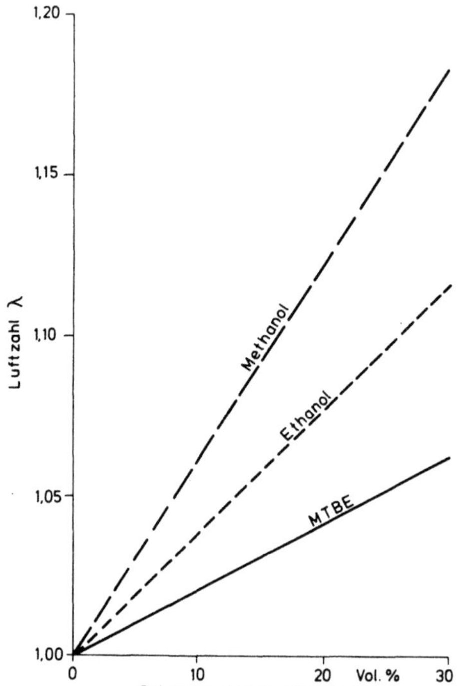

Abb. 6.7. Änderung der Luftzahl von Ottokraftstoff durch Zugabe von Alkoholen bzw. Ether [nach 6.33]

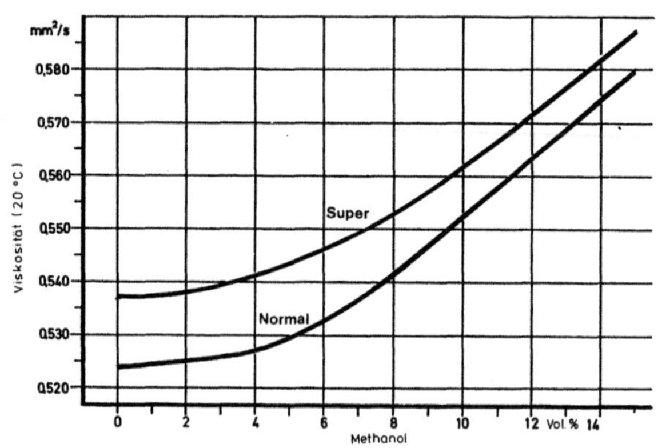

Abb. 6.8. Veränderung der Viskosität von Super- bzw. Normal-Ottokraftstoff durch die Zumischung von Methanol [6.17]

6.3.2 Stabilität von Mischkraftstoffen

An den Kraftstoff wird die Forderung gestellt, daß bei Lagerung und Verteilung im Infrastruktursystem unter allen denkbaren witterungs- und geographischen Bedingungen die Qualität erhalten bleibt, das heißt insbesondere, daß eine einheitliche flüssige Phase vorliegen muß. Das gleiche gilt für das Verhalten des Kraftstoffes im Fahrzeug, und zwar auch dann, wenn er mit anderen Kraftstoffqualitäten im Kraftstofftank des Fahrzeugs zusammenkommt.

Bei einer Phasentrennung, die insbesondere bei methanolhaltigen Otto-Mischkraftstoffen bei höherem Wassergehalt und niedriger Temperatur auftreten kann, bildet sich eine wasserhaltige Methanolschicht mit geringen Anteilen an Kohlenwasserstoffen des Grundkraftstoffs, die sich aufgrund ihres höheren spezifischen Gewichts auf dem Boden des Kraftstofftanks absetzt. Darüber ist dann der Grundkraftstoff mit geringen Anteilen an Methanol und Wasser festzustellen.

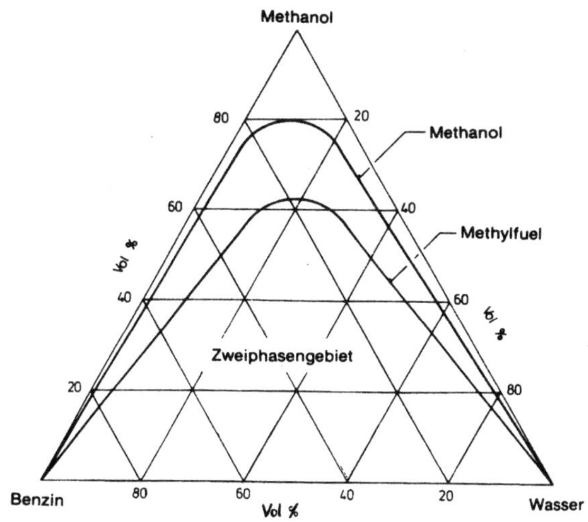

Abb. 6.9. Löslichkeitsdiagramm von Benzin-Methanol bzw. Methylfuel und Wasser [6.1]

Abb. 6.9 zeigt das Löslichkeitsdiagramm des Systems Methanol-Benzin-Wasser für Reinmethanol und Methyl-Fuel, ein Gemisch aus Methanol und höheren Alkoholen. Es ist zu erkennen, daß reines Methanol in den üblichen Mischungsverhältnissen zu Benzin nur geringe Wassermengen toleriert, während Methyl-Fuel trotz erheblich größerer Wassermengen stabil bleibt. Dies ist auf den Gehalt an höheren Alkoholen zurückzuführen [6.1].

In Abb. 6.10 ist dargestellt, unter welchen Bedingungen Mischkraftstoffe mit unterschiedlichem Methanolgehalt und einem Grundbenzin von durchschnittlicher Zusammensetzung zur Phasentrennung neigen. Mit zunehmendem Methanolgehalt verbessert sich die Stabilität der Mischung bei Wasserzutritt. Außerdem ist die stabilisierende Wirkung von Isopropylalkohol (IPA) zu erkennen [6.17].

Eine Phasentrennung tritt jedoch nicht plötzlich auf. Unter den üblichen Lagerungsbedingungen im Kraftstofftank ist dies ein sehr langsamer Diffusions-

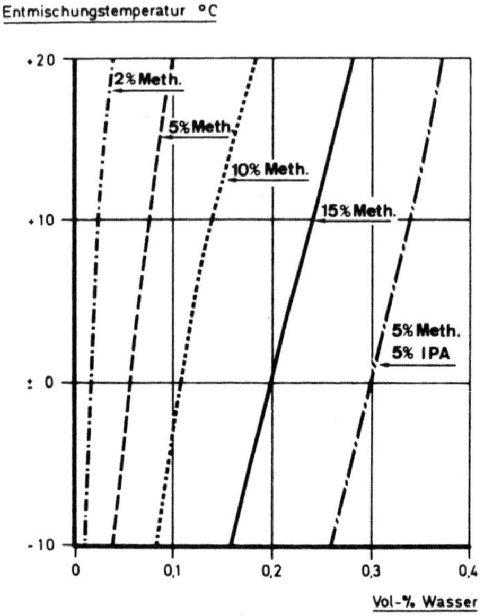

Abb. 6.10. Wasserempfindlichkeit von Methanol-Mischkraftstoffen für Ottomotoren. Einfluß von Isopropylalkohol IPA [6.17]

vorgang, wobei mit zunehmender Wassermenge mehr und mehr Methanol dem Kraftstoff entzogen wird. Bevor sich der Kraftstoff durch Phasentrennung entmischt, kann zunächst eine Trübung, hervorgerufen durch feinstverteilte Wasser-Methanoltröpfchen, festgestellt werden.

Generell wirken sich Grundkraftstoffe mit höherem Aromatengehalt günstig auf die Stabilität des Mischkraftstoffes aus und helfen, Phasentrennung bei der Anwesenheit von Wasser und bei tieferen Temperaturen zu vermeiden, und zwar

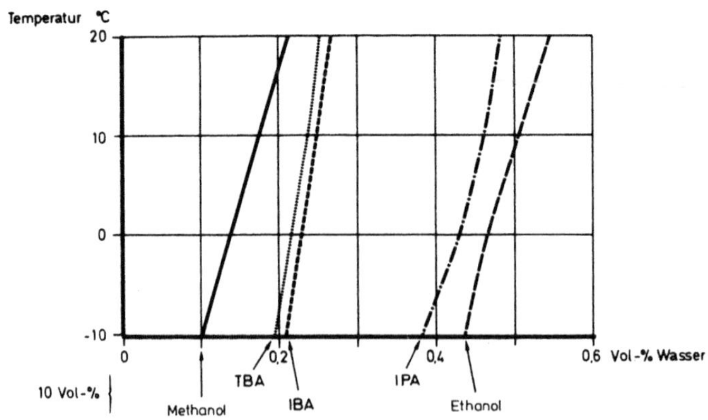

Abb. 6.11. Entmischungsgrenzwerte von Alkohol-Mischkraftstoffen für Ottomotoren, abhängig vom Wassergehalt [6.17]

umso mehr, je höher der Anteil niedrigsiedender Aromaten, wie Benzol und Toluol, ist. Geringer ist der Einfluß des Olefingehalts im Grundkraftstoff, wobei die Entmischungsgefahr mit steigendem Olefingehalt zunimmt.

Höhere Alkohole zeigen geringere Neigung zur Entmischung als Methanol, Abb. 6.11. Diese Stabilisierungseigenschaft wirkt auch synergistisch, so daß es durchaus lohnend ist, einem Methanol-Benzin-Mischkraftstoff, beispielsweise Tertiärbutylalkohol, in wenigen Prozenten als Stabilisator zuzugeben. Durch Zusatz von 5 Vol.-% Tertiärbutylalkohol zu einem Kraftstoff mit 5 Vol.-% Methanol wird das Wasseraufnahmevermögen derart verbessert, daß es sowohl über dem eines vergleichbaren Kraftstoffes mit 10 Vol.-% Methanol oder auch 10 Vol.-% Tertiärbutylalkohol liegt. Das Maximum dieses Synergismus wurde bei einem Mischungsverhältnis 40 Vol.-% Methanol zu 60 Vol.-% Tertiärbutylalkohol festgestellt. Mit Isobutanol und Isopropanol wurden ähnliche Effekte festgestellt, wobei dabei das günstigste Mischungsverhältnis bei 1 : 1 liegt. Im Zusammenwirken von Methanol/Ethanolmischungen läßt sich allerdings dieser effektsteigernde Synergismus nicht feststellen, obwohl Ethanol, alleine als Mischkomponente eingesetzt, die stabilste Mischung der Alkohole ergibt, gefolgt von Isopropanol [6.17].

6.3.3 Klopffestigkeit von Alkohol-Benzin-Mischkraftstoffen

Methanol-Mischkraftstoffe

Die Zumischung der hochklopffesten Alkohole zu den Kohlenwasserstoffen des Benzins erhöht im Normalfall die Klopffestigkeit des Mischkraftstoffes. Insgesamt muß jedoch betont werden, daß der Einfluß von Alkoholbeimischungen auf die Klopftendenz von Kraftstoffen stark von der Zusammensetzung und den Eigenschaften des Grundbenzins und dem Bleigehalt im Kraftstoff abhängig ist.

Die Abb. 6.12 zeigt den Effekt der Zugabe von Methanol zu einem unverbleiten Normal-Ottokraftstoff. Es ist zu erkennen, daß die Methanolzugabe deutlich auf

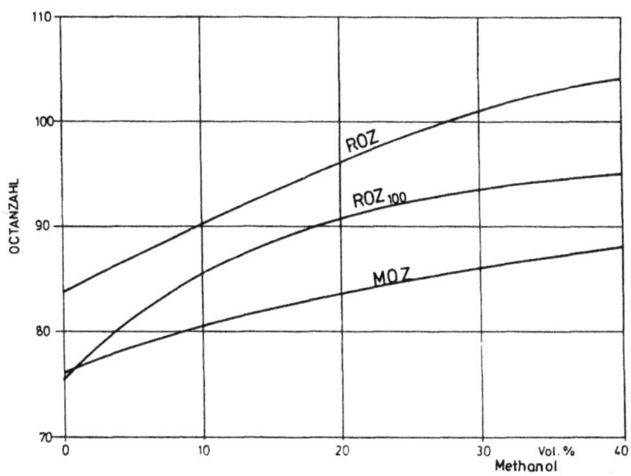

Abb. 6.12. Verbesserung der Klopffestigkeit eines unverbleiten Normal-Kraftstoffs für Ottomotoren bei Zugabe von Methanol [nach 6.2]

die ROZ wirkt, während die MOZ geringfügiger, aber noch fühlbar angehoben wird. Die zusätzlich angegebene Front-Octanzahl ROZ_{100} (ROZ der bis 100°C siedenden Anteile des Kraftstoffes) ist ein zusätzliches Maß für die Neigung zum Beschleunigungsklopfen. Dieser Wert wird bis zu einer Methanolmenge von etwa 20% deutlich beeinflußt [6.2]. Wesentlich geringer ist der Einfluß der Methanolzugabe bei einem an sich schon hochklopffesten Grundkraftstoff, wie Abb. 6.13 am Beispiel eines mit 0,15 g/l verbleiten Superbenzins zeigt. Besonders die MOZ wird nur noch geringfügig angehoben.

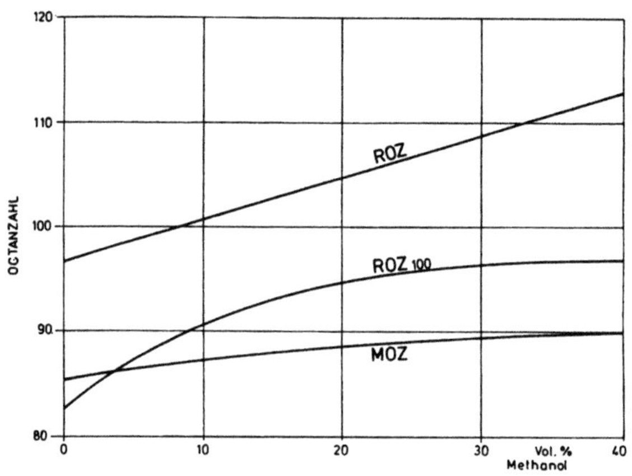

Abb. 6.13. Verbesserung der Klopffestigkeit eines mit 0,15 Pb/l (TEL) verbleiten Super-Kraftstoffs für Ottomotoren bei Zugabe von Methanol [nach 6.2]

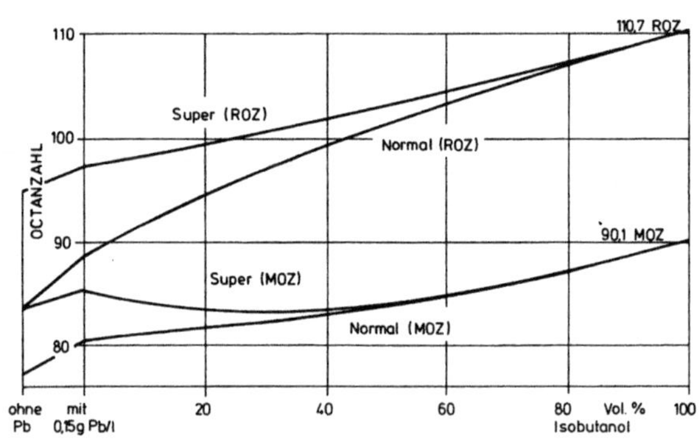

Abb. 6.14. Veränderung der Klopffestigkeit eines mit 0,15 Pb/l (TEL) verbleiten Super- bzw. Normal-Kraftstoffs für Ottomotoren bei Zugabe von Isobutanol [nach 6.2]

Nicht immer muß durch Zugabe von Alkoholen die Octanzahl verbessert werden. Wie Abb. 6.14 zeigt, wurde bei der Zugabe von Isobutanol zu verbleitem Superkraftstoff sogar zunächst eine Senkung der MOZ festgestellt [6.2].

Grundsätzlich ist bei der Messung des Klopfverhaltens von Alkohol-Benzin-Mischkraftstoffen zu beachten, daß die Zugabe von Alkohol das Luftverhältnis verändert. Es ist bekannt, daß magerere Kraftstoff-Luftgemische eine stärkere Tendenz zum Klopfen zeigen. Es ist deshalb bei entsprechenden Versuchen auf die Einhaltung eines konstanten Luftverhältnisses zu achten.

In Tabelle 6.8 sind die Mischoctanzahlen für ROZ und MOZ einiger Alkohole und anderer sauerstoffhaltiger Komponenten angegeben.

Tabelle 6.8. *Klopffestigkeit (Mischoctanzahlen) von Alkoholen nach [6.17]*

	Misch-ROZ	Misch-MOZ
Methanol	120–130	91–94
Ethanol	106–111	89–92
Isopropanol, IPA	116–120	98
Isobutanol, IBA	102–110	85–89
Tertiärbutanol, TBA	103–108	95–96

Mit diesen Werten lassen sich überschlägig die Octanzahlen von Mischkraftstoffen berechnen:

$$OZ = a \cdot OZ_1 + b \cdot OZ_2,$$

wobei bedeuten:

OZ = Octanzahl des Mischkraftstoffs,

OZ_1 = Octanzahl der Mischkomponente 1,

OZ_2 = Octanzahl der Mischkomponente 2,

a = Menge (Vol.-%) der Mischkomponente 1,

b = Menge (Vol.-%) der Mischkomponente 2.

Die so errechnete Mischoctanzahl kann natürlich nur als Anhaltswert dienen, denn, wie die Abb. 6.12–6.14 am Beispiel Methanol gezeigt haben, ist die octanzahlverändernde Wirkung und damit die Mischoctanzahl von Alkoholen grundsätzlich von der zugegebenen Menge und der Zusammensetzung des Grundkraftstoffs abhängig.

Aus der Tabelle 6.8 geht außerdem hervor, daß auch andere sauerstoffhaltige Komponenten sich zur Verbesserung der Octanzahlen von Mischkraftstoffen eignen, teilweise sogar bessere Werte als Alkohole erzielen. Hier ist insbesondere auf den Methyl-Tertiär-Buthyl-Ether (MTBE) hinzuweisen, der auch eine deutlichere Verbesserung der MOZ verspricht (Abschnitt 6.6.2).

Die Erfahrung hat außerdem gezeigt, daß unterschiedliche Motorkonzepte die Octanzahlen nicht gleichwertig beurteilen. Näheres über Bewertung der Octanzahlen von Mischkraftstoffen und Straßenoctanzahlen in Abschnitt 7.2.2.

Einfluß des Grundkraftstoffs

Das Klopfverhalten von Methanol-Benzin-Mischkraftstoffen wird durch das Grundbenzin in Zusammenwirkung mit der Methanolbeimischung beeinflußt. Für das Verhalten des Mischkraftstoffes ist zunächst die Zusammensetzung des Grundkraftstoffs, bestimmt durch das Herstellverfahren (Reformat-, Cat-Crack-, Pyrolyse- bzw. Alkylat-Benzin), maßgebend. Untersucht man das Verhalten bei Vollast, das heißt Hochgeschwindigkeitsklopfen in Abhängigkeit von verschiedenen Drehzahlen, kann in der Regel ein geringer Anstieg der Klopffestigkeit durch die Zumischung von Methanol festgestellt werden, der allerdings bei Pyrolyse-Benzin nicht auftritt. Mit Alkylat-Benzin wurde eine deutliche Verschlechterung des Klopfverhaltens mit zunehmendem Methanolgehalt festgestellt. Auf die Ergebnisse dieser Klopfmessungen hat neben den bereits erwähnten Parametern das Kraftstoff-Luftverhältnis einen gewissen Einfluß. Außerdem kann festgestellt werden, daß nicht alle Motorbauarten bzw. -konzepte in gleicher, einheitlicher Weise auf die Variation der Kraftstoffqualität reagieren. So ist es durchaus möglich, daß eine Tendenz, die sich bei bestimmten Motoren deutlich zeigt, bei anderen Motoren nur geringfügig oder sogar in umgekehrter Richtung festzustellen ist. Außerdem ist der Einfluß auf das Klopfverhalten oft nicht einheitlich im gesamten Last- und Drehzahlbereich eines Motors. So ist z. B. bei niedrigen Vollastdrehzahlen eine Verbesserung des Klopfverhaltens möglich, die sich mit zunehmender Drehzahl ins Gegenteil umkehrt (Abschnitt 7.2.2).

6.3.4 Super- bzw. Normalkraftstoff

Auf die Stabilität von Alkohol-Benzin-Mischkraftstoffen hat die Zusammensetzung des Grundbenzins einen wesentlichen Einfluß. Phasentrennung bei Wasserzutritt und niedrigen Temperaturen wird umso eher vermieden, je höher der Aromatengehalt des Benzins ist. Da Superkraftstoffe in der Regel wesentlich mehr Aromaten enthalten als Normalkraftstoff, sind damit auch leichter stabile Mischkraftstoffe herzustellen. Kraftstoffe mit niedrigem Aromatengehalt erfordern einen höheren Anteil an Lösungsvermittlern, wie z. B. höhere Alkohole.

Die Verbesserung der Klopffestigkeit durch den Alkoholanteil wird bei Normalkraftstoffen in der Regel deutlicher sein als bei Superqualität. Es ist jedoch nicht möglich, einen beliebigen Normalkraftstoff durch Zumischung von 15% Methanol auf Superqualität zu verbessern. Zwar ist dadurch eine deutliche Steigerung der ROZ möglich, die MOZ wird sich aber nicht in dem notwendigen Umfang anheben lassen.

Ausführliche Zusammenfassungen aus einer großen Zahl von Veröffentlichungen und Versuchen mit Mischkraftstoffen finden sich in [6.11], [6.12], [6.13], [6.14], [6.15], [6.16]. Hier sind unter anderem weitere Angaben über die Verbesserung der Octanzahlen (ROZ und MOZ) bei verschiedenen Grundkraftstoffen sowie Angaben über das Emissionsverhalten zu finden.

6.4 (Reine) Alkoholkraftstoffe für Ottomotoren

Aufgrund ihrer Eigenschaften sind Alkohole primär für den Einsatz in Ottomotoren prädestiniert. Hier seien noch einmal die wesentlichen Punkte nach Abb. 6.15 zusammengefaßt und im Vergleich zu normalem Ottokraftstoff (Benzin) diskutiert:

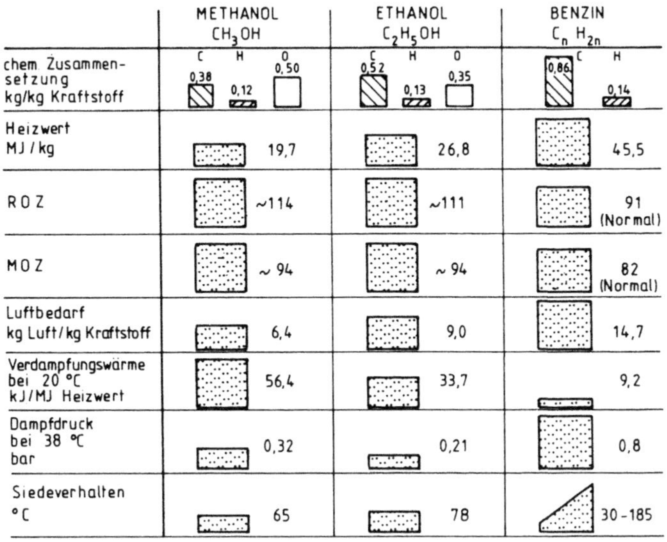

Abb. 6.15. Für den Betrieb von Ottomotoren wesentliche Eigenschaften von Methanol, Ethanol und Benzin

Dem chemischen Aufbau nach enthält das Alkoholmolekül gebundenen Sauerstoff. Daraus resultiert ein geringerer Heizwert (Energieinhalt) im Vergleich zu Benzin.

Die sehr hohen Octanzahlen der Alkohole sind für den ottomotorischen Verbrennungsprozeß besonders wertvoll, da sie eine hohe Verdichtung des Motors zulassen.

Aufgrund des gebundenen Sauerstoffs ist der Luftbedarf der Alkohole wesentlich geringer als der von Benzin.

Die hohe Verdampfungswärme erfordert wesentlich mehr Wärme als Benzin zum Verdampfen des Kraftstoffes. Dies begünstigt zwar den thermodynamischen Prozeß im Motor, erfordert allerdings zur Gemischaufbereitung eine intensivere Heizung, besonders bei Vergasermotoren. Dieser Effekt wird dadurch noch deutlicher, daß bei Alkoholkraftstoffen aufgrund des geringen Energieinhalts größere Mengen für die gleiche Leistungsausbeute benötigt werden.

Der niedrige Dampfdruck und das Siedeverhalten erschweren zusammen mit der hohen Verdampfungswärme das Verdampfen des Kraftstoffes und damit die Aufbereitung des Kraftstoffluftgemischs, sowohl für den betriebswarm laufenden Motor als auch für den Start der kalten Maschine.

Die für den Betrieb im Ottomotor nachteiligen Eigenschaften der Alkoholkraftstoffe müssen durch entsprechende Maßnahmen ausgeglichen werden. Hier sind entweder entsprechende Einrichtungen am Fahrzeug-Motorkonzept notwendig, wie Kaltstarteinrichtungen usw., oder der Kraftstoff selbst ist den Erfordernissen des Motors durch Zugabe entsprechender Komponenten anzugleichen. So läßt sich durch leichtsiedende Kraftstoffkomponenten der Kaltstart und das schwierig zu beherrschende Fahrverhalten bei noch nicht betriebswarmem Motor verbessern.

Kraftstoffbedingte Korrosionsprobleme im Kraftstoffsystem lassen sich durch entsprechende Zusatzkomponenten reduzieren bzw. verhindern. Ebenso lassen sich Ablagerungen im Saugsystem des Motors aus der Kurbelgehäuseabluft durch Reinigungsadditive vermeiden.

Dieser Weg, durch Anpassung des Kraftstoffs dem Fahrzeug-Motorkonzept entgegenzukommen und damit die wirtschaftlich optimierte Lösung des Gesamtkonzepts sicherzustellen, erscheint besonders günstig. Zukünftige Alkoholkraftstoffe werden, genau wie die heutigen Kraftstoffe, in ihren Eigenschaften „zusammengebaut" sein. Dieser Prozeß ist vergleichbar mit der Zugabe von Antiklopfmitteln, Antiicings und Korrosionsschutzmitteln bei heutigen Benzinen.

Weitere Hinweise über in großtechnisch hergestellten Alkoholkraftstoffen zu erwartende, zusätzliche Komponenten und die daraus folgenden Auswirkungen auf den motorischen Betrieb finden sich in Kapitel 6.7.2.

6.4.1 Antiklopfmittel mit Alkoholen

Bei üblichen Ottokraftstoffen haben sich Antiklopfmittel, insbesondere Bleitetraethyl, bisher gut bewährt. Ein Versuch, die Octanzahlen von Alkoholen (insbesondere die MOZ) durch Zugabe entsprechender, bisher bewährter Antiklopfmittel zu verbessern, führt zu überraschenden Ergebnissen. Wie Abb. 6.16 zeigt, führt die Zugabe von Bleitetraethyl zu Methanol nur zu einer geringfügigen Steigerung der ROZ-Werte, während die MOZ-Werte abfallen. Andere Antiklopfmittel, wie z. B. Monomethylanilin (MMA), zeigen ähnliche Werte. Überraschend wirkungsvoll zeigt sich jedoch hierbei die Klopfbremse Eisenkarbonyl. Hierdurch werden die ROZ deutlich, jedoch auch die MOZ um einige Einheiten verbessert.

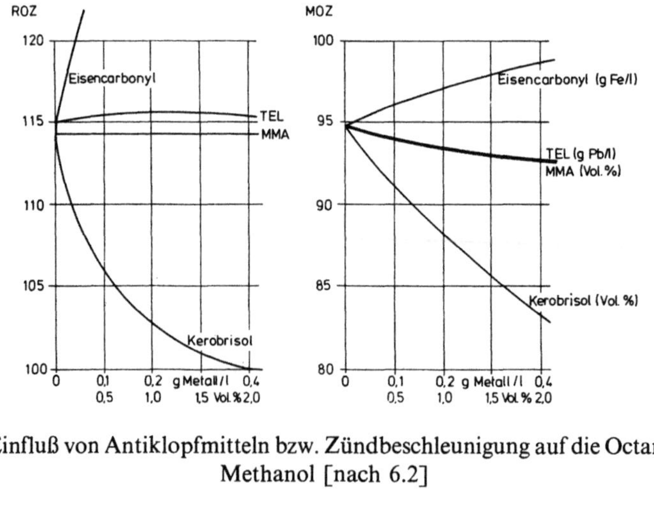

Abb. 6.16. Einfluß von Antiklopfmitteln bzw. Zündbeschleunigung auf die Octanzahlen von Methanol [nach 6.2]

Ähnliche Ergebnisse wurden mit Ethanol festgestellt, wie Abb. 6.17 zeigt. Hier führt allerdings auch die Zugabe von Bleitetraethyl zu einer Senkung der ROZ-

Werte. Ähnliche Effekte wurden auch bei anderen Alkoholen im Zusammenhang mit den bisher bekannten Antiklopfmitteln festgestellt [6.2].

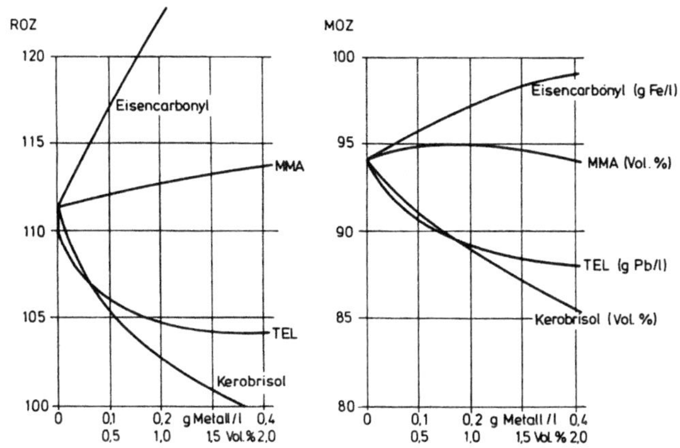

Abb. 6.17. Einfluß von Antiklopfmitteln bzw. Zündbeschleunigern auf die Octanzahlen von Ethanol [nach 6.2]

Das unerwartete Verhalten der bisher bekannten Antiklopfmittel, insbesondere das negative Verhalten von Blei und das stark positive Verhalten von Eisen im Zusammenhang mit Alkoholkraftstoffen ist überraschend und kann aufgrund der bisherigen Erfahrungen mit Kohlenwasserstoffen nicht erklärt werden. Es muß deshalb aus den bisherigen Ergebnissen geschlossen werden, daß der Wirkungsmechanismus von Antiklopfmitteln nicht mit allen Grundkraftstoffen gleich ist. Die hierfür verantwortlichen Reaktionen bei der Verbrennung müßten weiter erforscht werden.

Die Zugabe von Wasser zu Alkoholkraftstoffen macht sich in einer deutlichen Steigerung der ROZ- und MOZ-Werte bemerkbar, wie in Abb. 6.18 am Beispiel

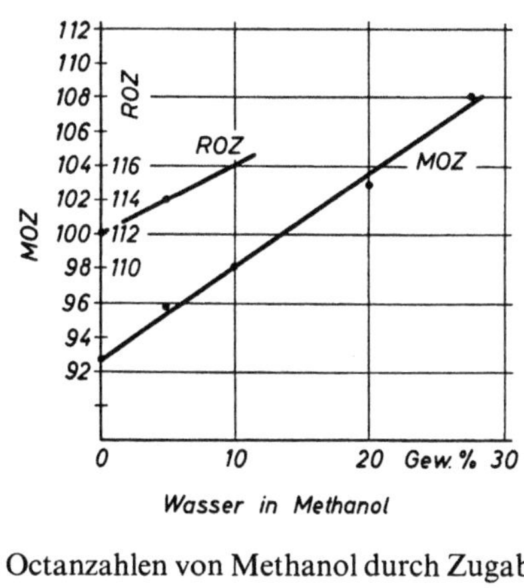

Abb. 6.18. Steigerung der Octanzahlen von Methanol durch Zugabe von Wasser [nach 7.43]

Methanol dargestellt [6.41]. Ähnliche Werte sind für Ethanol zu erwarten. Allerdings läßt sich dieser Effekt wegen der Gefahr der Phasentrennung nicht in Mischkraftstoffen ausnutzen, sondern nur bei reinen Alkoholkraftstoffen in dafür ausgelegten Motorkonzepten oder im Zweistoffbetrieb mit getrennter Zuführung von Benzin und Alkoholkraftstoff.

6.5 Alkoholkraftstoffe für Dieselmotoren

Aufgrund ihrer geringen Zündwilligkeit (Cetanzahlen unter 10) erweisen sich Alkoholkraftstoffe zunächst als wenig geeignet für dieselmotorische Arbeitsverfahren. Erfahrungen mit diesen Kraftstoffen zeigen jedoch, daß auch die Verwendung von Alkoholkraftstoffen in Dieselmotoren Vorteile verspricht, die mit anderen Arbeitsverfahren bisher nicht erreicht werden konnten. Hier sind insbesondere Schadstoffemissionen (Feststoffe, Ruß und polyzyklische Aromaten) zu nennen [6.21], [6.22], [6.23], [6.24].

Die Verwendung von Alkoholen bietet auch thermodynamische Vorteile, verglichen mit anderen Kraftstoffen für Dieselmotoren. Die Berechnung des Kreisprozesses für den verlustlosen Dieselmotor zeigt, daß bei unbedeutender Änderung von Wirkungsgrad und Mitteldruck zugunsten der Alkohole sich die Temperatur am Ende der Verbrennung und der Expansion deutlich unterscheiden. Die dieselmotorische Verbrennung von Alkoholen läuft bei niedrigeren Temperaturen ab. Die damit verbundenen Vorteile liegen auf der Hand, niedrigere thermische Belastung der Bauteile und geringere Stickoxidemissionen. Ein weiterer großer Vorteil der niedrigen Alkohole besteht darin, daß sie im Dieselmotor diejenigen Kraftstoffe sind mit dem geringsten Luftüberschußbedarf, das heißt mit der geringsten Rauchbildungsneigung.

Auch für den Einsatz von Alkoholen in Dieselmotoren sind Anpassungsmaßnahmen des Systems Kraftstoff – Motor erforderlich. Hier sind insbesondere die Zündung des Kraftstoffs im Motor, der Kaltstart, die Schmierung von Komponenten im Einspritzsystem und das Verhindern von Korrosion im Kraftstoffsystem zu nennen.

Die höhere Flüchtigkeit von Alkoholen im Vergleich zu Dieselkraftstoff führt zu folgenden Effekten:

- Alkohole und Alkohol-Diesel-Mischkraftstoffe gehören zur Gefahrenklasse I.
- Bei hoher Umgebungstemperatur können Dampfblasen und damit Förderprobleme der Kraftstoffpumpe auftreten. Das Kraftstoffsystem sollte deshalb entsprechend ausgelegt sein, z. B. mit Vorpumpe am Tank und höherem Druckniveau im Pumpensaugraum.

Mischkraftstoffe auf der Basis von Alkoholen und Dieselkraftstoff verlangen in der Regel Lösungsvermittler bzw. Emulgatoren. Die schlechte Mischbarkeit von Dieselkraftstoff mit Alkoholen, besonders mit Methanol, stellt an die Chemie hohe Anforderungen, um stabile Kraftstoffgemische unter allen in der Praxis vorkommenden Bedingungen sicherzustellen. Dieses Problem wird umgangen, wenn am Motor eine Emulsion erzeugt wird, die nur kurzzeitig stabil bleiben muß, nämlich so lange, bis der Kraftstoff eingespritzt ist.

Durch Zugabe von Zündwilligkeitsverbesserern kann die Cetanzahl bzw. der Zündverzug von Alkoholkraftstoffen so weit verbessert werden, daß ein Betrieb in Dieselmotoren ohne Beanstandungen möglich ist. Bei den Zündwilligkeitsverbesserern handelt es sich im allgemeinen um nitrierte Kohlenwasserstoffverbindungen, die aus Erdöl bzw. Alkoholen gewonnen werden.

6.5.1 Cetanzahl von Alkoholen

Die Bestimmung der Cetanzahlen nach DIN 51773, die als Maß der Zündwilligkeit von Kraftstoffen gilt, führt im Zusammenhang mit Alkoholkraftstoffen zu Schwierigkeiten, wenn die genormten Verfahren angewendet werden. Zunächst läßt die hohe Klopffestigkeit der Alkohole bereits erwarten, daß mit sehr geringen Cetanzahlen und damit sehr geringer Zündwilligkeit in Diesel-Motoren zu rechnen ist. Bei der labormäßigen Bestimmung von Cetanzahlen in den üblichen Prüfmotoren wurde festgestellt, daß die Cetanzahl von Methanol z. B. nicht direkt gemessen werden kann. Aufgrund dieser Tatsache ist es zunächst notwendig, daß die genormten Prüfverfahren zur Bestimmung der Cetanzahl von Dieselkraftstoffen auf Kohlenwasserstoffbasis modifiziert werden, damit extrem zündunwillige Kraftstoffe geprüft werden können.

Zur Durchführung von Cetanzahlmessungen wurden Änderungen an den genormten Prüfdieselmotoren (Bauart BASF) durchgeführt. Eine Erhöhung der Verdichtung von $\varepsilon = 18$ auf $\varepsilon = 22$ ermöglichte die Absenkung der Laufgrenze des Motors von Cetanzahlen 25 auf 18 bei ungedrosselter Luft. Abweichend vom genormten Meßverfahren erwies es sich als günstiger, nicht die Luftmenge als Meßkriterium, sondern den sich einstellenden Zündverzug bei ungedrosselter Ansaugluft zu verwenden. Außerdem muß durch die Zugabe von Zündbeschleunigern die Zündwilligkeit des Kraftstoffes so weit verbessert werden, daß die Cetanzahl an der unteren Prüfgrenze des Motors gerade noch gemessen werden kann; die Cetanzahlangabe des Kraftstoffes wird nachher aus mehreren Meßpunkten extrapoliert.

Das genormte Verfahren zur Bestimmung der Cetanzahl schreibt eine konstante Einspritzmenge von 20 ml Kraftstoff vor. Dies ist jedoch im Zusammenhang mit Alkoholen nicht durchzuführen, da die Einspritzmenge entsprechend dem Heizwert der Kraftstoffe korrigiert werden muß.

In Tabelle 6.9 sind die Cetanzahlen der vier genannten Alkohole angegeben, gemessen nach einem modifizierten Verfahren des BASF-Prüfdiesel HV.

Übliche Dieselmotoren verlangen eine Mindestcetanzahl des Kraftstoffes von etwa CZ 40–42. Unterhalb dieses Wertes wird der Lauf des Motors durch den

Tabelle 6.9. *Zündwilligkeit (Cetanzahlen) von Alkoholen* [6.2]

	CZ
Methanol	3
Ethanol	8
Isopropanol	6
Isobutanol	13

größeren Zündverzug des zündunwilligen Kraftstoffes laut, in Verbindung mit hohen Zünddrücken und großen Druckgradienten (Druckanstieg pro Grad Kurbelwinkel). Die damit verbundene Mehrbelastung von Bauteilen des Motors kann kritische Werte überschreiten.

Auch der Start des kalten Motors mit Kraftstoffen niedriger Cetanzahl wird zunehmend schwieriger. Besonders kritisch ist jedoch das Verhalten des kalten Motors unmittelbar nach dem Start. Ein Weiterlaufen des Motors wird schwierig, insbesondere wenn unmittelbar nach dem Start sofort der Motor belastet wird. Zunehmende Blaurauchentwicklung, Geruchsbelästigung und sehr lauter Motorlauf sind die Folge.

Der Einsatz von Dieselkraftstoffen mit geringer Zündwilligkeit erfordert entsprechende Maßnahmen am Motor. Längere Vorheizzeiten der Starteinrichtung sowie ein Nachheizen der Glühkerzen unmittelbar nach dem Start sind hier als Abhilfe zu nennen. Eine Vorwärmung der Ansauglauft führt auch hier zu spürbarer Verbesserung, allerdings erst dann, wenn das System die entsprechenden Temperaturen liefern kann. Bei höheren Zumischraten von Alkoholen wird außerdem der Einsatz zusätzlicher Zündwilligkeitsverbesserer notwendig.

Beim Einsatz von alkoholhaltigen Kraftstoffen in Dieselmotoren sind Zweifel über die Aussagekraft der Cetanzahl aufgetreten. Die Bewertung von Kraftstoffen auf der Basis der Cetanzahl korreliert nicht in allen Fällen mit dem praktischen Verhalten im Motor.

Ein neues praxisgerechtes Bewertungsverfahren, z. B. auf Basis des Zündverzugs, ist erforderlich, es muß allerdings noch erarbeitet werden (Abschnitt 6.5.3 und 7.7.6).

6.5.2 Alkohol-Diesel-Mischkraftstoffe

Mischkraftstoffe, wie sie für Ottomotoren bereits in der Praxis eingesetzt bzw. auf breiter Basis erprobt werden, sind für Dieselmotoren verhältnismäßig neu. Der Grund liegt darin, daß sich Alkohole in Dieselkraftstoffen schwerer lösen bzw. vermischen lassen. Dies hängt mit der Zusammensetzung der Dieselkraftstoffe zusammen; auch hier gilt, je höher der Aromatenanteil, umso besser ist die Stabilität des Mischkraftstoffes. Während Dieselkraftstoffe mit Aromatengehalten von etwa 20% bei Raumtemperatur eine Zumischung von etwa 20% wasserfreiem Ethanol gerade noch tolerieren, nimmt die Mischbarkeit von Alkoholen und Dieselkraftstoffen mit zunehmendem Wassergehalt und bei sinkender Temperatur stark ab. Auch hier stellt man fest, ähnlich wie bei Mischkraftstoffen für Ottomotoren, daß höhere Alkohole das Mischungsverhalten verbessern. Falls dennoch unter ungünstigen Betriebsbedingungen, z. B. bei zu tiefer Lagerungstemperatur, eine Entmischung auftreten könnte, muß gefordert werden, daß sie einfach wieder zu beheben ist, entweder durch Temperaturanstieg oder im Fahrzeug durch Umwälzen des Kraftstoffes.

Alkohol-Mischkraftstoffe für Dieselmotoren lassen sich mit Hilfe von Lösungsvermittlern bzw. Emulgatoren herstellen und stabil halten. Am schwierigsten ist dies mit Methanol zu erreichen, günstiger ist Ethanol, bei den höheren Alkoholen nimmt die Mischungsfähigkeit rapide zu. Die Zusammensetzung des Grund-Dieselkraftstoffes, insbesondere sein Aromatengehalt ist, wie bereits erwähnt, außerdem von Bedeutung. Ebenso spielen Temperatur und Wassergehalt eine wichtige Rolle: Abb. 6.19 zeigt, daß Methanol erst ab Temperaturen über 65°C in Dieselkraftstoff lösbar ist, während für Ethanol diese Grenze bei etwa 34°C liegt. Das bedeutet, daß unter normalen Betriebsbedingungen die Mischbarkeit der beiden Stoffe durch Lösungsvermittler sichergestellt werden muß. Der Lösungsver-

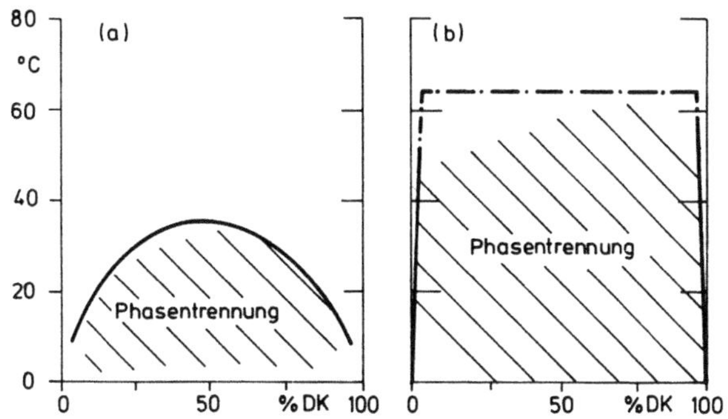

Abb. 6.19. Löslichkeitsdiagramm für Alkohol-Diesel-Mischkraftstoffe. (*a*) = Ethanol, (*b*) = Methanol [nach 6.28]

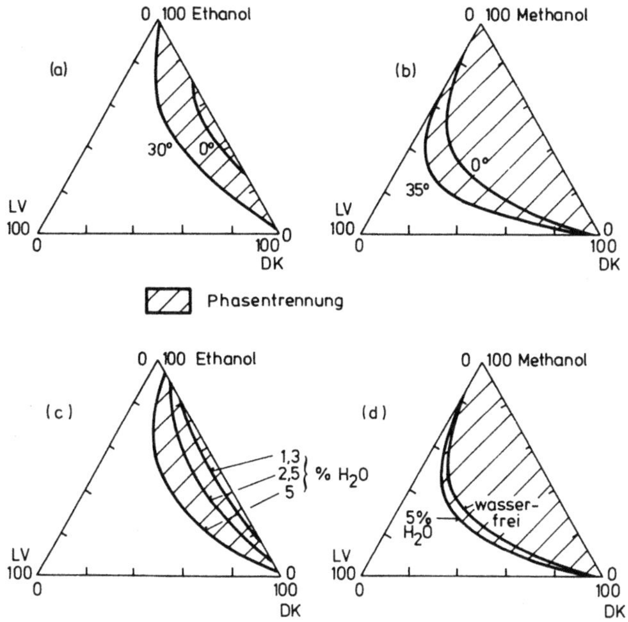

Abb. 6.20. Dreiphasen-Löslichkeitsdiagramme für Alkohol-Dieselkraftstoff (DK)-Mischkraftstoff mit Ethylacetat (LV) als Lösungsvermittler [nach 6.28]. *a*) und *b*) Temperatureinfluß bei Ethanol und Methanol. *c*) und *d*) Wassergehalt bei Ethanol und Methanol

mittler muß chemische Eigenschaften haben, die sowohl denen von Dieselkraftstoff als auch denen des zu lösenden Alkohols verwandt sind. Das heißt, daß sowohl mit den aliphatischen Eigenschaften des Dieselkraftstoffes als auch mit den polaren Gegebenheiten des Alkohols Verträglichkeit bestehen muß. Systematische Untersuchungen geeigneter Stoffe haben zu einer Auswahl besonders geeigneter Lösungsvermittler geführt. Die hier notwendigen Zusätze, die sich aus den verwendeten Alkoholen herstellen lassen, stellen eine stabile Lösung bzw. Mikroemulsion aus den beiden Komponenten sicher [6.27]. Hierbei hat sich als eine der Möglichkeiten Ethylazetat erwiesen, das preisgünstig aus Ethanol hergestellt werden kann. In Abb. 6.20 sind die Eigenschaften dieses Lösungsvermittlers für Ethanol und Methanol dargestellt [6.28].

Als zusätzliche Parameter sind der Wassergehalt und der Temperatureinfluß angegeben. Auch hier zeigt sich, daß Methanol das größere Problem darstellt.

Pflanzenöle, wie z. B. Sonnenblumenöl, stehen ebenfalls als Alternativkraftstoffe für Dieselmotoren in Diskussion. Ihr Mischungsverhalten mit Alkoholen ist allerdings ungünstiger als das von Dieselkraftstoff, was bedeutet, daß ein Sonnenblumen-Ethanolgemisch mehr Lösungsvermittler benötigt als ein Diesel-Ethanolgemisch. Nähere Angaben über diese Problematik finden sich in [6.27], [6.28].

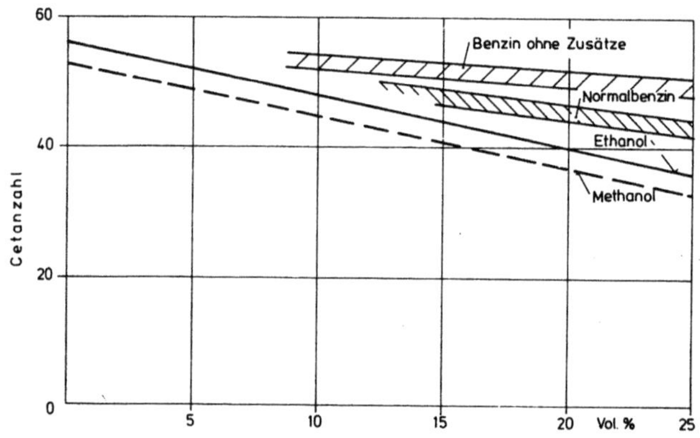

Abb. 6.21. Einfluß der Zumischung von Alkoholen bzw. Benzin auf die Cetanzahl von Dieselkraftstoffmischungen [nach 6.21, 6.25]

Die niedrige Zündwilligkeit der Alkohole senkt die Cetanzahl der Mischung mit zunehmendem Alkoholgehalt ab. Wie Abb. 6.21 zeigt, senkt die Beimischung von Alkoholen die Cetanzahl stärker ab als die Verwendung von Ottokraftstoff. Aus der Abbildung ist außerdem zu erkennen, daß die Verwendung eines üblichen „straight run"-Benzins günstiger ist als die Zumischung eines mit Klopfbremsen auf höhere Octanzahl gebrachten Ottokraftstoffs [6.25], [6.21].

Bestimmung der Cetanzahl von Alkohol-Diesel-Misch-Kraftstoffen

Versuche nach genormten Prüfverfahren haben gezeigt, daß die dabei üblichen Messungen mit Zündverzugswerten von 20° Kurbelwinkel (BASF-Prüfdiesel) durch Luftdrosselung bei Alkoholkraftstoffen nicht realisierbar waren, weil ein

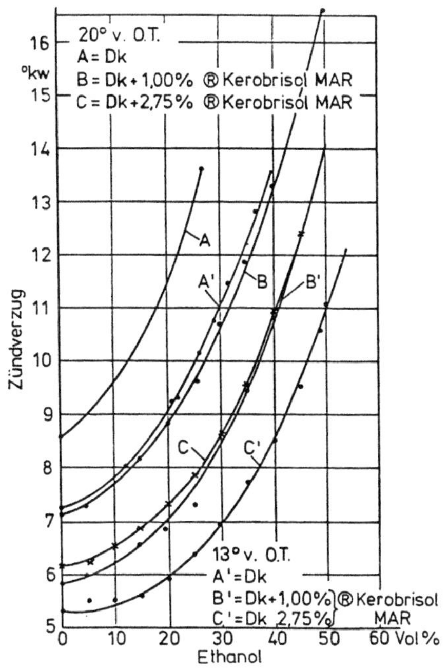

Abb. 6.22. Einfluß der Zumischung von Ethanol auf die Zündwilligkeit (Zündverzug) von Dieselkraftstoff, Möglichkeiten der Veränderung durch Zündwilligkeitsverbesserer. Einfluß der Prüfverfahren mit Einspritzbeginn 13° v.O.T. bzw. 20° v.O.T. [6.21]

stabiler Motorlauf nicht mehr erreichbar war. Als Beispiel für Mischkraftstoffe zeigt Abb. 6.22 den Einfluß einer zunehmenden Beimischung von Ethanol auf die Zündwilligkeit eines Dieselkraftstoffs. Die Zündwilligkeit ist hier als Zündverzug ausgedrückt, und zwar für einen Einspritzzeitpunkt von 20° und 13° Kurbelwinkel vor O.T. mit dem BASF-Prüfdiesel. Die Abbildung zeigt deutlich die Verschlechterung der Zündwilligkeit sowie die Möglichkeit, durch Zugabe von 1 bzw. 2,75% eines Zündwilligkeitsverbesserers den Zündverzug des Mischkraftstoffes wieder auf Werte von normalen Dieselkraftstoffen zu bringen.

Die Bestimmung einer Mischcetanzahl erwies sich allerdings bei Alkoholkraftstoffen als schwierig. Die üblicherweise verwendete Formel lautet dafür:

$$\mathrm{CZ} = a \cdot \mathrm{CZ}_1 + b \cdot \mathrm{CZ}_2,$$

wobei bedeuten:

a = Volumenanteil des Dieselkraftstoffs,

CZ_1 = Cetanzahl des Dieselkraftstoffs,

b = Volumenanteil des Alkohols,

CZ_2 = Mischcetanzahl des Alkohols,

CZ = Cetanzahl des Gemischs.

Wie Abb. 6.23 zeigt, kann eine Mischcetanzahl für Ethanol als konstanter Wert nicht angegeben werden, insbesondere dann nicht, wenn dem Gemisch ein Zündwilligkeitsverbesserer zugefügt wird.

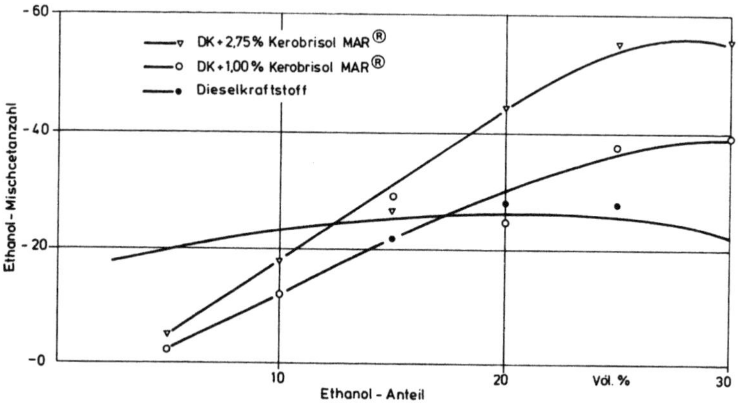

Abb. 6.23. Mischcetanzahlen von Ethanol, abhängig von der Menge und der Zugabe von Zündwilligkeitsverbesserern [6.21]

Die errechneten Mischcetanzahlen für wasserfreies Ethanol schwanken zwischen – 2 und – 55. Der Zusammenhang ist jedoch noch nicht restlos geklärt, der Ethanolgehalt der Probe und das Cetanzahlniveau des Grundkraftstoffes scheinen einen Einfluß zu haben. Als Anhaltswert kann festgehalten werden, daß ein Ethanolgehalt von 20 Volumen-Prozent eine Mischcetanzahl von rund CZ = – 30 ergibt.

Ein Alkoholgehalt von 20% im Dieselkraftstoff verlangt in der Regel jedoch die Zugabe eines Zündwilligkeitsverbesserers, z. B. Kerobrisol MAR von 0,5 bis 1 Vol.-%, um ausreichende Zündwilligkeit bei allen Betriebszuständen, das heißt einschließlich Kaltstart und Warmlauf des Motors, sicherzustellen.

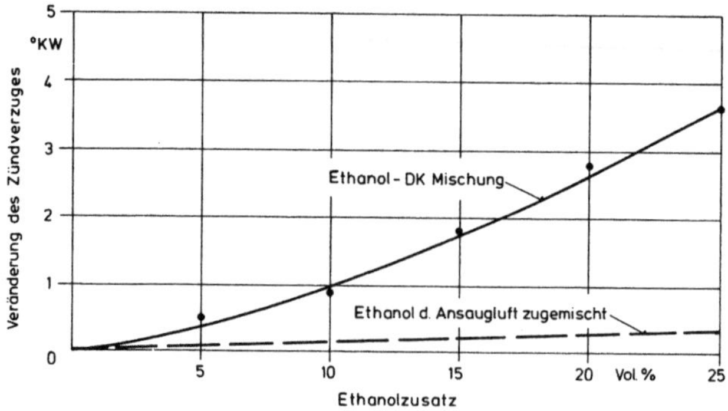

Abb. 6.24. Veränderung der Zündbedingungen (Zündverzug) durch Zugabe von Ethanol in den Kraftstoff bzw. in die Ansaugluft eines Dieselmotors [nach 6.21]

Inzwischen wurden auch geeignete Lösungsvermittler gefunden, die die Cetanzahl des Grundkraftstoffs um mehrere Einheiten erhöhen und somit zur Zündwilligkeit des Gemisches beitragen.

Wie unterschiedlich ein Dieselmotor die Zündwilligkeit von Kraftstoffen bewertet, zeigt Abb. 6.24. Hier ist aus Messungen an einem Einzylindermotor dargestellt, wie sich der Zündverzug bei konstanter Last ändert, wenn Ethanol einen Teil des Dieselkraftstoffs ersetzt. Interessant ist hierbei, daß der Motor deutlicher mit Zündverzug reagiert, wenn das Ethanol mit dem Dieselkraftstoff als Mischung eingespritzt wird. Dabei entsteht bei 25% Ethanol ein Zündverzug von etwa 3,5° KW im Vergleich zu nur 0,6° KW, wenn das Ethanol über die Ansaugluft zugegeben wird [6.21].

6.5.3 Dieselkraftstoffe aus Alkoholen und Zündwilligkeitsverbesserer

Der Betrieb von Dieselmotoren mit reinen Alkoholen ist nur mit umfangreichen Zusatzmaßnahmen möglich. Für Start- und Warmlauf sind zusätzliche Hilfen notwendig, der Motor muß durch hohe Verdichtung und intensive Ansaugluftvorwärmung auf die geringe Zündwilligkeit des Kraftstoffes vorbereitet werden. Wesentlich einfacher wird das motorische Konzept, wenn der Alkoholkraftstoff durch entsprechende Zusätze auf die Zündwilligkeit von üblichen Dieselkraftstoffen gebracht wird. Über die Auswahl hier möglicher Zusätze wurden in den letzten Jahren umfangreiche Untersuchungen durchgeführt [6.29]–[6.31]. Es handelt sich generell um Stoffe, die durch ihre mehr oder weniger ausgeprägte Explosivität eine Steigerung der Zündwilligkeit des Kraftstoffes bewirken.

Ein geeigneter Zündwilligkeitsverbesserer muß folgende Bedingungen erfüllen:

1. Eine möglichst geringe Menge muß den gewünschten Effekt erzielen.
2. Der Preis muß konkurrenzfähig sein, das heißt, die Betriebskosten des Motors mit diesem Kraftstoff dürfen nicht höher sein als die eines entsprechend abgeänderten Motorkonzeptes, z. B. mit Unterstützung von Funkenzündung.
3. Der Kraftstoffzusatz muß zufriedenstellend löslich sein, das Kraftstoffgemisch muß sich in der üblichen Weise lagern und transportieren lassen.
4. Das Kraftstoffgemisch sollte entsprechende Schmiereigenschaften mit Rücksicht auf die Einspritzpumpe haben.
5. Der Kraftstoff sollte leicht und insbesondere sicher handzuhaben sein.
6. Der Kraftstoff darf nicht giftig sein.
7. Die Emissionswerte aus der Verbrennung und aus der Verdampfung des Kraftstoffes sollten unbedenklich sein.

Alle heute bekannten Zündverbesserer sind organische Nitrate, z. B. Ester von aliphatischen Alkoholen und Salpetersäure.

Als mögliche Stoffe kommen Alkylnitrate in Frage. Von besonderem Interesse sind solche Kraftstoffzusätze, die sich aus Alkoholen herstellen lassen. Hier ist insbesondere Ethylnitrat zu nennen, welches direkt aus Ethanol gewonnen werden kann. Allerdings ist seine hohe Explosivität nachteilig. Amylnitrat erscheint deshalb interessant, weil es aus Amylalkoholen hergestellt werden kann, welche bei der alkoholischen Gärung als Nebenprodukte anfallen. Amylnitrat und 2-Ethylhexylnitrat müssen in einer Menge von mindestens 12 Vol.-% den Alkoholen zugegeben werden, um ausreichende Zündverhältnisse zu gewährleisten. Dieser hohe Wert kann reduziert werden, wenn man die Verdichtung der Motoren erhöht. Damit ist aber eine allgemeine Verwendbarkeit bei heute laufenden Motoren nicht mehr gegeben. Eine andere Möglichkeit besteht darin, wirkungsvollere Zündhilfen zu verwenden. Hier ist „DEGDN" (Diethylenglykoldinitrat) vorgeschlagen. Dies ist jedoch in konzentrierter Form explosiv, gelöst in anderen Flüssigkeiten besteht zunächst keine Explosionsgefahr. Um ganz sicher zu gehen, müßte aber das Lösungsmittel weniger flüchtig als das Nitrat selbst sein. Wenn es nur in Alkohol gelöst ist, könnte unter Umständen bei Unglücksfällen der Alkohol verdampfen und das explosive Zündmittel zurücklassen. Somit kann die Verwendung von DEGDN zunächst nicht befürwortet werden, solange dieses Problem nicht gelöst ist.

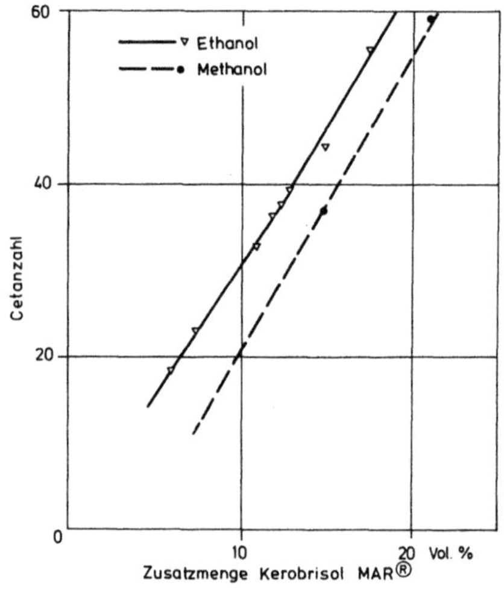

Abb. 6.25. Verbesserung der Zündwilligkeit (Cetanzahl) von Ethanol durch Zugabe eines Zündwilligkeitsverbesserers [nach 6.21]

Abb. 6.25 zeigt am Beispiel des Zündbeschleunigers Cyklohexanolnitrat (Kerobrisol MAR der BASF) die notwendige Menge, um gleiche Zündverzugswerte wie bei reinem Dieselkraftstoff zu erreichen. Es muß allerdings bedacht werden, daß die notwendige Zusatzmenge an Zündbeschleunigern je nach Motorkonzept last- und drehzahlabhängig sein kann [6.21].

Nicht alle Zündbeschleuniger lassen sich sowohl für Ethanol als auch für Methanol verwenden. So läßt sich das aus Ethanol herstellbare Triethylenglykoldinitrat (TEGN) als Zumischkomponente zu Ethanol verwenden. Mit Methanol ist dies jedoch nicht möglich.

Vergleichende Versuche in der Anwendung von Zündwilligkeitsverbesserern bei Ethanol und Methanol zeigten im allgemeinen die Tendenz, daß die gleiche Menge Zündwilligkeitsverbesserer in Methanol günstigere Werte für den Zündverzug im Motor ergibt. Dies ist leicht dadurch einzusehen, daß aufgrund des geringeren Heizwertes von Methanol eine größere Kraftstoffmenge verbraucht wird, und damit eine größere Menge an Zündwilligkeitsverbesserer zur Einleitung der Zündung zur Verfügung steht.

Weitere Informationen hierzu in Abschnitt 7.7.

Beurteilung der Cetanzahlen von Alkoholkraftstoffen mit Zündwilligkeitsverbesserern

Versucht man, geeignete Zündwilligkeitsverbesserer nach den Standardmethoden in Cetanzahl-Prüfmotoren auszuwählen, erweist sich diese Methode als nicht unbedingt geeignet, da die auf diese Weise gewonnene Cetanzahl keine Schlüsse auf die Zündeigenschaften des gleichen Kraftstoffes im normalen Serienmotor zuläßt.

So wurde festgestellt, daß der lastabhängige Zündverzug von Ethanol-Zündwilligkeitsverbesserer-Gemischen teilweise erheblich von dem gewohnten Erscheinungsbild des normalen Dieselkraftstoffs abweicht. Auch nach entsprechender Anpassung des Cetanzahl-Meßverfahrens an den geringeren Heizwert der Kraftstoffe, das heißt der eingespritzten Kraftstoffmenge, ist das Verfahren nicht brauchbar. Ein weiterer Schritt, in Prüfmotoren eine Beurteilung dieser Kraftstoffe zu erreichen, ist eine Erhöhung der Verdichtung. Aber auch in diesem Falle ist eine Beurteilung verschiedener Kraftstoffzusätze zur Erhöhung der Zündwilligkeit nicht möglich. Offensichtlich gibt es keine Korrelation zwischen der in Prüfmotoren ermittelten Cetanzahl und der realen Zündqualität von Kraftstoffen in normalen Produktionsmotoren. Eine praxisbezogene Beurteilungsmethode muß sich demnach nicht an der Cetanzahl, sondern an dem Zündverzug in realen Motoren orientieren [6.22]. In jedem Fall muß die Beurteilung von Dieselkraftstoffen an der ungünstigsten Betriebsbedingung, das heißt Leerlaufbetrieb über längere Zeit, gemessen werden. Dabei scheint auch das Brennverfahren von Einfluß zu sein. Dem Trend in der Dieselmotorenentwicklung folgend ist eine Beurteilung auf der Basis von direkt einspritzenden Motoren vorzuziehen.

Die vorliegenden Versuchsergebnisse, die deutliche Diskrepanzen zwischen der im Prüfmotor ermittelten Cetanzahl und der Beurteilung des Kraftstoffs im realen Motor aufweisen, lassen sich nach heutigem Stand nicht erklären. Sie stellen allerdings die bisher genormte Prüfmethode zur Bestimmung der Cetanzahl als Basis für die Zündwilligkeitsbeurteilung von Dieselmotoren in Frage. Hier muß über geeignete Modifikationen bestehender Prüfverfahren nachgedacht werden, ein möglicher Ansatzpunkt ist die Beurteilung von Kraftstoffen auf Basis des Zündverzugs in einem Motor, dessen Brennverfahren dem heutiger moderner Dieselmotoren mit Direkteinspritzung gleich oder zumindest ähnlich ist [6.21], [6.23], [6.24], [6.25], [6.26].

6.5.4 *Umwandlung von Alkoholen*

Eine weitere Möglichkeit, die geringe Zündwilligkeit der Alkohole in Dieselmotoren (niedrige Cetanzahl) auszugleichen, besteht darin, den Alkohol in geeigneter Form umzuwandeln. Ziel dieser Veränderungen der Alkohole muß sein, höher siedende Stoffe mit größerem Molekulargewicht und höherer Zündwilligkeit sowie größerer Energiedichte zu gewinnen. Als Beispiel für solche Folgeprodukte, deren viele denkbar sind, aber nur wenige die gewünschten Vorteile haben, sind die Azetale.

Azetale lassen sich aus Alkoholen und Aldehyden, die wiederum aus Alkoholen gewonnen werden können, herstellen. Aus Ethanol und Azetaldehyd läßt sich durch Abspalten von Wasser Diethoxyethan herstellen, ein Azetal mit Eigenschaften zwischen denen der Alkohole und Dieselkraftstoff. Aus geeigneten Alkoholen lassen sich eine Menge unterschiedlicher Azetale herstellen, die teilweise sogar günstigere Eigenschaften für die dieselmotorische Verbrennung haben als Dieselkraftstoff selbst (z. B. günstigere Zündwilligkeit oder geringere Rauchentwicklung).

Näheres hierüber sowie über die Möglichkeit, andere zündunwillige Alternativkraftstoffe in Dieselmotoren einzusetzen, findet sich in [6.30], [6.31].

6.6 Alkoholderivate als Kraftstoffe bzw. Mischkomponenten

6.6.1 Ether

Der Einsatz von Methanol in Mischkraftstoffen für Ottomotoren bereitet bekanntlich einige Probleme, wie z. B. Materialverträglichkeit mit Kunststoffen, Korrosion, starke Erhöhung des Dampfdrucks und der Kraftstoffflüchtigkeit und die Gefahr von Phasentrennung beim Zutritt von Wasser bei niedrigen Temperaturen. Diese Nachteile können deutlich vermindert werden, wenn anstelle von reinen Alkoholen daraus abgeleitete Komponenten eingesetzt werden. Durch diese Derivate lassen sich Alkohole als Mischkomponenten ganz oder teilweise ersetzen und in ihren Auswirkungen verbessern.

Durch Anlagerung von Kohlenwasserstoffen lassen sich Alkohole in andere sauerstoffhaltige Komponenten umwandeln, die teilweise mehr vorteilhafte Eigenschaften als reine Kraftstoffe bzw. Mischkomponenten haben. Von besonderem Interesse sind hier die Ether:

- Methyl-Tertiär-Butylether,
- Ethyl-Tertiär-Butylether,
- Di-Isopropylether.

Diese Ether (Abb. 6.26) wurden bereits vor längerer Zeit teilweise zur Verbesserung der Klopffestigkeit von Ottokraftstoffen eingesetzt. Ihre Verwendung ist dann zurückgetreten, da die Klopffestigkeit von Ottokraftstoffen in zunehmendem

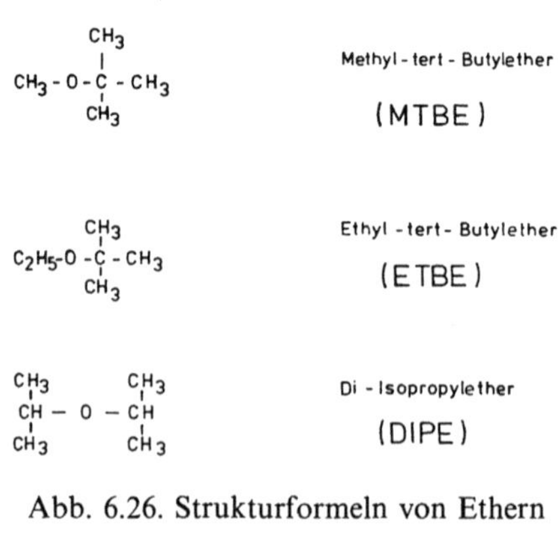

Abb. 6.26. Strukturformeln von Ethern

Maße durch Bleitetraethyl erreicht wurde. Da der Bleigehalt dieser Kraftstoffe in der letzten Zeit durch Gesetz begrenzt bzw. reduziert wurde, nimmt auch die Verwendung von Ethern als Kraftstoffkomponente zur Erhöhung der Klopffestigkeit wieder zu.

Ether eignen sich wegen ihrer hervorragenden Eigenschaften besonders zur Herstellung hochklopffester Mischkraftstoffe.

Die Zugabe von Ethern zur Verbesserung der Klopffestigkeit erscheint auch aus gesundheitlichen Aspekten günstiger als die Verwendung von Aromaten, Benzol, Toluol oder Xylol.

Ether lassen sich außerdem kostengünstiger herstellen, als sich wenig klopffeste Kohlenwasserstoffe in klopffestere Isomere umwandeln lassen.

Methyl-Tertiär-Butylether wird aus Methanol und Isobutylen hergestellt. Die begrenzte Verfügbarkeit der letztgenannten Komponente beschränkt allerdings auch die mögliche Herstellmenge. In ähnlicher Weise kann Ethyl-Tertiär-Butylether auf der Basis von Ethanol hergestellt werden. Beide Komponenten sind deshalb im Rahmen zukünftiger Alternativkraftstoffe von Interesse, da sie aus den hauptsächlich interessierenden Alkoholen Ethanol und Methanol hergestellt werden können.

Die reine Verwendung dieser Ether als Kraftstoff scheidet wegen der geringen verfügbaren Mengen aus.

Tabelle 6.10. *Stoffwerte von Ethern* (*nach* [*6.33*])

	Methyl-Tertiär-Butylether	Ethyl-Tertiär-Butylether	Di-Isopropylether
Dichte bei 20°, kg/l	0,741	0,740	0,725
Siedepunkt, °C	55,3	72	68,4
Dampfdruck nach Reid, mbar	570	280	360
Heizwert H_u			
kJ/kg (kcal/kg)	35 171 (8 400)	36 050 (8 610)	36 260 (8 660)
kJ/l (kcal/l)	26 044 (6 220)	26 691 (6 370)	26 288 (6 270)
Luftbedarf, stöchiometrisch,			
kg Luft/kg Kraftstoff	11,8	12,15	12,16
Verdampfungswärme bei 1,013 bar,			
kJ/kg (kcal/kg)	337 (80,5)	311 (74,3)	285 (68)
Octanzahlen			
ROZ	ca. 116	ca. 118	ca. 108
MOZ	ca. 100	ca. 105	ca. 99
Misch-ROZ bei 10 – 20 Vol.-%	ca. 122	ca. 124	ca. 108

Die wichtigsten Eigenschaften der hier erwähnten Ether sind in Tabelle 6.10 zusammengefaßt. Im einzelnen ist dazu zu bemerken:

Die Dichte unterscheidet sich nur geringfügig von den üblichen Werten der Ottokraftstoffe.

Der Sauerstoffgehalt zwischen 15,8 und 18,2 Gew.-% beeinflußt entsprechend den Luftbedarf, den Heizwert und den volumetrischen Verbrauch.

Mit den Siedepunkten zwischen 55 und 72°C ist zu erwarten, daß die Flüchtigkeit des Kraftstoffes bei der Verwendung dieser Ether in Mischkraftstoffen erhöht wird. Damit ist eine Verbesserung des Fahrverhaltens, insbesondere bei kalter Maschine, zu erwarten. Dieser Effekt wird dadurch unterstützt, daß die Verdampfungswärme der Ether von der für Benzin nur geringfügig abweicht.

Die Neigung zur Vergaservereisung wird durch die Verwendung von Ethern als Mischkomponente verringert.

Die Gefahr von Dampfblasenbildung und Heißstartproblemen ist nicht so sehr zu erwarten wie bei der Verwendung von Methanol und Ethanol, da keine so ausgeprägte Azeotropie mit Benzin-Kohlenwasserstoffen vorliegt. Der Reid-Dampfdruck wird nur geringfügig erhöht, etwa in gleichem Verhältnis wie eine Beimischung entsprechender Mengen an C_6-Kohlenwasserstoffen zum Benzin.

Flammpunkt, Zündtemperatur und Zündgrenzen sind ähnlich wie die von heutigen Ottòkraftstoffen. Diese Kraftstoffe gehören deshalb zur Gefahrenklasse I.

Der geringere Sauerstoffgehalt der Ether und ihr dementsprechend höherer Heizwert führen bei ihrer Verwendung als Mischkomponente zu einem deutlich geringeren Abmagerungseffekt als bei der Verwendung von Methanol. Dementsprechend lassen sich größere Mengen an Ethern zumischen, bis die zulässige Grenze des Fahrverhaltens erreicht wird.

So bewirkt z. B. eine 25%ige Zumischung der hier genannten Ether eine Gemischabmagerung der Luftzahl Lambda um 5%, während die gleiche Menge Ethanol eine Abmagerung um etwa 10% und die gleiche Menge Methanol eine um etwa 15% hervorruft.

Die geringere Verdampfungswärme wirkt sich, da sie etwa den Werten für Ottokraftstoffe aus Erdöl entspricht, vorteilhaft auf die Gemischverteilung und das Fahrverhalten aus. Der Gemischheizwert für stöchiometrisches Gemisch unterscheidet sich nur wenig von den Werten für Benzinkraftstoffe. Dieser Wert ist allerdings nur teilweise ein Maß für die erzielbare Maximalleistung, da hier auch noch andere Werte, wie z. B. Verdampfungswärme, von Einfluß sind. So hat z. B. Methanol einen geringeren Gemischheizwert, der jedoch durch die günstige Wirkung der hohen Verdampfungswärme und die erreichbare Maximalleistung, zusammen mit anderen günstigen thermodynamischen Effekten, mehr als ausgeglichen wird.

Die hohe Klopffestigkeit der Ether wirkt sich entsprechend auch in einer günstigen Misch-Octanzahl aus. Besonders günstig ist auch der Effekt auf die Frontoctanzahl (ROZ 100), da diese Ether hochklopffeste Komponenten mit niedrigem Siedepunkt darstellen.

Durch die vergleichsweise geringen Einflüsse auf das Luftverhältnis durch die Beimischung von Ethern zu Benzin ist kein wesentlich nachteiliger Einfluß auf die Abgasemissionswerte CO, HC und NO_x zu erwarten. Eventuell ist ein geringer Anstieg an Aldehyd im Abgas möglich.

Da die Ether geringes Wasseraufnahmevermögen haben, ist die Gefahr der Phasentrennung in entsprechenden Mischkraftstoffen deutlich geringer als bei den wasserempfindlichen Gemischen mit dem stark hygroskopischen Methanol bzw. Ethanol.

Näheres hierzu in den Literaturstellen [6.32] und [6.33].

6.6.2 *Methyl-Tertiär-Butylether*

Methyl-Tertiär-Butylether (MTBE) hat von den Ethern die größte Bedeutung. MTBE eignet sich hauptsächlich als Komponente für Mischkraftstoffe zur Verbesserung der Octanzahl, insbesondere der Straßenoctanzahl, und zeigt hierbei Vorteile gegenüber Methanol, Ethanol und TBA [6.33], [6.34], Kapitel 7.2.2.

Die übrigen Vorteile des Methanols, wie höherer Wirkungsgrad in der motorischen Verbrennung, bleiben erhalten.

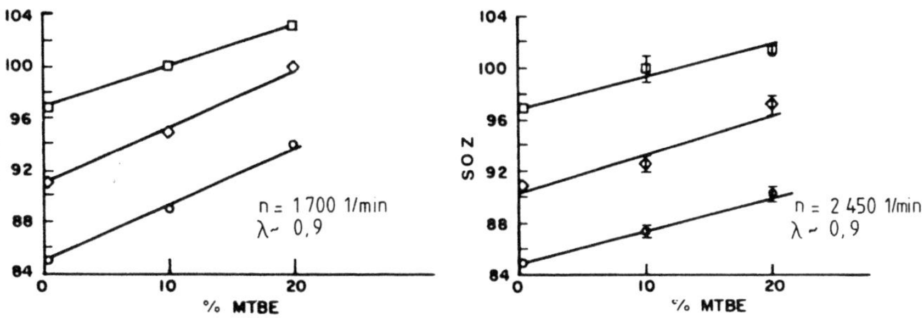

Abb. 6.27. Veränderung der Octanzahlen eines Ottokraftstoffs bei Zumischung von MTBE [6.32]

In Abb. 6.27 ist der Einfluß von MTBE auf das Klopfverhalten eines Motors bei unterschiedlichen Lastzuständen dargestellt. Zur Bestimmung dieser Werte wurde ein 2,3-l-Vierzylindermotor verwendet. Dabei wurde der Octanzahlbedarf durch Zündverstellung in den einzelnen Lastpunkten bis zur Klopfgrenze im Vergleich mit handelsüblichen Referenzkraftstoffen auf Kohlenwasserstoffbasis festgestellt. Der Unterschied im Luftbedarf zwischen den Kraftstoffen wurde jeweils durch entsprechende Anpassung der Gemischbildungseinrichtung ausgeglichen. Die Untersuchung des Emissionsverhaltens zeigt, daß sich CO-, HC- und NO_x-Emissionen in Abhängigkeit des Luftverhältnisses Lambda nicht verändern, wenn

Tabelle 6.11. *Eigenschaften von MTBE-Mischkraftstoff* [6.32]

	Basis-Ottokraftstoff	20% MTBE-Mischkraftstoff
Dichte bei 15°C, g/ml	0,739	0,741
Reid-Dampfdruck, kPa	64,1	62,1
Oktanzahlen		
ROZ	97,7	100,2
MOZ	89	90,2
Luftbedarf,		
kg Luft/kg Kraftstoff	14,55	13,99
Heizwert		
kcal/kg	10 600	10 100
kJ/kg		

anstelle von normalem Ottokraftstoff ein 20%iges MTBE-Benzingemisch verwendet wird.

Die wesentlichen Eigenschaften eines Mischkraftstoffes mit 20% MTBE im Vergleich zum gleichen Grundkraftstoff sind in Tabelle 6.11 dargestellt. Im Vergleich zu Methanol-Mischkraftstoffen wird jedoch die Siedekurve in dem kritischen Bereich zwischen 60 und 80°C deutlich weniger beeinflußt, das heißt, die Flüchtigkeit des Kraftstoffs im Bereich der Betriebstemperatur von Vergasern und Kraftstoffpumpen ist deutlich niedriger.

Materialuntersuchungen haben gezeigt, daß die meisten Veränderungen an Gummi- und Kunststoffteilen (Volumen- bzw. Gewichtszunahme) verhältnismäßig kurzfristig innerhalb der ersten 40 Stunden auftreten. In Abb. 6.28 sind die Ergebnisse von Materialuntersuchungen dargestellt, wobei die Versuchszeit 1 100 Stunden bei 20°C betrug. Sowohl Mischkraftstoffe als auch reiner MTBE zeigten keinen Einfluß auf Metalle wie Zink, Aluminium und Messing. Allerdings führten wasserhaltige Kraftstoffe zu Korrosion. Polymerwerkstoffe zeigten unterschiedliches Verhalten. Insgesamt erwiesen sich die untersuchten Materialien bei der Untersuchung von MTBE-Mischkraftstoff (20%) nur unbedeutend stärker angegriffen als von normalem Ottokraftstoff. In einigen Fällen wurden sogar geringere Volumenvergrößerungen bzw. Gewichtszunahme festgestellt. Ausgedehnte praktische Versuche in Fahrzeugen unterschiedlicher Konzeption müßten allerdings diese hier zunächst vorteilhaften Verhältnisse aus den Laborversuchen noch bestätigen, denn die Erfahrung mit anderen Mischkraftstoffen, z. B. auf Methanolbasis, hat gezeigt, daß die mechanische Beanspruchung und der Temperatureinfluß im praktischen Einsatz der Bauteile oft andere Ergebnisse zeigen als reine Laborversuche.

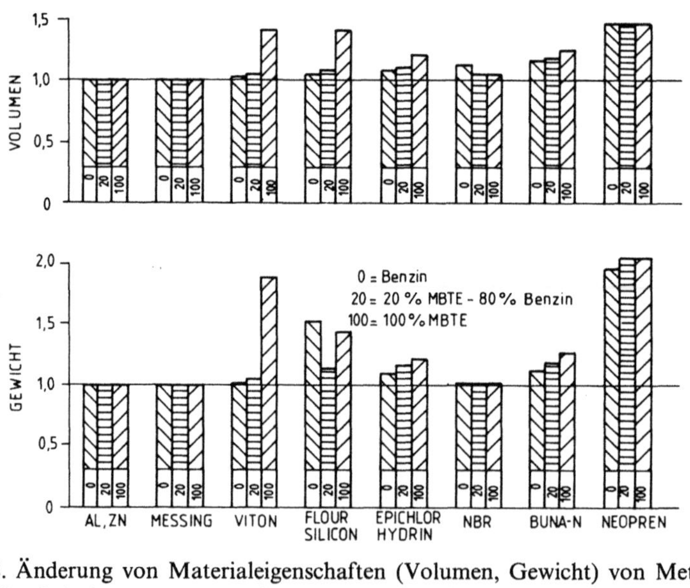

Abb. 6.28. Änderung von Materialeigenschaften (Volumen, Gewicht) von Metallen und Kunststoffen bei einer Lagerungszeit von 1 100 Stunden in reinem Ottokraftstoff, 20% MTBE-Mischkraftstoff und reinem MTBE [6.32]

Zusammenfassend kann über die Anwendung von MTBE als Mischkomponente gesagt werden:

- MTBE ist ein ausgezeichneter Octanzahlverbesserer und ermöglicht damit den Einsatz unverbleiter Ottokraftstoffe.
- MTBE in Mischkraftstoffen bis etwa 20% erhöht die Flüchtigkeit im mittleren Siedebereich, jedoch nicht so stark wie bei Methanol.
- Nach Materialuntersuchungen der üblichen im Motorenbau verwendeten Baustoffe läßt sich in Mischkraftstoffen bis 20% MTBE keine gravierende Schwierigkeit erwarten.
- Der Gehalt an Abgasschadstoffen wird durch MTBE bei gleichem Lambda nicht verändert.
- Mit MTBE-Mischkraftstoff und reinem Benzin wurden bei stationären Motoruntersuchungen gleiche Abgas-Schadstoffmengen in Abhängigkeit des Kraftstoff-Luftverhältnisses festgestellt.
- Der unterschiedliche Luftbedarf von MTBE-Mischkraftstoff erfordert eine Anpassung der Gemischbildungseinrichtung.

Die praktische Erprobung mit MTBE-Mischkraftstoffen ist allerdings noch nicht so weit auf breite Basis gestellt wie mit Ethanol- und Methanol-Mischkraftstoffen. Hier sollte zur Absicherung noch weitere Versuchsarbeit geleistet werden.

6.7 Großtechnisch hergestellte Kraftstoffe

Bisher durchgeführte Forschungs- und Erprobungsarbeiten auf dem Gebiet der Alkoholkraftstoffe sind im wesentlichen von chemisch reinen Alkoholen bzw. anderen reinen Komponenten ausgegangen. Daraus wurden dann Kraftstoffe durch Mischungen hergestellt oder die entsprechenden Alkohole in reiner Form verwendet. Eine großtechnische Produktion von Kraftstoffen auf Alkoholbasis würde jedoch Herstellungskapazitäten in beträchtlichem Umfang erfordern. Der Herstellungsprozeß selbst würde dann so gesteuert, daß das Endprodukt, der Kraftstoff, einerseits möglichst wirtschaftlich herzustellen ist und andererseits den Erfordernissen seiner Verwendung möglichst weit entgegenkommt. Besonders wesentlich ist die in den betreffenden Ländern vorhandene Rohstoffbasis. Kraftstoffe auf der Basis von Biomasse kommen nur in wenigen Ländern in Frage, wo pflanzliche Rohstoffe aufgrund der klimatischen Bedingungen und des landesüblichen Lohnniveaus günstig hergestellt werden können. Für hochindustrialisierte Länder werden diese Kraftstoffe nur eine untergeordnete Rolle spielen können. Hier konzentriert sich das Interesse auf Kraftstoffe, die hauptsächlich Methanol als Basis haben. Als Rohstoffe kommen hierfür primär Kohle und Erdgas in Frage.

6.7.1 Methanol-Benzin-Mischkraftstoffe

Auf die Eigenschaften des Mischkraftstoffes hat die Wahl des verwendeten Grundbenzins wesentlichen Einfluß. Ein Methanol-Benzin-Mischkraftstoff mit hohen Qualitätsanforderungen kann nicht mit jedem beliebigen Grundbenzin hergestellt werden. Wesentliche Eigenschaften, wie Octanzahlen, Flüchtigkeit und Sicherheit gegen Entmischung, müssen hier als wichtigste Punkte beachtet werden.

Methanol trägt deutlich zur Steigerung der *Octanzahlen* bei, wenn niedrigoctanige Paraffinkomponenten verwendet werden, und verbessert nur wenig bei olefinischen oder aromatischen Bestandteilen, die bereits von sich aus hohe Octanzahlen vorweisen (Kapitel 7.2.2).

Auch die *Sicherheit gegen Phasentrennung* wird durch die einzelnen Komponenten des Grundbenzins in unterschiedlichem Maße beeinflußt. Besonders vorteilhaft sind Aromaten mit niedrigem Molekulargewicht.

Der Wert des Methanols als Mischkomponente zur Erhöhung der Kraftstoffqualität, besonders der Octanzahl, ist deshalb unterschiedlich zu bewerten, je nach der Zusammensetzung des Grundbenzins. Einen deutlichen Einfluß auf den Wert des Methanol als Mischkomponente hat auch der für die Herstellung des Grundbenzins verwendete Raffinerietyp und die Herkunft des Rohöls.

Nähere Angaben über das Zusammenwirken einzelner Komponenten des Grundbenzins mit Methanol finden sich in [6.42]. Da die Zusammensetzung eines Benzins von der Bauart der Raffinerie deutlich beeinflußt wird, ist nicht jeder Raffinerietyp mit seinem hergestellten Grundbenzin gleich gut als Mischkomponente für die Herstellung von Methanol-Benzin-Mischkraftstoffen geeignet. Das komplexe Zusammenwirken unterschiedlicher Raffinerietypen mit der Frage, ob unverbleites oder verbleites Benzin erwartet wird, in Zusammenhang mit den Fragen der Wirtschaftlichkeit und des Energiebedarfs zur Herstellung des Gesamtprodukts sind für einen Anwendungsfall sorgfältig zu analysieren. Hierüber liegen gewisse Erfahrungswerte vor [6.43], [6.44], [6.45]. Die an diese Betrachtungen anschließenden Wirtschaftlichkeitsüberlegungen hängen stark von der Möglichkeit ab, inwieweit anfallende Nebenprodukte der Raffinerie bei anderen Abnehmern, z. B. der Chemieindustrie, wirtschaftlich genutzt werden können. In vielen Fällen besteht durch die Methanolzumischung die Möglichkeit, mehr Naphta als Rohstoff für die Petrochemie abzuzweigen.

Für das Zusammenmischen des Methanols mit dem Grundbenzin gibt es verschiedene Möglichkeiten:

1. In der Raffinerie:

Vorteile:
- Die Kraftstoffspezifikationen lassen sich relativ leicht überprüfen und einhalten.
- Der Mischvorgang wird unter bestmöglichen Bedingungen von geschultem Personal durchgeführt.
- Die Methanolversorgung kann relativ einfach direkt zur Raffinerie erfolgen, ohne verzweigtes Vertriebssystem.

Nachteile:
- Das Risiko, daß der Kraftstoff Wasser aufnimmt, ist relativ groß, da die Transportwege bis zur Tankstelle lang sind. Besonders kritisch wird die Situation dadurch, wenn der Kraftstoff in Tanks mit Schwimmdächern gelagert wird, oder wenn ein Transport auf dem Seeweg sich anschließt.
- Wasserhaltiger Kraftstoff erhöht das Korrosionsrisiko im gesamten Verteilungssystem.

2. Im Vorratslager:

Vorteile:

- Geringeres Risiko der Phasentrennung, da das Vorratslager näher an der Verteilungsstation liegt. Ein Transport auf dem Wasserwege ist weniger kritisch. Das Risiko von Wassereintritt in die Lagertanks ist geringer, da in den Zwischenlagern normalerweise Tanks mit festem Dach verwendet werden.
- Eine regionale Anpassung des Mischkraftstoffes ist möglich, wodurch spezielle lokale Situationen durch das Klima und die Jahreszeit leichter zu berücksichtigen sind.

Nachteile:

- Höhere Verteilungskosten.
- Qualitätskontrolle schwierig.
- Es wird mehr qualifiziertes Personal benötigt.
- Qualitätsüberwachung muß vermehrt werden.
- Das Methanol muß an zahlreiche Stellen transportiert werden.

3. An den Tankstellen:

Vorteile:

- Geringes Risiko der Phasentrennung durch Wasserzutritt, da die mögliche Zeit dafür verhältnismäßig gering ist, verglichen mit den vorher genannten Systemen.
- Größere Beweglichkeit zur Einführung, wenn auf dem Markt noch Fahrzeuggenerationen vorhanden sind, die nicht mit Mischkraftstoff betrieben werden können.
- Der Methanolgehalt läßt sich entsprechend den Anforderungen leicht variieren, so daß auch Fahrzeuge für Reinmethanolkraftstoff betankt werden können.

Nachteile:

- Sehr hohe Verteilungskosten.
- Hohe Investitionen notwendig, da mehr Tanks und aufwendigere Zapfsäulen erforderlich sind.
- Keine Qualitätsüberprüfung am fertigen Produkt möglich.

Aus diesen Überlegungen geht hervor, daß die Herstellung des kompletten Mischkraftstoffes in der Raffinerie der *wirtschaftlichste* Weg ist. Qualitätsüberlegungen im Hinblick auf die *Phasentrennung* lassen es jedoch am sichersten erscheinen, wenn der Mischkraftstoff erst an der Tankstelle selbst hergestellt wird. Da der an der Tankstelle verwendete Grundkraftstoff jedoch im Hinblick auf Octanzahl und Flüchtigkeitsverhalten (Dampfblasen und Kaltstart) abgestimmt sein muß, sind die Variationsmöglichkeiten eines solchen Systems stark eingeschränkt. Der auf die jeweilige Produktionscharge abgestimmte Grundkraftstoff läßt sich in jedem Fall am besten und wirtschaftlichsten in der Raffinerie selbst unter Berücksichtigung der Eigenschaften des Gesamtprodukts herstellen. Unter Berücksichtigung der praktischen Aspekte, was den Transport des Kraftstoffes zur Tankstelle über Vorratslager einschließt, erscheint in Westdeutschland die Herstellung des fertigen Mischkraftstoffes in der Raffinerie als der wirtschaftlichste Weg [6.42].

Als Komponente für Mischkraftstoffe wird ein Gemisch aus Methanol und höheren Alkoholen vorgeschlagen. Sie läßt sich in einem Produktionsprozeß herstellen und besteht etwa aus den Komponenten, die in Tabelle 4.5 genannt sind [6.35], [6.36], [6.37], [6.38].

Damit sind die bekannten Nachteile von Mischkraftstoffen mit reinem Methanol, wie z. B. hohe Wasserempfindlichkeit und Entmischungsgefahr sowie die hohe Flüchtigkeit, stark gemildert.

Erste Erfahrungen im praktischen Umgang mit Methanol-Benzin-Mischkraftstoffen liegen aus dem seit 1979 laufenden deutschen Forschungsprogramm vor [6.49], [6.50]:

Bei der Herstellung des M15-Kraftstoffes traten, wie erwartet, keine grundsätzlichen Schwierigkeiten auf. Es mußte allerdings streng darauf geachtet werden, daß die für die Mischung benutzten Tanks vorher gründlich entwässert und möglichst auch gereinigt wurden. In den Winterhalbjahren wurde Tertiär-Butylalkohol (TBA) als Lösungsvermittler verwendet. Der Transport des M15-Kraftstoffes vom Lager zu den Tankstellen erfolgte mit einem Spezialtankwagen, dessen mit dem Kraftstoff in Berührung kommende Bauteile methanolbeständig ausgeführt wurden. Dies gilt auch für die Tankstellen, so daß während der Versuchszeit nur geringfügige Funktionsstörungen aufgetreten sind. Bei lang anhaltendem, sehr heißem Wetter wurden allerdings vereinzelt lange Tankzeiten festgestellt, was auf Dampfblasenbildung zurückzuführen ist. An der Zapfsäule entnommene Kraftstoffproben ergaben teilweise sehr hohe Abdampfrückstände, deren Ursache darin zu finden war, daß Weichmacher aus dem Zapfschlauch gelöst wurden. In Versuchen konnte gezeigt werden, daß der Verlust an Weichmachern durch M15 etwa um den Faktor 2,3 größer als bei herkömmlichem Superkraftstoff ist. Für den praktischen Betrieb hat diese Feststellung jedoch keine Nachteile, da die Weichmacherfunktion vom in das Schlauchmaterial eingedrungenen Kraftstoff übernommen wird.

Das Testprogramm wird durch laufende Qualitätsüberwachungen begleitet, die direkt nach dem Verladen des Kraftstoffes in Bahnkesselwagen beginnen und durch regelmäßige Untersuchungen in den Zwischenlagertanks und an allen Tankstellen ergänzt werden. Im Laufe der bisher durchgeführten Musteruntersuchungen konnte festgestellt werden, daß die wesentlichen Parameter sich während der Versuchsdauer nicht verändert haben. Hierzu gehören Dichte, Methanol- und Bleigehalt, Octanzahlen und das Siedeverhalten. Der schwankende Wassergehalt erreichte in keinem Fall so hohe Werte, daß Entmischungen im Fahrzeugtank bei niedrigen Temperaturen zu befürchten gewesen wären. Zusätzliche Untersuchungen haben gezeigt, daß Luftfeuchtigkeit durch den Zapfschlauch in den im Schlauch befindlichen Kraftstoff diffundiert.

6.7.2 Methanolkraftstoff

Für die Herstellung eines wirtschaftlichen Methanolkraftstoffes wird der notwendige Energieeinsatz von besonderer Bedeutung sein. Bekannte Prozesse lassen sich so steuern, daß neben Methanol noch andere Komponenten, wie z. B. Wasser und Dimethylether, im Endprodukt enthalten sind. Hierbei interessiert die Frage, wie weit diese Komponenten das motorische Verhalten beeinflussen.

Verschiedene Untersuchungen auf diesem Gebiet mit synthetisch zusammengesetzten Methanolkraftstoffen, die meist unter dem Namen Methylkraftstoff zusammengefaßt werden, ergaben folgendes Bild:

Wasser führt zu einer Erhöhung der Klopffestigkeit, sowohl ROZ als auch MOZ (Abb. 7.58) [6.3], [6.41]. Die Zugabe von Dimethylether erhöht allerdings die Klopfempfindlichkeit. Besonders vorteilhaft ist die hohe Flüchtigkeit von Dimethylether, wodurch das Start- und Fahrverhalten deutlich günstig beeinflußt wird.

Die Zugabe von Wasser senkt den indizierten Mitteldruck und den indizierten Wirkungsgrad, insbesondere bei magerem Gemisch. Auch Spitzendruck und Druckanstieg werden durch die Wasserzugabe abgesenkt, ebenfalls insbesondere im mageren Bereich. Dimethylether zeigt geringeren Einfluß auf mittleren indizierten Druck und indizierten Wirkungsgrad.

Die thermodynamische Untersuchung des Verbrennungsablaufes zeigt, daß Methanol-Wassergemische einen flacheren Anstieg der Brennfunktion und damit auch eine geringere Umsatzrate als reines Methanol zeigen. Damit steht ein höherer Brennverzug und eine längere Brenndauer im Einklang, wobei der Wasseranteil bei mageren Gemischen deutlicher zum Tragen kommt.

Die Aussetzergrenze auf der mageren Seite läßt sich mit Wasser-Methanolgemischen nicht so weit ausdehnen wie mit reinem Methanol. Dies ist jedoch von geringerer Bedeutung, da das Wirkungsgradmaximum bereits früher, bei einem Luftverhältnis Lambda von ungefähr 1,2 erreicht wird.

Durch die Zugabe von Wasser wird die Gefahr einer ungewollten Vorentflammung bei Methanolkraftstoffen (Kap. 7.3.2) verringert. Es ist zu erwarten, daß Wasser im Alkoholkraftstoff die Stickoxidemissionen senkt. Inwieweit Wasser und Dimethylether die CO-, HC- und Aldehydemissionen beeinflussen, ist noch nicht restlos geklärt. In der Literatur finden sich teilweise widersprechende Angaben [6.39], [6.40].

Selbstverständlich wird durch den Wasseranteil der volumetrische Kraftstoffverbrauch entsprechend erhöht. Dimethylether führt aufgrund seines höheren Literheizwertes zu einer Verringerung des volumetrischen Verbrauchs.

Die quantitative Auswirkung der herstellungstechnisch bedingten zusätzlichen Komponenten (Wasser, Ether, höhere Alkohole) auf das motorische Verhalten ist von deren Anteil im Gesamtkraftstoff abhängig. Hier sind außerdem Unterschiede bei Otto- und Dieselverfahren zu erwarten.

6.7.3 Veränderung der Kraftstoffqualität in Lagertanks

Alkohole, Methanol- und Ethanol-Kraftstoffe haben die Eigenschaft, an den Tankwänden befindlichen Rost, Flugrost zu lösen und so zu Verstopfungen in den Filtern zu führen. Die Lagerung von Methanol in verzinkten Fässern führt ebenfalls zu Problemen. Hier bildet sich nach längerer Lagerungszeit durch zunehmenden Säuregehalt des Methanols Zinkhydroxid, das als eine Art gallertartige Masse auch Filter in Kraftstoffsystemen passiert und erst durch den Zutritt von Feuchtigkeit zu Zinkoxyd verwandelt wird. Dies ist ein hartes weißes Pulver, das nicht mehr gelöst werden kann und oft in Vergasern und Einspritzsystemen zu Verstopfungen kleiner Bohrungen führt. Ähnliche Effekte wurden nicht nur bei

Zink, sondern auch bei Aluminium gefunden, herrührend von Aluminiumtanks in Transportfahrzeugen bzw. Aluminium-Filtergehäusen an Tankstellen.
Durch Oxidation ist bei den Alkoholkraftstoffen bei längerer Lagerungszeit mit Qualitätsveränderungen zu rechnen. Dieser Vorgang wird zum Teil durch Metalle, wie z. B. Kupfer und ihre Oxide, katalytisch beschleunigt, so daß dann mit zunehmendem Gehalt an Oxidationsprodukten auch mit steigendem Säuregehalt zu rechnen ist.

6.8 Kraftstoffspezifikationen

Die Spezifikationen von Alkoholkraftstoffen, seien es Mischkraftstoffe oder reine Alkohole, sind für den störungsfreien Einsatz von großer Wichtigkeit. Dabei müssen selbstverständlich entsprechende Qualitätskontrollen beachtet werden. Da der Einsatz dieser Kraftstoffe noch nicht allgemein üblich ist bzw. erst seit kurzer Zeit erfolgt (Brasilien), sind allgemein anerkannte Qualitätsstandards für Alkoholkraftstoffe noch nicht vorhanden. Ein erster Anhalt kann aus der Definition der bisher in größerem Rahmen in Versuchen oder nach einer ersten Markteinführung festgelegten Spezifikationen gegeben werden.

6.8.1 Methanol-Benzin-Mischkraftstoffe

Der im deutschen Programm verwendete M15-Mischkraftstoff entspricht der in Tabelle 6.12 aufgeführten Spezifikation.

6.8.2 Methanolkraftstoff

Der in dem oben erwähnten Programm eingesetzte Methanolkraftstoff, jeweils in Sommer- und Winterqualität, ist in seiner Spezifikation in Tabelle 6.13 zusammengestellt. Hier handelt es sich um einen Kraftstoff für Ottomotoren. Versuche haben gezeigt, daß dieser Kraftstoff auch in Zündstrahl-Dieselmotoren verwendbar ist, wenn auch hier der Zusatz leicht flüchtiger Komponenten keine Notwendigkeit darstellt bzw. keinen Vorteil erbringt. Das in diesem Kraftstoff verwendete Methanol entspricht den Anforderungen nach Tabelle 6.14.

6.8.3 Ethanolkraftstoff

Für einen Rein-Ethanolkraftstoff (ohne leichtsiedende Zusatzkomponenten) wird die in Tabelle 6.15 aufgeführte Spezifikation vorgeschlagen.
Werden diese Qualitätsansprüche nicht in allen Punkten erfüllt, sind wirkungsvolle Korrosionsschutzmaßnahmen durch Additivierung bzw. oberflächengeschützte Bauteile erforderlich.
Zusätzlich zu den hier genannten Spezifikationen für Misch- bzw. reine Alkoholkraftstoffe sind für einen störungsfreien Betrieb Korrosionsschutzadditive dringend zu empfehlen, um Schäden an Zink- und Aluminiumteilen (Vergaser bzw. Einspritzanlagen) zu vermeiden. Reinigungsadditive sind ebenfalls vorteilhaft bzw. notwendig, um Ablagerungen aus Ölrückständen von der Kurbelgehäuseabluft zu vermeiden.

Tabelle 6.12. *Spezifikation und ausgelieferte Qualitäten von M15-Mischkraftstoff im deutschen Großversuch* [6.50]

Bestimmung	Maßeinheit	Spezifikation		Ausfalldaten Kraftstoffmischungen		
		Sommer	Winter	Winter 1979	Sommer 1980	Winter 1980
Methanolgehalt	Vol.-%	15	15	14,9	14,9	15,5
TBA*	Gew.-%	–	–	1,7	–	0,8
Dichte bei 15°C	g/ml	min. 0,730 max. 0,780	min. 0,730 max. 0,780	0,756	0,774	0,753
ROZ Octanzahl		98	98	101	102,1	101,0
MOZ Octanzahl		88	88	88,1	88,3	88,6
Bleigehalt	g/l	0,15	0,15	0,14	0,14	0,14
Abdampfrückstand	mg/100 ml	5	5	2,3	5,3	2,5
Schwefel	Gew.-%	0,1	0,1	0,01	0,01	0,01
Entmischungstemperatur mit Zusatz von Wasser	°C	–	–	−38	−49	−42,5
(0,15 Vol.-% Sommer, 0,1 Vol.-% Winter)	°C	0	−15	−15	−8,5	−19
Dampfdruck (RVP)	mbar	800 ± 40	1 000 ± 40	950 (naß) 970 (trocken)	800 (naß) 880 (trocken)	920 (naß) 1 010 (trocken)
Destillat bis 70°C	Vol.-%	min. 50 max. 55	min. 55 max. 60	57	51	58
Destillat bis 100°C	Vol.-%	min. 50 max. 70	min. 55 max. 75	64	56	64
Destillat bis 180°C	Vol.-%	min. 90	min. 90	96	94	97
Siedeende	°C	max. 215	max. 215	205	206	189
Rückstand	Vol.-%	max. 2	max. 2	1	1	1

* Als Lösungsmittel.

Tabelle 6.13. *Spezifikation von Methanolkraftstoff M100 im deutschen Großversuch [6.51]*

		Spezifikation	
		Winter	Sommer
Methanol	ca.	91,5 Gew.-%	94,5 Gew.-%
Isopentan	ca.	8,5 Gew.-%	5,5 Gew.-%
d_{15}	ca.	0,779 g/cm³	0,785 g/cm³
Dampfdruck	ca.	900 mbar	700 mbar
Heizwert	ca.	21,98 kJ/kg	21,35 kJ/kg
Wassergehalt	max.	1 000 ppm	1 000 ppm
Abdampfrückstand	max.	10 mg/l	10 mg/l
Methylformiat	max.	5 ppm	5 ppm
Ameisensäure	max.	10 ppm	10 ppm
Alkalität	max.	1 ppm	1 ppm
Gesamtsäure	max.	20 ppm	20 ppm
Trübungspunkt		– 15°C*	

* Bei 10 Gew.-% H_2O-Zugabe

Tabelle 6.14. *Daten und Spezifikation von reinem Methanol, als Rohstoff für die Chemie*

Methanol ist eine wasserhelle Flüssigkeit mit charakteristischem Geruch.

Molekulargewicht		32,04	
Verdunstungszahl (Ether = 1)		6,3	
Schmelzpunkt	°C	−98	
Flammpunkt	°C	11	DIN 51 755
Zündtemperatur	°C	455	DIN 51 794
Brechungsindex n_0^{20}		1,3290	
MAK-Wert	ppm	200	
	mg/m³	260	
Gefahrenklasse		B	
Methanolgehalt	Gew.-%	99,9	gaschromatographisch
Dichte bei 20°C	kg/l	0,792	ASTM-D- 941/DIN 51 757
Wassergehalt	Gew.-%	max. 0,05	ASTM-D-1364
Siedepunkt bei 1013 mbar	°C	64,5	ASTM-D-1078
Siedeintervall	°C	max. 0,5	ASTM-D-1078
Säuregehalt (als Essigsäure)	%	max. 0,005	ASTM-D-1613
Abdampfrückstand	mg/l	max. 10	ASTM-D-1353
Permanganatzahl	Min.	mind. 60	ASTM-D-1363
Acetonzahl	Gew.-%	max. 0,001	gaschromatographisch
Eisen, flüchtig	mg/l	max. 0,02	photometrisch
H_2SO_4-Test	APHA	max. 50	Federal Specification
Geruch	charakteristisch, milde		
Farbe	APHA	5	

Tabelle 6.15. *Beispiel für die Spezifikation von wasserhaltigem Ethanol (94%)*

Ethanol	Gew.-%		min. 94
Wasser	Gew.-%		max. 6
Vergällungsmittel z. B. 0,76% Methylethylketon			
Molekular-Gewicht			46,07
Siedepunkt	°C		78,1
Schmelzpunkt	°C		− 117,3
Dichte (94 Gew.-%) 20°C	kg/l		0,806
Flammpunkt	°C		12
Zündtemperatur	°C		425
Verdunstungszahl			8,3
MAK-Wert	ppm		1 000
Gefahrenklasse			B
Zündgrenzen in Luft	Vol.-%	untere	3,28
		obere	18,95
Geruchsschwelle	ppm		350
Abdampfrückstand	mg/100 ml		max. 10,0
Glührückstand	mg/100 ml		max. 1,0
Säure als Essigsäure	mg/100 ml		max. 1,0
Aldehyde als Acetaldehyd	mg/100 ml		max. 4,0
Ester als Ethylacetat	mg/100 ml		max. 100

Die heute in Brasilien verwendeten Ethanolkraftstoffe entsprechen nicht immer den hier aufgeführten Spezifikationen und haben teilweise zu Störungen bei den Fahrzeugen geführt.

6.9 Giftigkeit von Alkoholen

Über die Giftigkeit von Methanol werden stark unterschiedliche Angaben gemacht.

Methanol ist giftig, doch sind bei sachgemäßem Umgang Vergiftungen äußerst selten. Vergiftungen mit Todesfall erfolgen zumeist peroral.

LD 50-Wert[1] 13 000 mg/kg (Ratte, oral),

bei Menschen 1 g/kg (geschätzt).

Am Arbeitsplatz kommen Vergiftungen in erster Linie durch Einatmen vor, sind aber nur bei grober Vernachlässigung der beim Umgang mit Lösungsmitteln üblichen Ventilation möglich

$$\text{MAK-Wert} = 200 \text{ ppm } (= 260 \text{ mg/m}^3).$$

Methanol wird auch durch die Haut resorbiert. Benetzte Kleidung ist deshalb schnell zu wechseln.

Bei Vergiftungen mit Methanol werden reichliche Natriumbicarbonatgaben empfohlen.

[1] LD 50-Wert = Dosis Letalis bei 50% der Versuchstiere.

Methanol verursacht nach bisherigen Erfahrungen keine Störungen in Kläranlagen und ist biologisch vollständig abbaubar.

Ethanol ist weniger giftig, hier sind folgende toxikologischen Werte bekannt

LD 50-Wert 6 350 mg/kg (Kaninchen, oral).

Beim Einatmen höherer Konzentrationen können narkotische Erscheinungen auftreten

MAK-Wert = 1 000 ppm (1 900 mg/m^3).

Bei sachgemäßer Verwendung ruft auch Ethanol keine Störungen in biologischen Kläranlagen hervor.

Die Tabelle 6.16 gibt Auskunft über Gefährlichkeit von Alkoholen, Formaldehyd und Benzin.

Tabelle 6.16. *Giftigkeit von Alkoholen, Formaldehyd und Benzin. Quelle: Chem. Rubber Comp., Handbook of Analytical Toxicology, 1975*

	Augen	Einatmen	Haut-durchdringung	Haut-reizung	Einnehmen
Benzin	(2)	(3)	(3)	(1)	(2)
Methanol	2	2	2	1	1
Ethanol	2	1	1	1	1
Formaldehyd	4	3	4	4	3

1 = gering
5 = extrem toxisch
( ) = Schätzwert, hängt von der Zusammensetzung ab

Bei der Diskussion über die Gefährlichkeit von Alkoholkraftstoffen sollte nicht vergessen werden, daß auch die heutigen Kraftstoffe für Otto- und Dieselmotoren keineswegs harmlos sind. Generell hat sich jedoch ein sachgemäßer Umgang mit Kraftstoffen eingebürgert, so daß Unfälle und Schädigungen nur selten vorkommen.

Weitere gesundheitliche Aspekte werden in [7.53] bis [7.55] diskutiert.

Literatur

[6.1] Bundesministerium für Forschung und Technologie, Hrsg.: Neuen Kraftstoffen auf der Spur. Verlag TÜV Rheinland GmbH. Köln 1974.

[6.2] Wolf, W.: Alkohole und ihre motorische Verbrennung. Compendium 74/75, Ergänzungsband der Zeitschrift Erdöl und Kohle, Erdgas, Petrochemie, S. 666–686. Industrieverlag von Hernhaussen KG, 7022 Leinfelden.

[6.3] Kramer, K.: Untersuchungen zum Betrieb des Viertakt-Ottomotors mit Methanol und Methylkraftstoff, Dissertation RWTH Aachen, 1980.

[6.4] Hagen, P. L.: Methanol as a Fuel: A Review with Bibliography, SAE 770792.

[6.5] Schaffrath, M.: Die motorischen Eigenschaften von Methanol. Erdöl und Kohle-Erdgas-Petrochemie, 4, Band **29**, Heft 2, S. 64–69 (Februar 1976).

[6.6] Starkman, E. S., Newhall, H. K., Sutton, R. D.: Comparative Peformance of Alcohol and Hydrocarbon Fuels. SAE-SP 254.

[6.7] Menrad, H., Lee, W., Bernhardt, W.: Development of a Pure Methanol Fuel Car. SAE 770790.

[6.8] Brinkman, N. D.: Effect of Compression Ratio on Exhaust Emissions and Performance of a Methanol-Fueled Single-Cylinder Engine. SAE 770791.

[6.9] Ebersole, G. D., Manning, F. S.: Engine Performance and Exhaust Emissions: Methanol versus Isooctane. SAE 720692.

[6.10] Canton, E. J., Lestz, S. S., Meyer, W. E.: Lean Combustion of Methanol-Gasoline Blends in a Single-Cylinder SI. SAE 750698.

[6.11] Most, W. J., Longwell, J. P.: Single-Cylinder Engine Evaluation of Methanol-Improved Energy Economy and Reduced NO_x. SAE 750119.

[6.12] Bolt, J. A.: A Survey of Alcohol as a Motor Fuel. SAE-SP 254.

[6.13] Hagen, D. L.: Methanol as a Fuel: A Review with Bibliography. SAE 770792.

[6.14] Wagner, T. O., Gray, D. S., Zarah, B. Y., Kozinski, A. A.: Practicality of Alcohols as Motor Fuels. SAE 790429.

[6.15] Boik, B. C.: U.S. Alternatives to Motor Gasoline: Methanol or Synthetic Gasoline. Second International Symposium on Alcohol Fuels Technology. Wolfsburg, Germany, November 21–23, 1977.

[6.16] Powel, T.: Racing Experiences with Methanol and Ethanol-Based Motor-Fuels. Blends – SAE 750124.

[6.17] Giere, H., Nierhauve, B., Gondermann, H: Anwendungstechnische Untersuchungen von Ottokraftstoffen mit sauerstoffhaltigen Komponenten. Mineralöl-Technik, Heft 7 (1980), Heft 8 (1980).

[6.18] Valencia-Chaves, I. A., Donnelly, R. G.: Methanol-Gasoline Blends; Physical Properties, 80th National Meeting American Institute of Chemical Engineers. Boston (Mass.), September 7–10, 1975.

[6.19] Ingamells, J. C., Lindquist, R. H.: Methanol as a Motor Fuel or a Gasoline Blending Component. SAE 750123.

[6.20] Wigg, E. E., Lunt, R. S.: Methanol as a Gasoline Extender-Fuel Economy, Emissions, and High Temperature Driveability. SAE 741008.

[6.21] Starke, K.: Alkohole als Alternativkraftstoffe für Dieselmotoren. Tagung in Hohenheim 1979.

[6.22] Hardenberg, O.: Probleme der Eignungsuntersuchung von Alternativkraftstoffen für Dieselmotoren. Tech. Arbeitstagung Hohenheim, 1. April 1981.

[6.23] Adelmann, H.: Alcohols in Diesel Engines – A Review. SAE 790956.

[6.24] Bro, K., Pedersen, P. S.: Alternative Diesel Engine Fuels: An Experimental Investigation of Methanol, Ethanol, Methane and Ammonia in a D.I. Diesel Engine with Pilot Injection. SAE 770794.

[6.25] Bandel, W.: Probleme der Verwendung von Äthanol als Kraftstoff für Nutzfahrzeuge. Second International Symposium on Alcohol Fuels Technology. Wolfsburg, Germany, November 21–23, 1977.

[6.26] Bandel, W.: Problems na Adaptaçao do Etanol aos Requisitos do Motor Diesel. Fourth International Symposium on Alcohol Fuels Technology, Guarujá, Brazil, October 5–8, 1980.

[6.27] Starke, K.: Äthanol- bzw. Methanol-Mischkraftstoffe für Dieselmotoren. 8. Statusseminar „Kraftfahrzeuge und Straßenverkehr" des Bundesministers für Forschung und Technologie (BMFT) in Malente, 11. bis 13. November 1980. Verlag TÜV Rheinland GmbH.

[6.28] Letcher, C.: Diesel Fuel Blends Investigated. CHEMESA, S. 35–37, Februar 1981.

[6.29] Schaefer, A., Hardenberg, H. O.: Ignition Improvers for Ethanol Fuels. SAE 810249.

[6.30] Mitschke, A., Hardenberg, H.: Aspekte alternativer Kraftstoffe für Dieselmotoren. ATZ **82**, Heft 12, 633–638 (1980).

[6.31] Bandel, W., Ventura, L. M.: Problems in Adapting Ethanol Fuels to the Requirements of Diesel Engines. Fourth International Symposium on Alcohol Fuels Technology. Brazil, October 1980.

[6.32] Harrington, J., Brehob, D., Schauerberger, E.: Evaluation of Methyl-Tertiary Butyl Ether of a Gasoline Blending Component. Third International Symposium of Alcohol Fuels Technology. Asilomar, California, May 28–31, 1979.

[6.33] Brunner, M.: Organische Äther als Bleiersatz im Superbenzin. Automobil Revue **40**, 43–45 (1980).

[6.34] Marhold, A.: Influence of Oxygenates on the Road Ratings of Typical Gasolines. Fourth International Symposium on Alcohol Fuels Technology. Guarujá, Brazil, October 5–8, 1980.

[6.35] Garibaldi, P., Pecci, G., Vicenzetto, F., Razze, S.: Methanol and Ethanol as Raw Materials for the Synthesis of High Octane Components. Second International Symposium on Alcohol Fuels Technology. Wolfsburg, Germany, November 21–23, 1977.

[6.36] Pecci, G., Garibaldi, P.: The Effect of the Use of Methanol as Engine Fuel on the Refinery Process Schemes. Second International Symposium on Alcohol Fuels Technology. Wolfsburg, Germany, November 21–23, 1977.

[6.37] Terzoni, G., Pea, R., Ancilotti, F.: Improvement of the Water Tolerability of Methanol-Gasoline Blends. Solubilizer Effect of Higher Alcohols. Third International Symposium of Alcohol Fuels Technology. Asilomar, California, May 28–31, 1979.

[6.38] Terzoni, G., Pea, R., Ancillotti, F.: Water Tolerability of Ethanol-Gasoline Blends. Fourth International Symposium on Alcohol Fuels Technology. Guarujá, Brazil, October 5–8, 1980.

[6.39] Browning, L., Pefley, R.: Thermokinetic Modeling of Methanol Combustion Phenomena with Application to Spark Ignition Engines. Third International Symposium of Alcohol Fuels Technology. Asilomar, California, May 28–31, 1979.

[6.40] Pefley, R. K., Ecklund, E. E.: Characterization and Research Investigation of Alcohol Fuels in Automobile Engines. Final Report DOE Contract No. DE-AC 03-78 C 5, Report No. ME-81-1, April 1981.

[6.41] Starke, K.: Betriebsergebnisse mit einem Fahrzeug im Zweistoffbetrieb Benzin und Methanol/Wasser. 5. Statusseminar „Kraftfahrzeuge und Straßenverkehr" des Bundesministers für Forschung und Technologie (BMFT) vom 27. bis 29. September 1977 in Bad Alexandersbad. Verlag TÜV Rheinland GmbH.

[6.42] Hooks, R. W., Sagawe, R.: Gasoline/Methanol Fuel Distribution and Handling Trial. Third International Symposium on Alcohol Fuels Technology, California, USA, May 1979.

[6.43] Hooks, R. W., Reders, K. H., Reglitzky, A. A.: Gasoline-Methanol Fuels; Blending Optimization with Respect to Manufacturing Economics and Engine Performance. International Symposium on Alcohol Fuel Technology/Methanol-Ethanol. Wolfsburg, November 1977 (Proceedings).

[6.44] Keller, J. L., Nakaguchi, G. M., Ware, J. C.: Modification of Methanol Fuel for Highway Vehicles. Second International Symposium on Alcohol Fuels Technology. Wolfsburg, Germany, November 21–23, 1977.

[6.45] Nierhauve, B.: Anpassungsmaßnahmen bei Ottokraftstoffen als Folge von Methanolbeimischungen. Vortrag DGMK-Tagung München, 22. bis 24. Oktober 1980.

[6.46] Bernhardt, W., König, A., Lee, W., Menrad, H.: Economic Approaches to Utilize Alcohol Fuels in Automobiles. Second International Symposium on Alcohol Fuels Technology. Wolfsburg, Germany, November 21–23, 1977.

[6.47] Bernhardt, W.: Äthanol aus Biomasse als Kraftstoff für Automobile. ATZ, Nr. 4/1979.

[6.48] Spencer, E. H.: Methanol in Ottokraftstoffen. Auswirkungen auf die Herstellung von Mineralölprodukten. Second International Symposium on Alcohol Fuels Technology. Wolfsburg, Germany, November 21–23, 1977.

[6.49] Seidel, G. H.: Erfahrungen mit Methanol im Bereich von Herstellung, Lagerung, Transport und Verteilung. 8. Statusseminar „Kraftfahrzeuge und Straßenverkehr" des Bundesministers für Forschung und Technologie (BMFT) in Malente, 11. bis 13. November 1980. Verlag TÜV Rheinland GmbH.

[6.50] Reders, K.: M15-Kraftstoffqualitätsüberwachung im Flottentest. 8. Statusseminar „Kraftfahrzeuge und Straßenverkehr" des Bundesministers für Forschung und Technologie (BMFT) in Malente, 11. bis 13. November 1980. Verlag TÜV Rheinland GmbH.

[6.51] Keim, K. H., Müller, H.: Methanol-Kraftstoff M100 – Entwicklung und Technologie. 8. Statusseminar „Kraftfahrzeuge und Straßenverkehr" des Bundesministers für Forschung und Technologie (BMFT) in Malente, 11. bis 13. November 1980. Verlag TÜV Rheinland GmbH.

[6.52] Hunwartzen, J.: Klopffestigkeitsbestimmung von Alkoholen und Alkoholmischkraftstoffen – Problemlösung durch Prüfmotorumrüstung. BMFT-Statusseminar/DGMK-Fachgruppentagung, Bad Dürkheim, 11 bis 12. November 1981.

7. Anwendung – Einsatz von Alkoholkraftstoffen

7.1 Allgemeines

7.1.1 Alkoholkraftstoffe für die verschiedenen motorischen Arbeitssysteme

Entsprechend den verschiedenen motorischen Arbeitsverfahren werden auch an die Kraftstoffe unterschiedliche Anforderungen gestellt. So zeigen sich Flüchtigkeit, Verdampfungswärme und Octanzahlen als besonders wichtige Eigenschaften für die Verwendung von Kraftstoffen in Ottomotoren. Für dieselmotorische Arbeitsverfahren ist die Zündwilligkeit, gekennzeichnet durch die Cetanzahl, als eines der wichtigsten Kriterien zu sehen. Diese Eigenschaft begründet sich teilweise auf Flüchtigkeit bzw. Verdampfungswärme sowie auf den Aufbau der Moleküle des Kraftstoffes. Nahezu bei allen Kraftstoffen bedeuten hohe Octanzahlen geringe Cetanzahlen und damit bereits einen ersten Hinweis zur Eignung für das eine oder andere Arbeitsverfahren.

Weitere Eigenschaften der Kraftstoffe, wie z. B. Zähigkeit und Dichte, können für die heutige Technologie der Gemischbildungseinrichtungen in gewissen Grenzen variabel sein. Auch bezüglich der Reinheit, wie z. B. Schwefel- und Säuregehalt sowie feste Rückstände, werden Anforderungen an die Qualität des Kraftstoffes gestellt. Der im Vergleich zu üblichen, auf Erdöl basierenden Kraftstoffen geringere Energieinhalt von Alkoholkraftstoffen macht es besonders wichtig, daß motorische Arbeitsverfahren mit optimalem Wirkungsgrad an die Eigenschaften der Kraftstoffe angepaßt werden, um den volumetrischen Kraftstoffverbrauch so wenig wie möglich über die bisher gewohnten Werte anzuheben.

Die Anpassung des Systems Alkoholkraftstoffe – motorische Arbeitsverfahren kann auf verschiedenen Wegen erfolgen, einmal durch Möglichkeiten, die eine Variation des Kraftstoffes ergibt, und zum anderen durch Anpassung des motorischen Konzepts. Das bedeutet, daß folgende Möglichkeiten genutzt werden können:

- Anpassung des Kraftstoffs, z. B. Verbesserung der Kaltstarteigenschaften bei Ottomotoren bzw. der Zündwilligkeit bei Dieselmotoren durch entsprechende Zusätze.
- Verwendung eines Mischkraftstoffs, bei dem lediglich ein Teil des Otto- bzw. Dieselkraftstoffs durch Alkohol ersetzt ist und der Rest des Grundkraftstoffs die erforderlichen Eigenschaften des Kraftstoffs für die jeweiligen motorischen Arbeitsverfahren (Otto bzw. Diesel) sicherstellt.
- Zweikraftstoffsysteme, wobei der Alkohol aus einem zusätzlichen Tank über eine separates System der durch entsprechende Maßnahmen modifizierten Gemischbildungseinrichtung (Mischanlage, Doppel-Vergaser bzw. Einspritz-

anlagen) dem Motor zugeführt wird. Hier muß der für das jeweilige motorische Arbeitsverfahren geeignete Grundkraftstoff (Benzin- bzw. Dieselkraftstoff) die einwandfreie Funktion des Motors sicherstellen.

- Anpassung des motorischen Konzepts bzw. Arbeitsverfahrens. Durch entsprechende konstruktive Maßnahmen am Motor werden die Ansprüche an die Spezifikation des Kraftstoffs verringert. Das bedeutet jedoch ein neues Motorkonzept, z. B. Ottomotoren mit zusätzlicher Kaltstarteinrichtung, Dieselmotoren mit Zündhilfen.

7.1.2 Systeme mit einem bzw. zwei Kraftstoffen

Aus den verschiedenen Möglichkeiten, Alkohole in Verbrennungsmotoren einzusetzen, haben wir im Kapitel 7.1.1 zunächst Anpassungsmaßnahmen an Kraftstoffen bzw. am motorischen Konzept unterschieden.

Konzepte mit einer Kraftstoffsorte, wie z. B. Mischkraftstoffe und Alkohole mit Start- bzw. Zündhilfen, bieten gegenüber den Zwei-Kraftstoffsystemen die Vorteile:

- Einfache Handhabung des Fahrzeuges, da nur auf eine Kraftstoffsorte geachtet werden muß.
- Einfache bzw. in den meisten Fällen auch kostengünstige Fahrzeug-Motorkonzepte.
- Damit läßt sich dieses Prinzip auch in kleinen Fahrzeugen (PKW) verwenden, da hier einfache Handhabung und kostengünstige Konzepte besonders wichtig sind. So wird z. B. ein Dieselmotor mit zwei Einspritzsystemen in der Regel für einen PKW zu aufwendig. Andererseits ist dem Benutzer eines PKW kaum zuzumuten, auf ausreichenden Vorrat von zwei Betriebsstoffen zu achten.
- Vorteile in der Versorgungs- und Lagerungsstruktur, weil nur ein Kraftstoff verfügbar gehalten werden muß.
- In den meisten Fällen lassen sich diese Kraftstoffe bei entsprechender Auslegung in den bereits vorhandenen Fahrzeugen mit verwenden.

Die für ein Ein-Kraftstoffsystem bestimmten Kraftstoffe sollten zweckmäßigerweise so ausgelegt sein, daß sie in der vorhandenen Fahrzeugpopulation ohne aufwendige Anpassungsmaßnahmen verwendet werden können. Darin liegt ein erheblicher Vorteil, der auch einen höheren Preis des Kraftstoffs rechtfertigt.

Die Konkurrenzfähigkeit von (Alkohol-)Alternativkraftstoffen gegenüber heute eingeführten Systemen ist nur dann gegeben, wenn die Kostenseite befriedigend gelöst ist. Das bedeutet, daß der Literpreis des Alternativkraftstoffes unter Berücksichtigung seines volumetrischen Heizwertes und des Nutzwirkungsgrades bei dem jeweiligen Verbrennungsverfahren berücksichtigt werden muß. Die Untersuchung der Wirtschaftlichkeit von Systemen muß außerdem noch den Änderungsaufwand berücksichtigen, der an den motorischen und Fahrzeugkonzepten anfällt.

Nicht zu vernachlässigen sind die Überlegungen zur gesamten Infrastruktur für die Versorgung mit den neuen Kraftstoffen. Deshalb sind solche Kraftstoffalternativen zunächst vorteilhaft, die in den bereits auf dem Markt laufenden Fahrzeugen ohne zusätzliche Änderungen eingesetzt werden können. Ob ein solcher Kraftstoff noch wirtschaftlich einzusetzen ist, hängt von der Kostenanalyse der Zusatzkomponenten ab.

Als Ein-Kraftstoffsysteme kommen in Frage:

- Alkohole mit Zusätzen (zur Verbesserung von Kaltstart bzw. Zündwilligkeit),
- Alkohol-Mischkraftstoffe,
- chemisch umgewandelte Alkohole,
- reine Alkohole.

Systeme mit zwei Kraftstoffen lassen sich in der Regel nur mit neuen Fahrzeug-Motorkonzepten realisieren, da die Änderungen gegenüber den laufenden Serienfahrzeugen erheblich sind. Zwei Kraftstofftanks, zwei Gemischbildungssysteme und ein entsprechender Steuerungs- und Regelungsaufwand sind erforderlich, in vielen Fällen auch weitere Bauteile, wie z. B. bei Dieselmotoren ein Zylinderkopf mit zwei Einspritzdüsen.

Diesem hohen Aufwand steht allerdings die verlockende Möglichkeit gegenüber, das System optimal auszulegen. So kann der Alkoholanteil am Gesamtenergiebedarf sehr hoch sein, abhängig von Last und Drehzahl des Motors.

Letztlich wird bei einem zukünftigen Einsatz eines alternativen Kraftstoffs die Optimierung des Systems Kraftstoff–Motor angestrebt. Hier muß zunächst die Technik berücksichtigt werden, jedoch nicht nur die des Fahrzeugs, sondern auch die Technologie der Herstellung des Kraftstoffs. Ein Alkoholkraftstoff wird dann nicht aus chemisch reinem Methanol bzw. Ethanol bestehen, er wird mit Rücksicht auf eine wirtschaftlich optimale Herstellung definiert sein. Außerdem wird der Kraftstoff mit Hilfe von zusätzlichen Komponenten so zusammengesetzt sein, daß er den motorischen Erfordernissen entgegenkommt.

7.1.3 Erhöhter motorischer Wirkungsgrad bei Alkoholkraftstoffen

Thermodynamik

Für die Leistungsfähigkeit von Kraftstoffen beim Einsatz im Verbrennungsmotor sind die folgenden Faktoren von großem Einfluß:

- die aus dem Gemisch entstehenden Verbrennungsprodukte,
- die aus der Zylinderfüllung erzeugte Energie,
- der Energieinhalt der Kraftstoffe.

Eine relativierende Betrachtung von Kraftstoffen ist möglich, wenn der Vergleich auf die Einheit der angesaugten Ladungsmenge bezogen wird. Eine einfache Analyse zeigt dabei, daß Methanol und in etwas geringerem Maße auch Ethanol den heute üblichen Kohlenwasserstoffen als Motorentreibstoffe überlegen sind [6.6].

Geht man von der Annahme aus, daß im Hubkolbenmotor die gleiche Gemischmenge unterschiedlicher Kraftstoffe unter sonst gleichen Bedingungen verbrannt wird, so sind Unterschiede zu erwarten, die auf die Zusammensetzung bzw. den Aufbau der Kraftstoffe zurückzuführen sind. Derjenige Kraftstoff, der die größte Molzahl an Reaktionsprodukten im Verhältnis zu den Molen vor der Verbrennung erzeugt, wird den höchsten Verbrennungsdruck erzeugen. Allerdings sind dabei noch andere Faktoren mitbestimmend, z. B. die Geschwindigkeit der

Flamme und damit des Druckanstiegs. Auch die Frage, ob der Kraftstoff flüssig oder verdampft in den Zylinder kommt, ist von Einfluß. Je mehr Kraftstoff in flüssiger Form in den Zylinder kommt, desto deutlicher ist der Vorteil von Methanol – und in etwas geringerem Maße von Ethanol – im Vergleich zu Kohlenwasserstoffen. In der realen Anwendung im Motor sind eine Reihe weiterer Effekte maßgebend: Dissoziationsvorgänge, Verdichtung, Luftzahl, Verdampfungswärme des Kraftstoffs usw.

Wirkungsgrad

Der Einsatz von Alkoholkraftstoffen führt, bei richtig angepaßten Motoren, zu einer Erhöhung des Wirkungsgrads im Vergleich zu Benzin. Dieser Effekt kann bereits bei der für Alkoholkraftstoffe vergleichsweise niedrigen Verdichtung bemerkt werden, die für normale Ottokraftstoffe ausgelegt ist. Eine Ausnutzung der hohen Octanzahlen von Alkoholkraftstoffen ermöglicht zudem eine drastische Erhöhung der Verdichtung und damit Steigerung von Wirkungsgrad und Maximalleistung.

Die grundlegenden verbrennungstechnischen Eigenschaften der Alkohole wurden an mehreren Stellen sowohl rechnerisch [6.4] als auch in ausführlichen Prüfstandsversuchen mit Einzylindermotoren untersucht [6.6], [6.7], [6.8], [6.9], [6.10], [6.11]. Die Prüfstandsversuche bestätigten die hier bereits genannten Ergebnisse.

Praktische Untersuchungen des motorischen Prozesses sowie thermodynamische Rechnungen zeigen, warum der Wirkungsgrad bei der Verwendung von Alkoholkraftstoffen höher als bei normalen Ottokraftstoffen ist [6.3], [6.5]. Die Begründung dafür ist besonders leicht bei Methanol zu finden, da hier der Effekt am deutlichsten ist: In den meisten Fällen wird ein Teil des Kraftstoffes noch flüssig in den Zylinder gelangen. Dadurch wirkt sich die höhere Verdampfungswärme kühlend während der Verdichtung aus, was zu einer Verringerung der Verdichtungsarbeit führt.

Eine Auswertung der Brennfunktion zeigt einen steileren Anstieg der Funktion mit kürzerer Brenndauer. Daraus kann auf höhere Flammgeschwindigkeit im Motor geschlossen werden, was bedeutet, daß sich der Prozeß in stärkerem Maße der gewünschten isochoren Zustandsänderung annähert. Auf diesen Effekt weist auch die Tatsache hin, daß Methanol weniger Frühzündung benötigt.

Das schnellere Durchbrennen des Methanol-Luftgemisches wird nach heutigen Erkenntnissen darauf zurückgeführt, daß das Methanol zunächst in reaktionsintensive Radikale (z. B. Wasserstoff) zerlegt wird.

Wegen des höheren Wasserdampfanteils und der damit verbundenen größeren spezifischen Wärmekapazität kann das Gas aus der Verbrennung von Methanol bei gleicher Temperaturdifferenz mehr freigesetzte Wärme aufnehmen.

Die höhere Verdampfungswärme von Methanol setzt nicht nur die Verdichtungsendtemperatur, sondern auch die Verbrennungstemperatur herab. Durch das geringere Temperaturgefälle werden die Wärmeverluste herabgesetzt und somit der Wirkungsgrad des Prozesses erhöht. Dadurch wird sich die Expansion aus der Methanolverbrennung stärker einer Isentropen nähern, was zu besserem Wirkungsgrad führt.

Die hier genannten Effekte haben neben dem Einfluß auf den Prozeßablauf auch veränderte Abgasemissionen zur Folge. Hierüber wird an anderer Stelle berichtet (Kapitel 7.4).

Auf die möglichen Effekte durch Verdichtungserhöhung wird ebenfalls an anderer Stelle hingewiesen (Kapitel 7.3.1).

Die Unterschiede im thermodynamischen Ablauf des motorischen Prozesses im Vergleich zum Benzinbetrieb zeigen sich je nach Luftverhältnis mehr oder weniger deutlich.

7.2 Fahrzeug-Motorkonzepte für Alkohol-Benzin-Mischkraftstoffe

7.2.1 Anpassungsmaßnahmen

Die Verwendung von Alkoholen als Zumischkomponente im Otto-Kraftstoff erfordert ab einer gewissen Zumischquote Anpassungsmaßnahmen am Fahrzeug:

Fahrverhalten

Bis zu wenigen Prozenten Alkoholbeimengung wird die damit verbundene Gemischabmagerung im allgemeinen von den Fahrzeugen toleriert. Der Zustand wird jedoch umso kritischer, je höher die Ansprüche an das Ursprungskonzept bezüglich Abgasreinigung gestellt sind. Diese Fahrzeuge sind im allgemeinen bereits mit normalem Otto-Kraftstoff so mager eingestellt, daß eine weitere Gemischabmagerung durch den Alkoholkraftstoff zu Fehlern im Fahrverhalten führt. Mit älteren Fahrzeugen bzw. mit Fahrzeugkonzepten, die nicht entsprechend strenger Abgasgesetze ausgelegt sind, kann durchaus eine Methanolbeimischung bis zu 15% bzw. Ethanol bis 20% möglich sein, wenn geringfügige Fehler im Fahrverhalten, insbesondere bei kalter Maschine toleriert werden.

Eine Zumischung von 15% Methanol im Otto-Kraftstoff erfordert jedoch bei hohen Ansprüchen an Fahrverhalten und Abgasreinigung eine Abstimmung der Gemischbildungseinrichtung auf den Luftbedarf des Kraftstoffes und eine Anpassung der Start- und Warmlaufeinrichtung, die die höhere Verdampfungswärme des Kraftstoffes berücksichtigt.

Ein Teil der durch den Abmagerungseffekt bedingten Fahrfehler kann durch moderne Zündanlagen mit hoher Funkenenergie an der Zündkerze kompensiert werden.

Material

Bei einem Fahrzeug-Konzept für Alkohol-Mischkraftstoffe ist in jedem Fall die Materialfrage, besonders für Gummi- und Kunststoffteile (Polymerwerkstoffe) zu beachten. Dies ist besonders wichtig bei Methanol-Mischkraftstoffen.

Flüchtigkeit

Die höhere Flüchtigkeit der Alkohol-Mischkraftstoffe, besonders bei der Verwendung von Methanol, erfordert in den meisten Fällen eine Überarbeitung des für Benzinbetrieb noch ausreichenden Fahrzeug-Motor-Konzepts. Zur Vermeidung von Heißstart- und Fahrproblemen durch Dampfblasenbildung sind entsprechende Maßnahmen im Kraftstoffkreislauf notwendig, z. B. intensive Kraftstoffzirkulation.

Die für das Motor-Fahrzeugkonzept wesentlich bestimmenden Eigenschaften eines M15-Kraftstoffes sind in Tabelle 7.1 im Vergleich zu heute üblichem Ottokraftstoff nach DIN 51 600 dargestellt. Der hier aufgeführte M15-Kraftstoff entspricht der in dem deutschen Erprobungsprogramm in den Jahren 1979 – 1982 eingesetzten Kraftstoffqualität. Während die Dichte im Rahmen der DIN-Toleranz liegt, ergeben sich im Siedeverlauf (70°C) und Dampfdruck deutlich höhere Werte. Diese Unterschiede erfordern bei den meisten Serienkonzepten heutiger Bauart konstruktive Anpassungsmaßnahmen.

Tabelle 7.1. *Wesentliche Unterschiede von M15-Kraftstoff im Vergleich zu Ottokraftstoff nach DIN 51 600*

	Sommer		Winter	
	Ottokraftstoff DIN 51 600	M15	Ottokraftstoff DIN 51 600	M15
Dichte, g/ml	0,73 ÷ 0,78	0,762	0,73 ÷ 0,78	0,754
Siedeverlauf, 70°C, Vol.-%	15 ÷ 40	50 ÷ 55	20 ÷ 45	55 ÷ 60
Dampfdruck, bar	0,45 ÷ 0,70	0,8 ± 0,04	0,60 ÷ 0,90	1,0 ± 0,04

Die notwendigen Änderungsmaßnahmen an Serien-Benzinfahrzeugen werden umso umfangreicher, je höher der Alkoholanteil ist, sie sind bei Mischkraftstoffen mit Methanol gravierender als bei Ethanol.

Die Veränderung von Kunststoffmaterialien durch Alkohol-Mischkraftstoffe ist besonders unter Sicherheitsaspekten zu beachten. Stark gelängte Kraftstoffleitungen kommen unter Umständen mit heißen Motorteilen in Berührung und werden dadurch beschädigt, Filtergehäuse werden unter Umständen undicht, außerdem ist eine Versprödung von gewissen Kunststoffteilen nicht ausgeschlossen. Auf das Sicherheitsrisiko (Brandgefahr!) solcher Effekte muß eindringlich hingewiesen werden.

7.2.2 *Einfluß der Kraftstoffeigenschaften auf das Verhalten der Fahrzeuge*

Flüchtigkeit und Fahrverhalten

Kaltfahrverhalten. Das Starten und Warmfahren des kalten Motors verlangt einerseits eine sorgfältige Abstimmung der Gemischbildungseinrichtung, wird zum anderen aber auch deutlich von den Eigenschaften des Kraftstoffes beeinflußt. Fahrverhalten, Emissionen und Kraftstoffverbrauch sind die Kriterien, die gegeneinander abzuwägen sind. Als Kriterium wird primär das Fahrverhalten verwendet.

Die Form der Siedekurve von Mischkraftstoffen (Abb. 6.4), insbesondere von Methanol-Mischkraftstoffen, läßt zunächst eine Verbesserung des Fahrverhaltens erwarten. Die Zunahme der niedrigsiedenden Bestandteile verspricht hier einen positiven Effekt. Dem steht jedoch die höhere Verdampfungswärme und der Abmagerungseffekt aufgrund des geringeren Heizwerts entgegen.

Bei der Überprüfung des Fahrverhaltens bei kaltem Motor zeigt sich, daß die höhere Verdampfungswärme einen größeren Einfluß hat als die Erhöhung des leichtsiedenden Anteils im Kraftstoff. Das bedeutet, daß mit diesen Mischkraftstoffen in den meisten Fällen eine Verschlechterung des Fahrverhaltens in Kauf genommen werden muß. Fahrzeuge mit höherem Aufwand in der Gemischbildung, z. B. Vergaser mit zusätzlichen Anwärmvorrichtungen oder Einspritzmotoren, zeigen weniger störanfälliges Verhalten.

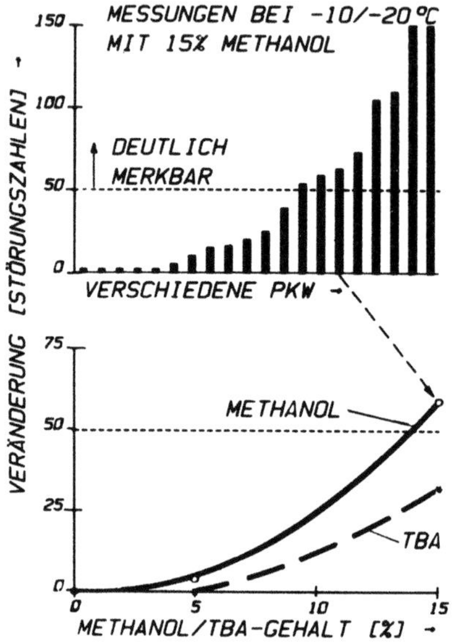

Abb. 7.1. Einfluß von Methanol bzw. TBA auf das Kaltanfahrverhalten von nicht auf die Kraftstoffe abgestimmten Serienfahrzeugen [6.17]

In Abb. 7.1 ist die Veränderung des Kaltfahrverhaltens für verschiedene Fahrzeugtypen bei einem Mischkraftstoff mit 15% Methanolgehalt dargestellt. Dabei muß allerdings berücksichtigt werden, daß diese Fahrzeuge für normalen Ottokraftstoff und nicht für M15-Kraftstoff abgestimmt waren. Somit fällt der nicht kompensierte Abmagerungseffekt des Alkohol-Mischkraftstoffs stark erschwerend ins Gewicht. Eine entsprechende Abstimmung des Motor-Fahrzeugkonzepts für Mischkraftstoffe bedeutet zwar höheren technischen Aufwand, wird aber diesen kritischen Einfluß des Kraftstoffs kompensieren.

Der untere Teil der Abbildung zeigt am Beispiel eines Fahrzeugtyps den Einfluß zunehmender Methanol- und TBA-Beimischung auf die Störungszahlen des Kaltfahrtestes. Wie aufgrund seiner Eigenschaften zu erwarten, wirkt sich TBA weniger gravierend auf die Verschlechterung des Kaltfahrverhaltens aus [6.17], [7.1], [7.5], [7.6], [7.11], [7.14].

Heißfahrverhalten. Auch das Starten und das Fahrverhalten des vorher heißgefahrenen Motors wird durch Kraftstoffeigenschaften deutlich beeinflußt. Hier zeigt sich bei den meisten Fahrzeugtypen der umgekehrte Effekt zum Kaltfahrverhalten.

Das bedeutet, daß hier die Erhöhung der leichtsiedenden Kraftstoffanteile in ihrem ungünstigen Einfluß überwiegt und der Kühleffekt durch die erhöhte Verdampfungswärme nur wenig Auswirkung zeigt.

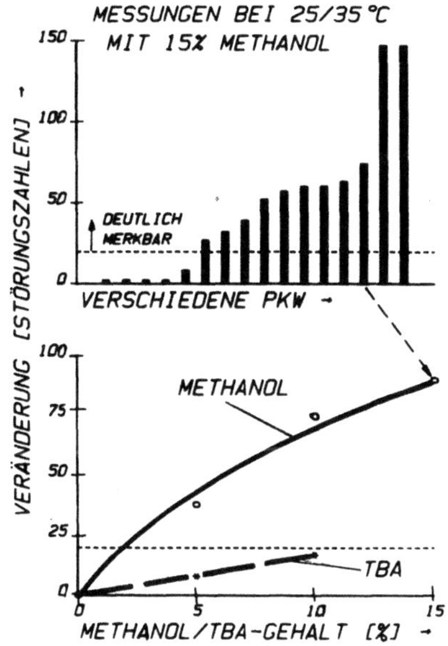

Abb. 7.2. Einfluß von Methanol bzw. TBA auf den Heißfahrbetrieb von nicht auf die Kraftstoffe abgestimmten Serienfahrzeugen [6.17]

In Abb. 7.2 ist dargestellt, wie sich das Heißfahrverhalten bei verschiedenen Fahrzeugen verschlechtert, wenn ein Kraftstoff mit 15% Methanolgehalt eingesetzt wird. Auch hier handelt es sich um Serienfahrzeuge, die auf Ottokraftstoff ohne Methanol abgestimmt sind und die keine Anpassung an den M15-Kraftstoff erfahren haben.

Analog zu der Darstellung des Kaltfahrverhaltens ist im unteren Bildteil für einen Fahrzeugtyp der Einfluß unterschiedlicher Beimengungen von Methanol und TBA dargestellt. Auch hier wirkt sich TBA weniger deutlich auf Störungen im Heißfahrbetrieb aus, wie zu erwarten [6.17], [7.1], [7.2], [7.3], [7.4].

Bei der Beurteilung des Heißfahrverhaltens hat sich die Kennzeichnung der Kraftstoffeigenschaften auf Basis einer Flüchtigkeitskennziffer

$$F = \text{RVP} + 7 \times \text{E70},$$

$$\text{RVP} = \text{Reid-Dampfdruck in mbar},$$

$$\text{E70} = \text{E70-Punkt aus der Siedekurve in \%}$$
(verdampfter Anteil bei 70°C),

bewährt. Damit läßt sich bei heute handelsüblichen Ottokraftstoffen eine verläßliche Zuordnung von Kraftstoff-Flüchtigkeit und Verhalten der Fahrzeuge beim Heißstart und -fahrverhalten finden. Bei Alkohol-Mischkraftstoffen muß allerdings festgestellt werden, daß es Fahrzeugkonzepte gibt, die z. B. auf einen M15-Kraftstoff empfindlicher reagieren als auf einen üblichen Kraftstoff ohne Alkoholzumischung mit gleicher Kennziffer.

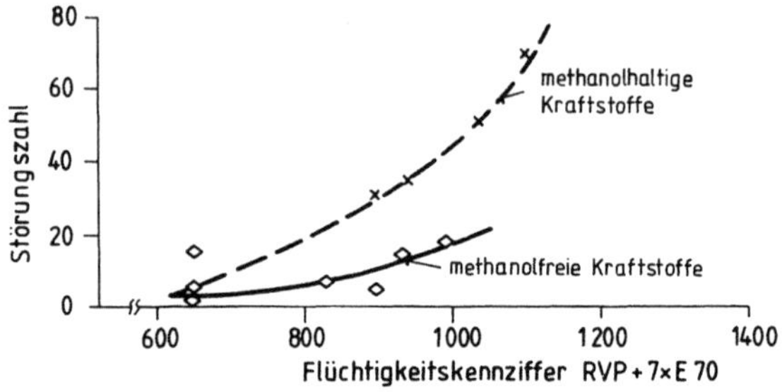

Abb. 7.3. Beurteilung des Heißfahrverhaltens von Fahrzeugen mit Hilfe der Flüchtigkeitskennziffer F = RVP + 7 × E70 für methanolfreien Kraftstoff und M15

Abb. 7.3 zeigt als Beispiel das Verhalten eines Fahrzeugs im Heißtest. Es ist zu erkennen, daß hier mit M15-Kraftstoff deutlich höhere Fehlerzahlen erreicht werden als mit normalem Benzin.

Das Fahrverhalten wird so definiert, daß das kalte bzw. heiße Fahrzeug während bestimmter Fahrzyklen entweder auf dem Rollenprüfstand oder auf der Straße gefahren wird. Der Start und die verschiedenen Abschnitte des Fahrzyklus werden mit Hilfe von Störungszahlen gekennzeichnet, wobei die einzelnen Abschnitte der Fahrzyklen je nach ihrer Wichtigkeit diese Störzahlen unterschiedlich bewerten. Das Endergebnis eines solchen Tests wird in Form einer Gesamt-Störungszahl ausgedrückt.

Motorleistung

Verdampfungswärme und Heizwert des Kraftstoffes zeigen ihren Einfluß auf die Vollastleistung des Motors. Während die Verdampfungswärme im allgemeinen zu einer Gemischabkühlung und damit einer Erhöhung des Ladungsgewichts führt, ergibt der Abmagerungseffekt durch die weniger energiehaltigen Alkoholkomponenten im Mischkraftstoff eine Leistungsminderung. Da die Motoren üblicherweise auf der Vollast verhältnismäßig reich abgestimmt sind, wird ein gewisser Abmagerungseffekt bei den meisten Motorkonzepten toleriert. Praktische Untersuchungen einer Reihe von Fahrzeugen, die mit M15-Kraftstoff bei serienmäßiger Einstellung von Vergasern und Einspritzanlagen für Benzin betrieben wurden, zeigten, daß sich die Beschleunigungszeiten unter Vollast in den meisten Fällen geringfügig erhöhten, was auf Leistungsminderung durch den Abmagerungseffekt hinweist.

Mit entsprechender Angleichung der Gemischbildungseinrichtung an den geänderten Luftbedarf von M15-Kraftstoff ist mit einer um etwa 3 bis 5% höheren Maximalleistung im Vergleich zum Benzinbetrieb zu rechnen.

Kraftstoffverbrauch

Wie bereits in Abschnitt 6.3.1 erwähnt, sollte aufgrund des Energieinhaltes im M15-Mischkraftstoff mit einem um etwa 9% erhöhten volumetrischen Kraftstoffverbrauch gerechnet werden. Die Praxis zeigt jedoch, daß dies nicht der Fall ist. Nicht angepaßte Fahrzeuge reagieren im praktischen Einsatz sehr unterschiedlich, wie Messungen im Stadtverkehr und auf Landstraßen gezeigt haben. In diesen Fällen ließ sich keine eindeutige Tendenz erkennen.

Auf M15 abgestimmte Fahrzeuge zeigen jedoch eine einheitlichere Tendenz. Die Untersuchung von 15 verschiedenen Fahrzeugtypen, die von den 6 beteiligten deutschen PKW-Herstellern im deutschen Methanolprogramm auf M15-Kraftstoff abgestimmt wurden, zeigte folgendes Bild:

Im Durchschnitt aller hier betrachteten Fahrzeugtypen ist der volumetrische Kraftstoffverbrauch, gemessen nach DIN 70030 (je 1/3 Stadtverkehr nach ECE-Fahrzyklus, 90 km/h und 120 km/h), um 5,5% angestiegen, verglichen mit handelsüblichem Ottokraftstoff nach DIN 51600. Das bedeutet eine energetisch bessere Ausnutzung des Kraftstoffes um etwa 2,6–3% [7.13].

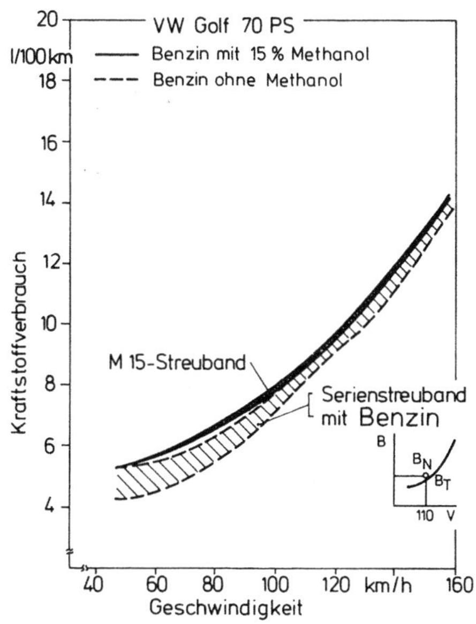

Abb. 7.4. Teillast-Kraftstoffverbrauch eines auf M15-Betrieb abgestimmten Fahrzeugs im Vergleich zu entsprechenden Serien-Benzinfahrzeugen

In Abb. 7.4 sind Streubänder für den Kraftstoffverbrauch eines Fahrzeugtyps bei Straßenteillast dargestellt. Hier liegen die M15-Fahrzeuge an der oberen Grenze des Bereichs für entsprechende Serienfahrzeuge des gleichen Typs, die mit Ottokraftstoff nach DIN 51600 ohne Methanol betrieben werden.

Abgasemissionen

Die im Abschnitt „Kraftstoffverbrauch" erwähnten 15 Fahrzeuge unterschiedlicher Hersteller und Typen, die alle für M15-Kraftstoff abgestimmt waren, ergaben im Vergleich zu ihren entsprechenden Serientypen für normalen Ottokraftstoff im Mittel folgende Veränderungen im Abgasverhalten (ECE-Test):

- Kohlenmonoxid – 35%,
- Kohlenwasserstoffe – 12%,
- Stickoxide – 5%.

Dieses Abgasverhalten erklärt sich einerseits durch den Abmagerungseffekt, zum anderen durch die Möglichkeit, infolge der Alkoholbeimischung magere Gemische noch einwandfrei zu zünden [7.13].

Eine Untersuchung von nicht auf M15-Kraftstoff abgestimmten Serienfahrzeugen, die mit diesem Kraftstoff betrieben wurden, zeigte ähnliche Ergebnisse. Die Mehrzahl der untersuchten Fahrzeuge erbrachte im ECE-Test eine Absenkung der CO- und HC-Emissionen, während die Stickoxidemissionen anstiegen. Diese Effekte, zusammen mit der Verschlechterung des Fahrverhaltens, sind aus der Abmagerung des Gemischs zu erwarten (Abb. 7.60, 7.61 und 7.64).

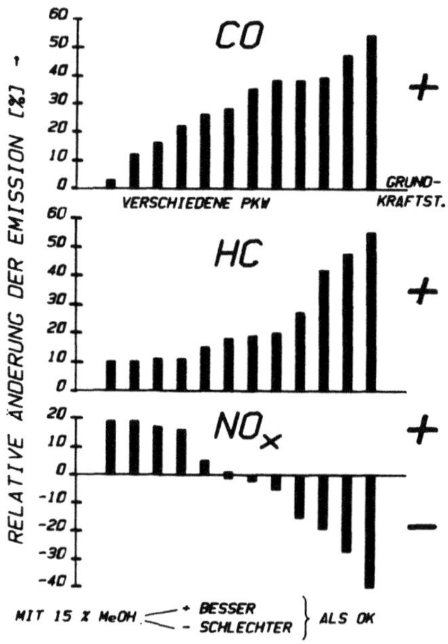

Abb. 7.5. Einfluß von M15-Kraftstoff auf das Abgas-Emissionsverhalten im ECE-Test von nicht auf den Kraftstoff abgestimmten Serienfahrzeugen [6.17]

Die Abb. 7.5 zeigt für verschiedene Serienfahrzeuge, die nicht an den veränderten Luftbedarf des Kraftstoffs angepaßt waren, den Einfluß von M15-Kraftstoff auf das Emissionsverhalten.

In Abb. 7.6 ist, analog zu den Darstellungen Heiß- und Kaltfahrverhalten, für einen Fahrzeugtyp die Auswirkung zunehmender Beimengungen von Methanol und TBA auf die Emissionswerte dargestellt. Auch hier ist der geringere Einfluß von TBA zu erkennen, da der Abmagerungseffekt geringer ausfällt als bei Methanol [6.17].

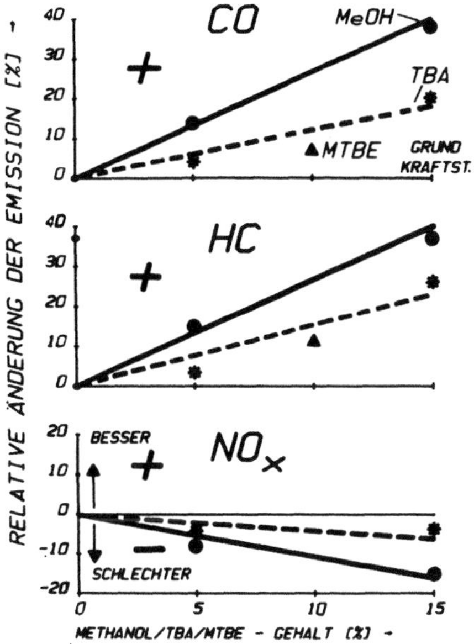

Abb. 7.6. Einfluß von Methanol bzw. TBA oder MTBE auf das Emissionsverhalten von nicht auf den Kraftstoff abgestimmten Serienfahrzeugen [6.17]

Straßenoctanzahl

Die im Labor am genormten Einzylinder-Klopfprüfmotor bestimmten Octanzahlen für ROZ und MOZ lassen nicht bei allen Fahrzeugtypen einen eindeutigen Hinweis auf das Klopfverhalten im praktischen Einsatz zu. Deswegen wird die sogenannte Straßenoctanzahl (SOZ) zusätzlich bestimmt. Die SOZ wird beim Betrieb von Fahrzeugen auf der Straße oder auf dem Rollenprüfstand ermittelt und berücksichtigt demnach die individuelle Bewertung des Kraftstoffs durch die Konstruktion und Auslegung der Motoren.

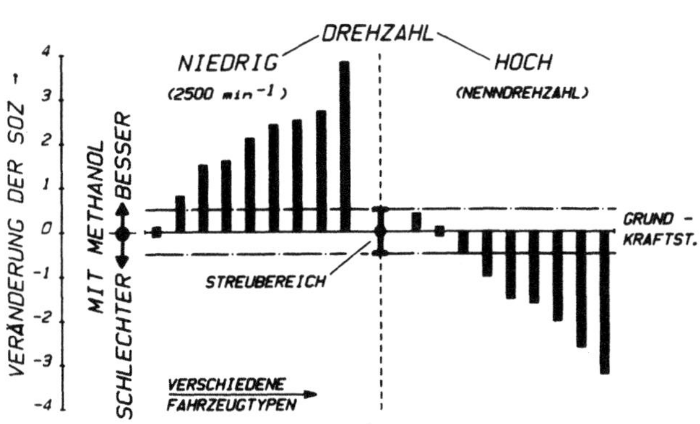

Abb. 7.7. Einfluß von 15% Methanol-Zumischung zum Benzin auf die Straßenoctanzahl-Veränderung (SOZ) von nicht auf den M15-Kraftstoff abgestimmten Serienfahrzeugen [6.17]

Praktische Versuche bei einer großen Anzahl von Fahrzeugen haben ergeben, daß Methanolbeimischungen generell eine deutliche Verbesserung der SOZ des Grundkraftstoffs beim Beschleunigen und bei niedrigen Drehzahlen im Volllastbereich aufweisen. Mit steigender Drehzahl wird jedoch der Verbesserungseffekt immer geringer und führt bei hohen Vollastdrehzahlen zu einer Verschlechterung der SOZ.

Abb. 7.7 zeigt die Bewertung der SOZ bei verschiedenen Fahrzeugtypen. Hier handelt es sich um nicht angepaßte Fahrzeugtypen verschiedener Hersteller.

Der ungünstige Einfluß auf die Straßenoctanzahl bei höheren Vollastdrehzahlen wird zwar durch die Anpassung des Kraftstoff-Luft-Gemischs auf gleiches Lambda wie bei reinem Ottokraftstoff gemildert, jedoch nicht behoben, wie Abb. 7.8 zeigt [6.17].

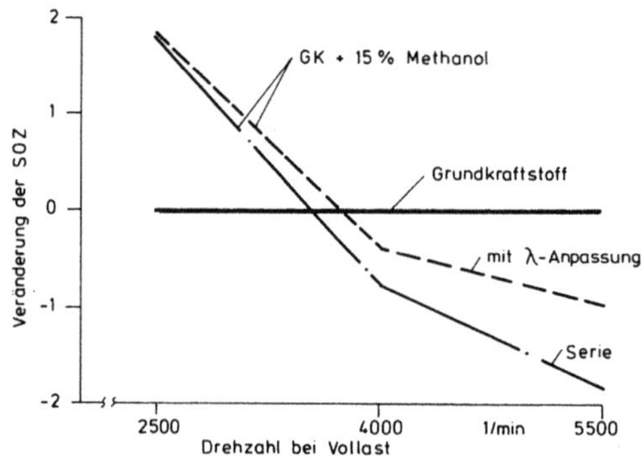

Abb. 7.8. Änderung der Straßenoctanzahl durch Zumischung von 15% Methanol zum Benzin. Einfluß der Anpassung auf den Luftbedarf des M15-Kraftstoffs [6.17]

In einer ausführlichen Studie wurde der Einfluß sauerstoffhaltiger Zumischkomponenten auf den Octanzahlbedarf von Fahrzeugen im praktischen Einsatz bei der Verwendung von Mischkraftstoffen untersucht [6.34]. Hierbei wurde die Auswirkung von Ethanol, Methanol, TBA und MTBE in ihrem Zusammenwirken mit unterschiedlichen Grundkraftstoffen (Reformat und Olefine) auf das Klopfverhalten bzw. den OZ-Bedarf bewertet. Diese Arbeiten berücksichtigten insbesondere die europäischen Verhältnisse, so wurden europäische Fahrzeuge verwendet und Kraftstoffe, die die Struktur europäischer Raffinerien berücksichtigen. Die eingesetzten Kraftstoffe hatten geringen Bleigehalt und berücksichtigten auch hierin die europäischen Verhältnisse.

Die Beurteilung dieser Kraftstoffe auf der Basis von Straßenoctanzahl SOZ und Sensitivity (ROZ – MOZ) erbrachte für die untersuchten Kraftstoffe folgende Ergebnisse:

– Durch die Zumischung von Ethanol wird das Klopfverhalten des Kraftstoffs am deutlichsten verschlechtert, bis zu einem Wert von 5 OZ-Einheiten, was in Ländern ohne Geschwindigkeitsbeschränkung nicht mehr akzeptiert werden kann. Dies gilt für Basiskraftstoffe von höherer Qualität. Der Einsatz von Ethanol als Mischkomponente in Basiskraftstoffen mit niedrigen Octanzahlen und/oder niedrigem Bleigehalt erscheint günstiger.

- Methanol zeigt in dieser Hinsicht geringere Effekte als Ethanol.
- TBA wurde unter diesen Testbedingungen als neutral bezeichnet.
- MTBE erbrachte die besten Ergebnisse dieser Mischkomponenten.

Diese Arbeiten [6.34] werden fortgesetzt mit dem Ziel, die Zusammensetzung von Mischkraftstoffen unter Berücksichtigung der gegebenen Raffinerie- und Fahrzeugstruktur weiter zu optimieren.

Zusammenfassend kann gesagt werden, daß die Zugabe von Alkoholen, insbesondere von Methanol, die ROZ deutlich ansteigen läßt, als Mittelwert ergibt eine Zumischung von 10 Volumenprozent Methanol einen Anstieg der ROZ um 3–4 Einheiten. Der Einfluß auf die MOZ durch Methanol ist jedoch erheblich geringer, das heißt Zugabe einer ebenfalls 10 volumenprozentigen Menge bewirkt im Mittel nur einen Anstieg von 0,5–1,5 Octanzahleinheiten. Diese Werte können allerdings lediglich als Anhalt dienen, zusammen mit einem Grundkraftstoff üblicher, durchschnittlicher Zusammensetzung. Je nach den Eigenschaften des Grundkraftstoffs kann sich die Zumischung von Alkoholen und anderen sauerstoffhaltigen Komponenten mehr oder weniger deutlich auf das Klopfverhalten der Mischkraftstoffe auswirken. In jedem Fall ist jedoch zu beachten, daß eine Zumischung von 15 Volumenprozent Methanol zu Normalkraftstoff niemals die MOZ von Superkraftstoff erreichen läßt. Dies zeigen auch bisher praktisch hergestellte Versuchskraftstoffe, die in vielen Fällen auf die MOZ eingestellt wurden und dann höhere ROZ-Werte erbrachten, als für die Praxis notwendig war.

7.2.3 Dichte und Viskosität

Methanol-Mischkraftstoffe haben eine höhere Viskosität als normale Ottokraftstoffe. Damit ist ein Einfluß auf die Kraftstoffdurchflußmengen in den Gemischbildungssystemen zu erwarten, der konstruktionsbedingt unterschiedlich sein müßte. Die praktische Untersuchung zeigt jedoch nur geringfügige, vernachlässigbare Unterschiede.

7.2.4 Entmischung im Fahrzeugtank

Phasentrennung von Methanol-Benzin-Mischkraftstoffen ist insbesondere bei höherem Wassergehalt und tiefen Temperaturen zu erwarten. Deshalb interessiert insbesondere das Kaltstartverhalten, wenn der Kraftstoff durch Phasentrennung entmischt ist. Versuche in dieser Richtung haben gezeigt, daß Fahrzeuge mit intensiver Kraftstoffumwälzung, das heißt insbesondere Fahrzeuge mit Einspritzsystemen, mit entmischten Kraftstoffen besser zurechtkommen als z. B. Vergaserfahrzeuge ohne Rücklauf in den Kraftstofftank. Daraus kann der Schluß gezogen werden, daß die Umwälzung des Kraftstoffes in den meisten Fällen bereits genügt, um eine Entmischung des Kraftstoffes so weit zu kompensieren, daß ein Start und Abfahren des Fahrzeuges möglich ist.

7.2.5 Sauberkeit im Vergaser und Ansaugsystem

Ablagerungen

Heute übliche Markenkraftstoffe enthalten im allgemeinen zusätzliche Reinigungsmittel, um die Sauberkeit von Vergasern und Einlaßventilen sicherzustellen.

Ein Vergleich mit methanolhaltigen Mischkraftstoffen zeigt, daß in Gegenwart hochpolarer Komponenten wie Methanol die Wirkung von bisher üblichen Reinigungsmitteln für Vergaser und Ansaugtrakt (detergents) reduziert wird.

Vergaservereisung

Alkohole wirken gegenüber der Luftfeuchtigkeit im Kraftstoff-Luftgemisch erniedrigend im Gefrierpunkt und binden die Feuchtigkeit. Damit wird die Eisbildung im Drosselklappenbereich und im Leerlaufsystem von Vergasern reduziert. Praktische Tests zeigen, daß bereits die Zumischung von wenigen Prozenten ausreichenden Vereisungsschutz gewährleisten. Bereits eine Zumischung von ca. 2% Methanol oder höherer Alkohole zum Grundkraftstoff gewährleisten einen ausreichenden Vereisungsschutz.

7.2.6 Materialverträglichkeit bei Mischkraftstoffen

Kurzfristige Fahrzeugversuche mit nur wenigen Tankfüllungen ermöglichen noch keine allgemeingültige deutliche Aussage über die Materialverträglichkeit, insbesondere von Elastomeren. Diese Tests sind lediglich geeignet, besonders schwerwiegende Veränderungen im System aufzudecken. In den meisten Fällen läßt sich ein gewisser Erholungseffekt erkennen, wenn nach den auf verschiedene Materialien besonders wirksamen Methanol-Benzin-Mischkraftstoffen wieder normaler Ottokraftstoff getankt wird. Die Auswirkungen von Methanol-Benzin-Mischkraftstoffen, z. B. von M15 auf normale Serienfahrzeuge, sind sehr unterschiedlich. Grundsätzlich muß davor gewarnt werden, in normalen Serienfahrzeugen Kraftstoffe mit höheren Alkoholgehalten, insbesondere Methanol, zu tanken. Voraussetzung für die Verwendung von M15 ist zunächst, daß die Fahrzeuge so ausgelegt sind, daß sie zumindest M15-resistente Materialien enthalten. Damit sind Schäden am Motor-Fahrzeugsystem ausgeschlossen, wenn diese Kraftstoffe getankt werden. Allerdings kann damit noch nicht in allen Fällen eine Optimierung von Fahrverhalten, Kraftstoffverbrauch und Emissionsverhalten sowohl für M15-Kraftstoff als auch für normalen Ottokraftstoff nach DIN 51 600 erwartet werden.

Beim Betrieb von bereits längere Zeit gelaufenen Fahrzeugen mit Alkohol-Mischkraftstoffen muß damit gerechnet werden, daß Korrosionsprodukte (Rost aus dem Kraftstofftank) sowie Schmutz durch den Alkoholgehalt des Kraftstoffes in vermehrtem Maß gelöst werden und zu Verstopfungen im Kraftstoffsystem bzw. Kraftstoffilter führen.

Bei Fahrzeugen, deren Materialien nicht für die Verwendung von Mischkraftstoffen ausgelegt sind, muß demnach mit folgenden Störungen gerechnet werden:

- Kraftstoffilter mit Kunststoffgehäuse werden zerstört, so daß der Kraftstoff in den Motorraum gelangen kann.
- Kraftstoffleitungen aus Kunststoff, insbesondere Polyamid PA 6, längen sich stark. Dadurch kann es zu Einknickungen kommen bzw. zu Schlaufenbildung. Solche Schlaufen sind dann besonders gefährlich, wenn sie in die Nähe von heißen Stellen, z. B. Abgasrohren, kommen.

- Starkes Aufquellen von Kunststoff-, insbesondere Kautschukteilen im Kraftstoffsystem. Dadurch kann z. B. das Zuführungsrohr zum Tankeintritt undicht werden.
- Überlaufen des Vergasers, weil das Schwimmermaterial zu viel Kraftstoff aufnimmt bzw. weil der Kunststoffschwimmer undicht wird.
- Ablösen von geklebten Teilen in Vergaser und Kraftstoffpumpe.
- Aufquellen von Dichtungen in Vergasern und Kraftstoffpumpe, so daß das Fahrverhalten stark beeinträchtigt wird. So kann z. B. das Fördervermögen der Kraftstoffpumpe so stark reduziert werden, daß ein Betrieb bei heißem Motor bzw. bei Vollast nicht mehr möglich ist.
- Korrosion an Vergaser- und Kraftstoffpumpenteilen aus Zink, Aluminium bzw. Magnesium.

Diese Effekte werden mit zunehmendem Alkoholanteil, insbesondere bei Methanol, deutlicher. Im allgemeinen wird beobachtet, daß Zumengungen bis zu 2% Methanol keine merkbaren Veränderungen am Fahrzeug hervorrufen.

Natürlich hängt es von der jeweils gegebenen Fahrzeugkonstruktion ab, wie stark die Reaktion auf die Veränderung des Kraftstoffes ist, Materialauswahl und konstruktive Gegebenheiten spielen hier eine große Rolle [6.17].

7.2.7 Betrieb von M15-Fahrzeugen mit normalem Benzin

Fahrzeuge, die für M15-Kraftstoff ausgelegt sind, lassen sich auch mit normalem Ottokraftstoff ohne Methanolzusatz ohne Umstellung betreiben. Am Beispiel eines

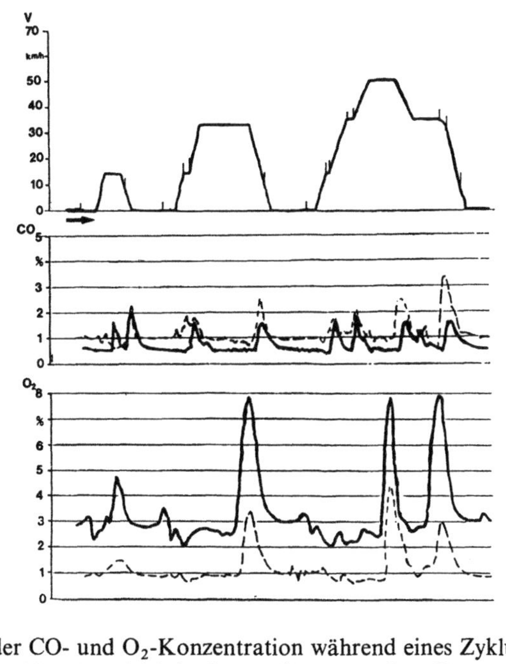

Abb. 7.9. Verlauf der CO- und O_2-Konzentration während eines Zyklus im ECE-Test bei betriebswarmer Maschine. Vergleich je eines auf M15-Kraftstoff (——) und Benzin (Serie) (---) abgestimmten Konzepts

Vergaserfahrzeuges ist hier erläutert, in welchem Maße sich durch den Anfettungseffekt des methanolfreien Benzins in einem Fahrzeug mit M15-Abstimmung die Emissionswerte ändern:

Die Abstimmung von Konzepten für M15-Kraftstoff erfordert gegenüber der heutigen Serie Anpassungsmaßnahmen zur Erfüllung der ECE-Abgasvorschriften. So muß bei der Vergaser- bzw. Einspritzanlage der geringere Heizwert des M15-Kraftstoffs berücksichtigt werden. Die höhere Verdampfungswärme des Methanols erfordert bei einigen Fahrzeugtypen zusätzliche Maßnahmen in der Anwärmphase. Abb. 7.9 zeigt das Emissionsverhalten eines Fahrzeugs mit M15-Kraftstoff im Vergleich zu einem Serienfahrzeug, das mit Benzin betrieben wurde. In dem dargestellten Zyklus des Europatests ist deutlich der Abmagerungseffekt durch den M15-Kraftstoff in geringeren CO-Emissionswerten und höherem O_2-Gehalt im Abgas zu erkennen. Wie zu erwarten, zeigen sich entsprechende Ergebnisse bei gemessenen Abgasemissionswerten im Europatest. In Abb. 7.10 ist zu ersehen, daß ein Fahrzeug, das mit M15-Kraftstoff die Grenzwerte erfüllt, bei unveränderter Einstellung und Betrieb mit handelsüblichem Ottokraftstoff die CO-Grenzwerte um etwa 18% überschreitet.

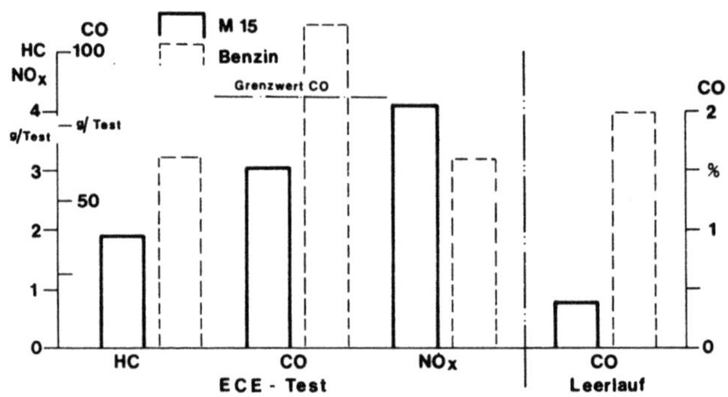

Abb. 7.10. Ergebnisse aus dem ECE-Abgasemissionstest für ein M15-Fahrzeug, das einmal mit M15-Kraftstoff und dann mit Normal-Ottokraftstoff betrieben wurde. Dabei wurde die Leerlauf-CO-Einstellung nicht nachreguliert

Die HC- und NO_x-Werte liegen allerdings auch mit diesem Kraftstoff unterhalb der gesetzlichen Grenzen. Es wird also lediglich das CO im Grenzwert überschritten.

Die Erhöhung der Emissionswerte beim Betrieb mit Ottokraftstoff ist hauptsächlich in der Abänderung der Starteinrichtung begründet, die für M15-Kraftstoff aufgrund der höheren Verdampfungswärme angepaßt werden muß. Bei warmem Motorbetrieb ist der Unterschied im Emissionsverhalten zwischen M15- und Ottokraftstoff deutlich geringer. Wird jedoch das M15-Fahrzeug mit Ottokraftstoff betrieben und dabei die Leerlaufeinstellung auf die vom Hersteller empfohlenen Werte einreguliert, liegen die Emissionswerte auch für Ottokraftstoff wesentlich günstiger. Diese Ergebnisse sind in Abb. 7.11 dargestellt. Hier ist zu erkennen, daß die CO-Emissionen auch im Benzinbetrieb unter dem Seriengrenzwert liegen [7.13].

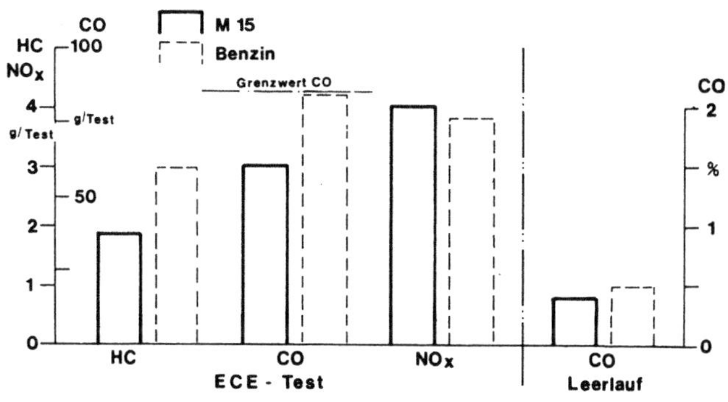

Abb. 7.11. Vergleich zu Abb. 7.10 mit nachregulierter Leerlauf-CO-Einstellung

Für die verschiedenen, im deutschen Methanolprogramm eingesetzten M15-Fahrzeugkonzepte gilt für den Betrieb mit Tankstellenbenzin ohne Methanolzusatz:

Die für den Testkraftstoff M15 abgestimmten Fahrzeuge lassen sich auch mit Tankstellenbenzin betreiben. Während Fahrverhalten und Kraftstoffverbrauch bei allen Konzepten gar nicht oder nur gering beeinflußt werden, zeigen sich bei den Emissionswerten deutliche Unterschiede:

– Bei entsprechenden konstruktiven Maßnahmen mit Umschaltmöglichkeiten werden mit beiden Kraftstoffen gleiche Werte erzielt.
– Einrichtungen zur Abgasreinigung mit Katalysator unterschreiten auch mit Benzin die heute gültigen Abgasvorschriften, in dem vorliegenden Fall allerdings bei einem Konzept mit Einspritzung.
– Mit Kraftstoffeinspritzung ist der Anstieg der Emissionswerte in den meisten Fällen so gering, daß die Seriengrenzwerte nicht überschritten werden.
– Vergaserfahrzeuge überschreiten teilweise den CO-Grenzwert. Dieser Effekt könnte durch Nachstellen der Leerlaufeinstellung stark reduziert werden.

7.2.8 Mischkraftstoffe für Ottomotoren mit mehr als 15% Methanolgehalt

Die bisher geschilderten Auswirkungen von Methanol-Benzin-Mischkraftstoffen gelten generell, unabhängig vom Methanolgehalt. Die quantitativen Angaben bezogen sich schwerpunktmäßig auf M15-Kraftstoff mit 15% Methanolgehalt. Mit der Variation des Methanolgehalts verändern sich auch bestimmte Kraftstoffeigenschaften. So ergeben sich mit einem über 15% zunehmenden Methanolgehalt folgende Änderungen der Kraftstoffeigenschaften [6.45]:

- Das Risiko der Phasentrennung vermindert sich mit zunehmendem Methanolgehalt, so daß für höhere Zumischraten unter Umständen auf den Lösungsvermittler verzichtet werden kann.
- Die Reduzierung der SOZ (Abb. 7.8) im Vollastbetrieb bei hoher Drehzahl kehrt sich bei höheren Methanolzumischraten in der Tendenz um, was sogar zu einer Verbesserung führen kann.
- Die stärkste Veränderung von Elastomerwerkstoffen (Volumenänderung bei

Nitril-Butadien-Kautschuk und Viton) tritt in den meisten Fällen bei Methanolbeimischungen zwischen 15 und 30% auf und nimmt darüber wieder ab.
- Der bereits mit wenigen Prozenten Methanolanteil drastisch ansteigende Dampfdruck erreicht bei 10–20% Methanolanteil das Maximum. Höhere Methanolanteile senken den Dampfdruck und reduzieren darüber hinaus die Probleme des Heißfahrverhaltens durch den zunehmenden Einfluß der höheren Verdampfungswärme aus dem Methanolanteil.

Daraus kann geschlossen werden, daß ein M15-Kraftstoff für Ottomotoren unter den praktischen Gesichtspunkten besonders kritisch ist. Aus dieser Überlegung ist ein M15-Kraftstoff als Testkraftstoff, um Erfahrungen zu sammeln, empfehlenswert, es stellt sich jedoch die Frage, ob dieser Kraftstoff als optimales Konzept für einen allgemeinen großtechnischen Einsatz als Mischkraftstoff im Straßenverkehr zu empfehlen ist. Hier sollten Kosten-Nutzen-Überlegungen unter Einschluß der gesamten Versorgungs-Infrastruktur und des Bauaufwands am Fahrzeug-Motorkonzept mitbestimmend für die Entscheidung sein.
Eine Variation des Methanolanteils im praktischen Einsatz ist jedoch so lange auf Werte mit engen Grenzen fixiert, bis brauchbare Sensor-Systeme (Abschnitt 7.5) mit den zugehörigen Steuer- bzw. Regeleinrichtungen in den Gemischbildungssystemen größere Flexibilität ermöglichen.

7.2.9 Allgemeines zu Mischkraftstoffen

Das Verhalten von Fahrzeugen beim Betrieb mit Ethanol- bzw. Methanol-Mischkraftstoffen, teilweise auch mit anderen sauerstoffhaltigen Komponenten, wurde vielfach getestet [6.8], [6.19], [6.20], [7.7], [7.8], [7.9], [7.10], [7.11], [7.12], [7.15], [7.16]. Teilweise hat man besonders das Emissionsverhalten und dabei schwerpunktmäßig die Aldehydemissionen untersucht [7.17], [7.19].
Dabei hat sich auch in Experimenten der erwartete Effekt bestätigt, daß geregelte Motorkonzepte, die über den Sauerstoffgehalt im Abgas mittels Lambda-Sonde stets das gleiche Kraftstoff-Luftverhältnis im Gemischbildner einstellen [Abschnitt 7.5], den Alkoholgehalt in Mischkraftstoffen durch Anreichern des Gemischs in gewissen, konstruktiv gegebenen Grenzen ausgleichen. Mit einem Gehalt an Ethanol bis 30% bzw. Methanol bis 20% war das Emissions- und Fahrverhalten sehr gut, während bei einem noch größeren Ethanolanteil bis 50% zwar die Emissionswerte noch befriedigten, jedoch Fehler im Fahrverhalten festgestellt wurden [7.17], [7.18].

7.3 Ottomotoren für Alkoholkraftstoffe

Die Eigenschaften der Alkoholkraftstoffe erfordern einige konstruktive Änderungen des Alkoholmotors im Vergleich zum Benzinmotor. Dies sind insbesondere:

- Die Gemischbildungseinrichtung ist auf den geringeren Heizwert bzw. den Luftbedarf der Alkoholkraftstoffe abzustimmen.
- Die hohe Octanzahl der Alkoholkraftstoffe sollte durch entsprechend hohe Verdichtung der Motoren ausgenutzt werden, um ein Optimum an Leistung und Wirtschaftlichkeit zu erreichen.

- Verdampfungswärme, Dampfdruck und Siedeverhalten stellen höhere Anforderungen an die Gemischbildungseinrichtung, um für alle Zylinder ein gleichmäßiges Kraftstoff-Luftgemisch bereitzustellen. Außerdem werden durch diese Eigenschaften die Möglichkeiten zum Kaltstart stark eingeschränkt.

Über die einzelnen, konstruktiv möglichen und notwendigen Maßnahmen wird nachfolgend berichtet, ebenso über Meßergebnisse an ausgeführten Motoren [6.7], [6.39], [6.40], [7.20] – [7.34].

7.3.1 Der Alkohol-Ottomotor im Vergleich zum Benzinmotor

Zur Darstellung der Möglichkeiten von Alkoholmotoren wird zunächst über Versuchsergebnisse durch die Abstimmung von

- Mischungsverhältnis,
- Zündzeitpunkt,
- Saugrohrgemischtemperatur,
- Verdichtung

berichtet. Die Auswirkungen auf die wesentlichen motorischen Parameter

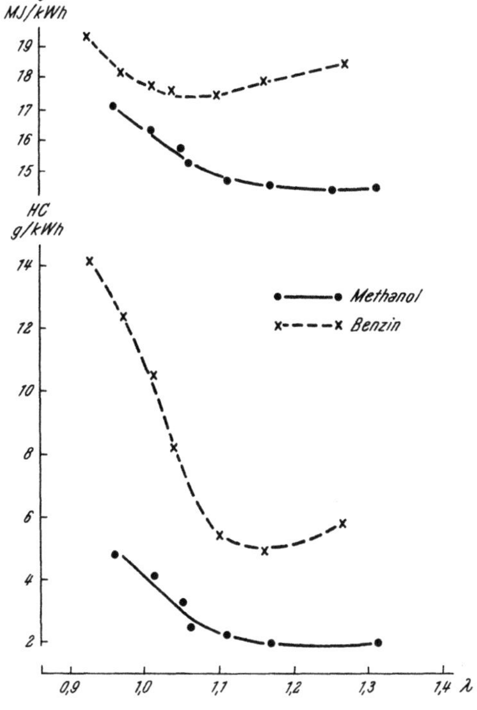

Abb. 7.12. Energieverbrauch *Be* und HC-Emissionswerte für Methanol und Benzin über der Luftzahl λ für einen Teillast-Betriebspunkt (80 km/h). Gleicher Motor mit Verdichtung 8,2, Zündzeitpunkt $\alpha_z = 44°$ v. O.T.

- Wirtschaftlichkeit,
- Leistung,
- Emissionsverhalten

werden im einzelnen diskutiert, und die Relation zu herkömmlichen Serien-Ottomotoren für Benzin wird aufgezeigt.

Die hier dargestellten Ergebnisse aus der Entwicklung eines Methanolmotors lassen sich in ihrer Auswirkung ohne größere Differenzen auf Ethanolmotoren übertragen.

Als Ausgangspunkt für die Beurteilung der Möglichkeiten empfiehlt sich zunächst eine Betrachtung der motorischen Parameter in ihrer Abhängigkeit zum Luftverhältnis λ und dem Zündzeitpunkt α_z.

Einfluß des Alkoholkraftstoffes

Für den tatsächlichen Kraftstoffverbrauch eines Fahrzeuges ist der Energieverbrauch bei Teillast maßgebend. Da dies einer der wichtigsten Faktoren bei der Auslegung heutiger Motoren darstellt, sei der Wirtschaftlichkeit der Alkoholmotoren besondere Aufmerksamkeit geschenkt.

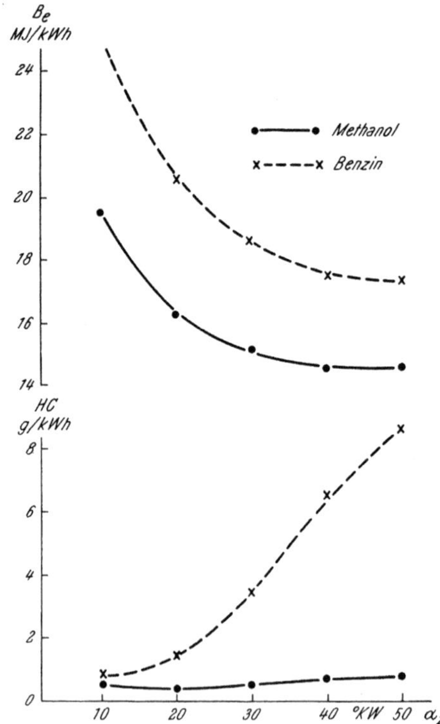

Abb. 7.13. Energieverbrauch *Be* und HC-Emissionswerte für Methanol und Benzin über dem Zündzeitpunkt α_z für einen Teillast-Betriebspunkt (80 km/h). Gleicher Motor mit Verdichtung 8,2, Luftzahl $\lambda = 1{,}1$

Zunächst wird der Einfluß des Alkoholkraftstoffs im Vergleich zu Benzin beim gleichen Motor mit gleichbleibender Verdichtung von 8,2 gezeigt:

In den Abb. 7.12 und 7.13 sind die Energieverbrauchswerte eines Motors bei Benzin- bzw. Methanolbetrieb in Abhängigkeit von der Luftzahl λ und dem Zündzeitpunkt α_z für einen Teillastpunkt, entsprechend einer konstanten Fahrgeschwindigkeit von 80 km/h, dargestellt. Auffallend ist zunächst der im gesamten Bereich deutlich geringere Energieverbrauch des Methanolmotors. Der Methanolmotor läßt sich bei größerem Luftüberschuß betreiben und zeigt dabei noch ein einwandfreies Laufverhalten, was aus den auf der unteren Bildhälfte dargestellten HC-Emissionswerten deutlich hervorgeht. Der für diesen Teillastpunkt optimale Zündzeitpunkt entspricht etwa dem für den Benzinmotor.

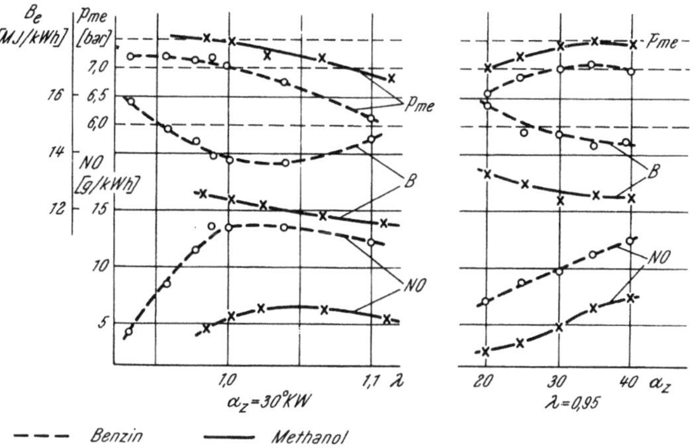

Abb. 7.14. Einfluß von Luftzahl λ und Zündzeitpunkt α_z für Benzin und Methanol bei Vollast 5 600 l/min auf Mitteldruck p_{me}, Energieverbrauch *Be* und Stickoxidemission NO. Gleicher Motor mit Verdichtung 8,2

Zur Beurteilung des Vollastbetriebsverhaltens interessieren besonders der Mitteldruck, der Kraftstoffverbrauch und die Stickoxidemissionen. In Abb. 7.14 ist dieser Zusammenhang als Funktion von λ und α_z für die Höchstleistungsdrehzahl 5 600 l/min dargestellt. Es ist zu erkennen, daß etwa 5% mehr Leistung erreicht werden kann. Dieser Wert läßt sich auch rechnerisch durch die niedrigere Gemischtemperatur im Saugrohr und das damit erreichte höhere Ladungsgewicht bestätigen. Die höchste Leistung ist bei Luftzahl λ etwa 0,95 zu erwarten, wie beim Benzinmotor. Dabei beträgt der Verbrauchsvorteil des Methanolmotors, gerechnet auf Energiebasis, etwas mehr als 10%. Die Stickoxidemissionen erreichen nur etwa 50% vom benzinbetriebenen Motor.

Einfluß der Verdichtung

Eine Erhöhung der Verdichtung macht sich zunächst in einer weiteren Senkung des Energieverbrauchs bemerkbar. Dies ist in den Abb. 7.15 und 7.16 für die Teillastpunkte 60 bzw. 100 km/h in Abhängigkeit der Luftzahl λ und des Zündzeitpunkts α_z für in der Bauart gleiche Motoren, jedoch mit verschiedener

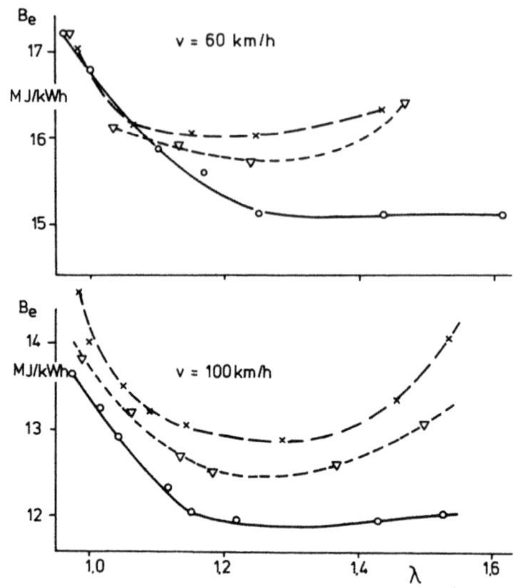

Abb. 7.15. Einfluß der Luftzahl λ auf den Energieverbrauch *Be* bei 60 und 100 km/h Straßenteillast bei unterschiedlicher Verdichtung ε. × – – – × Methanol $\varepsilon = 8{,}2$, ▽----▽ Methanol $\varepsilon = 9{,}6$, ○——○ Methanol $\varepsilon = 13$

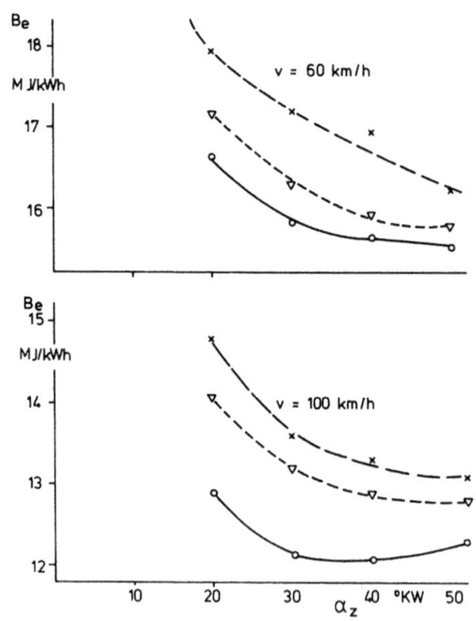

Abb. 7.16. Einfluß des Zündzeitpunkts α_z auf den Energieverbrauch *Be* bei 60 und 100 km/h Straßenteillast bei unterschiedlicher Verdichtung ε. × – – – × Methanol $\varepsilon = 8{,}2$, ▽----▽ Methanol $\varepsilon = 9{,}6$, ○——○ Methanol $\varepsilon = 13$

Verdichtung, dargestellt. Die Steigerung der Wirtschaftlichkeit durch die hohe Verdichtung ist deutlich zu erkennen. Mit zunehmender Verdichtung läßt sich der Betriebsbereich in höhere Luftüberschußzahlen ausdehnen. Damit ist allerdings keine weitere Steigerung der Wirtschaftlichkeit zu erwarten, so daß auch für den hochverdichteten Motor die günstigsten Verbrauchswerte bei Luftzahlen von etwa $\lambda = 1{,}2$ zu erwarten sind. Die mit zunehmender Verdichtung verbundene erhöhte Brenngeschwindigkeit erfordert geringere Vorzündungswerte, wie auf den Abbildungen zu erkennen ist.

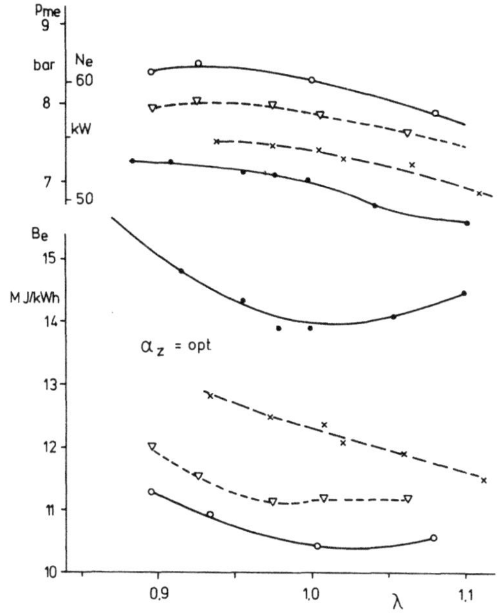

Abb. 7.17. Einfluß der Luftzahl λ auf Mitteldruck p_{me}, Leistung Ne und Energieverbrauch Be für Vollastbetrieb 5 600 l/min bei Benzin und Methanol mit unterschiedlicher Verdichtung ε. ●——● Benzin, Verdichtung $\varepsilon = 8{,}2$, × – – – × Methanol, Verdichtung $\varepsilon = 8{,}2$, ▽----▽ Methanol, Verdichtung, $\varepsilon = 9{,}6$, ○——○ Methanol, Verdichtung $\varepsilon = 13$

Die Erhöhung der Verdichtung führt neben einer Verbesserung der Wirtschaftlichkeit zu deutlich gesteigerter Leistung. Die Abb. 7.17 und 7.18 zeigen die Abhängigkeit von Mitteldruck, Leistung und Energieverbrauch bei der Höchstdrehzahl von 5 600 l/min im Vollastbetrieb für verschieden verdichtete Methanolmotoren. Im Vergleich dazu sind die Werte des Serienbenzinmotors mit niedriger Verdichtung angegeben. Unabhängig von der Verdichtung wird jeweils bei Luftzahlwerten zwischen 0,9 und 0,95 die höchste Leistung erreicht, die beim hochverdichteten Methanolmotor über 20% größer ist als beim vergleichbaren Serienmotor für Benzin. Die zunehmende Verdichtung erfordert eine Zurücknahme des Zündzeitpunkts, der hochverdichtete Motor erreicht bereits die Klopfgrenze, bevor der maximal mögliche Mitteldruck erzielt werden kann. Dies ist bei der endgültigen Auslegung des Konzepts sorgfältig zu beachten.

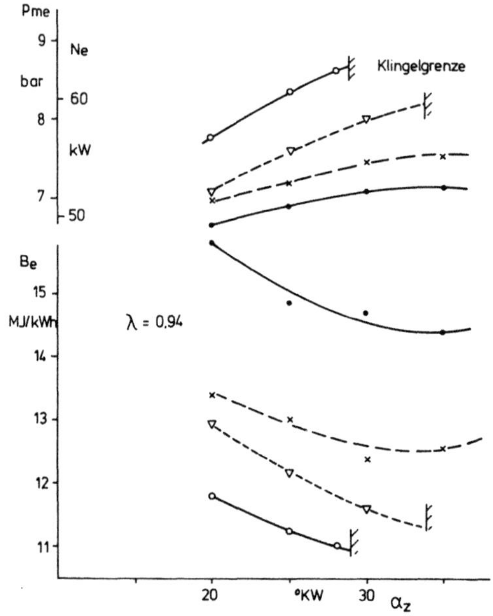

Abb. 7.18. Einfluß des Zündzeitpunkts α_z auf Mitteldruck p_{me}, Leistung *Ne* und Energieverbrauch *Be* für Vollastbetrieb 5 600 1/min bei Benzin und Methanol mit unterschiedlicher Verdichtung ε. ●——● Benzin, Verdichtung ε = 8,2, × – – – × Methanol, Verdichtung ε = 8,2, ▽- - - -▽ Methanol, Verdichtung ε = 9,6, ○——○ Methanol, Verdichtung ε = 13

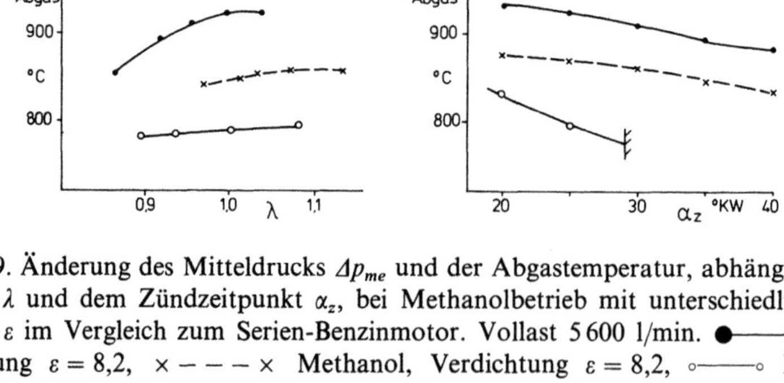

Abb. 7.19. Änderung des Mitteldrucks Δp_{me} und der Abgastemperatur, abhängig von der Luftzahl λ und dem Zündzeitpunkt α_z, bei Methanolbetrieb mit unterschiedlicher Verdichtung ε im Vergleich zum Serien-Benzinmotor. Vollast 5 600 1/min. ●——● Benzin, Verdichtung ε = 8,2, × – – – × Methanol, Verdichtung ε = 8,2, ○——○ Methanol, Verdichtung ε = 13

Die hier für wenige Last- bzw. Drehzahlpunkte aufgezeigten Werte für Kraftstoffverbrauch und Leistung sind als Beispiel anzusehen. Sie lassen sich in ihrer Tendenz auf alle übrigen Punkte des motorischen Kennfeldes übertragen.

Die Steigerung der Wirtschaftlichkeit aus dem günstiger verlaufenden thermodynamischen Prozeß im Alkoholmotor läßt sich zusätzlich in einer Senkung der Abgastemperatur erkennen. Abb. 7.19 zeigt, daß der methanolbetriebene Motor bei der hier dargestellten Vollastdrehzahl bei hoher Verdichtung einen um etwa 20% gesteigerten Mitteldruck bei deutlich niedrigerer Abgastemperatur erzielt.

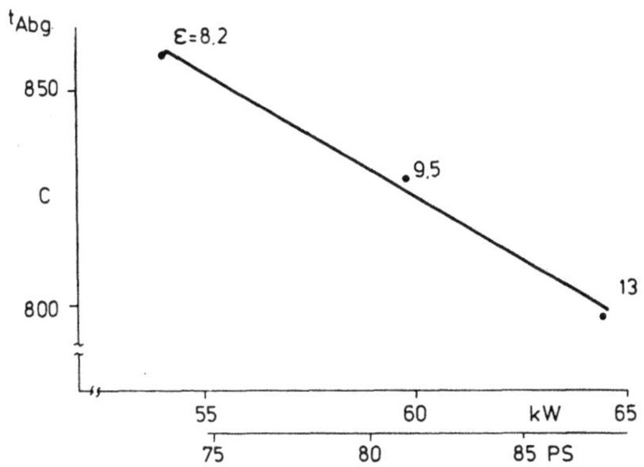

Abb. 7.20. Abgastemperatur bei Vollastbetrieb in Abhängigkeit von der bei der jeweiligen Verdichtung erreichbaren Maximalleistung

In einer anderen Darstellung zeigt Abb. 7.20 die Abhängigkeit der Abgastemperatur von der Maximalleistung bei unterschiedlicher Verdichtung für das gleiche Motorkonzept. Diese Tatsache ist aus der thermodynamischen Analyse, wie in Abschnitt 7.3.2 näher erläutert, zu erwarten. Sie gilt ebenso für den Teillastbetriebsbereich des Motors.

7.3.2 Untersuchung des Verbrennungsablaufs

Der Ablauf der Verbrennung im Motor hat wesentlichen Einfluß auf Leistungsausbeute, Wirkungsgrad, Schadstoffemissionen und andere Eigenschaften des Motors. Hierauf haben zunächst die konstruktiven Gegebenheiten des Motors (Brennraumgestaltung, Gemischbildung usw.), sowie die Betriebsparameter (z. B. Zündzeitpunkt, Luftverhältnis, Füllung, Drehzahl) einen wesentlichen Einfluß. Nicht zuletzt ergeben sich durch die Art des Kraftstoffs Einflüsse auf den Verbrennungsablauf. Deshalb bietet sich die Untersuchung des Verbrennungsablaufs als geeignetes Mittel an, um bei einer Variation von Kraftstoff-Parametern das Zusammenwirken des Systems Motor – Kraftstoff zu beurteilen. Bei Otto-Motoren für Benzin ist der Verlauf der Verbrennung bereits vielfältig untersucht und diskutiert worden. Es liegt nahe, ähnliche Untersuchungen für Alkohol-Kraftstoffe durchzuführen, um so eine Wertung gegenüber den bisher üblichen Kraftstoffen zu erhalten.

Eine wesentliche Voraussetzung der Ermittlung des Verbrennungsablaufs ist die Aufnahme des Druckverlaufs im Brennraum. Dies geschieht üblicherweise durch Quarzdruckgeber. Da der Druckverlauf in einem Otto-Motor bei den einzelnen Arbeitszyklen erheblichen Schwankungen unterliegt, ist es notwendig, Mittelwerte aus einer Anzahl von verschiedenen Druckverlaufsmessungen zu bilden und dann mit Hilfe von Rechenprogrammen statistische Mittelwerte und zyklische Schwankungsbreiten zu definieren. Mit Hilfe dieser Ergebnisse ist eine exakte thermodynamische Auswertung der Druckverläufe möglich.

Genauere Aussagen über den Verbrennungsablauf lassen sich mit Hilfe eines Rechenmodells erreichen. Dieses geht zweckmäßigerweise davon aus, daß sich während der Verbrennung im Motor zwei durch eine Flammenfront getrennte Bereiche bilden, wobei in dem einen Bereich bereits verbranntes Gemisch vorliegt. Durch dieses Modell kann aus dem aufgenommenen Druckverlauf eine Berechnung der Brennfunktion vorgenommen werden, deren Differentiationen die Brenngeschwindigkeit oder Umsatzrate ergibt [6.3].

Untersuchungen des Druckverlaufs an einem Ein-Zylinder-Motor führten zu folgenden Ergebnissen [6.3], [7.37]:

Mit zunehmendem Luftverhältnis (magererem Gemisch) nehmen Brenndauer und Brennverzug sowohl bei Benzin als auch bei Methanol deutlich zu, wobei der benzinbetriebene Motor allerdings höhere Werte für beide Parameter ergibt. Mit zunehmender Verdichtung wird erwartungsgemäß Brenndauer und Brennverzug verringert. Daraus kann geschlossen werden, daß das Methanol-Luftgemisch in kürzerer Zeit abbrennt als das Benzingemisch.

Bekanntlich zeigt der Zündzeitpunkt einen deutlichen Einfluß auf das motorische Verhalten, insbesondere auf die Wirtschaftlichkeit, Leistungsausbeute und Schadstoffemission. Es zeigt sich, daß bei gleichem Zündzeitpunkt der methanolbetriebene Motor deutlich kürzeren Brennverzug als der benzinbetriebene aufweist. Bei Methanol ergibt sich dann auch bei gleichem Zündzeitpunkt eine kürzere Brenndauer, was neben anderen Ursachen den höheren Wirkungsgrad des Methanolmotors begründet.

Mit zunehmender Drehzahl nehmen Brenndauer und Brennverzug ab, etwa in gleichem Maße für Methanol und Benzin. Dies bezieht sich auf die absolute Brenndauer in Millisekunden. Bezieht man diese Werte jedoch auf Grad Kurbelwinkel, so ist mit zunehmender Tendenz zu rechnen.

Im folgenden wird über entsprechende Arbeiten an einem 1,6-l-4-Zylindermotor berichtet. Dabei wurden die Konzepte untersucht:

- Verdichtung 8,2 (Serie) mit Benzin und Methanol im Vergaserbetrieb.
- Verdichtung 12,5 mit Ethanol und Methanol im Vergaserbetrieb.
- Verdichtung 12,5 mit Methanol mit Einspritzanlage.

Die Auswertung der Zylinderdruckindizierung lieferte die wichtigsten Kenngrößen zur Beurteilung der motorinternen Verbrennungsabläufe aus einem EDV-Programm. Die entnommenen Prozeßdaten der einzelnen Zylinder wurden in jedem Betriebspunkt über alle vier Zylinder gemittelt und tabelliert. Zusätzlich wurden die statistischen Kenngrößen der zyklischen Zylinderdruckschwankungen über alle vier Zylinder ermittelt und dargestellt. Die gemessenen und errechneten

Ergebnisse lassen sich in Form von Druck-Volumen-Diagrammen, Häufigkeitsverteilung der Mitteldrücke, Häufigkeitsverteilung der Innenleistungen, Druck-Winkel-Diagramm, Häufigkeitsverteilung der Spitzendrücke und Druckgradientendiagramm darstellen und auswerten. Nachfolgend seien eine Reihe von Zylinderdruck-Indizierungen diskutiert, die alle bei einem Teillastpunkt, entsprechend 100 km/h Straßenteillast, aufgenommen wurden. In Abb. 7.21a ist der Betrieb mit Benzin und Methanol bei niedriger Verdichtung verglichen. Durch Methanol wird der etwas höhere Spitzendruck früher erreicht, dementsprechend entsteht ein höherer indizierter Mitteldruck und ein etwas größerer Druckanstieg pro Grad Kurbelwinkel.

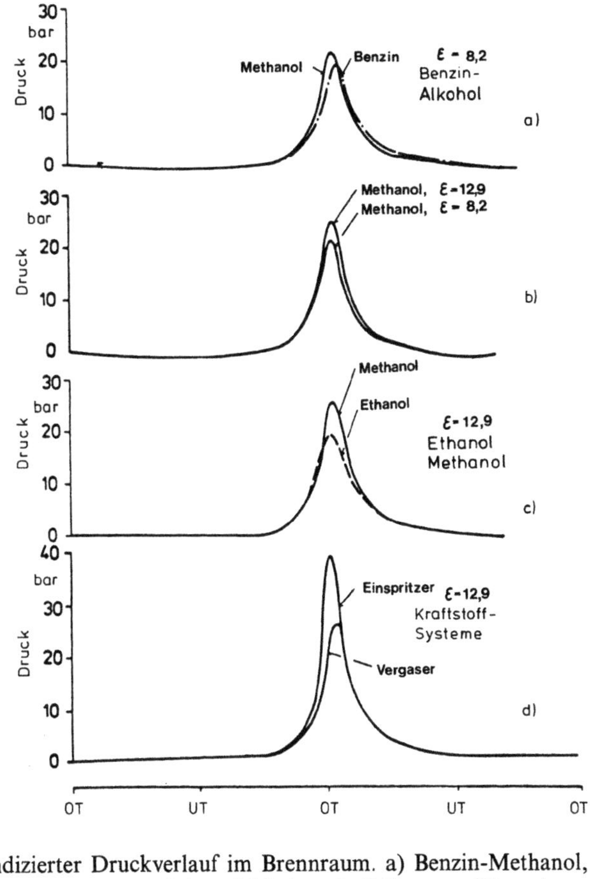

Abb. 7.21. Indizierter Druckverlauf im Brennraum. a) Benzin-Methanol, b) Einfluß der Verdichtung, c) Ethanol-Methanol, d) Vergaser-Einspritzung

Abb. 7.21b zeigt die Verbrennung von Methanol bei niedriger und hoher Verdichtung. Wie erwartet, führt die höhere Verdichtung zu höheren Spitzendrücken und dementsprechend höherem inneren Wirkungsgrad. Der Vergleich in Abb. 7.21c zeigt, daß Methanol gegenüber Ethanol einen höheren Wirkungsgrad, höhere Spitzendrücke und größeren Druckanstieg in diesem Motorkonzept erreicht hat.

Während alle bisher gezeigten Ergebnisse mit Vergasern gefahren wurden, zeigt Abb. 7.21d den Unterschied zur Kraftstoffeinspritzung. Dadurch werden höhere Spitzendrücke, größerer Wirkungsgrad und ein höherer Druckanstieg erreicht. Dies ist aus der feineren Zerstäubung und dementsprechend besseren Gemischaufbereitung und -verteilung durch die Kraftstoffeinspritzung zu erklären.

In Ergänzung zu Abb. 7.21 sind in der Tabelle 7.2 die dazu gehörenden Werte für den Druckanstieg aufgeführt.

Tabelle 7.2. *Druckanstieg dp/dα, in bar/°KW, Teillast 100 km/h*

Verdichtung Gemischbildung	8,2 Vergaser	12,5 Vergaser	12,5 Einspritzung
Benzin	0,8	–	–
Ethanol	–	0,8	–
Methanol	0,9	1,0	1,6

Die Schwankung der Spitzendrücke ist für einen anderen Lastpunkt, 5 600 l/min Vollast, das entspricht etwa der Höchstleistung, in Abb. 7.22 dargestellt. Daraus ist ebenso wie bei Teillast zu erkennen, daß bei gleicher Verdichtung im Methanolbetrieb der Motor niedrigere Schwankungen als der Benzinmotor aufweist. Hohe Verdichtung führt zu größeren Schwankungen, wobei der Methanolmotor geringfügig günstiger als der Ethanolmotor arbeitet. Eine deutlich geringere Schwankung der Drücke ist durch die Anwendung einer Kraftstoffeinspritzung zu erreichen.

Insgesamt läßt sich aus diesen Zylinderdruck-Untersuchungen folgendes zusammenfassen:

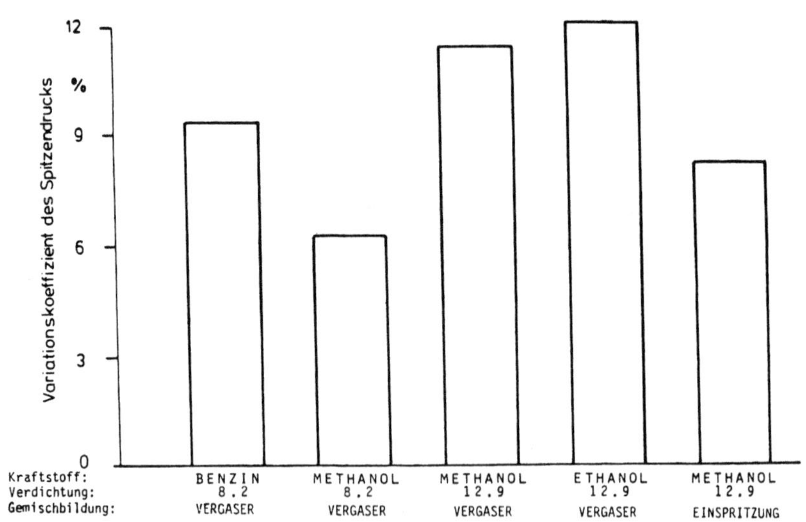

Abb. 7.22. Variation des Spitzendrucks bei unterschiedlichen Alkoholmotor-Konzepten im Vergleich zum Serien-Benzinmotor, Vollast 5 600 min^{-1}

- Alkohole erhöhen bereits bei gleicher Verdichtung den Wirkungsgrad gegenüber Benzin.
- Durch höhere Verdichtung läßt sich erwartungsgemäß der Wirkungsgrad deutlich steigern.
- Methanol zeigt geringfügig günstigere Werte im Wirkungsgrad als Ethanol.

Dieser Unterschied zwischen Ethanol und Methanol ist allerdings auf das hier verwendete Konzept mit Vergasern zurückzuführen. Weitere Untersuchungen haben dann gezeigt, daß der Ethanolmotor ungünstigere Werte in der Gemischverteilung zeigt. Hier sind günstigere Werte bei noch intensiverer Vorwärmung des Ethanol-Luftgemischs oder durch andere Maßnahmen zur Verbesserung der Gemischverteilung zu erwarten.

Die günstigsten Verbrauchs- und Leistungswerte lassen sich mit einer hochwertigen Gemischaufbereitungsanlage, wie am Beispiel einer Einspritzung gezeigt, erreichen. Durch die gleichmäßige Verteilung des Kraftstoffs auf alle Zylinder werden hier die höchsten Wirkungsgrade erreicht.

Als weitere Ergebnisse aus diesen Indizierversuchen sind zu erwähnen: Zyklische Schwankungen sind mit hoher Verdichtung größer als bei niedriger Verdichtung und sind zumindest bei diesem Konzept im Ethanolbetrieb höher als im Methanolbetrieb. Generell kann gesagt werden, daß größere Werte für zyklische Schwankungen sich in einem geringeren indizierten Wirkungsgrad auswirken. Dies zeigt sich besonders deutlich bei der Verwendung einer Einspritzanlage. Der Einspritzmotor zeichnet sich durch geringste zyklische Schwankungen der Mitteldrücke sowie den höchsten indizierten Wirkungsgrad und die geringsten Unterschiede zwischen den einzelnen Zylindern aus. All diese Werte weisen auf eine gute Gemischaufbereitung und eine gleichmäßige Verteilung auf alle Zylinder hin. Die Untersuchung des Druckdiagramms für die Einspritzmotoren zeigt neben dem steileren Druckanstieg auch in der Expansionsphase einen Druckabfall, der dem Ideal der isentropen Expansion näherkommt, das heißt einem Verlauf, der geringere Abgastemperaturen verspricht und damit dem idealen Prozeßablauf nahekommt [7.36].

Zusammenfassend kann gesagt werden, daß die Auswertung des Zylinderdrucks, so z. B. die Analyse der zyklischen Schwankungen, eine wertvolle Hilfe ist für die Erklärung gemessener Werte. So ist z. B. aus früheren Untersuchungen bekannt, daß hochverdichtete Motoren größere Ansprüche an die Vergaserabstimmung und die Genauigkeit der Gemischführung stellen. Hierfür gibt die relativ große zyklische Schwankung einen Hinweis, der die Erfahrungen bestätigt.

Bei der Untersuchung des Brennverlaufs muß allerdings beachtet werden, daß dabei üblicherweise von einer gleichbleibenden Motorkonstruktion ausgegangen wird. Eine Veränderung der Verdichtung geschieht üblicherweise durch Einbau entsprechender Kolben. Damit muß nicht in jedem Falle auch eine Optimierung der Brennraumgeometrie verbunden sein. Somit sind bei Messungen dieser Art an unterschiedlichen Motoren nicht immer in allen Fällen übereinstimmende Ergebnisse zu erwarten, da Brennraumgeometrie, Wirbelbildung im Einlaßtrakt und Brennraum, Lage der Zündkerze und Art der Gemischbildung von Einfluß auf die Ergebnisse sind. Trotzdem haben sich in mehreren unabhängig voneinander durchgeführten Arbeiten die hier erwähnten Grundtendenzen bestätigt.

Hochgeschwindigkeitsklopfen

Untersuchungen von Klopfvorgängen an hochverdichteten Alkoholmotoren bei Vollast zeigten, daß der maximal mögliche Mitteldruck in diesem Betriebsbereich

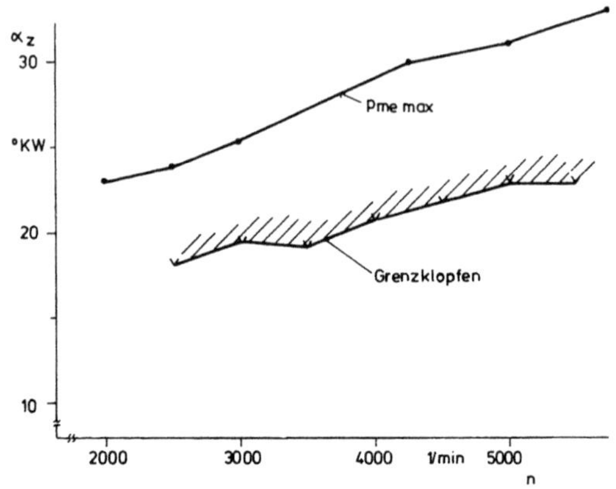

Abb. 7.23. Maximal erreichbarer Mitteldruck $p_{me\,max}$ und beginnendes Grenzklopfen im Vollastbetrieb eines optimierten hochverdichteten Alkoholmotors. Kraftstoff: Methanol

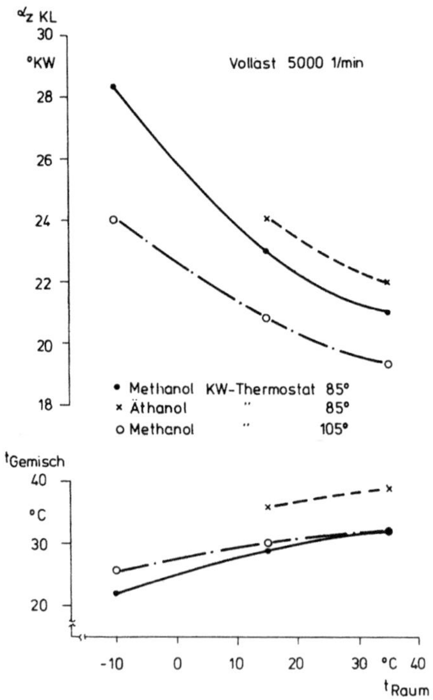

Abb. 7.24. Einfluß der Umgebungstemperatur und der Kühlwassertemperatur auf die Klopfgrenzen $\alpha_{z\,Kl}$, sowie auf die Gemischtemperatur. Vollastbetrieb 5 000 l/min. Hochverdichteter Motor $\varepsilon = 12{,}5$

nicht ausgenutzt werden kann, ohne in den Klopfbereich zu kommen. Abb. 7.23 zeigt an einem Beispiel für Vollastbetrieb den für maximalen Mitteldruck notwendigen Zündzeitpunkt und andererseits den Bereich für beginnendes Grenzklopfen.

Die Klopfgrenze zeigt eine eindeutige Abhängigkeit von der Temperatur. So ist in Abb. 7.24 für Vollast bei 5 000 l/min dargestellt, wie mit steigender Umgebungstemperatur die Klopfgrenze deutlich zurückgeht. Den gleichen Einfluß hat eine Erhöhung des gesamten Temperaturniveaus im Motor, etwa durch einen Kühlwasserthermostaten mit höherer Schalttemperatur. Es zeigt sich außerdem, daß Ethanol ein geringfügig günstigeres Klopfverhalten hat.

Besonders deutlich zeigt sich die Temperaturabhängigkeit der Klopfgrenzen, wenn als Parameter die Gemischtemperatur herangezogen wird, Abb. 7.25. Für den hier dargestellten Fall, 5 000 l/min Vollast, verschiebt eine Erhöhung der Gemischtemperatur um etwa 5°C die Klopfgrenzkurve um fast 5° Kurbelwinkel.

Die Abbildung zeigt außerdem zum Vergleich die entsprechende Kurve für einen Benzinmotor. Daraus ist die im Vergleich wesentlich größere Empfindlichkeit der Alkoholmotoren bei Erhöhung der Temperatur deutlich zu erkennen. Dieser Effekt ist auch aus der großen Sensitivity (Differenz ROZ – MOZ) der Alkohole zu erwarten.

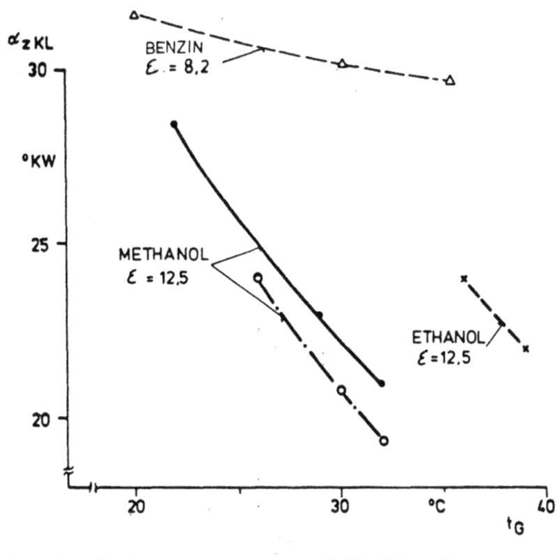

Abb. 7.25. Einfluß der Gemischtemperatur t_G auf die Klopfgrenzen α_{zKl} für Benzin- und Alkoholkraftstoffe. Vollastbetrieb 5 000 l/min

Da es sich bei beiden Kraftstoffen um ein identisches Motorkonzept handelt, sieht man aus der Abb. 7.24 auch deutlich, daß bei Ethanol-Betrieb höhere Gemischtemperaturen bei sonst gleicher Ausrüstung des Motors erreicht werden. Die Ursache hierfür ist in der niedrigeren Verdampfungswärme und der geringeren Kraftstoffmenge im Gemisch zu suchen. Alle hier genannten Werte wurden mit einem 4-Zylinder-Vergasermotor mit Verdichtung 12,5 ermittelt.

Solange die Fragen der Glühzündung, der Vorentflammung und des Hochgeschwindigkeitsklopfens in Abhängigkeit von der Betriebstemperatur, dem Mischungsverhältnis und anderen langwierig zu untersuchenden Parametern nicht restlos geklärt sind, muß das Konzept mit entsprechendem Sicherheitsabstand von den kritischen Werten ausgelegt werden. Deshalb empfiehlt sich, die Verdichtung nicht allzu hoch zu wählen und den Zündzeitpunkt nicht zu früh zu wählen. Dies gilt insbesondere für die Last-Drehzahlbereiche von hoher Leistung. Das gesamte Betriebsverhalten der Alkoholmotoren unter diesem Aspekt weist auf die Notwendigkeit eines effizienten Klopfsensors hin.

Vorentflammung (Glühzündungen)

Im Bereich hoher Leistung besteht bei der Verwendung von Reinmethanol-Kraftstoff eine starke Tendenz zu Störungen im Verbrennungsablauf. Rauher Motorlauf, starkes Geräusch, rascher Anstieg der Bauteiltemperaturen bis zum Ausfall sind die Folge, wenn die Belastungsgrenze überschritten wird. Der ganze Vorgang läuft in so kurzer Zeit ab, daß in den meisten Fällen keine Möglichkeit mehr besteht, den Motor rechtzeitig abzuschalten. Untersuchungen des Verbrennungsablaufs haben gezeigt, daß die wesentliche Ursache dafür in einer Vorentflammung des Gemisches (Glühzündung) zu suchen ist. Dafür besteht offenbar bei Methanol eine besondere Tendenz aufgrund seiner starken Neigung zur katalytischen Zersetzung.

Untersuchungen an Zündanlagen für hochverdichtete Alkoholmotoren bestätigen die starke Neigung von Methanol zu Glühzündungen. Als auslösendes Element für die unerwünschte Vorentflammung zeigt sich meist zunächst die

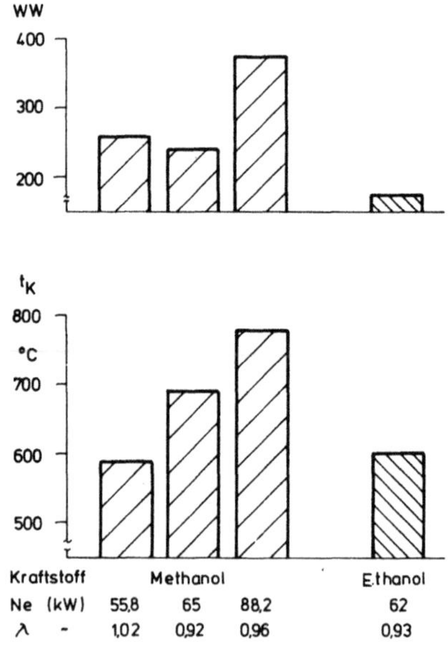

Abb. 7.26. Wärmewertbedarf WW (Bosch) der Zündkerzen und Kerzentemperatur an der Mittelelektrode t_K für verschiedene Alkoholmotor-Konzepte

Zündkerze. Durch Wahl einer geeigneten Kerzenbauart mit entsprechend hohem Wärmewert kann dieser Effekt beseitigt werden. In Abb. 7.26 sind für verschiedene Konzepte hochverdichteter Alkoholmotoren die notwendigen Wärmewerte für die Zündkerzen dargestellt, sowie die an der Zündkerze gemessenen Temperaturen. Es ist zu erkennen, daß der Vergasermotor mit 65 kW Leistung den Wärmewert 240 benötigt, um sicheren Betrieb ohne Vorentflammung zu gewährleisten. Wird beim gleichen Konzept die Leistung durch Verarmung des Gemisches auf etwa 56 kW reduziert, wird dafür trotz niedriger Kerzentemperatur ein höherer Wärmewert, 260, benötigt. Eine leistungsgesteigerte Version des gleichen Motors mit größerem Einlaßquerschnitt erfordert bei 88 kW Leistung Kerzenwärmewerte zwischen 370 und 400. Damit ist ein Grenzbereich für den praktischen Einsatz eines solchen Konzeptes gegeben:

Zündkerzen von so hohem Wärmewert verfügen allerdings über einen sehr dicken Isolator um die Mittelelektrode. Dadurch ist die Gefahr des Naßwerdens der Kerzen gegeben, besonders bei kaltem Motor. Ein Kaltstart bei tiefen Temperaturen ist bei diesen Zündkerzen nicht mehr möglich. Hier ist dann eine Anpassung der Zündanlage, z. B. durch andere Kerzenbauarten notwendig.

Wie aus Abb. 7.26 weiter zu ersehen ist, erfordert der gleiche Motor, mit Ethanol betrieben, Kerzen in einem Wärmewertbereich wie etwa der Serienmotor mit Benzin. Auch ist die Temperatur an der Kerze deutlich niedriger als bei Methanol-Betrieb.

In Abb. 7.27 ist für verschiedene Motorkonzepte der Wärmewert-Bedarf der Zündkerzen dargestellt. Der Wärmewert der Zündkerzen ist hauptsächlich durch das Auftreten von Glühzündungen (Vorentflammung) bestimmt. Je größer die Neigung des Kraftstoff-Motorkonzepts dazu, umso höher muß der Wärmewert der Kerze sein. Die Konzepte in Abb. 7.27 sind direkt vergleichbar, da sie alle auf den gleichen Grundmotor zurückgehen und sich lediglich in der Verdichtung unterscheiden. Wie zu erwarten, steigt die Wärmewert-Anforderung der Motoren mit zunehmender Leistung des Motors. Für Ethanol und Benzin bestehen dabei

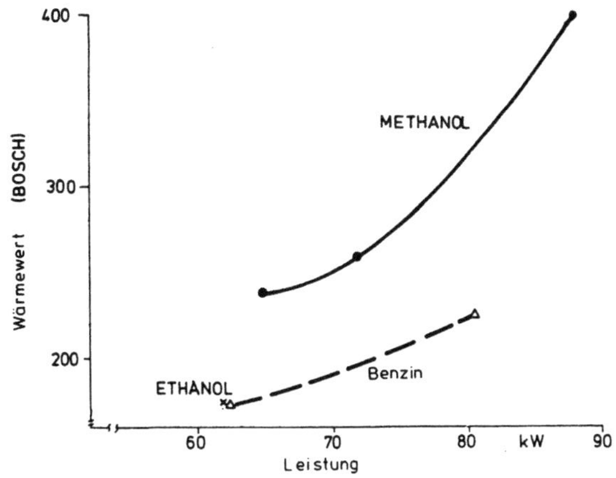

Abb. 7.27. Wärmewertbedarf (Bosch) der Zündkerzen von Methanol-Ethanol und Benzinmotoren in Abhängigkeit von der Höchstleistung

praktisch die gleichen Anforderungen. Bei Methanol sind jedoch deutlich höhere Werte erforderlich, die mit zunehmender Leistung des Motors stark progressiv ansteigen.

Diese Ergebnisse zeigen deutlich, daß die ungewollte Vorentflammung des Gemischs nur bei Methanol durch die entsprechenden Reaktionen in einem Maße gegeben ist, daß die Auslegung des Motorkonzepts dadurch gravierend bestimmt wird.

Diese Untersuchungen wurden mit Hilfe eines Wärmewert-Meßgerätes durchgeführt [7.35]. Aus diesen Ergebnissen ist der Schluß zu ziehen, daß die Betriebsbedingungen wie die Temperatur im Brennraum in jedem Falle so niedrig gehalten werden müssen, daß mit Sicherheit Glühzündungen vermieden werden. Diese Limitierung ist bei Methanolmotoren gravierender als die Klopfgrenze.

Glühzündungen bei Methanol-Motoren

Die unkontrolliert früh einsetzende Entflammung von Methanol-Luftgemischen im Brennraum bei höheren Lasten führt zu Störungen im Verbrennungsablauf und wegen der damit verbundenen extrem hohen Wärmeübertragung auf die Bauteile zu Schäden am Motor. Neben der experimentellen Untersuchung dieses Phänomens wurden weitere Einzelheiten mittels eines Rechenmodells analysiert [6.39], [6.40], [7.38].

In der rechnerischen Untersuchung dieses Problems wird von der Idee ausgegangen, daß die unkontrolliert früh einsetzende Zündung des Gemischs durch eine dafür besonders prädestinierte Stelle an der Oberfläche des Brennraums ausgelöst wird. Da Methanol sauber verbrennt und nahezu keine Rückstände im Brennraum hinterläßt, die als Ursache für diese Frühzündeffekte in Frage kommen, wird als auslösende Ursache die Masseelektrode der Zündkerze angesehen. Die rechnerische Untersuchung diese Phänomens stützt sich auf ein einfaches Modell auf der Basis thermischer Entzündung, das außerdem ausführlich die chemische Kinetik berücksichtigt. Das Modell, schematisch in Abb. 7.28 dargestellt, beschreibt das thermische und chemische Verhalten einer dünnen Gashülle, die die heiße Mittelelektrode der Zündkerze umgibt. Die chemische Zusammensetzung der Gashülle wird durch die Methanol-Oxydationsreaktion dargestellt. Das Modell geht von der Vorstellung aus, daß die Elektrodenspitze und die Gashülle dieselbe Temperatur haben, wobei eine Wärmeübertragung lediglich zu dem umgebenden Gas erfolgt. Glühzündung, dargestellt als Zündung der

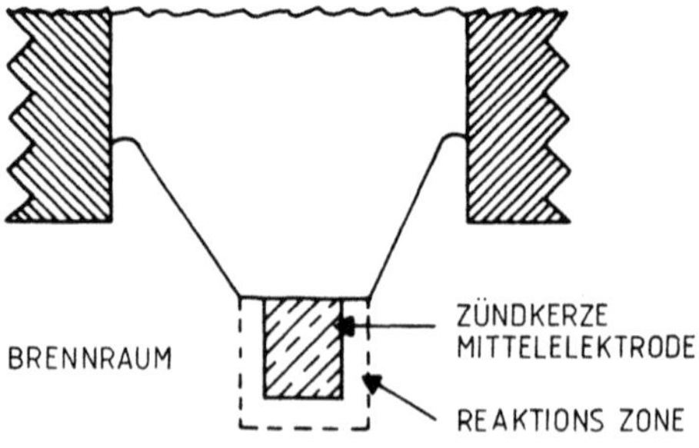

Abb. 7.28. Modell der Oberflächen-Selbstentzündung, schematisch [6.39]

Verbrennung in der Gashülle, wird bei dieser Betrachtung dann auftreten, wenn die chemische Energiefreisetzung größer ist als die Wärmeübertragung zu dem umgebenden Gas.

Die ungewollte Frühzündung als Folge von zu hohen Oberflächentemperaturen wird von einer Reihe von Faktoren beeinflußt, wie Verdichtung, Luftverhältnis, Dichte und Temperatur des Gemischs, sowie der Zusammensetzung des Brenngases. Diese verschiedenen Einflußparameter wurden mit Hilfe des Rechenmodells untersucht. Die Ergebnisse sind nachfolgend zusammengestellt.

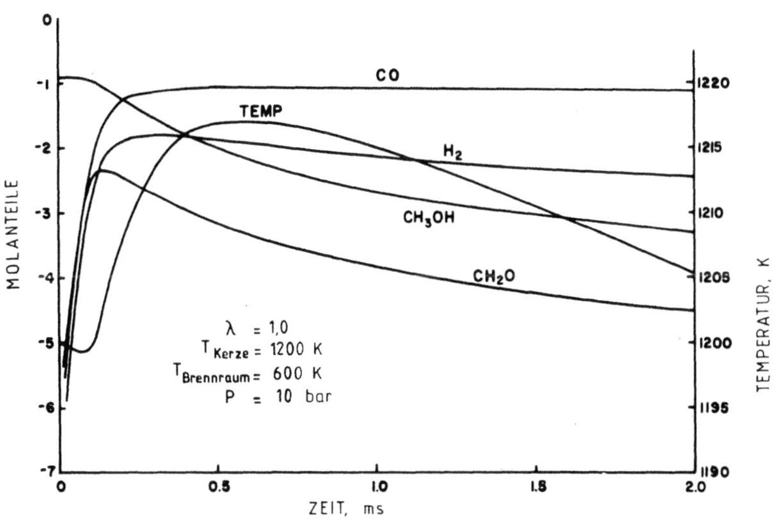

Abb. 7.29. Errechneter Ablauf der Selbstentzündung von Methanol bei stöchiometrischem Mischungsverhältnis, 10 bar Druck, 600 K Gastemperatur und 1 200 K Temperatur an der Mittelelektrode der Zündkerze [6.39]

Zum besseren Verständnis des Vorentflammungsprozesses von Methanol werden zunächst die einzelnen Zwischenschritte der bestimmenden Reaktion betrachtet. In Abb. 7.29 ist für stöchiometrisches Gemisch bei einem Druck von 10 bar und einer Temperatur der Mittelelektrode von 1 200 K die Situation dargestellt, wobei Methanol dissoziiert, zunächst in Formaldehyd und dann in Kohlenmonoxid und Wasserstoff. Der Wasserstoff zerlegt sich dann in Radikale, welche die Vorentflammung auslösen. Gleichgewichtsbetrachtungen zeigen, daß eine vollständige Dissoziation bei 600 K und 10 bar erreicht ist. Damit ist einzusehen, warum Methanol eine verhältnismäßig geringe untere Oberflächenzündtemperatur besitzt. Dazu sollte beachtet werden, daß eine Erhöhung der Oberflächentemperatur sich primär in einer Verkürzung des Zeitmaßstabs in Abb. 7.29 auswirkt. Die Temperatur der Massenelektrode wirkt überproportional auf die Verkürzung des Zündverzugs, wie in Abb. 7.30 dargestellt. Aus der Untersuchung der adiabatischen Kompression ist bekannt, daß Methanol unter den gleichen Bedingungen über deutlich größere Zündverzugswerte als Benzin verfügt, dagegen entzündet sich Methanol bei bereits wesentlich niedrigeren Oberflächentemperaturen.

Neben der Temperatur der Massenelektrode hat auch der Zylinderdruck einen deutlichen Einfluß auf die Entzündungstemperatur und den Zündverzug, wie in Abb. 7.31 dargestellt. Dieser stark progressive Einfluß des Zylinderdrucks auf

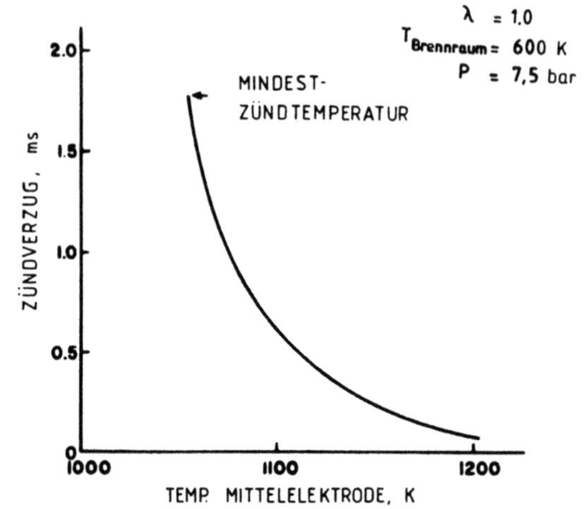

Abb. 7.30. Einfluß der Temperatur der Mittelelektrode auf den Zündverzug [6.39]

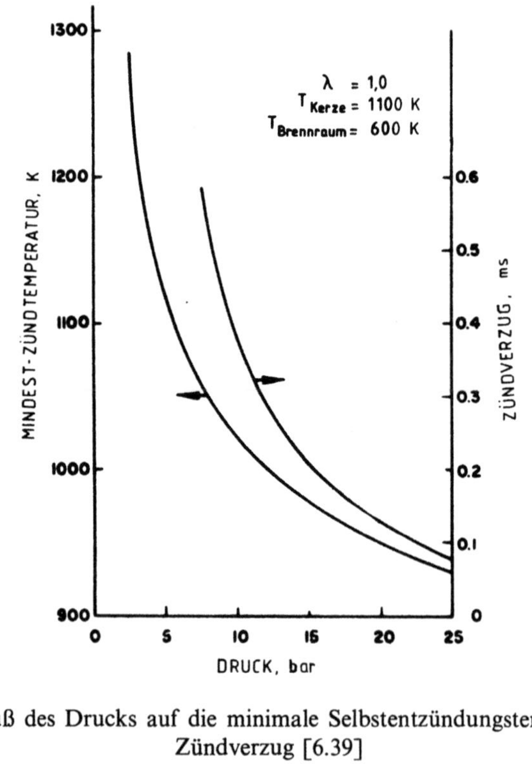

Abb. 7.31. Einfluß des Drucks auf die minimale Selbstentzündungstemperatur und den Zündverzug [6.39]

Entzündungstemperatur und Zündverzug konnte sowohl durch das Rechenmodell als auch in der Praxis nachgewiesen werden, und zwar für verschiedene Kraftstoffe

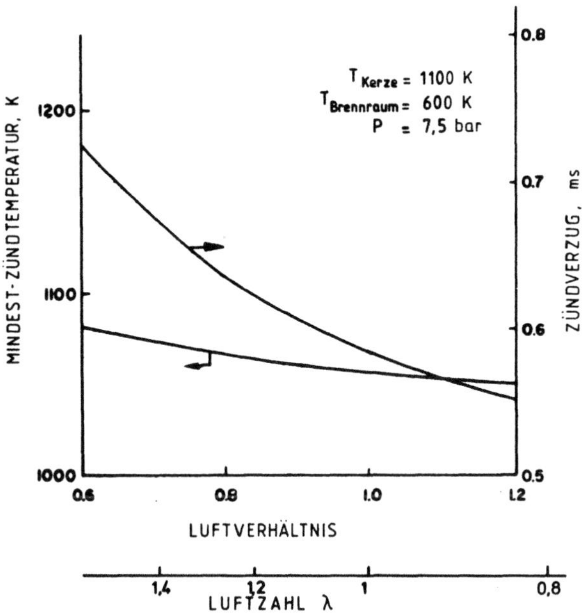

Abb. 7.32. Einfluß der Luftzahl auf Selbstentzündungstemperatur und Zündverzug [6.39]

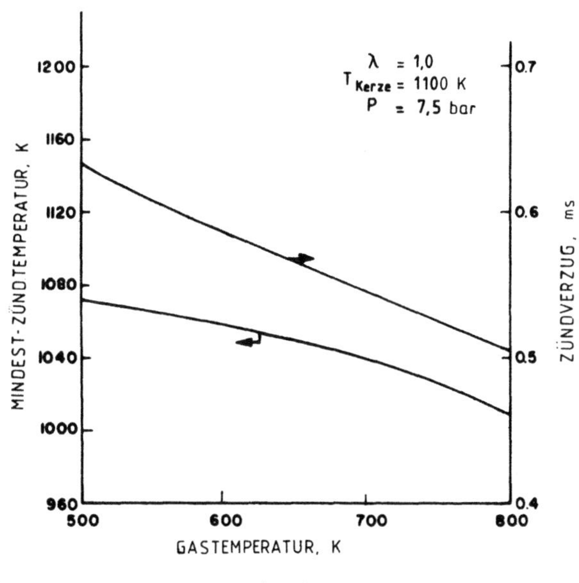

Abb. 7.33. Einfluß der Gastemperatur auf Selbstentzündungstemperatur und Zündverzug [6.39]

einschließlich Benzin. Hieraus ist leicht erklärlich, warum die Vorentflammung eher bei hochverdichteten Otto-Motoren in Bereichen hoher Last auftritt.

Das Mischungsverhältnis hat insgesamt einen geringeren Einfluß. Wird das Gemisch magerer, nimmt die Entzündungstemperatur kaum zu, der Zündverzug steigt im Vergleich zu den vorhergenannten Effekten verhältnismäßig wenig an. Ähnlich verhalten sich paraffinische Kohlenwasserstoffe und Benzin, jedoch wurde bei Methan eine umgekehrte Tendenz festgestellt. Dieser entgegengesetzte Trend wird auch für flüssiges Methanol erwartet. Das Zusammenwirken der verhältnismäßig hohen Verdampfungswärme von Methanol mit dem hohen Methanol-Mengenanteil im Kraftstoff-Luftgemisch führt zu einem deutlichen Einfluß der Kraftstoff-Verdampfung, besonders bei reichem Gemisch. Die Folge ist eine Absenkung von Temperatur und Druck im Brennraum, wodurch ein stärkerer Effekt erreicht wird als durch das Mischungsverhältnis alleine. Hierzu Abb. 7.32.

Eine Absenkung der Temperatur des die Reaktionszone umgebenden Gases erhöht die Wärmeabgabe und führt somit zum Anstieg von Entzündungstemperatur und Zündverzug, Abb. 7.33. Somit empfiehlt sich zur Verringerung der Gefahr einer Vorentflammung eine Verbesserung der Wärmeabführung von der Mittelelektrode der Zündkerze. Das bedeutet Zündkerzen mit hohem Wärmewert und gezielte Brennraumentwicklung mit entsprechend starker Gemischbewegung um die Kerzenelektrode. Auch die Zusammensetzung des Gemischs zeigt einen Einfluß, wie dies durch den Einsatz einer Abgasrückführung untersucht wurde, Abb. 7.34.

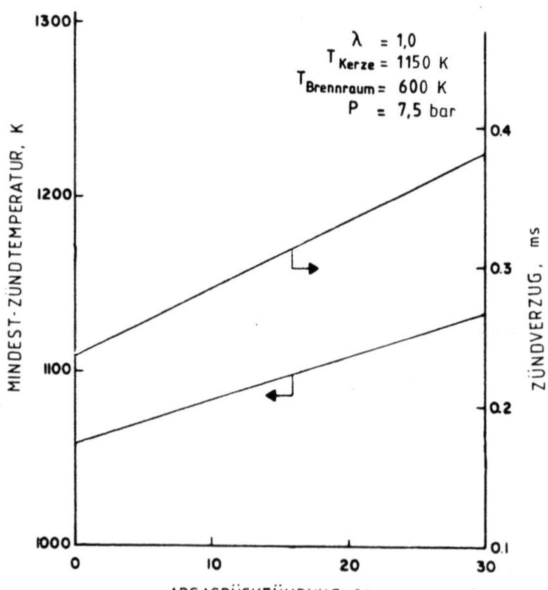

Abb. 7.34. Einfluß von rückgeführtem Abgas auf Selbstentzündungstemperatur und Zündverzug [6.39]

Die Zuführung von Inertgas und die damit verbundene Absenkung der Sauerstoffkonzentration wirken sich in höherer Entzündungstemperatur und zunehmendem Zündverzug aus, allerdings nur geringfügig. Eine ähnliche Wirkung ist bei der Zugabe von Wasser zum Kraftstoff-Luftgemisch festzustellen, Abb. 7.35.

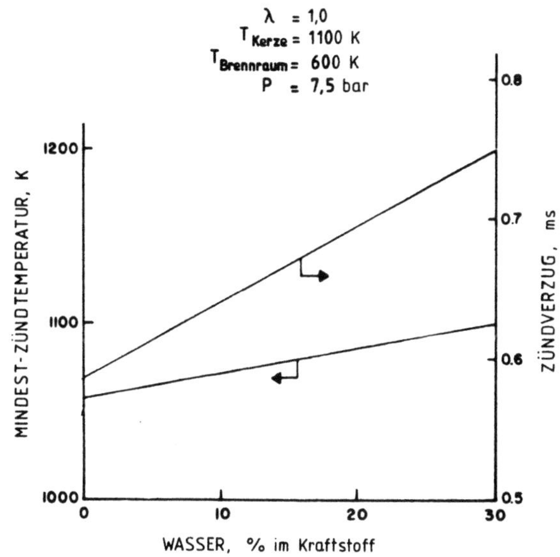

Abb. 7.35. Einfluß von Wasser auf Selbstentzündungstemperatur und Zündverzug [6.39]

In diesem Zusammenhang sollten weitere physikalische Parameter untersucht werden, so die Oberflächentemperatur der Masseelektrode, die Gestaltung und Zusammensetzung des Oberflächenmaterials sowie die Turbulenz des Brenngases in der Umgebung der Zündkerze.

7.3.3 Kaltstart von Alkohol-Motoren

Der Kaltstart von Alkohol-Motoren wird durch nachfolgende Faktoren nachteilig beeinflußt:

Flüchtigkeit

Die geringe Flüchtigkeit der Alkohole erschwert die Bildung eines zündfähigen Kraftstoffdampf-Luftgemisches.

Es läßt sich errechnen, daß unter atmosphärischem Druck die Zündgrenze für Methanol bei etwa + 10°C und für Ethanol bei etwa + 15°C erreicht wird. Durch Senkung des Drucks kann diese Grenze etwas zu niedrigeren Temperaturen verschoben werden. Bei 0,83 bar, dem möglichen Saugrohrunterdruck während des Startvorgangs, verschieben sich die errechneten Startgrenzen (Zündgrenzen) auf etwa + 5,6°C für Methanol bzw. + 12°C für Ethanol. Diese Werte stimmen mit den bei praktischem Betrieb möglichen Startgrenzen mit diesen beiden Kraftstoffen überein [6.39], [6.40], [7.39], [7.40].

Dampfdruck

Das Kaltstartverhalten eines Kraftstoffs wird in erster Linie durch seinen Dampfdruck gekennzeichnet. Abb. 7.36 zeigt den Dampfdruck von handelsüblichen Benzinqualitäten sowie von Methanol und Ethanol, abhängig von der Außentemperatur [6.2]. Bekanntlich geht mit sinkender Temperatur der Dampfdruck aller Kraftstoffe stark zurück. Wie am Winter-Benzin zu sehen, wird die Kaltstartgrenze heute üblicher Serienfahrzeuge bei etwa – 20 bis – 25°C erreicht, entsprechend einem Dampfdruck von 0,05 bar. Dieser Wert kennzeichnet ebenfalls in etwa die praktische Kaltstartgrenze für Methanol (zwischen + 5 und + 10°C) ebenso wie den entsprechenden Wert für Ethanol (bei etwa + 15 bis + 20°C).

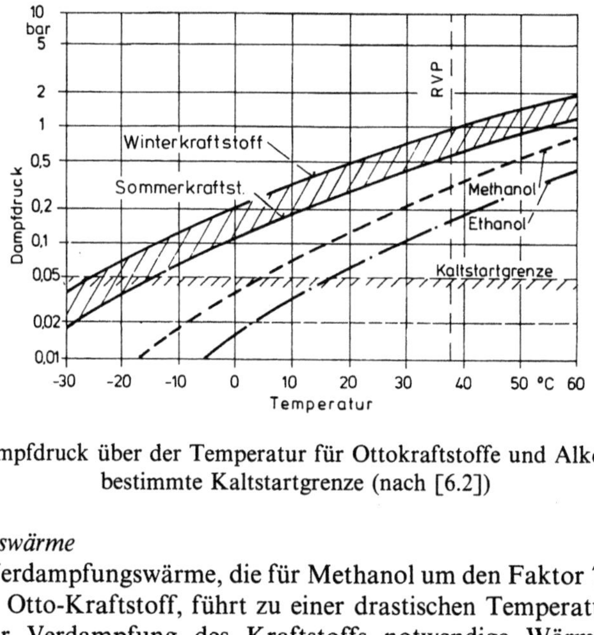

Abb. 7.36. Dampfdruck über der Temperatur für Ottokraftstoffe und Alkohole, dadurch bestimmte Kaltstartgrenze (nach [6.2])

Verdampfungswärme

Die hohe Verdampfungswärme, die für Methanol um den Faktor 7 höher ist als für normalen Otto-Kraftstoff, führt zu einer drastischen Temperaturabsenkung, wenn die zur Verdampfung des Kraftstoffs notwendige Wärmemenge dem Kraftstoff-Luftgemisch entzogen wird. Während für normalen Otto-Kraftstoff im stöchiometrischen Bereich die vollständige Verdampfung eine Temperaturabsenkung zwischen 20 und 25°C mit sich bringt, beträgt dieser Wert für Methanol 122°C (Tabelle 6.1). Hinzu kommt, daß die niedrige Verdampfungsgeschwindigkeit der Alkohole eine schnelle und homogene Gemischbildung erschwert.

Kraftstoff-Luftverhältnis

Der geringere Luftbedarf der Alkoholkraftstoffe führt dazu, daß im zündfähigen Kraftstoff-Luftgemisch der Flüssigkeitsanteil wesentlich höher ist, bei Methanol um einen Faktor von mehr als 2 im Vergleich zu Benzin. Damit besteht in der kritischen Kaltstartphase und unmittelbar danach die Gefahr, daß die Zündanlage durch nasse Kerzen in ihrer Leistung stark reduziert wird bzw. völlig ausfällt. Hier ist eine entsprechend unempfindliche Zündanlage mit hoher Zündenergie vorteilhaft. Erschwert werden die Verhältnisse dadurch besonders bei Methanol-

Motoren, wenn wegen des Glühzündverhaltens Zündkerzen mit hohem Wärmewert erforderlich sind, die aufgrund ihrer Bauart besonders empfindlich gegen Naßwerden sind.

Maßnahmen zur Verbesserung des Kaltstarts von Rein-Alkohol-Motoren. Zusätzliche Einrichtungen am Motor-Fahrzeugkonzept
Zur Verbesserung des unbefriedigenden Kaltstart- und Kaltfahrverhalten von Rein-Alkohol-Motoren (Methanol bzw. Ethanol) bieten sich eine Reihe von Maßnahmen an:

Hilfskraftstoff. Eine sichere Methode besteht im Start des Motors mit einem Hilfskraftstoff, z. B. Benzin oder einem gasförmigen Kraftstoff. Hier ist eine temperaturabhängige Zumeßeinrichtung notwendig, vorteilhaft ist die Zugabe des Hilfskraftstoffs nicht nur während des Startvorgangs, sondern auch während der anschließenden Warmlaufphase zur Verbesserung des Fahrverhaltens. Dadurch werden außerdem die Abgas-Emissionen, besonders HC (UBF), und Aldehyd-Emissionen günstig beeinflußt.

Der Nachteil dieses Systems besteht darin, daß das Fahrzeug nur betriebssicher ist, wenn auch der zweite Kraftstoff vorhanden ist.

Elektrische Heizung. Eine Wärmezufuhr durch elektrische Heizung vor bzw. auch nach dem Kaltstart erfolgt zweckmäßigerweise in der Weise, daß die Energie direkt dem Kraftstoff zugeführt wird. Hierfür sind brauchbare Systeme entwickelt worden.

Nachteilig ist bei diesen Verfahren neben dem höheren Bauaufwand der hohe Verbrauch an elektrischer Energie aus der Batterie.

Flammstartgeräte. Das Vorwärmen mittels eines Flammstartgerätes stellt eine sichere, wenn auch aufwendige Methode dar. Nachteilig ist neben dem höheren Bauaufwand die Wartezeit vor dem Start.

Thermische Spaltung. Die thermische Zerlegung von Alkoholkraftstoffen in Wasserstoff, Kohlenmonoxyd und andere Gase führt zu einem sicheren Kaltstart. Aussichtsreich erwies sich ein Gasgeneratorsystem zur thermischen Dissoziation von Alkoholen. Das System wird mit einem Alkoholbrenner geheizt und liefert ein Gemisch von Wasserstoff, Kohlenmonoxyd und Kraftstoffdampf. Näheres über die Konstruktion des Reaktors in Abschnitt 7.6.2. Mit diesem Generator wurden sichere Starts bei Temperaturen um − 15°C erreicht. Insgesamt ist dieses System sehr aufwendig, der Übergang vom gasförmigen zum flüssigen Kraftstoff unmittelbar nach dem Start muß sorgfältig abgestimmt werden, um Fahrfehler oder ein Stehenbleiben des Motors zu vermeiden.

Nachteilig bei diesem Verfahren ist der hohe Bauaufwand, die Wartezeit vor dem Start und die Gefahr einer Verrußung des Reaktors.

Katalytische Spaltung. Eine katalytische Spaltung kann erst dann in Gang gesetzt werden, wenn der Katalysator die notwendige Betriebstemperatur hat. Dieses Verfahren benötigt dann jedoch weniger Energie als die thermische Spaltung.

Dieses Verfahren leidet unter den gleichen Nachteilen wie Übergangsprobleme, hoher Bauaufwand und ebenfalls Wartezeit vor dem Start.

Erhöhung der Zündenergie. Eine Erhöhung der Zündenergie auch bis in extrem hohe Werte verbessert das Kaltstartverhalten nur mäßig.

Kraftstoffvernebelung. Eine Vernebelung des Kraftstoffes, z. B. durch Ultraschallzerstäubung, läßt von der Theorie her eine Verbesserung des Kaltstartverhaltens erwarten.

Wird der Alkoholkraftstoff sehr fein zerstäubt, so daß er in kleiner Tröpfchengröße in den Zylinder gelangt, ohne daß er im Saugrohr ausfällt oder kondensiert, läßt sich der Kraftstoff bei niedrigen Temperaturen sicher zünden, da die Kompressionswärme günstiger aufgenommen wird. Diese zunächst aus Berechnungen erwartete Möglichkeit muß durch entsprechende Versuche noch bestätigt werden.

Leicht siedende Zusatzkomponenten im Kraftstoff. Mit verschiedenen Konzepten wurde inzwischen nachgewiesen, daß die Absenkung der Kaltstartgrenze alkoholbetriebener Motoren auf die Werte heutiger Benzinmotoren schwierig und aufwendig ist, wenn dies nur durch Zusatzeinrichtungen des Motorkonzepts erfolgen soll. Wesentlich einfacher ist der Weg, durch zusätzliche Komponenten den Alkoholkraftstoffen jene Eigenschaften mitzugeben, die einen sicheren Kaltstart einschließlich dem anschließenden Warmlauf gewährleisten.

Die Zugabe von leicht siedenden Komponenten zum Alkohol-Kraftstoff erscheint als eine der aussichtsreichsten Methoden. Hier ist eine erfolgversprechende Optimierung des gesamten Systems Kraftstoff-Motor zu erwarten. Beim motorischen Konzept ist besonders vorteilhaft, daß auch einfache Gemischbildungseinrichtungen mit Vergaser zu befriedigendem Betriebsverhalten kommen. Eine Wartezeit vor dem Start ist nicht notwendig. Dieses Verfahren ist ebenso hilfreich für den Kaltstart wie auch für das nachfolgende Kaltfahrverhalten [6.7], [7.21], [7.22].

Mögliche Zumischkomponenten zur Verbesserung des Kaltstarts. Durch Zugabe leichtflüchtiger Bestandteile läßt sich der Dampfdruck und der Siedeverlauf der Alkoholkraftstoffe dem von üblichem Benzin anpassen. Am Beispiel der Zumischung von Isopentan ist in Abb. 7.37 gezeigt, wie der Reid-Dampfdruck von Alkoholkraftstoffen angehoben werden kann. Bei Methanol genügen etwa 10 Vol.-% Isopentan-Zumischung, um den Dampfdruck von üblichem Winterbenzin zu erreichen. Abb. 7.38 zeigt den Siedeverlauf eines solchen Alkoholkraftstoffes im Vergleich zu den Werten von Winterbenzin. Die praktischen Versuche zeigen, daß diese Veränderung der Siedekurve bzw. die Erhöhung des Dampfdruckes auf übliche Werte von Winterbenzin sichere Kaltstarts bei tiefen Temperaturen gewährleisten, wie sie auch mit benzinbetriebenen Fahrzeugen üblich sind. Die Praxis hat weiter gezeigt, daß diese Veränderung des Kraftstoffes auch ausreicht, das zumindest bei Vergaserfahrzeugen kritische Warmlaufverhalten mit Alkoholkraftstoffen sicher zu beherrschen, ohne daß zusätzliche, aufwendige Maßnahmen notwendig sind.

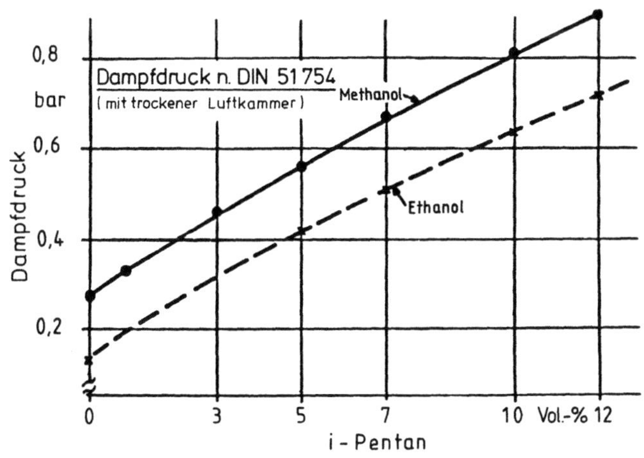

Abb. 7.37. Dampfdruckerhöhung von Alkoholkraftstoffen durch Zugabe von Isopentan

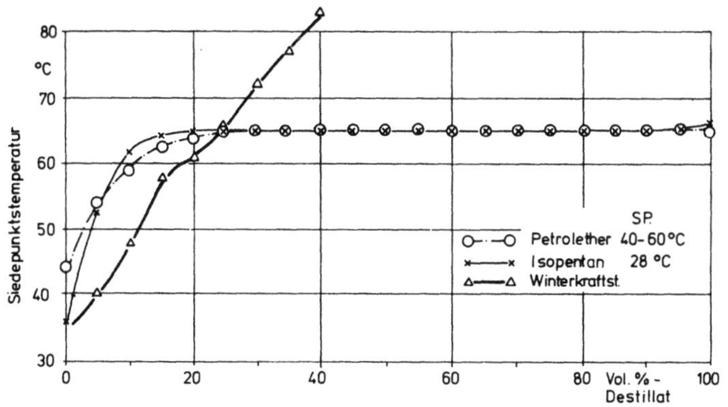

Abb. 7.38. Änderung der Siedekurve von Methanolkraftstoff durch Zugabe von jeweils 10% einer Komponente mit niedrigem Siedepunkt. Zum Vergleich der Siedebeginn von normalem Winterkraftstoff für Ottomotoren

Eine andere Darstellung der Kaltstartgrenze ist in Abb. 7.39 gezeigt. Hier ist, wieder am Beispiel Methanol-Isopentan, zu sehen, wie sich die Kaltstartgrenze von Alkoholmotoren durch Erhöhung des Dampfdrucks verbessern läßt.

Isopentan ist nur ein Beispiel der Möglichkeiten, den Kaltstart mit Alkoholkraftstoffen zu verbessern. Als weitere Möglichkeiten seien hier genannt: leicht siedendes Benzin, Butan, Dimethylether, Diäthylether. Die beiden letztgenannten Zusätze lassen sich durch entsprechende Steuerung des Herstellungsprozesses in einem Produktionsgang mit dem Methanol bzw. Ethanol herstellen, und zwar in einer Menge, die ausreicht, einen sicheren Kaltstart zu erreichen.

In Tabelle 7.3 ist eine Auswahl der möglichen Zumischkomponenten zur Erhöhung des Dampfdrucks und damit zur Verbesserung des Kaltstartverhaltens von Alkoholkraftstoffen zusammengestellt.

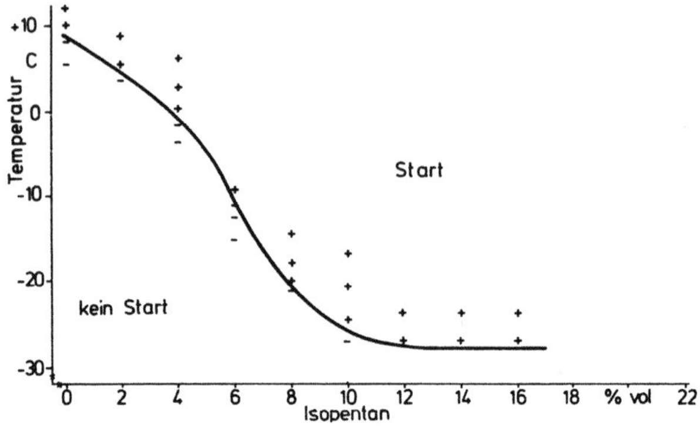

Abb. 7.39. Temperaturabhängige Kaltstartgrenze von Methanolkraftstoff durch unterschiedliche Isopentanmengen [6.7]

Tabelle 7.3. *Zündpunkte/Explosionsgrenzen von Kaltstart-Zumischkomponenten*

Produkt	Zündpunkt-temperatur (°C) DIN 51 794	Explosionsgrenzen		Siedepunkt °C (760 mm Hg)
		untere (Vol.-%)	obere (Vol.-%)	
Dimethylether	240	3,0	18,6	−28
Diäthylether	170	1,7	36,0	+34
Methyl-tert.-Butylether	460	1,65	8,4	+55,2
Isopentan	420	1,3	7,6	+28
Mischbutan*	365–465	1,5–1,8	8,5–8,8	−20
Petrolether (40 60)	300	1,3	6,0	40–60
Zum Vergleich:				
Methanol	400	6,0	36,0	65
Otto-Kraftstoff	230–260	1,2	6,0	30–180

* Grenzwerte von n-C_4, i-C_4, i-C_4'.

In Tabelle 7.4 sind die Mengen der Zumischkomponenten genannt, um einen Dampfdruck von 0,9 bar zu erreichen. Dieser Wert erscheint notwendig für einen sicheren Kaltstart. Die geringere Flüchtigkeit von Diäthylether und Methyl-tert.-Butylether läßt diesen Dampfdruck allerdings nicht erreichen. Somit erscheinen diese Komponenten lediglich für geringere Ansprüche an das Kaltstartverhalten geeignet. Der große Vorteil des Diäthylethers ist jedoch der weite Zündbereich (Tabelle 7.3). Deshalb empfiehlt sich unter Umständen eine teilweise Zumischung zur Verbesserung des Zündverhaltens.

Die Überprüfung der Octanzahlen ergab, daß diese Zumischkomponenten in der hier vorgesehenen Menge nur geringen Einfluß auf das Klopfverhalten der Kraftstoffe haben.

Tabelle 7.4. *Abhängigkeit des Dampfdruckes von der Konzentration der Zusatzkomponenten*

Zusatzkomponente	in Gew.-%	RVP (bar)
Mischbutan (C_4)	3,5	0,90
Isopentan (i-C_5)	8,5	0,90
Dimethylether (DME)	5,8	0,90
Petrolether (40 60)	10	0,65
Diäthylether	20	0,55
Methyl-tert.-Buthylether (MTB)	20	0,35
Zum Vergleich:		
Methanol	100	0,27

Bei Methanolkraftstoffen ist durch die Zumischkomponente ein Einfluß auf das Vorentflammungs-(Glühzündungs)-Verhalten feststellbar, der zwar gering ist, in fast allen Fällen jedoch verbessernd wirkt.

Die Zündgrenzen und die Flüchtigkeit von Alkoholen liegen in solchen Bereichen, daß unter bestimmten Umständen im normalen Betrieb bei Umgebungstemperatur sich ein zündfähiges Kraftstoff-Luftgemisch im Tank des Fahrzeugs bilden kann. Diese Gefahr wird durch die Zugabe leicht siedender Komponenten vermieden, zumindest stark reduziert. Die Stabilität der Mischung gegen Phasentrennung bei tiefen Temperaturen und in der Gegenwart von Wasser ist in jedem Fall wesentlich günstiger als bei Methanol-Benzin-Mischkraftstoffen, auch bei Zusätzen auf der Basis von Kohlenwasserstoffen, wie Isopentan und Petrolether.

Eine Überprüfung der Mischungsstabilität (Phasentrennung) bei tiefen Temperaturen mit einer Mischung aus Methanol, 10% Wasser und den in Tabelle 7.3 genannten Mengen der Zumischkomponenten ergab stabile Mischungen bis unter − 50°C. Lediglich die Mischungen mit Isopentan und Petrolether sind bei diesen hohen Wassermengen kritischer. Hier müßten eventuell Lösungsvermittler (z. B. höhere Alkohole) verwendet werden. Ein Wassergehalt von < 1% wird jedoch auch von diesen Kohlenwasserstoffen bis zu Temperaturen unter − 20°C toleriert.

Ausdampfen der Additive. Bei der Betrachtung der für den Kaltstart zusammengesetzten Alkohol-Kraftstoffe erhebt sich die Frage, wie schnell die leicht siedenden Bestandteile im praktischen Betrieb aus dem Kraftstoff ausdampfen. Zu diesem Zweck wurden umfangreiche Versuche in einer Prüfanlage durchgeführt. Diese Anlage bestand aus einem Kraftstofftank sowie einer Gemischbildungsanlage (Vergaser) und den entsprechenden Kraftstoffpumpen. Der Kraftstoff wurde im Kreislauf umgepumpt, dabei auf 50°C erwärmt und in regelmäßigen Zeitabständen durch Bestimmung des Reid-Dampfdrucks die Ausdampfquote der leicht siedenden Bestandteile bestimmt. Wie Abb. 7.40 zeigt, sinkt der Dampfdruck während der Versuchszeit kontinuierlich ab. Im Vergleich zu normalem Otto-Kraftstoff zeigen die hier untersuchten Methanol-Kraftstoffe einen etwas stärkeren Abfall, jedoch selbst nach Versuchszeiten über 40 Stunden sind noch Dampfdruckwerte zwischen 0,4 und 0,5 bar vorhanden, die einen sicheren Kaltstart bei Temperaturen um etwa 0°C erwarten lassen.

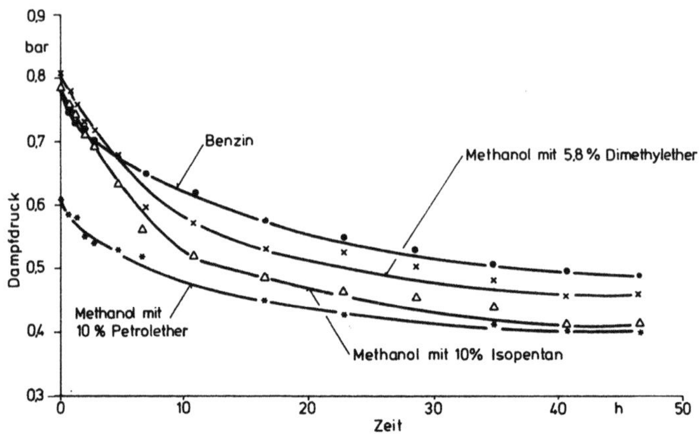

Abb. 7.40. Absenkung der Flüchtigkeit (Reid-Dampfdruck) über der Zeit für Methanolkraftstoffe mit verschiedenen leichtflüchtigen Zumischkomponenten. Im Vergleich dazu Ottokraftstoff (Winterqualität)

Konstruktive Maßnahmen und Versuchsergebnisse zur Verbesserung des Kaltstarts und des Fahrverhaltens

Heizsysteme. Zur Verbesserung des Kaltstart- und Fahrverhaltens von Alkoholmotoren bieten sich Maßnahmen zur Erzeugung und Optimierung eines zündfähigen Kraftstoff-Luftgemisches an.

Hier sind entsprechende konstruktive Anpassungen im Ansaugsystem des Motors hilfreich, besonders bei Vergasermotoren, weil wenigstens ein Teil des Kraftstoffs verdampfen sollte, um zu krasse Unterschiede in der Gemischzusammensetzung für die einzelnen Zylinder zu vermeiden. Als naheliegend bietet sich in erster Linie die intensive Wärmezuführung zum Kraftstoff-Luftgemisch an.

Konstruktiv sind einige Möglichkeiten zur Verbesserung der Gemischqualität realisierbar. Kühlwasser- bzw. abgasbeheizte Saugrohrsysteme mit entsprechender Heizleistung haben sich bei mehreren Motorkonzepten bewährt. Sie können jedoch nicht helfen, solange der Motor nicht betriebswarm ist. Hier muß mit anderen Heizenergien, das heißt mit der Bordelektrik, ausgeholfen werden.

Ein in Prototypfahrzeugen bewährtes Heizsystem wird in [7.58] beschrieben. Wie die Abb. 7.41 und 7.42 zeigen, befindet sich ein elektrisch beheiztes Element unter der ersten Stufe des Vergasers im Saugrohrsystem. Hier wird ein elektrisches Heizelement eingesetzt, das 200 W bei 12 V aufnimmt. Die Wärme wird an das Gemisch über große Oberflächenrippen abgegeben. Für den Kaltstart bei tiefen Temperaturen wird das Heizelement 10 sec vorgewärmt und die Beschleunigungspumpe des Vergasers zweimal betätigt. Damit wurden verläßliche Starts bei Temperaturen bis 0°C erreicht. Die Heizung des Systems bleibt in Betrieb bis zu einer Kühlwassertemperatur von 60°C. Vorteilhaft bei dieser Konstruktion ist die günstige große Oberfläche zur Wärmeabgabe an das Gemisch.

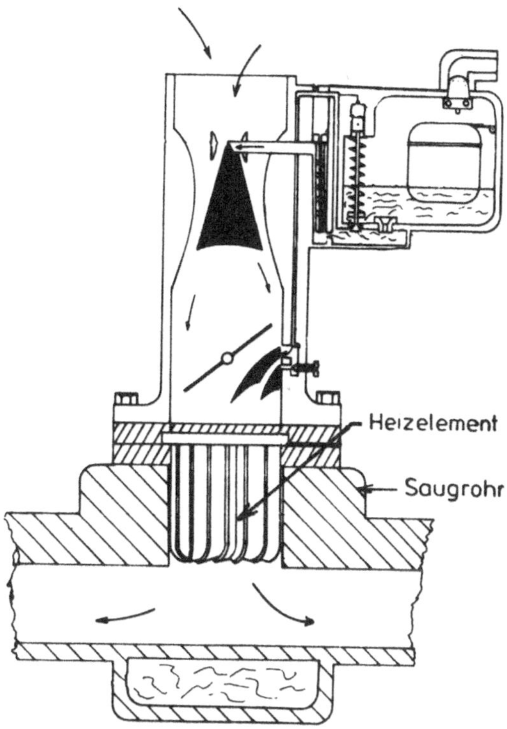

Abb. 7.41. Elektrisch beheiztes Element im Saugrohr eines Alkohol-Vergasermotors, schematische Darstellung (nach [7.58])

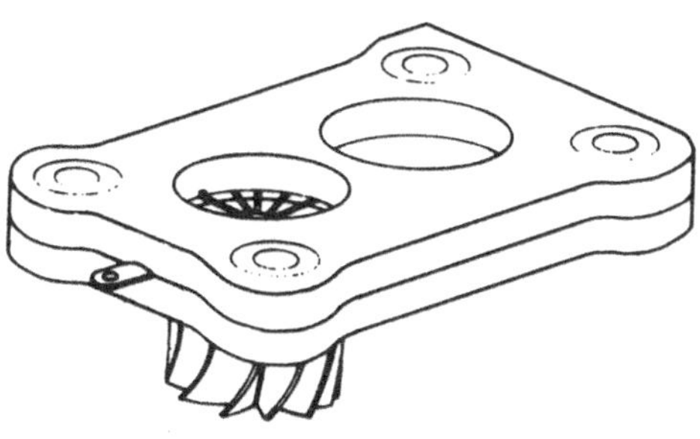

Abb. 7.42. Heizelement nach Abb. 7.41

Der Kaltstart selbst wird durch die Verdampfungseigenschaften des Kraftstoffs bestimmt. Reichen diese Eigenschaften für tiefere Temperaturen nicht aus, muß an geeigneter Stelle Energie zugeführt werden. Für eine elektrische Heizung steht im Fahrzeug nur begrenzte Energie zur Verfügung, diese muß dann so wirkungsvoll wie möglich eingesetzt werden.

Systeme zur Verdampfung der Alkoholkraftstoffe vor dem Kaltstart haben gezeigt, daß damit durchaus Starts von mit reinem Methanol betriebenen Motoren bei Temperaturen von – 10°C möglich sind. Das Kritische ist dabei jedoch nicht der Kaltstart selbst, sondern der unmittelbare Durchlauf danach. Hierfür muß eine gewisse Menge an verdampftem Kraftstoff in Vorrat gehalten werden. In Versuchen haben sich Konstruktionen bewährt, bei denen eine gewisse Methanolmenge in einem Druckgefäß verdampft wird. Das System muß dann so ausgelegt werden, daß nach dem Kaltstart für eine gewisse Zeit der Motor im Leerlauf mit diesem verdampften Kraftstoff betrieben werden kann.

Es empfiehlt sich, für den eigentlichen Kaltstart den Kraftstoff selbst so stark vorzuwärmen, daß er zum Verdampfen kommt. Die wichtigsten Konstruktionsprinzipien eines solchen Systems sind geringe thermische Trägheit, so daß nur kurze Vorheizzeiten notwendig sind. Durch geschickte Konstruktion sind Vorheizzeiten in der Größenordnung von 3 Sekunden möglich [7.40]. Die Masse des verdampften Kraftstoffes läßt sich durch die zugeführte elektrische Energie bestimmen. Durch geeignete Auslegung des Heizsystems sind Wirkungsgradwerte von etwa 85% erreichbar. Zweckmäßigerweise wird das System so ausgelegt, daß die Gemischanreicherung für Kaltstart und Warmfahren aus dem Heizsystem kommt, das heißt, der Vergaser hat dann keine zusätzliche Anreicherungseinrichtung. Bei Ethanolbetrieb und Temperaturen von – 10°C waren Vorheizzeiten von 25 Sekunden bei einer Leistungsaufnahme zwischen 350 und 400 W notwendig.

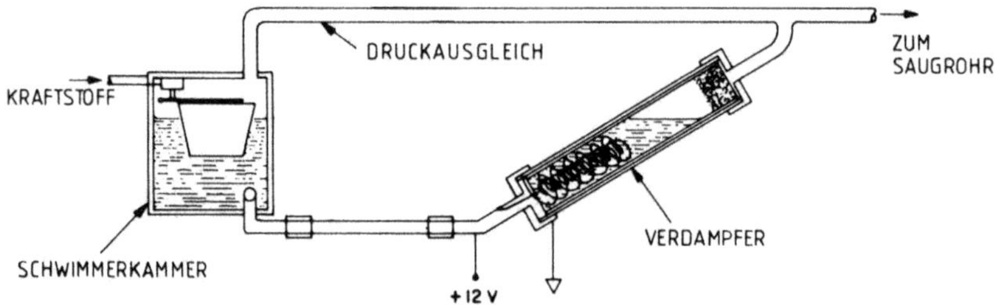

Abb. 7.43. Schematische Darstellung eines elektrisch beheizten Startsystems für Vergasermotoren [7.40]

Eine frühere Ausführung entnahm den Kraftstoff aus der Schwimmerkammer und führte ihn in verdampfter Form oberhalb der Drosselklappe zu. Hierbei zeigte sich jedoch, daß starke Kondensationen an den kalten Wänden am Drosselklappenteil stattfanden, so daß Starttemperaturen unter – 3°C nicht möglich waren. Das verbesserte System nach Abb. 7.43 führt den Kraftstoffdampf unterhalb der Drosselklappe direkt ins Saugrohr zu. Hierfür ist eine eigene Schwimmerkammer notwendig, da der Verdampfer mit dem Saugrohrunterdruck direkt verbunden ist. Die Schwimmerkammer selbst ist ebenfalls zum Saugrohrunterdruck belüftet, so daß dieser als bestimmende Größe für die vom Verdampfer gelieferte Menge eliminiert wird.

Die verdampfte Kraftstoffmenge wird durch die elektrische Energie des Heizsystems bestimmt. Diese Konstruktion ermöglicht erfolgreiche Kaltstarts innerhalb von 5 Sekunden bei Temperaturen unter – 6°C. Eine weitere Verbesserung des Kaltstartverhaltens wurde dadurch erreicht, indem die Ansaugluft zusätzlich elektrisch geheizt wurde. Durch zusätzliche Änderungen am Vergaser konnten sichere Kaltstarts bei Temperaturen unter – 10°C erreicht werden. Die größte

Schwierigkeit besteht jedoch darin, unmittelbar nach dem Kaltstart einen sicheren Durchlauf des Motors zu erreichen. Dieses Problem besteht auch bei allen anderen ähnlichen Systemen zur Sicherung des Kaltstarts.

Über die erfolgreiche Erprobung eines weiteren Kaltstartgerätes wird in [7.34] berichtet. Dieses Gerät, in Abb. 7.44 dargestellt, besteht aus vier elektrisch beheizten PTC(positive temperature coefficient)-Elementen. Über eine elektromagnetisch gesteuerte Düse wird flüssiges Methanol auf die geheizten Flächen gespritzt, das dann verdampft und sich mit der durch das Gerät gesaugten Luft vermischt. Zweckmäßigerweise wird das ganze System so ausgelegt, daß es die notwendige Gemischmenge für den Kaltstart bzw. den anschließenden Leerlauf des kalten Motors liefert. Abhängig von der Außentemperatur wird eine gewisse Zeit vorgeheizt. Die entsprechenden Kennlinien sind in Abb. 7.44 dargestellt. Eine zusätzliche Sicherheitsschaltung verhindert das Überhitzen der Elemente.

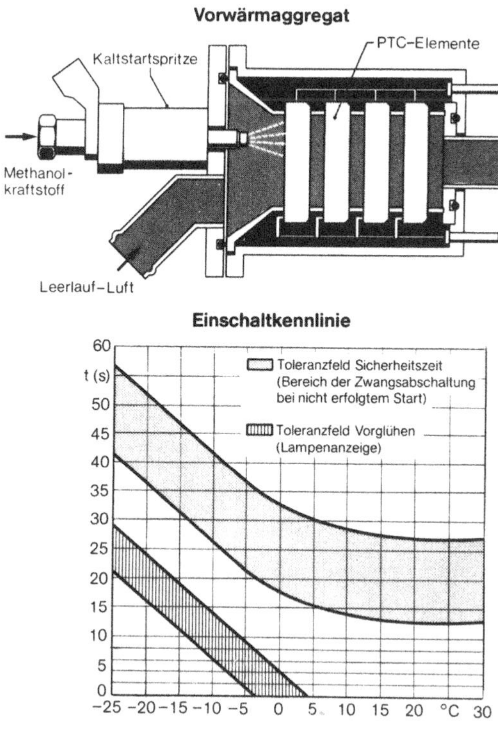

Abb. 7.44. Elektrisch beheiztes Startsystem mit PTC-Elementen mit zugehöriger Kennlinie [7.34]

Versuche haben zu verläßlichen Starts mit reinem Methanol bis − 15°C geführt. Dieses System erfordert allerdings einigen Bauaufwand, da der Kraftstoff über eine Pumpe auf Druck gebracht werden muß, um die Zerstäubung durch die Düse sicherzustellen. Dieses System wird sich besonders für Einspritzanlagen eignen, die an sich schon über die entsprechende Kraftstoffpumpe verfügen.

Kaltstart mit dissoziiertem Methanol. Eine weitere Möglichkeit, das ungenügende Kaltstartverhalten von Methanolmotoren zu verbessern, besteht in der Verwendung von gasförmigen Kraftstoffen. Es liegt nahe, zunächst die Zerlegung des flüssigen Methanols in gasförmige Bestandteile zu versuchen. Die rein thermische Umwandlung von Methanol in Spaltgas erfolgt bei höheren Temperaturen, dieser Vorgang kann durch die Verwendung geeigneter Katalysatoren bereits bei niedrigeren Temperaturen um etwa 300°C in Gang gebracht werden.

Eine Untersuchung des Prozeßverlaufs der thermischen Spaltung zeigt, daß dazu erhebliche Temperaturen und damit Wärmeenergie notwendig ist [7.41]. Da diese Energie vor dem Start des kalten Motors der Batterie entnommen werden muß, steht sie jedoch nicht in ausreichender Menge zur Verfügung. Durch die thermische Spaltung entstehen aus dem flüssigen Methanol nicht nur die gewünschten Produkte Wasserstoff und Kohlenmonoxid, sondern auch Methan, Kohlendioxid, Wasser und Ruß. Dabei erweist sich eine Rußablagerung als besonders störend in der Funktion. Die Bereitstellung der notwendigen Energiemengen zur Lieferung vom Startgas aus der thermischen Spaltung von Methanol mit Hilfe der Batteriekapazität alleine dürfte kaum möglich sein. Die notwendige Energie müßte deshalb durch die Verbrennung von Methanol geliefert werden. Es läßt sich errechnen, daß die durch Verbrennung von Methanol gewonnene Wärme ausreicht, etwa die vierfache Menge des verbrannten Methanols thermisch zu spalten.

Versuchsergebnisse mit einer durch einen Methanolbrenner vorgeheizten Spaltgasanlage erbrachten brauchbare Kaltstarts bei Temperaturen bis – 20°C. Nach dem erfolgreichen Start mußte der Motor allerdings noch einige Minuten mit Spaltgas betrieben werden, bis ein Weiterlauf mit flüssigem Methanol möglich war. Abb. 7.45 zeigt die an einem Versuchsmotor (Ford Pinto, 2,3 l, Vierzylinder) notwendige Zeit, in der der Motor noch mit Gas betrieben werden mußte, bis ein einwandfreier Betrieb mit flüssigem Methanol möglich war [7.41].

Die thermische Zersetzung von Methanol in gasförmige Kraftstoffe erfordert weitere Entwicklungsarbeit, bis ein Reaktor möglich ist, der den praktischen Erfordernissen entspricht. Dazu gehören auch schnelles Ansprechen, einfacher

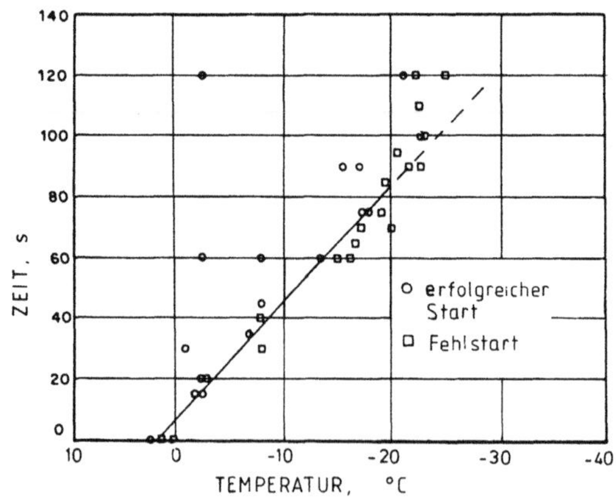

Abb. 7.45. Temperaturabhängig notwendige Einschaltzeit von gasförmigem (dissoziiertem) Kraftstoff bis zum Durchlauf des Motors nach dem Kaltstart [7.41]

Aufbau, Betriebssicherheit und geringe Herstellungskosten. Es müßte außerdem untersucht werden, wie weit diese Reaktion durch den Einsatz von Katalysatoren effektvoller gestaltet werden kann. Denkbar ist außerdem, daß die Reaktion so gestaltet werden kann, daß primär nicht Wasserstoff und Kohlenmonoxid, sondern Methan erzeugt wird. Bei all diesen Überlegungen ist jedoch stets die Energiebilanz zu beachten. Dabei müßte durch weitere Versuchs- und Entwicklungsarbeiten geklärt werden, ob nicht die Verdampfung von Methanol bereits für sichere Kaltstarts ausreicht. Für die praktische Ausführung von Methanol-Verdampfungsanlagen für den Kaltstart gibt es bereits mehrere Ansätze.

Weitere Informationen über die Spaltung von Alkoholen finden sich in Kapitel 7.6.

Zusammenfassend kann zum Problem Kaltstart und Fahrverhalten von Alkoholmotoren gesagt werden:

Als eine der erfolgversprechendsten Maßnahmen zur Verbesserung des Kaltstartverhaltens bietet sich eine Änderung in der Kraftstoffzusammensetzung an. Alkohole können durch leicht siedende Bestandteile in ihrem Dampfdruck und Flüchtigkeitsverhalten den Werten von vergleichbaren Otto-Kraftstoffen angepaßt werden. Damit lassen sich Kaltstart und Fahrverhalten zufriedenstellend beherrschen.

Unterstützende Maßnahmen, wie elektrische Heizung des Kraftstoffs, verbessern den Kaltstart erheblich.

Das übliche Verfahren, Alkoholmotoren mit Hilfe eines zusätzlichen Kraftstoffsystems auf der Basis von Benzin, Butan oder anderen leichtflüchtigen Stoffen zu starten, ist letztlich unbefriedigend, weil es auf die Notwendigkeit eines zusätzlichen Betriebsstoffs angewiesen ist.

7.3.4 Konstruktive Hinweise

Motor

Die hier genannten konstruktiven Hinweise und Erfahrungswerte werden durch weitere Veröffentlichungen [7.23], [7.25], [7.26], [7.31] bestätigt. Daraus geht hervor, daß nahezu gleiche Ergebnisse und Erfahrungen mit Motoren für Methanol- bzw. Ethanolbetrieb bestehen. Dies gilt auch für die in größerer Zahl in Brasilien in Serie produzierten Ethanolmotoren bzw. Fahrzeuge.

Abb. 7.46 zeigt das Saugrohr für einen Alkoholmotor (oben im Bild) im Vergleich zu der Ausführung für einen Serienbenzinmotor. Deutlich ist der wesentlich vergrößerte Wasserraum in der Ausführung für den Alkoholmotor zu erkennen.

Wichtig ist die Gestaltung des Kurbelgehäuse-Abluftsystems. Starker Öldunst aus dem Kurbelgehäuse führt unter Umständen zu Ablagerungen im Ansaugtrakt aus Vergaser oder Einspritzsystemen. Die Ursache ist in der geringen Reinigungswirkung von Alkoholkraftstoffen (stark verminderte Löslichkeit des Motoröls) zu suchen. Dies kann entweder durch konstruktive Gestaltung des Abluftsystems oder durch entsprechende Reinigungszusätze im Kraftstoff behoben werden. Wird nach dem Start des kalten Motors über die Warmlaufeinrichtung des Gemischbildners das Kraftstoff-Luftgemisch zu stark angefettet, kommt es zu starker Ölverdünnung. Da sich Alkohole und Motoröl nicht mischen, entsteht zunächst eine gelblich-weiße Öl-Alkohol-Wasser-Emulsion im Kurbelgehäuse. Diese kann auf-

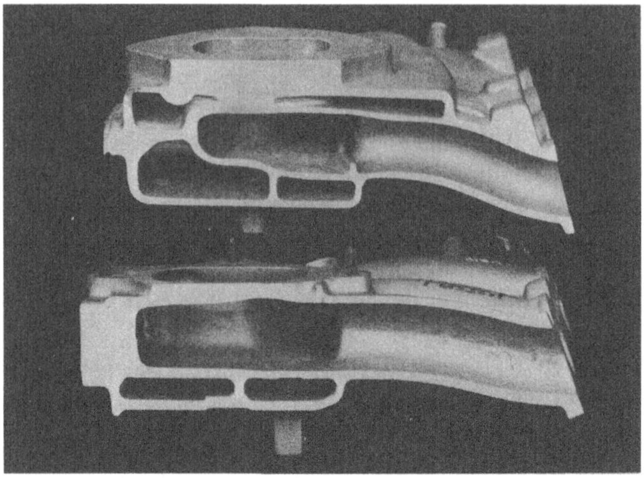

Abb. 7.46. Saugrohr eines Alkoholmotors (oben) im Vergleich zu der Ausführung des Serien-Benzinmotors (unten)

grund verminderter Schmierwirkung zu höherem Verschleiß führen. Mit zunehmender Öltemperatur dampft der Alkohol-Anteil aus dem Öl wieder aus. Sowohl Methanol als auch Ethanol haben im Gegensatz zu Benzin keinen Siedebereich, sondern einen festen Siedepunkt, der unterhalb der normalen Betriebstemperatur des Öls liegt. Erreicht das Motoröl den Siedepunkt des Alkohols, dampft in kurzer Zeit der gesamte Kraftstoffanteil aus dem Öl wieder aus. Da dieser Temperaturbereich relativ schnell durchfahren wird, kommt es bei starker Ölverdünnung zu intensivem Ausdampfen und einer entsprechend starken Strömung im Kurbelgehäuse-Entlüftungssystem. Dies hat zwei Auswirkungen zur Folge:

- Die starke Strömung reißt relativ viel Motoröl mit, was zu unerwünschten Ablagerungen im Ansaugtrakt führen kann.
- Der aus dem Öl ausdampfende Kraftstoff bewirkt im Ansaugsystem eine Gemischanfettung, die zu erhöhten Emissionswerten und unter Umständen zu zeitlich beschränkten Fahrfehlern führen kann.

Für die Auslegung der Brennraumgeometrie sind Kraftstoffverbrauch, Abgasverhalten und maximale Leistung üblicherweise als Kriterien ausschlaggebend. Bei Alkoholmotoren kommt jedoch ein weiterer Gesichtspunkt dazu. Hier ist zusätzlich der Kaltstart bei extrem tiefen Temperaturen zu beachten. Die kritischen Betriebsverhältnisse werden durch den hohen Flüssigkeitsanteil im Kaltstart-Kraftstoff-Luftgemisch erschwert, was leicht zu nassen Zündkerzen führt. Deshalb sollte bei der Auslegung der Brennraumgeometrie und der Positionierung der Zündkerzen dieser Gesichtspunkt nicht übersehen werden.

Gemischbildung

Beim Einsatz von Alkoholkraftstoffen kommt der Gemischbildung besondere Bedeutung zu. Die hohe Verdampfungswärme, der niedrige Dampfdruck und das

Fehlen leicht siedender Bestandteile – soweit es sich um reine Alkohole handelt – erschweren die Bildung eines für den Motor brauchbaren Kraftstoff-Luftgemischs. Die Folge sind Probleme in der gleichmäßigen Verteilung des Gemischs auf die einzelnen Zylinder. Dies gilt insbesonders für Vergasermotoren.

Diese Schwierigkeit läßt sich leicht an der gemessenen Gemischtemperatur im Saugrohr erkennen, die in Tabelle 7.5 dargestellt ist. Hier ist für die gleiche Saugrohrheizung wie beim Serienbenzinmotor die Gemischtemperatur angegeben. Die Temperatur des Methanolluftgemischs ist so gering, daß nur geringe Kraftstoffmengen verdampfen können und somit eine einigermaßen gleichmäßige Verteilung des Gemischs auf die einzelnen Zylinder nicht erwartet werden kann. Hier sind unbedingt Maßnahmen zur Erhöhung der Gemischtemperatur notwendig.

Tabelle 7.5. *Gemischtemperatur im Saugrohr in °C bei Benzin- und Methanolbetrieb*

	Benzin	Methanol
60 km/h Teillast	56	14
5 600 l/min Vollast	24	6

Dazu bieten sich folgende Maßnahmen an:

Warmluftansaugung. Das Vorwärmen der Ansaugluft, vorzugsweise mit Hilfe von Abgas, ist eine bewährte Methode, um die Gemischtemperatur und damit die Gemischqualität zu erhöhen. Allerdings kann auf diesem Weg alleine kaum die notwendige Wärmemenge zur Verdampfung ausreichender Alkoholkraftstoffmengen zur Verfügung gestellt werden. Diese Maßnahme ist lediglich unterstützend, jedoch nicht alleine ausreichend.

Gemischheizung im Saugrohr.

Abgasheizung. Es liegt nahe, die nach dem Start des Motors rasch ansteigende Abgastemperatur zur Heizung des Gemischs heranzuziehen. Für eine intensive und besonders rasche Aufheizung des Gemischs nach dem Start des kalten Motors muß die wärmeaustauschende Fläche zwischen Abgas und Gemisch ausreichend groß sein. Konstruktive Studien zeigen, daß eine ausreichende wärmeübertragende Fläche auf der Abgas- und Gemischseite schwierig zu gestalten ist. Nachteilig ist in der Funktion jedoch die mit steigender Last stark zunehmende Abgastemperatur. Es ist deshalb erforderlich, mit zunehmender Last die Abgasheizung zu drosseln und sie bei Vollast auf einen geringen Wert zu senken bzw. ganz abzuschalten. Dies ist notwendig, um im Vollastbetrieb zu hohe Gemischtemperaturen und damit Leistungsverlust und unter Umständen Hochgeschwindigkeitsklopfen bzw. unerwünschte Vorentflammung zu vermeiden.

Die Schwierigkeit, ausreichend große wärmeübertragende Flächen zu realisieren, und die Notwendigkeit aufwendiger Steuerungs- bzw. Regelapparatur für die Gemischtemperatur erschweren den praktischen Einsatz der Abgasbeheizung.

Günstigere Eigenschaften werden durch Wärmerohre erreicht. Dieses System arbeitet unter der Ausnutzung der Verdampfungs- bzw. der Kondensationswärme eines wärmeübertragenden Mediums. Dadurch ist sowohl eine intensive Wärmeübertragung als auch eine gewisse Selbstregelung bei hoher Last des Motors möglich. Nachteilig ist der hohe Bauaufwand des Systems.

Elektrische Gemischheizung. Zur schnellen Aufheizung des Gemischs bietet sich die elektrische Heizung besonders an. Ein solches System wird zweckmäßigerweise mit zur Verbesserung des Kaltstarts herangezogen.

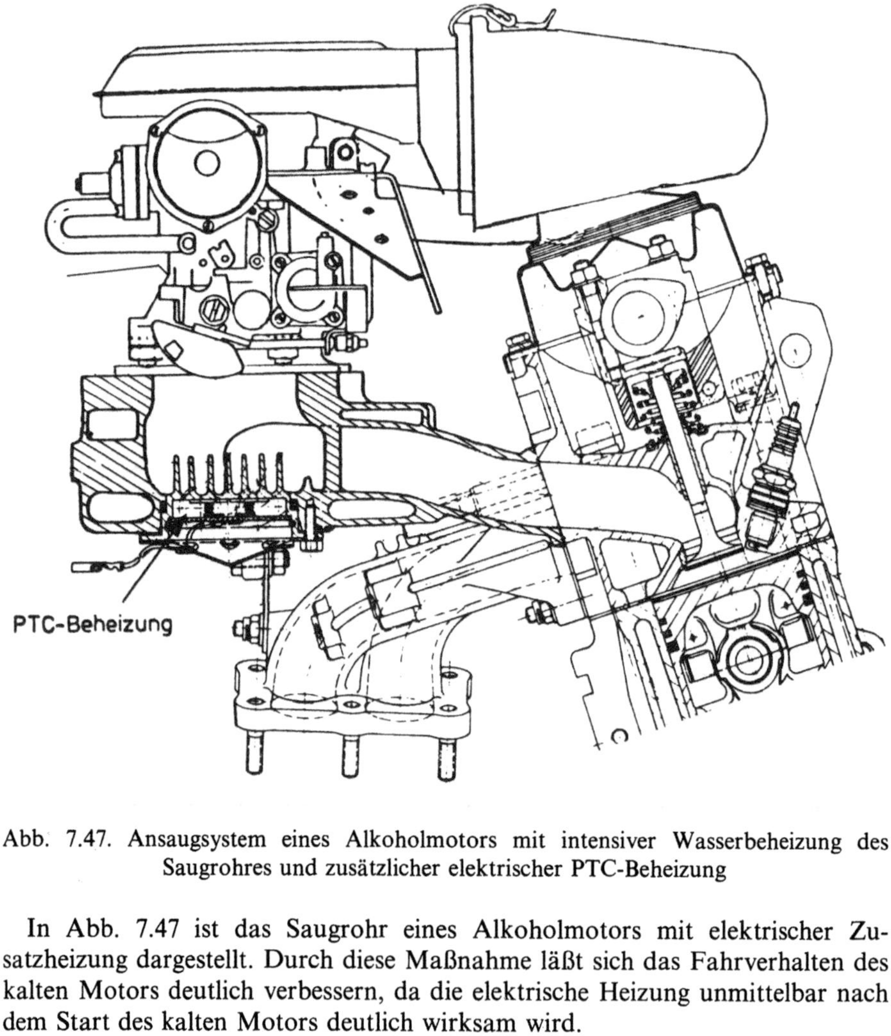

Abb. 7.47. Ansaugsystem eines Alkoholmotors mit intensiver Wasserbeheizung des Saugrohres und zusätzlicher elektrischer PTC-Beheizung

In Abb. 7.47 ist das Saugrohr eines Alkoholmotors mit elektrischer Zusatzheizung dargestellt. Durch diese Maßnahme läßt sich das Fahrverhalten des kalten Motors deutlich verbessern, da die elektrische Heizung unmittelbar nach dem Start des kalten Motors deutlich wirksam wird.

Heizung durch Kühlwasser. Die Gemischheizung durch Kühlwasser hat ihre Vorteile hauptsächlich in ihrer einfachen Bauart und der daraus folgenden Betriebssicherheit. Nachteilig ist, ebenso wie bei der Abgasheizung, daß die Wärme erst nach einer gewissen Betriebszeit des Motors zur Verfügung steht. Die günstigere Wärmeübertragung vom Wasser auf das Saugrohr sowie das schnelle Aufheizen des Kühlwassers moderner Motorkonstruktionen ermöglichen jedoch Systeme, bei denen die Gemischtemperatur zumindest ebenso rasch wie bei abgasbeheizten Anlagen erreicht wird.

Als Vorteile der kühlwasserbeheizten Ansaugsysteme im Vergleich zur Abgasheizung sind zu nennen:

- Günstigerer Wärmeübergang; es sind trotz des geringeren Temperaturgefälles des Heizmediums kleinere Flächen notwendig.
- Alle wärmeaustauschenden Flächen werden vom Wasser umspült, das heißt, es sind keine zusätzlichen Leit- oder Führungselemente notwendig.
- Die Temperatur des Heizmediums bei betriebswarmer Maschine ist von der Last unabhängig, das heißt, auf Steuerelemente kann verzichtet werden, denn der mit zunehmender Last steigende Durchsatz an Gemischvolumen führt selbsttätig zu einer gewünschten Senkung der Gemischtemperatur.
- Bei plötzlichem Lastwechsel, z. B. Abstellen aus Vollast, treten keine Wärmestaus auf, das heißt kein Nachheizen und eventuelles Verkoken des Kraftstoffes im Saugrohr.

Diese Kriterien lassen es als vorteilhaft erscheinen, für Alkoholmotoren eine Heizung des Saugrohres durch Kühlwasser vorzusehen. Trotz der Vorteile der Wasserheizung muß für Alkoholmotoren die vom Kühlwasser benetzte Fläche deutlich vergrößert werden im Vergleich zum Benzinmotor, siehe Abb. 7.46.

Abgasrückführung. Eine weitere Möglichkeit für die Heizung des Gemischs besteht in einer direkten Zuführung von ungekühltem Abgas in das Saugrohr. Dieses System verspricht eine rasche Gemischheizung nach dem Start des kalten Motors. Es lassen sich bereits bei geringer Teillast sehr hohe Gemischtemperaturen erreichen. Versuche mit solchen Systemen zeigen jedoch als Nachteile höheren Kraftstoffverbrauch und steigende HC-Emissionen. Außerdem führt der Einsatz der Abgasrückführung leicht zu Problemen im Fahrverhalten.

Nachteilig ist bei diesem System, daß eine sorgfältige Abstimmung der Abgasrückführmenge zusammen mit Luftzahl und Zündung des Gemischs notwendig ist, abhängig von Last- und Drehzahlwerten im Motorkennfeld. Als weiterer Nachteil ist eine eventuelle Verschmutzung aus Abgasbestandteilen zu erwarten.

Zusätzliche Maßnahmen. In jedem Fall hilft zur Verbesserung der Gemischqualität, zur gleichmäßigeren Verteilung des Gemischs auf die einzelnen Zylinder eine Zugabe leicht siedender Bestandteile zu den Alkoholkraftstoffen, da diese Stoffe fast durchwegs auch geringere Verdampfungswärmen als die Alkohole haben. Dies erweist sich in der Praxis besonders vorteilhaft für den Betrieb des kalten Motors, jedoch auch bei betriebswarmer Maschine sind Verbesserungen möglich.

Bei den in der Gemischbildung schwierig zu beherrschenden Alkoholkraftstoffen erweisen sich Einspritzsysteme aufgrund ihrer konstruktiv bedingten gleichmäßigeren Verteilung des Gemischs auf die einzelnen Zylinder als besonders vorteilhaft. Da Alkoholmotoren besonders günstig mit magerem Gemisch in der Teillast zu betreiben sind, mageres Gemisch jedoch leicht zu Fehlern im Fahrverhalten führt und eine dementsprechend exakte Zumessung erfordert, lassen sich

Alkoholmotoren im allgemeinen mit Einspritzanlagen einfacher abstimmen. Dies bedeutet jedoch nicht, daß der alkoholbetriebene Motor mit einfachen Vergaseranlagen nicht zu betreiben ist. Er verlangt eine sorgfältigere Abstimmung, hat jedoch deutliche Vorteile in dementsprechend niedrigeren Herstellkosten.

Die Abstimmung von Vergasern und Einspritzanlagen auf den im Vergleich zu Benzin veränderten Luftbedarf von Alkoholkraftstoffen ist für den betriebswarmen Motor verhältnismäßig einfach. Eine sorgfältige Anpassung zur Vermeidung von Fahrfehlern und ungünstigem Abgasemissionsverhalten ist jedoch für den noch nicht betriebswarmen Zustand nach dem Start des kalten Motors erforderlich. Hochverdichtete Alkoholmotoren zeigen aufgrund ihres verhältnismäßig kleinen Verbrennungsraums in der Regel stärkere Saugrohrpulsationen und damit eine Beeinflussung von Vergasern. Dies führt unter Umständen zu der Notwendigkeit konstruktiver Änderungen.

Ein allgemeines Problem in der Vergaserabstimmung von Alkoholmotoren ist die Neigung des Motors zum Stehenbleiben im Leerlauf nach dem Schub bzw. längerer Teillastfahrt. Hier ist eine sorgfältige Abstimmung durch entsprechende Maßnahmen am Vergaser notwendig. Hilfreich ist in diesem Fall eine geregelte Zündverstellung zur Stabilisierung der Leerlaufdrehzahl.

Verdampfter Alkohol

Wird der Alkoholkraftstoff dem Motor nicht flüssig, sondern verdampft zugeführt, sind Vorteile im Wirkungsgrad zu erwarten. Dies gilt besonders in niedrigen Last- und Drehzahlgebieten, weil der dampfförmige Kraftstoff ein größeres Volumen einnimmt und deshalb geringere Drosselverluste zu erwarten sind. In einem ausgeführten Konzept wird Methanol in einem Gegenstrom-Wärmetauscher mit der Abwärme des Kühlwassers verdampft. Die Regelung des Motors wird über eine Drosselklappe vorgenommen, die bis etwa 70% der Drehzahl arbeitet, dann ganz geöffnet ist, wobei der restliche Bereich vom Druckregler des Verdampfers bestritten wird. Hoher Wirkungsgrad, der teilweise die Werte von direkteinspritzenden Dieselmotoren erreicht, leise Verbrennung, geringe Abgasschadstoffmengen und rußfreies Abgas sind die Eigenschaften des Motors [7.66].

7.3.5 Definition des Motorkonzepts

Die Gewichtung der Anforderungskriterien führt zwangsläufig zum Festlegen von Prioritäten bei der Definition des Motorkonzepts. Dabei wird in der heutigen Zeit größtes Gewicht auf günstigen Energieverbrauch, besonders im Teillastbetrieb, sowie gutes Fahr- und Emissionsverhalten gelegt. Auch die Herstellkosten sind bei den meisten Entscheidungen von größerem Gewicht. Damit muß oft das motorische Verhalten im Vollastbetrieb den hier genannten Forderungen untergeordnet werden. Das bedeutet, daß die Verdichtung des Motors zugunsten eines günstigen Teillastverbrauchs so hoch wie möglich gewählt werden sollte. Abb. 7.48 zeigt die Vorteile der hohen Verdichtung für den Teillastbetrieb und das mögliche Einsparungspotential. Es ist zu erkennen, daß mit zunehmender Last der Vorteil durch die höhere Verdichtung größer wird. Für die Konzeptauslegung sollte in jedem Fall der Straßenteillastverbrauch mit den Parametern Luftzahl und Zündzeitpunkt soweit wie möglich optimiert werden.

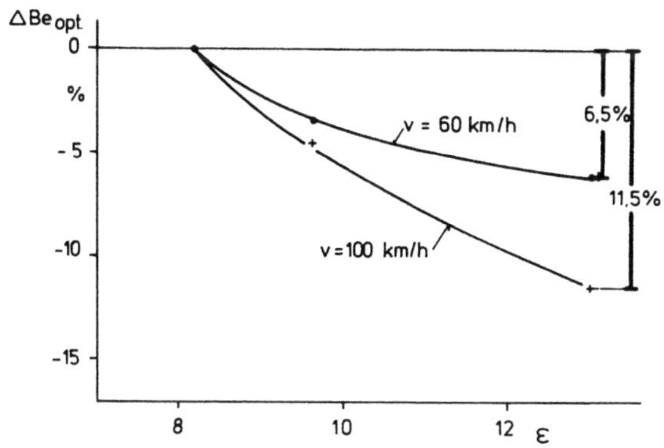

Abb. 7.48. Mögliches Einsparpotential an Kraftstoff durch erhöhte Verdichtung. Straßenteillast 60 und 100 km/h

Diese Konzeptdefinition zwingt allerdings unter Beachtung der geschilderten Einflüsse zu Einschränkungen im Vollastbetrieb, wo Hochgeschwindigkeitsklopfen und, zumindest bei Methanolmotoren, unerwünschte Vorentflammung vermieden werden müssen. Deshalb muß zur Vermeidung dieser unerwünschten Erscheinungen die Maximalleistung eingeschränkt werden. Dazu lassen sich folgende Maßnahmen einsetzen:

- Drosselung,
- Zurücknahme der Vorzündung,
- Gemischanreicherung.

Als wirtschaftlichster Weg bietet sich die Drosselung an, während die Rücknahme des Zündzeitpunkts nur in begrenztem Maße und mit Rücksicht auf die Konstruktion der Zündanlage und ihr Verhalten im Teillastgebiet einsetzbar ist. Eine Gemischanfettung sollte mit Rücksicht auf die Wirtschaftlichkeit möglichst nicht verwendet werden. Außerdem erweist es sich als vorteilhaft, daß bei Vollast die Gemischtemperatur so niedrig wie möglich im Hinblick auf die Gemischqualität und die Verteilung auf die einzelnen Zylinder zu halten ist. Der moderne Alkoholmotor stellt sich demnach besonders vorteilhaft als hochverdichteter Drosselmotor dar.

Bei dem Bestreben, die Wirtschaftlichkeit von Alkoholmotoren zu steigern, empfehlen sich weitere Maßnahmen bei der Motorauslegung. So hat sich eine Änderung der Nockenwelle bewährt, wodurch die maximale Leistung des Alkoholmotors auf die des Serien-Benzinmotors reduziert wurde, zugunsten eines günstigeren Drehmomentverlaufs bei niedrigen Drehzahlen und verbesserter Kraftstoffverbrauchswerte.

7.3.6 Abgestimmtes Fahrzeugkonzept mit Methanolmotor

Aus den bisher beschriebenen Ergebnissen der Grundlagenversuche und den Abstimmarbeiten ergibt sich unter Berücksichtigung der einschränkenden Parameter nach Abschnitt 7.3.2 ein Konzept mit folgenden Fahrzeug- bzw. Motordaten:

Kraftstoffverbrauch

Wie aus dem verminderten Heizwert der Alkoholkraftstoffe im Vergleich zu Benzin zu erwarten, steigt der volumetrische Verbrauch entsprechend. Dieser Faktor wird jedoch durch den günstigeren Wirkungsgrad des hochverdichteten Alkoholmotors verringert. In Abb. 7.49 unten ist der volumetrische Verbrauch eines Methanolfahrzeugs im Vergleich zum Serienbenzinfahrzeug dargestellt. Aus den Kurven ist deutlich der mit höherer Last zunehmende Vorteil des hochverdichteten im Vergleich zum niedrigverdichteten Methanolmotor zu erkennen.

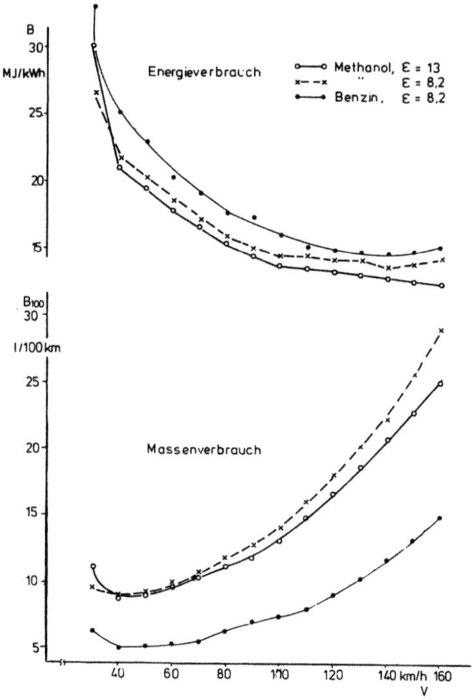

Abb. 7.49. Kraftstoffverbrauch eines Alkoholmotors bei Straßenteillast; spezifischer Energieverbrauch B und volumetrischer Verbrauch B_{100}

Aus dem volumetrischen bzw. Massenverbrauch ist jedoch nicht die Wirtschaftlichkeit eines Motors abzulesen, da der Energieinhalt bzw. Heizwert des Kraftstoffes berücksichtigt werden muß. Deshalb ist es richtiger, den Energieverbrauch darzustellen (Abb. 7.49 oben). Aus der vorgenannten Abbildung abgeleitet, zeigt Abb. 7.50 den Einsparungseffekt im Energieverbrauch auf der Straßenteillast. Hier ist zu erkennen, daß der niedrig verdichtete Methanolmotor zwischen 5 und 8% günstigere Energie-Verbrauchswerte als der Basisbenzinmotor erreicht. Dieser Wert steigt durch die hohe Verdichtung auf etwa 12 bis 15%.

Die Wirtschaftlichkeit des Methanolmotors läßt sich aus der Darstellung in Abb. 7.51 besonders deutlich erkennen. Hier ist der spezifische Energieverbrauch pro kWh auf der Straßenteillast für den Serienbenzinmotor, den hochverdichteten

Methanolmotor mit Vergaser und einen Dieselmotor dargestellt. Diese Kurven sind alle auf den gleichen Fahrzeugtyp bezogen. Der Verbrauchsvorteil des Methanol-Ottomotors ist deutlich zu erkennen. Zwar ist der Dieselmotor aufgrund des thermodynamischen Prozesses und des damit verbundenen ungedrosselten Betriebs bei niedriger Teillast überlegen, bei mittlerer und hoher Last sind die Verbrauchswerte für den methanolbetriebenen Motor jedoch günstiger. Diese Verbrauchswerte wurden mit einem vergaserbetriebenen Methanolmotor ge-

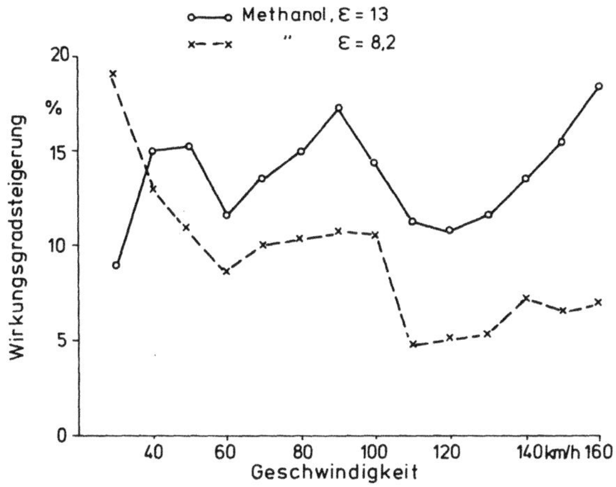

Abb. 7.50. Steigerung des Gesamtwirkungsgrades (das heißt Senkung des Energieverbrauches) von Alkoholmotoren mit niedriger und hoher Verdichtung im Vergleich zum Serien-Benzinmotor. Straßenteillast

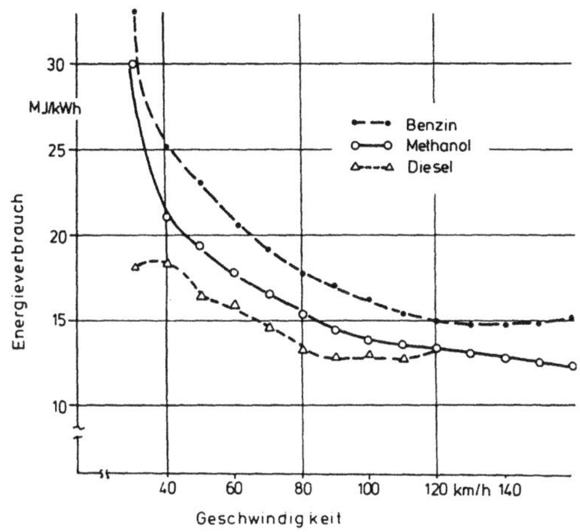

Abb. 7.51. Spezifischer Energieverbrauch auf der Straßenteillast für das gleiche Fahrzeugkonzept mit Serien-Benzinmotor (Vergaser), hochverdichtetem Methanolmotor (Vergaser) und Dieselmotor

messen. Durch höheren Aufwand an der Gemischbildung, z. B. durch Einspritzung, lassen sich die Verbrauchswerte des Methanolmotors noch um weitere 5 bis 10% (Mittelwert über der Straßenteillast) verbessern, wie aus Abb. 7.52 hervorgeht. Diese günstigen Verbrauchswerte sind allerdings nicht unbedingt an eine Einspritzanlage gebunden. Entsprechend hoher Bauaufwand für ein Vergaserkonzept, z. B. mit lastabhängig geregelter Gemischtemperatur zur Optimie-

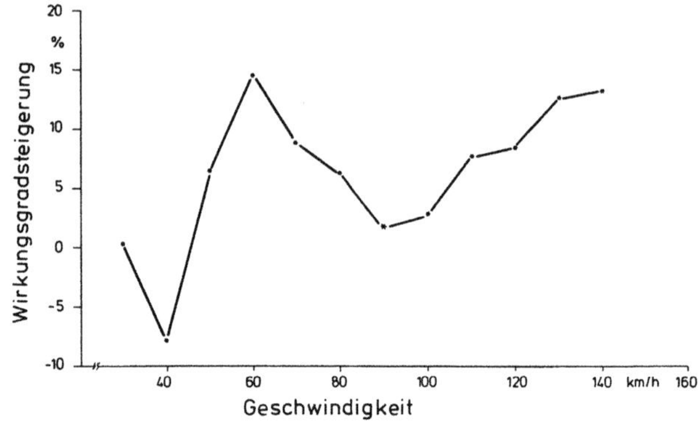

Abb. 7.52. Minderverbrauch an Kraftstoff durch ein Einspritzsystem anstelle eines Vergasers (Methanolkraftstoff)

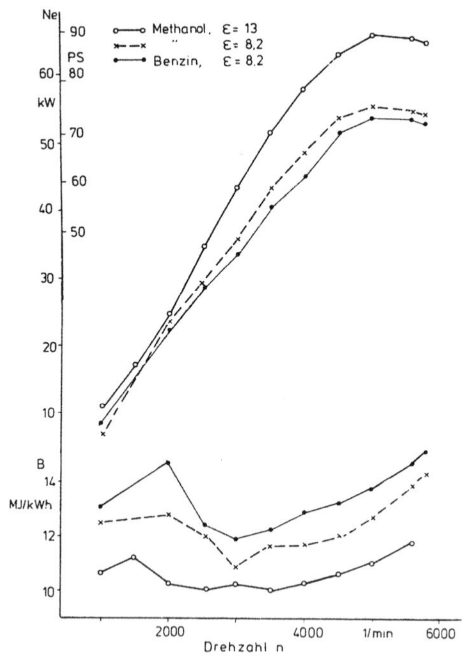

Abb. 7.53. Vollastkurven eines hoch- und eines niedrig verdichteten Methanolmotors im Vergleich zum Serien-Benzinmotor; Leistung *Ne* und spezifischer Energieverbrauch *B*

rung der Gemischverteilung auf die einzelnen Zylinder, läßt ebenso günstige Werte im Kraftstoffverbrauch wie bei der Einspritzung erwarten.

Leistung

Das Vollastverhalten des Methanolmotors ist in Abb. 7.53 dargestellt. Hier ist zunächst die Mehrleistung von über 20%, begründet in der hohen Verdichtung und dem günstigeren thermodynamischen Prozeß des Methanolmotors im Vergleich zum Serienbenzinmotor, auffallend. Der niedrig verdichtete Methanolmotor bringt eine um etwa 5 bis 6% höhere Leistung im Vergleich zum gleich verdichteten Benzinmotor. Die höhere Leistung des Methanolmotors ist mit einem deutlich geringeren spezifischen Energieverbrauch verbunden. Der hochverdichtete Methanolmotor erreicht bei Vollastbetrieb Verbrauchswerte, die denen von Dieselmotoren ebenbürtig sind. Rechnet man den hier dargestellten Minimalverbrauchswert auf einen Massenverbrauch für einen Kraftstoff von 43900 kJ pro kg um, so ergeben sich auf dieser Äquivalenz Basisvollastverbrauchswerte von 225 g pro kWh (168 g pro PS und h). Diese Werte sind selbst für Dieselmotoren in dieser Größenordnung außerordentlich günstig.

7.3.7 Motoren für Methanol – Ethanol

Methanol und Ethanol sind sich in ihren Eigenschaften sehr ähnlich. Auch ihre für den motorischen Betrieb wichtigen Daten, wie z. B. Octanzahlen, unterscheiden sich nur wenig. Deshalb interessiert die Frage, inwieweit für Methanol entwickelte Motoren sich auch für den Betrieb mit Ethanol eignen [7.27].

Ergebnisse aus der Praxis zeigen, daß ein gleiches Motorkonzept für beide Kraftstoffe verwendbar ist, wobei lediglich dem unterschiedlichen Luftbedarf der Kraftstoffe durch entsprechende Justierung in der Gemischbildner-, Vergaser- bzw. Einspritzanlage Rechnung getragen wird. Das Klopfverhalten ist sehr ähnlich, es zeigt sich jedoch bei Vergasermotoren, daß für den Betrieb mit Ethanolkraftstoff nicht in allen Fällen jene Maßnahmen ausreichen, die für Methanol bereits zufriedenstellendes Fahrverhalten sicherstellen. Dies ist aus dem niedrigeren Dampfdruck bzw. dem höheren Siedepunkt von Ethanol zu erwarten und wird auch in der Praxis durch den höheren Wärmebedarf zur Gemischheizung bestätigt. Anders ausgedrückt wird für die Gemischtemperatur ein höherer Wert verlangt als für Methanol, das bedeutet in den meisten Fällen auch einen höheren Bedarf an Gesamtwärmemenge.

Versuche zeigten auch die Übereinstimmung des Energieverbrauchs auf der Straßenteillast für beide Kraftstoffe am gleichen Motor. Mit den Kraftstoffen wurde lediglich ein dafür abgestimmter Vergaser gewechselt.

Auch bei Vollast lassen sich fast gleiche Werte für Mitteldruck und Energieverbrauch erzielen. Hier werden meist für den Methanolbetrieb etwas günstigere Ergebnisse festgestellt, da die höhere Verdampfungswärme mehr Leistung und unter Umständen einen etwas günstigeren Wirkungsgrad ermöglicht.

Größere Unterschiede zwischen beiden Alkoholen sind jedoch oft auf die Tatsache zurückzuführen, daß der ethanolbetriebene Motor eine ungünstigere Gemischverteilung aufgrund der geringeren Flüchtigkeit aufweist.

Im Emissionsverhalten sind beide Kraftstoffe vergleichbar bei den CO-, HC(UBF)[1]- und NO_x-Werten, vorausgesetzt, es wird in beiden Fällen ein Kraftstoff eingesetzt, der durch Zusatz leicht siedender Komponenten auf jeweils gleiche Flüchtigkeit (Dampfdruck) eingestellt ist. Werden die beiden Alkohole in reiner Form ohne Zusätze verwendet, sind wegen des günstigeren Kaltfahrverhaltens bei Methanol geringere Emissionswerte zu erwarten. Die hohe Verdampfungswärme wird sich zudem günstig auf die NO_x-Emissionen auswirken. In beiden Fällen sind vergleichsweise hohe Aldehyd-Emissionen zu erwarten, bei Methanol hauptsächlich Formaldehyd, bei Ethanol Azetaldehyd.

Während die stationären Meßergebnisse auf dem Motorprüfstand für beide Kraftstoffe praktisch gleiche Ergebnisse zeigen, ist das Start- und Fahrverhalten im Fahrzeug bei Betrieb mit reinem Ethanol deutlich schlechter. Dies zeigt sich insbesondere bei niedriger Außentemperatur und kaltem Motor. Durch die höhere Siedetemperatur bzw. den noch niedrigeren Dampfdruck von Ethanol sind die Verhältnisse besonders bei Vergaserbetrieb ungünstiger und erfordern die Zumischung eines höheren Anteils leichtflüchtiger Kraftstoffkomponenten, um gleiches Verhalten wie bei Methanol zu erreichen. Mit zunehmendem Dampfdruck des Kraftstoffes verbessert sich natürlich auch das Fahrverhalten und die Sicherheit des Kaltstarts. So zeigt sich, daß im Sommerbetrieb ein annehmbares Start- und Fahrverhalten mit Methanolkraftstoffen erreicht wird, die einen Dampfdruck von etwa 0,6 bar haben. Dafür ist eine Zumischung von etwa 5,5% Isopentan zum Methanol notwendig. Um gleiche Verhältnisse bei Ethanol zu haben, muß etwa 9% Isopentan zugemischt werden.

Eigenschaft	Methanol	Ethanol
therm. Wirkungsgrad	+ +	+ +
Kaltstartverhalten	−	− −
Fahrverhalten	o	o
Klopfverhalten	+ +	+ +
Zündverhalten	−	o
Korrosionsverhalten und Materialbeständigkeit	− −	−

viel besser + + gleich o
besser + schlechter −
viel schlechter − −

Abb. 7.54. Eignung von Methanol bzw. Ethanol als Kraftstoff für Ottomotoren im Vergleich zu Benzin

[1] Siehe Abschnitt 7.4.

Eine Zusammenfassung des Vergleichs beider Alkohol-Kraftstoffe ist in Abb. 7.54 gegeben.

Insgesamt kann das Verhalten von Ethanol im Vergleich zu Methanol wie folgt zusammengefaßt werden: Die nahezu gleichen Klopfeigenschaften von Methanol und Ethanol weisen darauf hin, daß beide Kraftstoffe im gleichen Motorkonzept einsetzbar sind. Lediglich die Vergaserkalibrierung muß dem veränderten Luftbedarf bzw. Heizwert angepaßt werden. Abstimmversuche haben gezeigt, daß auch die Zündverstellkennung für beide Kraftstoffe gleich bleiben kann.

7.3.8 Betriebserfahrungen mit Alkoholmotoren

Prototypfahrzeuge mit Alkoholmotoren haben ihre Brauchbarkeit inzwischen unter allen Kriterien des praktischen Einsatzes bewiesen.

Der schwierig erscheinende Kaltstart wurde auch unter extremen Klimabedingungen bei Temperaturen bis unter − 20°C beherrscht.

Erprobungen unter extrem hohen Sommertemperaturen haben gezeigt, daß das Dampfblasenproblem bei Reinalkoholmotoren gering ist. Die hohe Verdampfungswärme der Alkoholkraftstoffe wirkt sich kühlend auf die kritischen Bauteile, wie Kraftstoffpumpen und Vergaser, aus. Bei Testfahrten wurden hier an den entsprechenden Bauteilen um etwa 20°C niedrigere Temperaturen als bei vergleichbaren Fahrzeugen mit Benzinmotoren gemessen.

Fahrverhalten und Abgasemissionen entsprechen dem heutigen Stand vergleichbarer Benzinmotoren, wobei die Emissionswerte deutlich günstiger sind.

Einige Probleme sind jedoch bisher beim Betrieb von Fahrzeugen über längere Zeit aufgetreten. Ablagerungen aus der Kurbelgehäuseentlüftung führen unter Umständen zu Störungen in Vergaser- und Einspritzanlagen. In Abb. 7.55 sind Regulierschrauben aus Vergasern mit gumartigen Ablagerungen im Vergleich zu entsprechenden Neuteilen dargestellt. Abb. 7.56 zeigt eine Leerlaufdüse eines Vergasers, die sowohl Ablagerungen aus der Kurbelgehäuseentlüftung als auch angelagerte Korrosionsbestandteile zeigt. In Abb. 7.57 ist die stark korrodierte Beschleunigungspumpe eines Vergasers dargestellt, hervorgerufen durch schlechte Kraftstoffqualität (hoher Gehalt an Säuren).

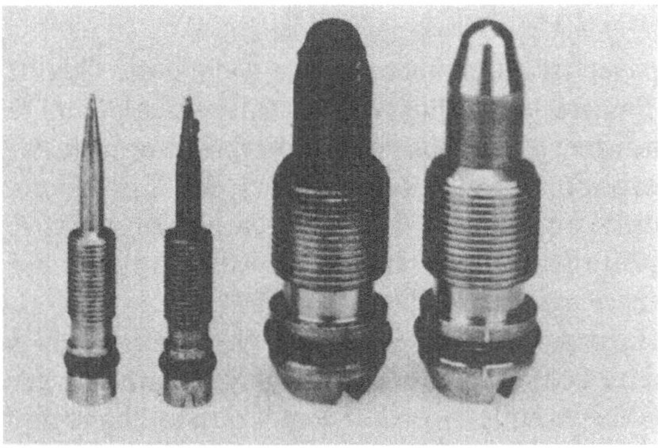

Abb. 7.55. Ablagerungen an Vergaser-Leerlauf-Einstellschrauben von Reinalkoholmotoren

Abb. 7.56. Ablagerungen an der Leerlaufdüse im Vergaser eines Reinalkoholmotors

Abb. 7.57. Korrosion in der Beschleunigerpumpe eines Vergasers, hervorgerufen durch Methanolkraftstoff mit hohem Säuregehalt

Aus diesen Beispielen ist zu entnehmen, wie wichtig die Qualität der Alkoholkraftstoffe ist. Besonders wesentlich ist der Säuregehalt zur Vermeidung von Korrosionserscheinungen. Außerdem ist zur Vermeidung von Ablagerungen aus der Kurbelgehäuseabluft und zur Verbesserung des Korrosionsverhaltens eine entsprechende Additivierung des Kraftstoffes empfehlenswert; die Verwendung spezieller Schmierstoffe kann unter Umständen das Problem der Ablagerungen ebenfalls lösen oder wenigstens stark reduzieren.

Im praktischen Einsatz von Fahrzeugen mit Alkoholmotoren zeigt sich häufig ein vorzeitiges Zusetzen der Kraftstoffilter. Analysen haben ergeben, daß es sich hier vorwiegend um Verunreinigungen aus dem Kraftstoff handelt. Korrosionsprodukte aus Lagertanks (abgelöster Rost) sowie aus der Tankstelleneinrichtung sind als häufigste Ursache zu nennen.

Auffallend ist die Sauberkeit des Brennraums nach längerer Betriebszeit. Im Gegensatz zu vergleichbaren Benzinmotoren sind alle Oberflächen sauber und nahezu frei von Ablagerungen. Dies gilt auch für die Zündkerzen.

In Brasilien sind ähnliche Probleme, wie hier bereits beschrieben, aufgetreten: Korrosionsprobleme durch mindere Kraftstoffqualitäten und häufiges Zusetzen der Kraftstoff-Filter.

7.3.9 Zwei-Stoffbetrieb für Ottomotoren

Die getrennte Zuführung von Ottokraftstoff (Benzin) und Alkohol in die Gemischbildungseinrichtung eines Ottomotors ermöglicht die Ausnutzung einiger Vorteile. Dabei wird das System zweckmäßigerweise so ausgelegt, daß beim Start, Leerlauf und kleiner Last der Motor mit Benzin betrieben wird, während der Alkoholkraftstoff erst mit zunehmender Last zugegeben wird. Dieses Konzept ist relativ einfach realisierbar in Zwei-Stufenvergasern mit getrennter Kraftstoffzuführung und Schwimmerkammer für die erste und zweite Stufe. Aber auch für einstufige Vergaser ist dieses Konzept darstellbar, wenn der zweite Kraftstoff über eine zusätzliche Schwimmerkammer den entsprechenden Vergasersystemen zugeführt wird, so z. B. zweckmäßigerweise der Vollastanreicherung.

Dieses Zwei-Kraftstoff-Konzept bietet die folgenden Vorteile:

Die beiden Kraftstoffkomponenten lassen sich im beliebigen Mischungsverhältnis und in beliebiger Spezifikation dem Motor zuführen, ohne daß, wie z. B. bei Methanol-Benzinmischkraftstoffen, in der Anwesenheit von Wasser Entmischungsgefahr besteht.

Damit läßt sich der Motor im unteren Lastbereich mit einfachem, energiegünstig und billig herstellbarem Benzin mit niedriger Octanzahl betreiben, das bleifrei sein kann, während die für höhere Leistungsbereiche notwendige höhere Octanzahl durch den zugegebenen Alkoholkraftstoff realisiert wird. Diesem kann bei Bedarf zur Erhöhung der Klopffestigkeit noch Wasser zugegeben werden.

Damit werden Kaltstart und Warmlauf des Motors durch das in diesem Bereich eingesetzte Benzin ebenso problemlos wie bei heutigen Serienmotoren ermöglicht und nicht durch die hohe Verdampfungswärme des Alkoholkraftstoffes erschwert.

Die Abgasemissionswerte für die üblichen Test-Fahrzyklen bleiben die gleichen wie bei entsprechenden Serien-Benzinfahrzeugen, während bei zunehmender Last die NO_x-Emissionswerte deutlich gesenkt werden. Blei-Emissionen lassen sich vermeiden.

Durch die Auslegung des Vergasers, das heißt die Größe der ersten und zweiten Stufe, kann das Verhältnis von Benzin- und Alkoholkraftstoff optimal angepaßt werden.

Bei einem ausgeführten Konzept [6.41] mit einem Zwei-Stufenvergaser in der oben erwähnten Bauart wurden Langzeitversuche mit folgenden Kraftstoffqualitäten durchgeführt:

Einfaches Raffineriebenzin mit den Octanzahlen

$$\mathrm{ROZ} = 84, \qquad \mathrm{MOZ} = 76, \qquad \mathrm{FOZ} = 75.$$

Methanol (90%)-Wasser (10%)-Gemisch mit

$$\mathrm{ROZ} = 116, \qquad \mathrm{MOZ} = 98.$$

Eine Mischung dieser beiden Komponenten aus 65% Benzin und 35% Methanol-Wasser-Gemisch ergibt folgende Octanzahlen:

$$\mathrm{ROZ} = 105, \qquad \mathrm{MOZ} = 88{,}5, \qquad \mathrm{FOZ} = 94{,}5.$$

In Abb. 7.58 ist der Einfluß der Zugabe von Methanol bzw. Methanol-Wasser-Gemisch zum normalen Ottokraftstoff auf die Octanzahlen dargestellt. Es ist deutlich der Vorteil der Wasserzugabe zum Methanol zu erkennen.

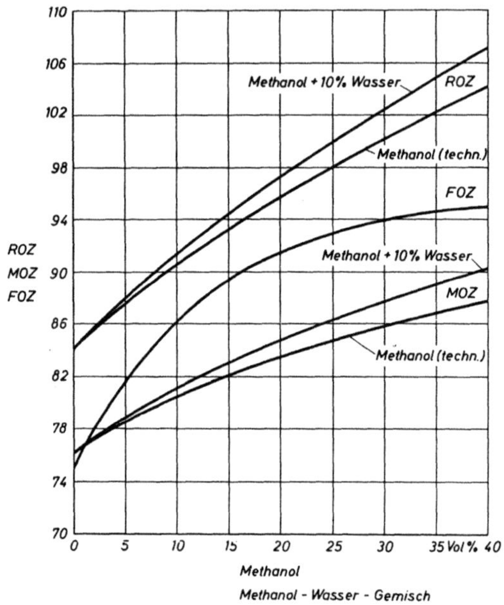

Abb. 7.58. Steigerung der Octanzahlen eines Ottokraftstoffs durch Zugabe von Methanol bzw. Methanol-Wasser ins Saugsystem (Zwei-Kraftstoffsystem)

Langzeitversuche mit einem Fahrzeug dieser Bauart erbrachten folgende Ergebnisse:

- Leistungsabgabe und Fahrleistungen entsprachen den Werten für das Serienfahrzeug, ebenso Kaltstart, Warmlauf und Emissionsverhalten.
- Nach etwa 70000 km Laufstrecke wurde der Motor zerlegt. Auffallend waren die geringen Ablagerungen im Brennraum und damit verbunden ein nur geringer Anstieg des Octanzahlbedarfs über der Laufzeit. Die Vermessung der Teile zeigte nur geringen Verschleiß im Vergleich zu entsprechenden Serien-Benzinmotoren.
- Bei Temperaturen bis – 15°C war das Betriebsverhalten einschließlich Kaltstart problemlos.
- Korrosion am Vergaser und an den im Versuchsfahrzeug eingebauten Kraftstoffverbrauchsmeßgeräten konnte durch entsprechende Inhibitoren im Methanol-Wasser-Gemisch vermieden werden.

Der Verbrauch der beiden Kraftstoffkomponenten in Abhängigkeit von der Fahrgeschwindigkeit ist in Abb. 7.59 dargestellt. Es ist zu erkennen, daß das Methanol-Wassergemisch erst bei höheren Geschwindigkeiten zugegeben wird, was der Octanzahl-Anforderung des Motors entspricht [7.43], [7.44].

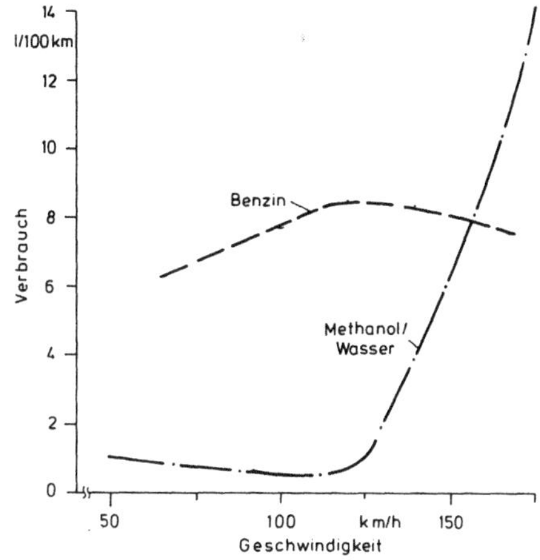

Abb. 7.59. Volumetrischer Kraftstoffverbrauch auf der Straßenteillast für ein Fahrzeug mit Zwei-Kraftstoffsystem; Benzin und Methanol/Wasser-Gemisch

Ein Konzept auf dieser Basis ist relativ einfach realisierbar, der Bauaufwand ist durch den zweiten Tank und die zugehörige Kraftstoffversorgung allerdings größer als bei Ein-Kraftstoffsystemen. Nachteilig ist auch die Notwendigkeit, daß der Betreiber des Fahrzeuges stets auf ausreichenden Vorrat von zwei Betriebsstoffen achten muß. Bei dem hier diskutierten Konzept läßt sich das Fahrzeug allerdings bis zu einem gewissen Lastbereich auch nur mit Benzin betreiben, falls der Vorrat an Alkoholkraftstoff einmal erschöpft sein sollte.

Trotz der technischen Vorteile erscheint dieses Konzept für einen allgemeinen Gebrauch in PKW wegen der höheren Bedienungsanforderung weniger geeignet.

7.4 Abgas-Emissionen

7.4.1 Gesetzlich limitierte Abgasbestandteile

Kohlenmonoxid

Die Kohlenmonoxid (CO)-Emissionen zeigen den gewohnten Verlauf in Abhängigkeit vom Luftverhältnis Lambda, Abb. 7.60. Die Art des Kraftstoffes, Benzin, M15-Mischkraftstoff oder reines Methanol, hat keinen deutlichen Einfluß auf die CO-Emissionen. Gleiches gilt für andere Komponenten, wie Ethanol und Ether. Auch die bei Alkoholmotoren übliche höhere Verdichtung zeigt keinen Einfluß auf die CO-Emission in Abhängigkeit von der Luftzahl Lambda. Für Alkoholmotoren ergibt sich gegenüber dem handelsüblichen Ottokraftstoff jedoch dadurch ein Vorteil, daß der Motor noch mit magererem Gemisch einwandfrei zu betreiben ist. Dadurch wird, insbesondere im Teillastbetrieb, eine Motorabstimmung möglich, die geringere CO-Emissionswerte als im Benzinbetrieb mit sich bringt.

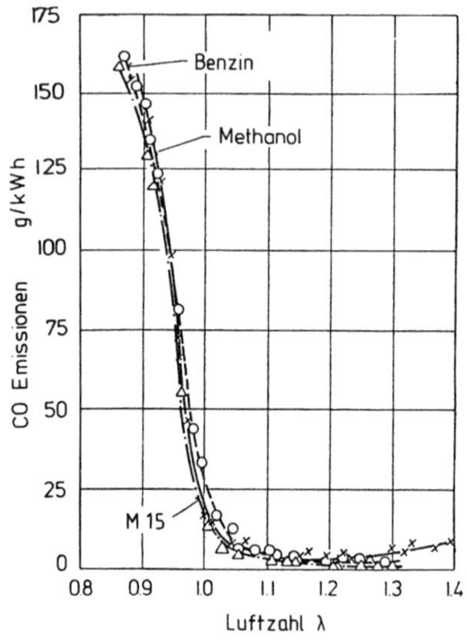

Abb. 7.60. CO-Emissionswerte über der Luftzahl für Benzin, M15 und Methanol

Kohlenwasserstoffe

Die Kohlenwasserstoff-(HC)-Emissionen werden zweckmäßigerweise in diesem Fall als teiloxidierte oder unverbrannte Kraftstoffanteile verstanden, für die häufig der Begriff „UBF“ (*un*b*urned* *f*uel) verwendet wird.

Die für Benzinmotoren übliche Meßanlage mit NDIR[1] bzw. FID[1] erbringt bei der Verwendung von Alkoholkraftstoffen allerdings zweifelhafte Resultate. Hier ist zunächst die Tatsache zu beachten, daß ein Teil der unverbrannten Alkoholkraftstoffkomponenten wasserlöslich ist und in den üblichen Kondensatabscheidern mit dem Wasserdampf niedergeschlagen wird. Deshalb sollte die Probenentnahme beheizt sein und die HC-Emission über einen beheizten FID erfolgen, um ein Ausfallen bzw. Auswaschen von HC-Anteilen vor der Messung im FID zu vermeiden.

Die HC-Analyse durch FID bzw. NDIR reagiert nicht in gleicher Weise wie bei Abgasen aus Benzinmotoren auf die Menge der unverbrannten Kraftstoffanteile. Dies hängt mit dem andersartigen Aufbau der HC-Emissionen zusammen. Unter Beachtung der Reaktions- bzw. Ansprechfaktoren [7.45] ist damit zu rechnen, daß die wirklichen Werte für unverbrannte Kraftstoffbestandteile aus Motoren, die mit reinen Alkoholen betrieben werden, um etwa 20 bis 40% über den angezeigten Werten aus dem (beheizten) FID liegen werden. Dieser Wert ist abhängig von Last und Drehzahl und anderen Betriebsbedingungen des Motors. Die Berechnung der HC- bzw. UBF-Massenemission erfordert eine zusätzliche Korrektur, da das

[1] NDIR = *N*on *D*ispersive *I*nfra *R*ed Analyzer, FID = *F*lame *I*onization *D*etector.

durchschnittliche Molekulargewicht dieser Abgasbestandteile sich von den Werten für Benzinmotoren unterscheidet. Diese Tatsache, zusammen mit dem FID-Reaktions- bzw. Responsefaktor erfordert, daß die ermittelten HC-Emissionswerte mit dem Faktor 2 bis 3 multipliziert werden müssen, um exakte Massenemissionen für methanol- bzw. ethanolbetriebene Motoren zu erhalten. Üblicherweise werden diese Effekte allerdings nicht berücksichtigt, da genaue Abgleichmethoden für die Meßgeräte und verläßliche Berechnungsmethoden noch nicht auf ausreichend abgesicherter Basis vorhanden sind. Üblich ist, daß heute HC-Emissionen von Alkoholmotoren auf der Basis von beheizten FID-Messungen und den Berechnungsmethoden für übliche Kohlenwasserstoff-Kraftstoffe angegeben werden [7.25]. Die kalifornische Abgasbehörde CARB (Californian Air Research Board) hat inzwischen einen Vorschlag für die Bewertung der HC-Emissionen von Alkoholmotoren erarbeitet.

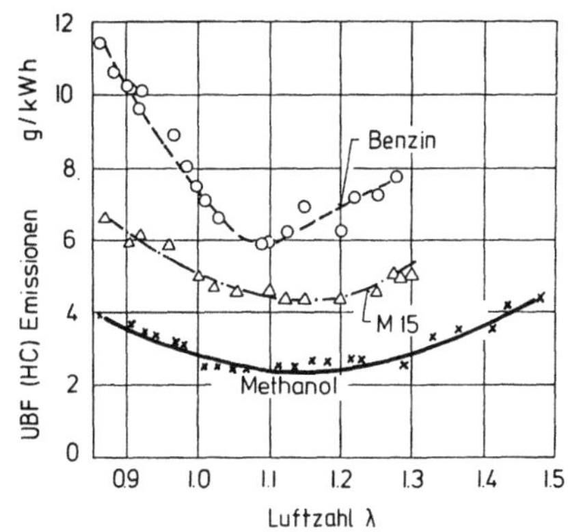

Abb. 7.61. HC-Emissionswerte über der Luftzahl für Benzin, M15 und Methanol

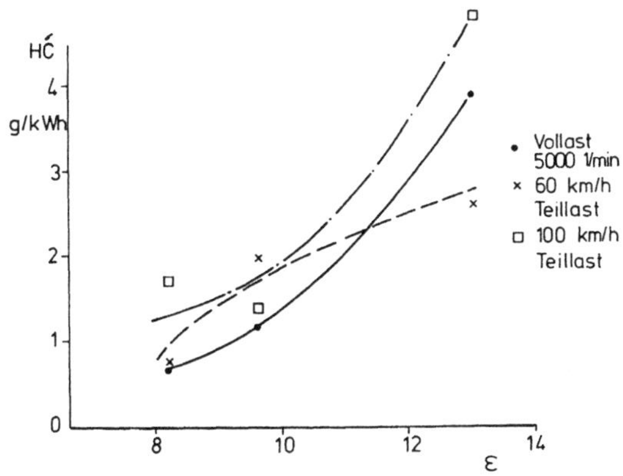

Abb. 7.62. HC-Emissionswerte für verschiedene Lastpunkte bei steigender Verdichtung des Motors

In Abb. 7.61 ist die HC-Emission von einem Benzinmotor und einem vergleichbaren M15- bzw. Rein-Alkohol-Motor über dem Luftverhältnis Lambda gezeigt. Es ist zu erkennen, daß mit steigendem Methanolanteil die HC-Meßwerte geringer werden. Im praktischen Einsatz ergibt sich ein zusätzlicher Vorteil, da die Alkoholmotoren in dem für Abgastests besonders wichtigen Teillastgebiet mit magererem Gemisch betrieben werden können als entsprechende Benzinmotoren, was sowohl zu geringen HC- als auch CO-Emissionen führt.

Mit zunehmender Verdichtung steigt die HC-Emission (Abb. 7.62). Dies ist aufgrund baulicher Gegebenheiten (ungünstigeres Oberflächen-Volumen-Verhältnis) aus den zunehmenden Randeffekten im Brennraum des Motors nicht anders zu erwarten. Außerdem bewirkt die höhere Verdichtung höheren Wirkungsgrad, damit eine Senkung der Abgastemperatur und folglich auch geringere Nachreaktionen unverbrannter Kraftstoffbestandteile im Abgassystem.

Wegen der unterschiedlichen Zusammensetzungen der teiloxidierten bzw. unverbrannten Kraftstoffanteile bei Alkohol- und Benzin-Motoren muß auch die Bewertung der HC-Emissionswerte differenziert gesehen werden. Fotochemischer Smog entsteht durch komplexe Serien chemischer Reaktionen zwischen Stickoxiden, Kohlenwasserstoffen und Sauerstoff in der Atmosphäre. Die dazu notwendige Energie wird durch ultraviolettes Sonnenlicht geliefert. Experimente mit einer künstlichen fotochemischen Smogkammer zeigten, daß für das Ergebnis das Verhältnis von HC- zu NO_x-Emissionswerten, die Zusammensetzung der HC-(UBF)-Werte und die Eingangskonzentration der NO_x-Emissionen wesentlich sind. Die Ergebnisse dieser Untersuchungen zeigten, daß Abgas aus Methanol-Motoren eine wesentlich geringere Smog-Reaktivität hat als das von vergleichbaren Benzinmotoren. Die Gegenwart von Aldehyden verstärkt die Smog-Reaktivität, jedoch hat sich gezeigt, daß Aldehyde öfter als Zwischenprodukte der fotochemischen Reaktion in höheren Konzentrationen bei Benzinmotoren als bei Alkoholmotoren entstehen, obwohl die Tests mit Abgas aus Alkoholmotoren zunächst mit höheren Eingangswerten an Aldehyd-Konzentrationen begonnen wurden [6.40].

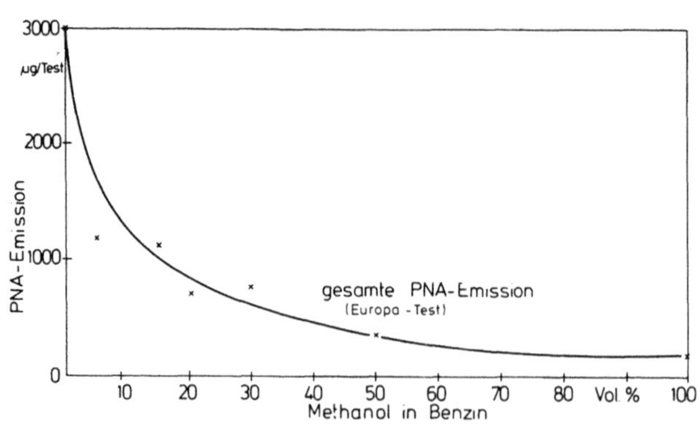

Abb. 7.63. Polyzyklische (PNA)-Emissionen im ECE-Test bei zunehmendem Methanolgehalt im Benzin

Auch bei der Bewertung der gesundheitlichen Aspekte muß die Zusammensetzung der HC-Abgasemissionswerte berücksichtigt werden. Im Abgas von Alkoholmotoren finden sich im wesentlichen einfache HC-Verbindungen, das heißt, langkettige und polyzyklische Kohlenwasserstoffe und Aromaten fehlen oder sind nur zu einem verschwindenden Bruchteil im Vergleich zu benzinbetriebenen Motoren nachweisbar.

In Abb. 7.63 ist der Einfluß des Methanolgehalts im Kraftstoff auf PNA (polyzyklische Aromaten) auf der Basis von Messungen im ECE-Test dargestellt.

Stickoxide

Die geringere Verbrennungstemperatur und der kühlere Brennraum führen bei Alkoholkraftstoffen zu einer Senkung der NO_x-Emissionen. In Abb. 7.64 ist dargestellt, daß mit zunehmendem Methanolgehalt die spezifischen NO_x-Emissionen über dem gesamten interessierenden Bereich des Luftverhältnisses Lambda zurückgehen.

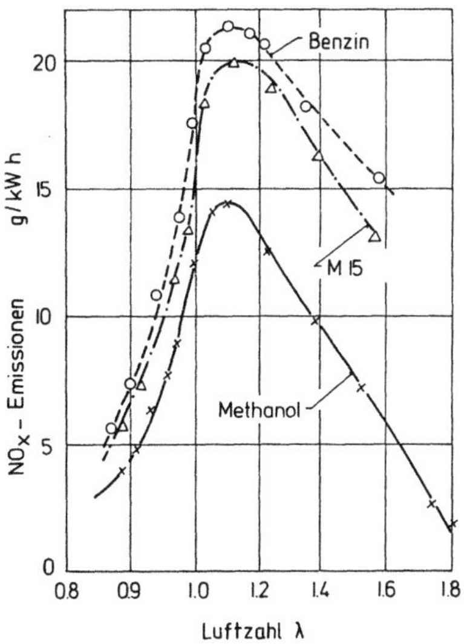

Abb. 7.64. NO_x-Emissionen über der Luftzahl für Benzin, M15 und Methanol

Mit zunehmender Verdichtung ist ein Ansteigen der NO_x-Emissionswerte zu erwarten. Dies muß jedoch nicht der Fall sein, wie Abb. 7.65 zeigt. Hier sind die NO_x-Emissionswerte für einen Teillast-Betriebspunkt dargestellt, abhängig vom Luftverhältnis, vom Zündzeitpunkt und für verschiedene Verdichtungswerte. Der hochverdichtete Methanolmotor führt, abhängig vom Luftverhältnis, etwa zu gleichen NO_x-Werten wie der Benzinmotor. Wie die rechte Bildhälfte jedoch zeigt, läßt sich durch Zurücknahme des Zündzeitpunkts eine drastische Senkung der NO_x-Werte für den Alkoholmotor erreichen. Die Praxis zeigt, daß durch abgestimmte Zurücknahme des Zündzeitpunkts sich die NO_x-Emissionswerte von Alkoholmotoren deutlich senken lassen, ohne daß der Zündzeitpunkt so weit zurückgenommen werden muß, daß bereits ein Anstieg des Kraftstoffverbrauchs in

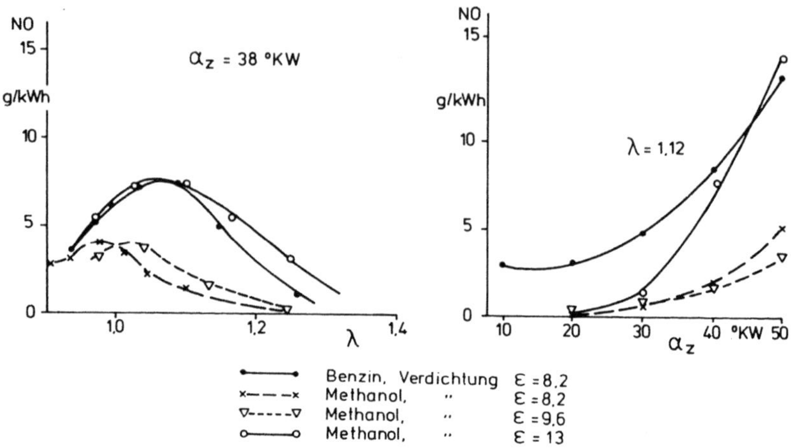

Abb. 7.65. NO-Emissionen über der Luftzahl λ bzw. dem Zündzeitpunkt α_z für Benzin und Methanol bei unterschiedlicher Verdichtung

Kauf genommen werden muß. Wie bereits an anderer Stelle ausgeführt, genügen für den hoch verdichteten Alkoholmotor geringere Vorzündungswerte zur Erreichung des optimalen Wirkungsgrades als beim vergleichbaren niedrig verdichteten Benzinmotor.

Durch Einsatz von Abgasrückführung läßt sich auch bei Alkoholmotoren die NO_x-Emission deutlich senken. Leider muß damit jedoch in fast allen Fällen ein Anstieg der HC-Emissionen und des Kraftstoffverbrauchs in Kauf genommen werden.

7.4.2 Gesetzlich nicht limitierte Abgasbestandteile

Die Abgasbestandteile von Rein-Alkohol-Motoren unterscheiden sich deutlich von denen der Benzin-Motoren. Dies trifft insbesondere auf die HC- (UBF)-Emissionen zu. Insgesamt erscheinen die Abgase von Alkohol-Motoren harmloser, da sie weniger reaktionsfähige Elemente zur Smogbildung enthalten und langkettige, polyzyklische bzw. ringförmige Aromatenbestandteile im Abgas fast völlig fehlen (Abb. 7.63).

Da in den Alkoholkraftstoffen weder Schwefel noch Blei enthalten sind, sind auch die Abgase frei von diesen Schadstoffen und deren Verbindungen.

Auch bei alkoholbetriebenen Dieselmotoren sind die Abgasbestandteile in der Menge geringer und von einfacherer Zusammensetzung. Mit zunehmendem Alkoholanteil des Kraftstoffs nimmt die Rußemission im Abgas ab, so daß mit reinem Alkohol betriebene Dieselmotoren nahezu rußfrei betrieben werden können. Auch die Aldehyd-Emissionen von Dieselmotoren werden durch Alkoholkraftstoffe gesenkt.

Funkengezündete Dieselmotoren (Schichtlademotoren) zeichnen sich durch sehr geringe Aldehyd-Emissionswerte aus, im Gegensatz zu alkoholbetriebenen Otto-Motoren.

Aldehyd-Emissionen

Die Aldehyd-Emissionen von alkoholbetriebenen Otto-Motoren sind deutlich höher als die von vergleichbaren Benzin-Motoren. Bereits Alkohol-Benzin-Mischkraftstoffe steigern die Aldehyd-Emissionen im Verhältnis des Alkoholanteils. Methanolbetriebene Motoren emittieren im wesentlichen Formaldehyd, während aus ethanolbetriebenen Motoren im wesentlichen Acetaldehyd entsteht.

Aldehyde sind bereits in geringen Konzentrationen von wenigen ppm wahrnehmbar und wirken bei höheren Konzentrationen geruchsbelästigend.

Zur Bestimmung der Aldehyde im Abgas hatten sich neben gaschromatischen Verfahren hauptsächlich naßchemische Methoden und hier besonders das MBTH-Verfahren durchgesetzt. Die Probenahme erfolgt durch Absorption in zwei hintereinandergeschalteten Gasflaschen, die eine wässrige Lösung von MBTH (*M*ethyl-*b*enzo*t*hiazolon *h*ydrazon hydrochlorid) enthalten. Die Analyse basiert im wesentlichen auf der Reaktion von Aldehyden mit MBTH und der nachfolgenden Oxidation zu einem blauen Farbstoff, der fotometrisch ausgewertet wird. Dieses Verfahren ist umständlich und zeitraubend, es ermöglicht jedoch mit einiger Übung verläßliche Resultate.

Der Bildungsmechanismus der Aldehyde wurde in theoretischen und experimentellen Arbeiten untersucht [6.3], [6.39], [6.40], [7.47], [7.48].

Es zeigt sich, daß eine Reihe von motorischen Parametern einen deutlichen Einfluß auf die Aldehyd-Emissionswerte haben. Die Berechnung der Formaldehyd-Konzentration aus dem chemischen Gleichgewicht führt zu dem Ergebnis, daß die Formaldehyd-Konzentrationen während der möglichen Gleichgewichtszustände im Laufe des Verbrennungsprozesses sehr gering sein müssen. Dies steht im Widerspruch zu den hohen gemessenen Werten im Abgas. Es hat sich auch gezeigt, daß Formaldehyd im wesentlichen ein Produkt der langsamen Verbrennung von Methanol ist, so daß geschlossen werden kann, daß Formaldehyd hauptsächlich aus den Randzonen des Brennraums entsteht, wenn die Flamme in der Nähe der kühlen Zylinderwände verlischt. Dabei entstehen neben Aldehyden unverbrannte Alkoholanteile, die dann zusammen mit den heißen Abgasen zu Aldehyd aufoxidiert werden.

Im wesentlichen folgt die Bildung von Aldehyd im Abgas den vergleichbaren Gesetzmäßigkeiten der HC-Emissionen. Das bedeutet, ungünstige Oberflächen/Volumen-Verhältnisse und hohe Verdichtung fördern erhöhten Aldehyd-Ausstoß, ebenso wie niedrige Abgastemperaturen [7.45], [7.46], [7.47].

An einem Rechenmodell wurden die Bildung von Formaldehyd und die Möglichkeiten der Absenkung dieser Emissionswerte ausführlich untersucht [7.49], [7.52]. Die berechneten Ergebnisse konnten durch tatsächliche Versuche in gutem Einklang bestätigt werden. Dabei wurden folgende Ergebnisse gefunden:

Die Oxidation von Methanol, die Bildung und der Abbau von Formaldehyd sind von der Gastemperatur und der Verweilzeit bestimmt. Methanol wird mit zunehmender Temperatur und längerer Verweilzeit stärker oxidiert. Aus dem unverbrannten Methanol entsteht durch Oxidation Formaldehyd. Seine Konzentration erreicht unter bestimmten Bedingungen maximale Werte und nimmt dann mit zunehmender Verweilzeit wieder ab.

Bei Temperaturen über 900 K werden Methanol und Formaldehyd in der Zeit von etwa 40 ms völlig oxidiert, während unter 800 Kelvin die Oxidation von

Methanol langsam wird und Formaldehyd erst nach langer Verweilzeit abgebaut wird. Dies entspricht den Erfahrungen beim praktischen Betrieb von Methanolmotoren, wobei der Abgasgeruch besonders bei niedriger Motortemperatur unmittelbar nach dem Kaltstart und im Leerlauf am deutlichsten wahrgenommen wird.

Die das Rechenmodell bestätigenden und ergänzenden Messungen auf dem Motorprüfstand zeigten zunächst, daß der Zündzeitpunkt in Abhängigkeit vom Luftverhältnis die Aldehyd-Emission deutlich beeinflussen kann, besonders bei reichem Gemisch. Die Form des Brennraums hat einen Einfluß auf die Aldehyd-Emission. Mit zunehmender Verdichtung des Motors ist ein Anstieg der Aldehyd-Emissionswerte gemessen worden. Bei der Verwendung eines Methanol-Wassergemischs stieg die Aldehyd-Emission mit zunehmendem Wassergehalt an. Hierzu finden sich allerdings unterschiedliche Angaben. Das dürfte darauf beruhen, daß bei Wasserzusatz die Eigenschaften des Kraftstoffes, wie Heizwert und Verdampfungswärme, deutlich geändert werden. Daraus folgt die Notwendigkeit einer Anpassung der Einstellparameter des Motors, wie Luftzahl, Gemischtemperatur, Zündzeitpunkt usw.

Es wurde außerdem bestätigt, daß der Einsatz eines Oxidationskatalysators eine deutliche Reduzierung der Aldehyd-Emissionswerte bewirkt.

Bei diesen Ergebnissen muß allerdings bedacht werden, daß die Übertragbarkeit von Ergebnissen aus stationären Prüfstandsmessungen auf die instationären Abgastests nur beschränkt möglich ist.

Ausführliche Untersuchungen an einem Einzylinder-Forschungsmotor sowie einem 4-Zylinder-Reihenmotor im stationären Motorbetrieb bestätigten die hier genannten Ergebnisse [6.3].

Aldehyd-Messungen an Fahrzeug-Konzepten und Motoren

Bei stationären Prüfstandsversuchen wurde der Einfluß verschiedener Kraftstoffzusätze auf die Aldehyd-Emission untersucht. Dabei wurde der Motor zunächst auf dem Prüfstand stationär in einem Teillastpunkt, entsprechend einer Fahrgeschwindigkeit von 50 km/h, mit magerer Gemischeinstellung betrieben. Entsprechend dem Luftbedarf der verschiedenen Kraftstoffe wurde jedesmal die gleiche Luftzahl eingestellt. Untersucht wurden:

- Rein-Methanol,
- Methanol + 10% Wasser,
- Methanol + 8% Isopentan,
- Methanol + 5,8% Dimetylether,
- Rein-Methanol mit zusätzlicher Saugrohrheizung zur Erhöhung der Gemischtemperatur.

Die Ergebnisse zeigten keinen signifikanten wesentlichen Einfluß der Kraftstoffzusammensetzung auf die Aldehyd-Emission. Lediglich der Isopentan-Zusatz führte zu einer Senkung der Aldehyd-Emission um etwa 10%, also um etwa die Größenordnung des Isopentan-Anteils.

Die Untersuchung der oben genannten Kraftstoffe wurde in einem zweiten Punkt, Vollast 2000 l/min, und einer Luftzahl für maximale Leistung wiederholt. Hier zeigt sich ebenfalls, daß die Zugabe von Isopentan eine geringfügige Senkung der Aldehyd-Emission bewirkt. Aber auch hier ist die Wirkung so gering, daß sie keine wesentliche Verbesserung darstellt.

Das Methanol-Wassergemisch hat hier allerdings zu einer deutlichen Steigerung der Aldehyd-Emission in der Größenordnung von etwa 20% geführt.

Die zahlenmäßigen Ergebnisse dieser Tests sind in Tabelle 7.6 zusammengestellt.

Tabelle 7.6. *Ergebnis aus Aldehydmessungen auf dem Motorprüfstand bei konstanter Last (ppm)*

	Teillast 50 km/h	Vollast 2000 l/min
Lambda	1,2	0,95
Reinmethanol	232,5	128
Methanol + 10% H_2O	231	154
Methanol + 8% *i*-Pentan	210	113
Methanol + DME	224	120
Methanol + intensive Gemischheizung	240	–

In welchem Maße spezielle Kraftstoffzusätze, z. B. Nitrate, zur Erhöhung der Brenngeschwindigkeit einen Einfluß auf die Aldehyd-Emission haben, muß noch geklärt werden.

Wie bereits erwähnt, lassen sich Resultate der Abgasmessungen aus stationärem Motorprüfstandsbetrieb nur bedingt auf die Ergebnisse aus genormten Abgas-Emissionstests übertragen. Die wichtigere Aussage ist auf jeden Fall aus den genormten Testverfahren zu erwarten.

Tabelle 7.7. *Ergebnis Aldehydmessungen. Vergleichbare Fahrzeugkonzepte auf Basis des Europatests*

Kraftstoff	Kraftstoff-aufbereitung	Abgasreinigungs-Aggregate	g HCHO/Test	
			Kaltstart	Warmstart
Benzin	Vergaser	–	0,19	0,19
M15	Vergaser	–	0,46	0,42
M15	Einspritzer	–	0,30	0,26
Methanol	Vergaser	–	–	1,13
Methanol	Einspritzer	–	1,25	1,01
Methanol + 8% *i*-Pentan	Vergaser	–	1,19	1,05
Methanol + 8% *i*-Pentan	Vergaser	Thermoreaktor	1,50	1,81
Methanol + 8% *i*-Pentan	Vergaser	Sekundärluft	1,12	0,87
Methanol + 8% *i*-Pentan	Vergaser	Spezialkatalysator	0,23	0,16

Um eine gesicherte realistische Wertung verschiedener Maßnahmen am Motor-Kraftstoffkonzept zu erhalten, wurden Aldehyd-Emissionen auf der Basis des

Europa-Tests (ECE) durchgeführt. Die Resultate sind in Tabelle 7.7 zusammengestellt. Die Ergebnisse lassen sich wie folgt zusammenfassen:

- Im Vergleich zum Benzin-Fahrzeug steigt die Aldehyd-Emission mit zunehmendem Alkoholgehalt.
- Bereits mit M15 wurde eine Erhöhung der Aldehyd-Emission im Vergleich zum Benzin-Fahrzeug gemessen. Ein M15-Fahrzeug mit Einspritzanlage zeigt um etwa 30% geringere Emissionswerte als das vergleichbare Vergaser-Fahrzeug.
- Auch bei reinen Methanol-(M100)-Fahrzeugen zeigt der Einspritzmotor etwas geringere (10%) Aldehyd-Emissionen. Dieser Effekt ist allerdings nicht so gravierend, daß er von sich aus alleine eine Einspritzanlage rechtfertigen würde.
- Ein Methanol-Isopentan-(8%)-Gemisch ergibt etwa gleiche bzw. nur unwesentlich günstigere Aldehyd-Emissionen wie reines Methanol.
- Durch Verwendung eines Thermoreaktors steigen die Aldehyd-Emissionen deutlich an. Dies bestätigt die in der Literatur veröffentlichte Berechnung, die eine Aldehydbildung primär als Nachreaktion unverbrannter Kraftstoffteile im Abgassystem erwarten läßt. Hierbei muß allerdings gesagt werden, daß ein Thermoreaktor in Zusammenhang mit diesen Testverfahren unter sehr ungünstigen Verhältnissen arbeitet. Das Konzept selbst wurde nicht auf eine maximale Reaktor-Konversion ausgelegt, um den Kraftstoffverbrauch nicht unnötig hochzutreiben. Außerdem erreicht die Abgastemperatur während des vorwiegend mit niedriger Last gefahrenen ECE-Fahrzyklus nur geringe Werte und damit geringe Umsetzungsraten im Reaktor. Die Betriebsbedingungen des Reaktors verschlechtern sich weiterhin durch die Tatsache, daß Alkohol-Motoren von sich aus niedrigere Abgastemperaturen als vergleichbare Benzin-Motoren haben.
- Eine sekundäre Lufteinblasung, wie sie zur Senkung von HC-Emissionen vorteilhaft erscheint, führt nur zu einer geringfügigen Verbesserung der Emissionswerte. Auch diese Maßnahme zeigt wegen der niedrigen Abgastemperatur nur geringe Wirkung.
- Die beste Methode zur Senkung der Aldehyd-Emission ist zweifellos der Einsatz eines Oxidationskatalysators. Dieser Katalysator sollte zweckmäßigerweise so nahe wie möglich am Motor angebracht sein, um so rasch wie möglich seine Betriebstemperatur zu erreichen. Mit diesem Katalysator lassen sich die Aldehyd-Emissionen auf die Werte des normalen Benzin-Motors senken.

Aus diesen Tests kann als Resümee gesagt werden, daß Bemühungen, die durch Alkohol-Kraftstoffe drastisch erhöhten Aldehyd-Emissionen durch Maßnahmen an Kraftstoff bzw. Motor signifikant zu senken, keinen deutlichen Erfolg gezeigt haben. Dabei wurden allerdings jene Maßnahmen ausgeschlossen, die von vornherein mit einer deutlichen Erhöhung des Kraftstoffverbrauchs verbunden gewesen wären. Somit kann nach dem heutigen Stand gesagt werden, daß die einzig wirkungsvolle Maßnahme zur Senkung der Aldehyd-Emissionen alkoholbetriebener Motoren auf Werte in der Größenordnung von Benzin-Motoren die Verwendung von Oxidationskatalysatoren darstellt. Ein solcher Katalysator zeigt trotz der niedrigeren Abgastemperatur des Alkoholmotors auch bei Abgastests mit niedrigem Lastanteil hohe Konversionsraten. Langzeiterfahrungen mit diesen Katalysatoren liegen jedoch noch nicht vor, es ist jedoch zu erwarten, daß hier keine größeren Probleme auftreten, weil aus dem Kraftstoff selbst keine Katalysatorgifte, wie Blei und Schwefel, kommen.

Die Ergebnisse umfangreicher Untersuchungen über die Aldehyd-Emission von Rein-Alkohol-Motoren lassen sich zusammenfassen:

- Auch der mit Benzin betriebene Motor weist bereits eine definierbare Aldehyd-Emission auf. Schon geringe Zumischungen von Methanol zum Kraftstoff bewirken einen deutlichen Anstieg dieser Emissionsrate, die zunächst etwa linear verläuft und dann bei reinem Methanol auf etwa das drei- bis sechsfache des benzinbetriebenen Motors ansteigt.
- Die Aldehyd-Emission steigt mit zunehmender Verdichtung, Abb. 7.66a.

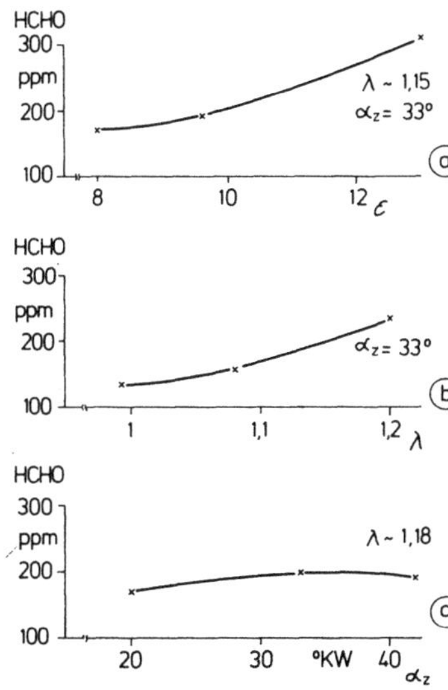

Abb. 7.66. Aldehyd-(HCHO)-Emissionen. *a*) über der Verdichtung ε, *b*) über der Luftzahl λ, *c*) über dem Zündzeitpunkt α_z

- Die Aldehyd-Emission steigt auch mit der Abmagerung des Gemischs, Abb. 7.66b.
- Der Zündzeitpunkt hat in den für Teillastbetrieb interessierenden Bereichen keinen wesentlichen Einfluß auf die Aldehyd-Emission, Abb. 7.66c.
- Die Aldehyd-Konzentration im Abgas ist bei Teillast deutlich höher als bei Vollast, dies ist sowohl auf den Einfluß des Luftverhältnisses als auch auf die Wirkung der Abgastemperatur zurückzuführen.
- Bei kalter Maschine ist die Aldehyd-Emission deutlich höher als im betriebswarmen Zustand.
- Aldehyd-Emissionswerte aus dem stationären Motorbetrieb auf dem Motorprüfstand lassen sich nicht unbedingt in vergleichbaren Werten im Fahrzeug bei Abgastests reproduzieren. Der Grund dafür liegt darin, daß bei den üblichen Abgastests eine kalte Betriebsphase eingeschlossen ist, die deutlich höhere

Aldehyd-Emissionswerte bewirkt. Außerdem führt das instationäre Fahrverhalten mit Lastwechseln eher zu Unregelmäßigkeiten in der Verbrennung und damit zu höheren Aldehyd-Emissionswerten.

7.4.3 Einfluß des Kraftstoffs

Wie groß der Einfluß von Kraftstoffen auf das Emissionsverhalten während des instationären Betriebs anläßlich eines Abgastests sein kann, zeigt Abb. 7.67. Hier ist

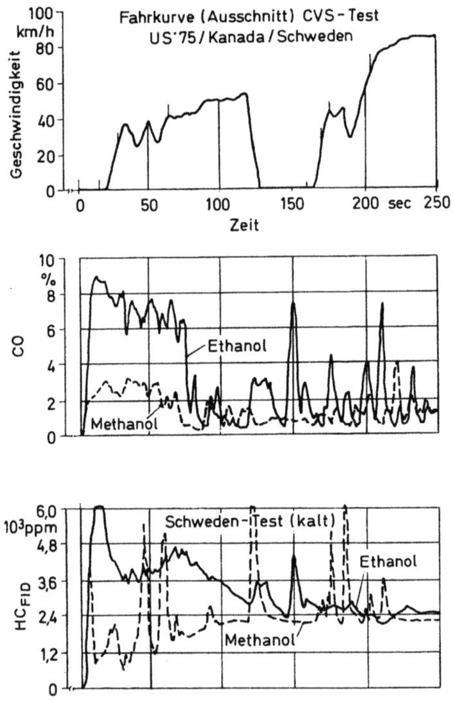

Abb. 7.67. Emissionsverhalten zu Beginn des CVS-Abgastests (Kaltstart) für Methanolkraftstoff (Methanol mit 5,5% Isopentan) und Ethanol mit 4,5% Wasser ohne Zusatz einer leicht siedenden Komponente

für den Beginn des CVS-Abgastests (Kaltstart bei 20°C) der Verlauf der CO- und HC- (UBF)-Emissionswerte dargestellt, und zwar jeweils für ein optimiertes Konzept:

- Methanol mit 5,5% Isopentan, entsprechend einem Dampfdruck RVP = 0,7 bar.
- Ethanol ohne Zusatz, Dampfdruck RVP = 0,22 bar.

Es ist deutlich die höhere Emissionskonzentration für den Kraftstoff mit geringerer Flüchtigkeit zu sehen. Beide Konzepte waren auf gleiches Fahrverhalten abgestimmt. Insgesamt ergaben sich aus den vollständigen CVS-75[1]-Tests mit diesen Konzepten die Ergebnisse (in g/km):

	Methanol	Ethanol
CO	13,8	16,7
HC (UBF)	2,1	3,1
NO_x	0,95	0,95

7.4.4 Allgemeines zu Abgas-Emissionen

Um einen Überblick über das Emissionsverhalten von Rein-Alkohol-Motoren zu geben, ist in Abb. 7.68 das Emissionsverhalten eines Rein-Alkohol-Motors mit den entsprechenden Werten eines gleichwertigen Benzin-Motors verglichen. In dem dargestellten Betriebspunkt, konstante Teillast 50 km/h, werden die Emissionswerte CO, HC (UBF) und NO_x um 40 bis 60% reduziert, während die Aldehyd-Emissionen auf den fast dreifachen Wert ansteigen.

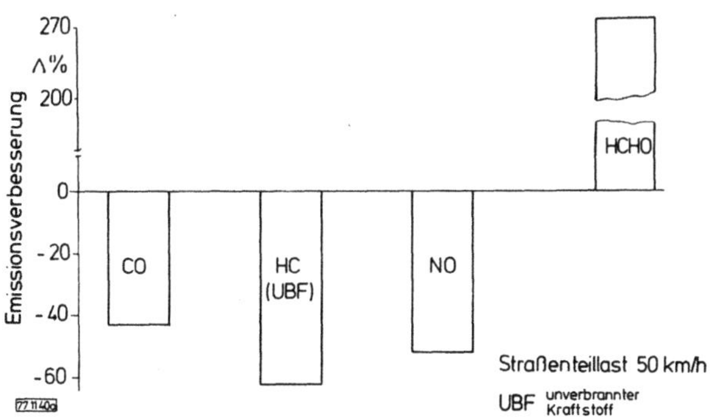

Abb. 7.68. Emissionswerte eines optimierten Alkoholmotors, bezogen auf den entsprechenden Serien-Benzinmotor

Die in dieser Abbildung dargestellten Emissionswerte sind bei konstantem Teillastbetrieb gemessen. Bei sorgfältiger Abstimmung der Gemischbildungseinrichtung lassen sich die hier gezeigten Vorteile des Alkohol-Motors auch im instationären Fahrbetrieb bei betriebswarmer Maschine erreichen. Bei kalter Maschine muß allerdings mit höheren Emissionswerten als bei vergleichbaren Benzin-Motoren gerechnet werden, wenn nicht zusätzliche aufwendige Maßnahmen für die Gemischbildungseinrichtung, wie z. B. elektrische Heizung von Ansaugluft bzw. Gemisch, eingesetzt werden. Obwohl die meisten bekannten Konzepte mit Rein-Alkohol-Motoren bereits geringe Fahrfehler in kaltem Zustand bewußt in Kauf nehmen, um die Emissionswerte nicht allzu hoch zu treiben, sind HC- (UBF)- und CO-Emissionen bei kalter Maschine höher als im Benzinbetrieb.

[1] CVS = *C*onstant *V*olume *S*ampling = US-Abgastest.

Im allgemeinen dauert dieser Betriebszustand jedoch nicht sehr lange, so daß insgesamt bei den bekannten Abgastests ein deutlicher Vorteil im Emissionsverhalten der Alkohol-Motoren in der Summe herauskommt, da die Vorteile während des betriebswarmen Zustands überwiegen.

Bei Abgaskonzepten mit Katalysatoren erweist sich der Umstand als nachteilig, daß die Abgastemperatur hochverdichteter Alkohol-Motoren niedriger als die von Benzin-Motoren ist, so daß für den Katalysator und eine eventuell vorhandene Lambda-Sonde eine längere Aufwärmzeit in Kauf genommen werden muß bis zum Erreichen der Betriebstemperatur. Während des für Fahr- und Abgasverhalten besonders kritischen Betriebszustandes bei noch nicht betriebswarmer Maschine erweist es sich als vorteilhaft, wenn die Alkoholkraftstoffe nicht rein, sondern mit leicht siedenden Bestandteilen versehen sind, wie sie in Kapitel 7.3.3 zur Verbesserung des Startverhaltens vorgeschlagen sind. Dies zeigt sich insbesondere für Vergasermotoren vorteilhaft, weil dadurch besonders das instationäre Laufverhalten des Motors spürbar verbessert wird.

Die hier aufgezeichnete Tendenz für das Emissionsverhalten von Alkoholkraftstoffen gilt sowohl für Methanol als auch für Ethanol.

Der Einfluß von Wasser und Dimethylether auf das Emissionsverhalten ist noch nicht eindeutig geklärt [6.3], [6.39], [6.40].

Das Emissionsverhalten von Fahrzeugen mit Mischkraftstoffen ist im Abschnitt 7.2 beschrieben.

Weitere Literatur zum Thema Abgasverhalten von Alkoholmotoren findet sich in [6.7], [6.8], [7.16] – [7.19], [7.33], [7.34], [7.45], [7.49] – [7.51].

7.5 Sensoren für den Alkoholgehalt im Kraftstoff

Der Einsatz eines motorischen Konzeptes ist besonders flexibel möglich, wenn es mit Kraftstoffen verschiedenen Alkoholgehalts betrieben werden kann. Das bedeutet jedoch, daß eine Einrichtung vorhanden sein muß, die den Gehalt an Alkohol bzw. normalem Kraftstoff feststellen kann. Hier sind verschiedene Systeme als Labormuster in Entwicklung bzw. bereits in Erprobung.

Wenn aus diesem Sensor ein verläßliches Signal für den Alkoholgehalt im Kraftstoff, das heißt für den Luftbedarf des Kraftstoffs geliefert wird, muß es in der Gemischbildungseinrichtung entsprechend umgesetzt werden. Hierfür sind bereits verschiedene Lösungsansätze vorhanden, die sich im wesentlichen an die bekannte Lambda-Steuerung an Vergasern und Einspritzanlagen anlehnen. Solche Steuerungen sind bereits bei Konzepten für hohe Anforderungen zur Abgasreinigung in Serie. Der normalerweise vorhandene Regelbereich solcher Systeme dürfte allerdings in den meisten Fällen von vornherein nicht ausreichen, um den gesamten Bereich zwischen 100% Benzin und 100% Methanol zu bestreichen.

Das schwierigste Problem stellt allerdings der Sensor selbst dar, verlangt man von ihm doch die Möglichkeit, den reellen Luftbedarf des Kraftstoffs zu erkennen, das heißt, eine Unterscheidung zwischen Ethanol, Methanol, höheren Alkoholen und anderen sauerstoffhaltigen Komponenten zu realisieren und dabei auch Querempfindlichkeiten gegen Fremdelemente, wie Wasser, Säuren und andere Verunreinigungen, auszugleichen. Dabei darf auch die unterschiedliche Zusammensetzung der üblichen Benzinsorten keinen Einfluß haben.

Generell muß gesagt werden, daß ein motorisches Konzept für den Einsatz von Benzin und Methanol bzw. Ethanolkraftstoffen Kompromisse eingehen muß. Die Verdichtung des Motors und damit der thermische Wirkungsgrad müssen sich immer nach der Klopffestigkeit des ungünstigsten Kraftstoffes richten. Das bedeutet, daß ein variables Motorkonzept für den Einsatz von Benzin und reinen Alkoholkraftstoffen auf die Ausnutzung der hohen Octanzahlen der Alkohole verzichten muß. Beim praktischen Einsatz ist jedoch nicht nur die Wirtschaftlichkeit, sondern auch das Emissionsverhalten der Konzepte von großer Wichtigkeit. Dies ist ein weiteres Argument für den Einsatz geeigneter Sensoren im Kraftstoffsystem. Über Erfahrungen mit folgenden Systemen wurde inzwischen berichtet:

Lambda-Sonde im Abgassystem

Die übliche Zirkondioxid-Sonde zur Bestimmung des Sauerstoffgehaltes im Abgas (Prinzip nach Abb. 7.69 in Verbindung mit einer elektronischen Einspritzanlage) läßt sich auch zum Aussteuern verschiedener Kraftstoffkomponenten

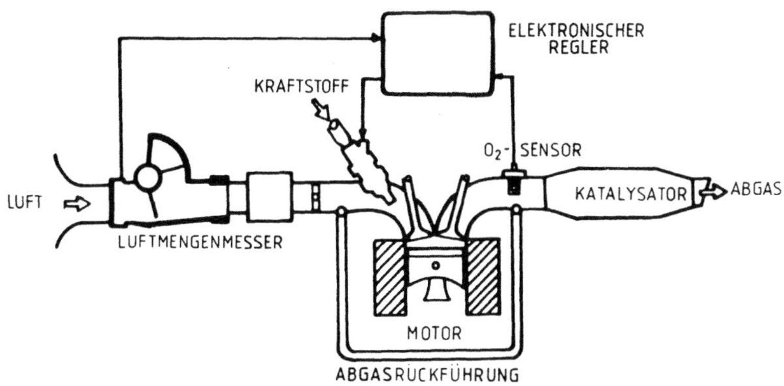

Abb. 7.69. Schema einer Lambda-Steuerung an einem Einspritzmotor (nach [7.57])

verwenden. Hier kommt es lediglich auf die Flexibilität des Systems an, bis zu welchem Alkoholgehalt das Gemischbildungssystem in seinem Regelbereich aussteuerbar ist. Dieses System hat im Zusammenhang mit einem Dreiweg-Katalysator Vorteile bei extremen Ansprüchen der Abgasreinigung. Das praktische Motorkonzept kann jedoch auf dieser Basis nicht optimal sein, da der Kaltstart und der Warmlauf des Motors bis zum Einsatz der Lambda-Sondensteuerung auf die Eigenschaften der Kraftstoffe, nicht zuletzt auf die Verdampfungswärme, Rücksicht nehmen müssen. Start- und Warmlauf des kalten Motors erfordern bei Kraftstoffen mit hohem Alkoholgehalt zusätzliche Maßnahmen gegenüber dem Benzinbetrieb, um zufriedenstellendes Fahrverhalten bei allen Umgebungstemperaturen sicherzustellen. Ein weiterer Nachteil dieses Systems besteht darin, daß stets auf stöchiometrisches Gemisch geregelt wird. Damit wird auf den günstigsten Kraftstoffverbrauch verzichtet, der je nach Zusammensetzung des Kraftstoffes zwischen Lambda 1,1 bis 1,4 liegen dürfte. Praktische Ergebnisse haben gezeigt, daß Systeme auf dieser Basis Alkoholgehalte bis etwa 50% ohne wesentliche Unterschiede bezüglich Emission und Energieverbrauch tolerieren [7.56], [7.57], [7.58].

Dielektrizitätskonstante

Andere Sensoren nützen geeignete physikalische Eigenschaften der zu untersuchenden Kraftstoffe aus. Hier ist insbesondere die Dielektrizitätskonstante zu nennen, die mit zunehmendem Alkoholgehalt nahezu linear ansteigt. Dieses System unterliegt allerdings starken Schwankungen, wenn der Kraftstoff unterschiedliche Temperaturen hat. Auch der Säuregehalt des Kraftstoffes zeigt einen deutlichen Einfluß auf das Ergebnis.

Ultraschallabsorption

Die Aussicht, Ultraschallabsorption zur Unterscheidung des Benzin-Alkoholverhältnisses auszunutzen, hat sich wegen verschiedener Probleme in der Elektronik, einer sehr starken Empfindlichkeit bei Temperaturschwankungen und einer deutlichen Empfindlichkeit bei der Gegenwart von Wasser nicht bewährt.

Brechungsindex

Beim Versuch, optische Methoden zur Unterscheidung des Benzin/Alkoholgehalts heranzuziehen, hat sich die Ausnutzung des Brechungsindex als geeignet erwiesen [7.59]. Auch in diesem Fall muß darauf geachtet werden, daß die Kraftstoffprobe auf konstanter Temperatur für die Untersuchung gehalten wird.

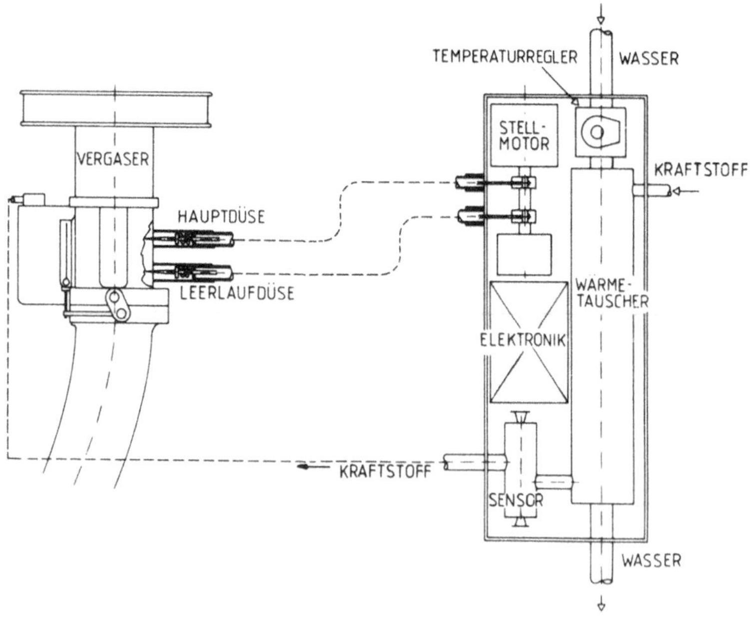

Abb. 7.70. Schematische Darstellung eines Systems mit einem Sensor für den Alkoholgehalt im Kraftstoff [7.59]

Dieses System ist in der Lage, Benzin-Ethanolverhältnisse ebenso wie Benzin-Methanolverhältnisse zwischen 0 und 100% zu unterscheiden. Es wird außerdem erwartet, daß es in der Lage ist, zwischen Methanol und Ethanol zu unterscheiden. Dies ist allerdings noch nicht hinreichend untersucht worden. Das ganze System ist so weit entwickelt worden, daß es als komplette Einheit dargestellt werden kann, hierzu Abb. 7.70. Es ist daran gedacht, mit Hilfe eines Servomotors, der über eine Elektronik gesteuert wird, entsprechende Funktionen im Gemischbildungssystem zu beeinflussen. Leider hat auch die unterschiedliche Zusammensetzung üblicher Benzine, besonders der Aromatengehalt, einen deutlichen Einfluß auf den Brechungsindex. Das System müßte diesen Effekt ausgleichen, da sonst der Wechsel von üblichem Super- auf Normalkraftstoff bereits einen Steuerungseffekt zur Folge hätte.

Mit Ausnahme der Lambda-Sonde sind die Verfahren, chemische und physikalische Effekte zur Unterscheidung des Alkoholgehalts im Kraftstoff auszunutzen, heute bestenfalls in funktionsfähigen Labormustern vorhanden. Der Aufwand ist beträchtlich, so daß zunächst nur die Realisierbarkeit bewiesen werden kann. Der praktische Einsatz auf breiter Basis wird wesentlich von der Betriebssicherheit und dem Bauaufwand, das heißt von den Kosten, abhängen. Für die Einführung dieses Systems auf dem Markt ist zunächst eine wirtschaftlich günstige Auslegung des Konzepts von Sensor über eine Steuer- bzw. Regeleinrichtung bis zum variablen Gemischbildungssystem Voraussetzung. Die vorgesehenen Kraftstoffe mit unterschiedlichem Alkoholgehalt müssen alle so ausgelegt sein, daß bei wahllosem Durcheinandertanken eine Entmischung ausgeschlossen ist. Andernfalls muß das Fahrzeug über ein zusätzliches Mischsystem verfügen.

7.6 Dissoziierte Alkohole als Kraftstoffe

7.6.1 Grundlagen

Alle Kohlenwasserstoffverbindungen und auch die Alkohole zeigen die Neigung, sich bei hohen Temperaturen zu zersetzen. Als Produkte entstehen unter anderem Methan und andere kurzkettige Kohlenwasserstoffe, teiloxidierte Kohlenwasserstoffe (z. B. Ether), Wasserstoff, Kohlenoxide und Ruß. Da die Zersetzungsprodukte bei Umgebungsbedingungen im allgemeinen gasförmig sind, können Verfahren zur thermischen Spaltung von Kohlenwasserstoffverbindungen für Fahrzeugkonzepte genutzt werden, bei denen zwar flüssiger Kraftstoff getankt, aber gasförmiger Kraftstoff im Motor genutzt wird. Diese Konzepte verbinden die gute Speicherbarkeit eines flüssigen Energieträgers mit den vorteilhaften motorischen Eigenschaften von Brenngasen. Der bei der Zersetzung unter Umständen gebildete Ruß ist ein äußerst unerwünschtes Nebenprodukt, da er sich an den Oberflächen des Reaktionsraumes oder der nachgeschalteten Motorenbauteile abscheidet. Er geht damit nicht nur für die motorische Verbrennung verloren, sondern verschmutzt auch das gesamte System. Das ist besonders kritisch bei Verfahrenskonzepten, in denen ein Katalysator für die Beschleunigung der thermischen Zersetzung eingesetzt wird, da der Ruß den Katalysator abdeckt und damit inaktiviert. Eine Rußbildung muß deshalb bei der Kraftstoffspaltung unter allen Umständen vermieden werden.

Die bisher bekannten Verfahren zur thermischen oder katalytischen Kraftstoffspaltung an Bord eines Fahrzeugs erwiesen sich beim Einsatz konventioneller Kohlenwasserstoffe (z. B. Benzin) als äußerst schwierig zu beherrschen. Sie scheiterten letztendlich am Rußproblem oder an den zur Überwindung des Rußproblems erforderlichen, für einen Fahrzeugeinsatz ungünstigen Reaktionsbedingungen (hohe Reaktionstemperatur, erforderliche Zugabe von Wasser). Alkohole sind unter diesen Kriterien erheblich weniger problematisch aufgrund ihrer einfacheren chemischen Konstitution. Außerdem haben sie gegenüber den Kohlenwasserstoffen den Vorteil, daß sie eine einheitliche Komponente darstellen und damit stets gleiche Eigenschaften haben. Damit ist der chemische Prozeß wesentlich einfacher zu führen als mit einem Einsatzstoff wechselnder Beschaffenheit. Außerdem liegt die Mindesttemperatur für eine katalytische Spaltung von Alkoholen mit 300 bis 350°C um ca. 500 Grad niedriger als für Benzin. Der größte Vorteil der Alkohole, insbesondere des Methanols, liegt jedoch darin, daß die Rußbildungsgefahr gering ist und daß im Kraftstoff keine Katalysatorgifte, wie Phosphor, Blei oder Schwefel, enthalten sind. Für Methanol sind deshalb die Erfolgsaussichten für Verfahrenskonzepte zur Kraftstoffspaltung an Bord eines Fahrzeugs ungleich günstiger als für Benzin. Eine Reihe erfolgversprechender Ansätze sind auch bereits in einigen experimentellen Studien zu erkennen.

In Abb. 7.71 ist das rechnerisch ermittelte Ergebnis der thermischen Spaltung von Methanol dargestellt. Vorausgesetzt ist das theoretische Gleichgewicht ohne Berücksichtigung der Umsetzungsgeschwindigkeit [7.60]. Es ist zu erkennen, daß die Reaktion bei Temperaturen unter etwa 380°C exotherm, darüber jedoch endotherm verläuft, mit deutlicher Variation der Zusammensetzung des Spaltgases.

Durch entsprechend ausgewählte Katalysatoren kann die Zersetzungsreaktion in gewissen Grenzen gesteuert werden. Katalysatoren können dazu benutzt werden,

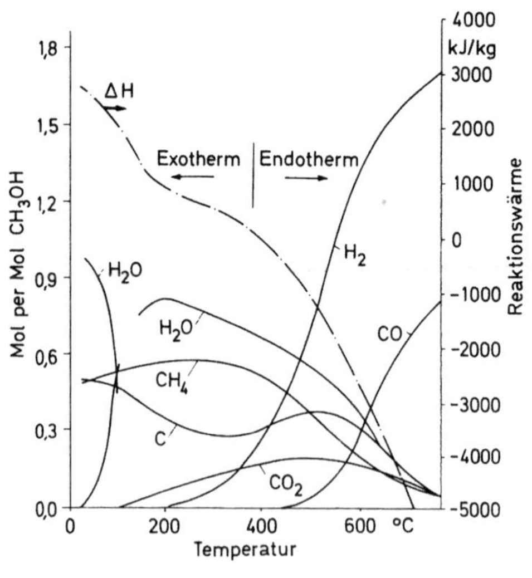

Abb. 7.71. Errechnete temperaturabhängige Gleichgewichtswerte für die thermische Dissoziation von Methanol [7.41]

die Reaktionsgeschwindigkeit zu steigern, also eine Spaltreaktion bereits bei relativ niedriger Temperatur und in einem Reaktionsraum vertretbarer Größe bis zur Gleichgewichtszusammensetzung zu bringen. Außerdem lassen sich Katalysatoren dazu nutzen, aus der Vielzahl der möglichen Zersetzungsreaktionen selektiv eine Reaktionsfolge zu beschleunigen und damit gezielt eine vom Gleichgewicht abweichende Zusammensetzung des Spaltgases zu erreichen.

Experimentell werden zur Zeit insbesondere zwei Richtungen der Umwandlung von Methanol in Brenngase verfolgt. Die meisten Forscher, die sich mit diesem Problem beschäftigen, benutzen die Umkehrung der Methanolbildungsreaktion für die Methanolzersetzung:

$$CH_3OH \rightarrow 2H_2 + CO.$$

Durch Zugabe von Wasser zum Methanol und entsprechend gewählte Reaktionsbedingungen kann die Wasserstoffausbeute noch weiter gesteigert werden:

$$CH_3OH + H_2O \rightarrow 3H_2 + CO_2.$$

Abb. 7.72 zeigt die Ausbeute an H_2 und CO, abhängig von der Temperatur, bei der Verwendung eines geeigneten Katalysators [6.1].

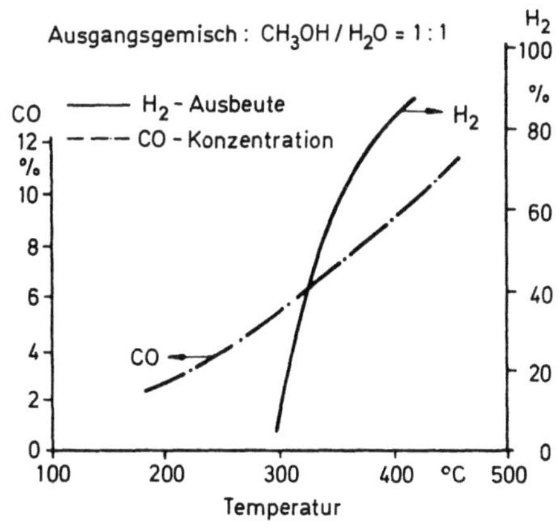

Abb. 7.72. Katalytische Dissoziation von Methanol [6.1]

Die Reaktionen sind endotherm mit einem Energiebedarf von etwa 4 100 kJ/kg flüssigen Methanols. Zweckmäßigerweise wird die für die Spaltung benötigte Energie dem Abgas des Motors entnommen.

Bei vollständiger Umsetzung von Methanol zu Wasserstoff und Kohlenmonoxid enthält das Spaltgas 67 Mol.-% H_2 und 33 Mol.-% CO. Die wesentlichen Eigenschaften dieses Gases sind in Tabelle 7.8 aufgeführt. Der Heizwert des Gases liegt um ca. 22% über dem Heizwert des flüssigen Methanols. Entstammt die für die Methanolspaltung und damit die Heizwertanhebung erforderliche Energie dem Abgas, dann ist damit eine Wirkungsgradsteigerung des motorischen Konzepts unter Ausnutzung von Verlustwärme gegeben.

Tabelle 7.8. *Vergleich Benzin – Methanol – Spaltgas* [*7.61*]

	Benzin	Methanol	Methanol-Spaltgas
Zusammensetzung	ca. C_8H_{18}	CH_3OH	67% H_2 33% CO
unterer Heizwert			
kcal/kg	10 500	4 760	5 720
kJ/kg	43 950	19 940	23 940
Luftbedarf für $\lambda = 1$ kg Luft/kg Kraftstoff	14,8	6,5	6,5
magere Verbrennungsgrenze λ_{max}	ca. 1,3	ca. 1,5	ca. 7
mögliche maximale Verdichtung	9	14	14

Bei niedriger Temperatur ist auch eine exotherme Reaktion möglich nach dem Schema

$$4CH_3OH \rightarrow 3CH_4 + CO_2 + 2H_2O$$

mit einer Wärmeabgabe von etwa 1 900 kJ/kg Methanol. Diese Reaktion erscheint besonders vorteilhaft, um den Start des kalten Motors zu erleichtern. Zwischen den oben genannten Reaktionen läßt sich ein selbstregelnder Prozeß führen. Niedrige Reaktionstemperaturen begünstigen die exotherme Reaktion, so daß sich der Reaktor erwärmt, über einer bestimmten Temperaturgrenze wird dann die endotherme Reaktion gefördert und die Reaktortemperatur wieder herabgesetzt.

Ein zweiter prinzipiell gangbarer Weg zur Erzeugung gasförmiger Kraftstoffe aus Methanol ist die Bildung kurzkettiger Kohlenwasserstoffe [7.63]. Dieser Reaktionsweg hat den Vorteil, daß die Bildung von Kohlenmonoxid bei der Methanolspaltung vermieden werden kann. Prinzipielle Nachteile sind die Bildung von Wasser bei der Methanolreformierung, das aus stöchiometrischen Gründen zwangsweise anfällt, und die nur geringe endotherme Wärmeaufnahme der Reaktion, die eine Nutzung von motorischer Abwärme kaum erlaubt. Als wesentlicher praktischer Nachteil hat sich beim derzeitigen Stand der Untersuchungen die starke Bildung von Dimethylether bei niedrigen Temperaturen herausgestellt. Dimethylether ist aus Sicherheitsgründen ebenso kritisch zu bewerten wie das Kohlenmonoxid bei der Methanolspaltung. Der Einfluß von Dimethylether auf die motorische Verbrennung wurde in Abschnitt 6.7.2 diskutiert.

Die katalytische Spaltung ist nicht nur bei Methanol, sondern auch bei Ethanol und Alkoholgemischen (Methylfuel mit etwa 87% Methanol, Rest höherer Alkohole) möglich, bei Ethanol allerdings mit etwas geringerer Zunahme des Heizwertes (20% anstelle von 22%). Ein eventueller Wassergehalt in den Alkoholen setzt den Energiegewinn noch weiter herab.

Während der motorischen Verbrennung erweisen sich die beiden Komponenten H_2 und CO als ähnlich in ihren Eigenschaften. Beide sind gekennzeichnet durch hohe Verbrennungsgeschwindigkeit und sichere Zündfähigkeit bei sehr mageren Kraftstoff-Luftverhältnissen. Das reformierte Gas erweist sich als sehr klopffest und ermöglicht damit hohe Verdichtungsverhältnisse. Weitere Vorteile sind geringe notwendige Zündenergie, gutes Durchbrennen bis in die Randzonen.

Besonders wichtig ist die Tatsache, daß sich mit gasförmigen Kraftstoffen betriebene Motoren auch mit hohem Luftüberschuß ohne Zündaussetzer betreiben lassen. In diesem Betriebsbereich sind die Konzentrationen aller Schadstoffkomponenten gering. Ein weiterer Vorteil des Betriebs mit Luftüberschuß ist die Möglichkeit, die Leistung qualitativ über das Kraftstoff-Luftverhältnis zu steuern. Hierdurch werden die Drosselverluste verringert, was zur Steigerung des Wirkungsgrades im Teillastgebiet führt.

Den Vorteilen des Gasgeneratorbetriebs stehen jedoch in der Praxis systembedingte Nachteile gegenüber:

- Das Verfahren der Spaltvergasung erfordert einen relativ hohen regelungstechnischen Aufwand.
- In der Startphase des Motors, in der ein gasförmiger Kraftstoff besonders günstig wäre, ist der Gasgenerator ebenfalls noch kalt und nicht sofort von sich aus betriebsbereit.
- Die Abgaswärme des Motors reicht nicht in allen Last-Drehzahlbereichen für einen optimalen Betrieb des Reaktors aus.
- Der im Vergleich zum Betrieb mit flüssigen Kraftstoffen geringe volumetrische Heizwert des Spaltgas-Luftgemischs begrenzt den möglichen maximalen Mitteldruck des Motors. Dieser Nachteil läßt sich durch teilweise Zugabe von flüssigem Kraftstoff abschwächen bzw. vermeiden.

7.6.2 Praktische Ausführungen von Spaltgasgeneratoren, Ergebnisse von Versuchen mit Motoren

Die Konstruktion des Reaktors und die Wahl des Katalysators ist für die Leistungsfähigkeit des Konzepts von großem Einfluß. Die Auswahl des Katalysators bestimmt den prinzipiellen Reaktionsweg und ist maßgebend für den Anteil an Nebenprodukten, wie z. B. Dimethylether, Methan und Ruß. Auch die Betriebstemperatur hat einen wesentlichen Einfluß auf die Produktzusammensetzung und das Betriebsverhalten des Reaktors. Besonders kritisch ist das Verhalten des Reaktors bei niedrigen Temperaturen wegen der dann sehr geringen Umsetzungsgeschwindigkeit. Hier ist ein Kompromiß zu schließen zwischen Reaktorgröße, Umsetzungsgrad im Reaktor und Starttemperatur des Gesamtkonzepts. Das System sollte außerdem so ausgelegt sein, daß infolge niedriger Betriebstemperaturen kondensierendes Methanol keine Störungen hervorruft. Nähere Angaben über Katalysatorauswahl und Konstruktion eines Reaktors sind in [7.60] und [7.64] zu finden.

Auch für das Verhalten des Motors sind mittelbar die Eigenschaften des Katalysators von großer Wichtigkeit. Niedrige Anspringtemperatur sichert baldige Betriebsbereitschaft nach dem Start des Motors, hohe Umsetzungsraten ermöglichen den Bau eines kompakten leichten Reaktors.

Eine sorgfältige Abstimmung des Reaktors mit den Betriebsbedingungen des Motors ist notwendig, dabei bleibt es schwierig, im Leerlauf und bei niedriger Last, wenn die Abgastemperatur gering ist, eine vollständige Spaltung des Methanols zu erreichen. Zur Vermeidung von zu niedriger Abgastemperatur bei kleiner Last und

Drehzahl muß in diesen Bereichen der Luftüberschuß reduziert werden. Versuche auf dem Motorprüfstand haben unter stationären Betriebsbedingungen die erwarteten Ergebnisse bestätigt, hoher Wirkungsgrad und niedrige Abgasemissionen konnten realisiert werden. Dabei war ein sicherer Motorbetrieb mit Luftverhältnissen Lambda bis zu 2,3 möglich [7.61]. Versuche zur Verbesserung des Kraftstoffverbrauchs haben gezeigt, daß günstigste Verbrauchswerte mit Luftverhältnissen von 1,7 erreicht werden können.

An einem 4-Zylinder-Motor wurde gezeigt, daß der mit Spaltgas betriebene Motor die geringsten Schwankungen in der Gemischverteilung auf die einzelnen Zylinder hat, deutlich günstigere Werte als beim Betrieb des gleichen Motors mit verdampftem Methanol. Dies ist leicht erklärlich, da bei verdampftem Methanol ein Teil des Dampfes im kalten Saugrohr wieder kondensieren kann.

Die hohe Klopffestigkeit des Spaltgases erlaubt eine Erhöhung der Verdichtung bis auf Werte zwischen 14 und 16. Mit zunehmender Verdichtung nehmen allerdings die CO- und HC-Emissionen zu, die gleichlaufende Tendenz ist mit zunehmendem Luftüberschuß festzustellen. Bis zu einer Verdichtung von 14 ist bei magerem Gas-Luftgemisch klopffreier Betrieb möglich. Bei höherer Verdichtung bis Werte um 16 kann das Klopfen durch Zurücknahme der Zündung verhindert werden, dabei wird allerdings die mögliche Toleranzbreite für den Zündzeitpunkt stark eingeschränkt [7.62].

Besonders vorteilhaft ist der hohe Wirkungsgrad des mit Spaltgas betriebenen Motors unter Teillastbedingungen.

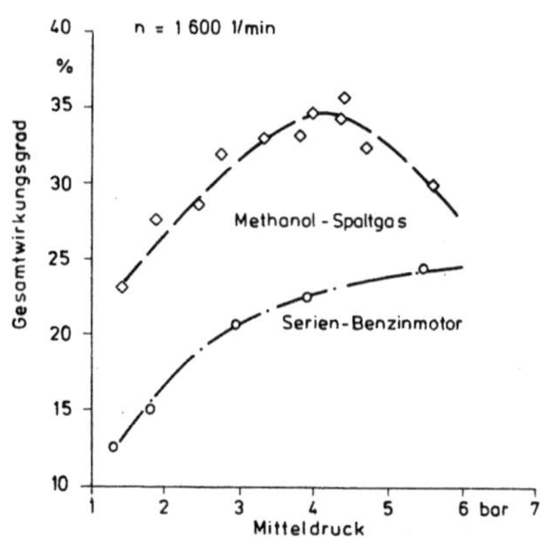

Abb. 7.73. Wirkungsgrad eines Motors mit Benzin bzw. Methanolspaltgas (nach [7.62])

Abb. 7.73 zeigt den hohen Wirkungsgrad eines mit Spaltgas betriebenen hochverdichteten Motors im Vergleich zum Serien-Benzinmotor bei einer Motordrehzahl von 1 600 1/min. Diese Abbildung macht unter anderem die relativ große Wirkungsgradsteigerung bei geringer Last deutlich. Dies ist auf die günstigen Verbrennungseigenschaften, auf reduzierte Drosselverluste während des Gaswechsels, die Ausnutzung der Abgaswärme (höherer Heizwert des Spaltgases im Vergleich zum flüssigen Kraftstoff), mageres Gemisch und hohe Verdichtung zurückzuführen.

In Abb. 7.74 ist der Drehmomentverlauf bei Vollast für Methanol und Spaltgas im Vergleich zu Benzin für einen Versuchsmotor dargestellt. Während der Serien-Benzinmotor eine Verdichtung von 8,2 aufweist, ist der Motor für Methanol bzw. Spaltgasbetrieb auf $\varepsilon = 14$ verdichtet. Damit wird im Betrieb mit reinem Methanol eine etwa 15%ige Leistungssteigerung im Vergleich zum Benzin erreicht, hervorgerufen durch die bekannten Eigenschaften von Methanol.

Das vollständige Konzept Gasgenerator mit Motor ist schematisch in Abb. 7.75 [7.62] dargestellt. Das flüssige Methanol aus dem Kraftstofftank wird zunächst durch einen abgasbeheizten Verdampfer geschickt und dann in dem katalytischen Reformer in H_2 und CO zerlegt. Nachdem das Spaltgas einen Kühler und einen Druckregler passiert hat, wird es mit einer Drosselklappe entsprechend der angesaugten Luftmenge dem Motor zugegeben. Die Betriebstemperatur des

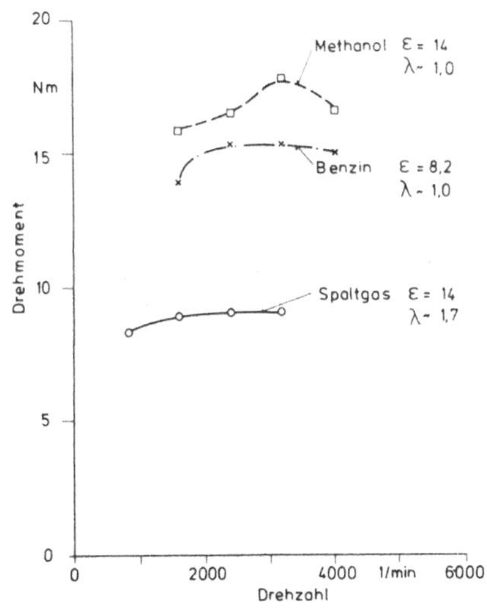

Abb. 7.74. Drehmoment (bzw. Mitteldruck) bei Vollast eines Motorkonzepts für Methanol, Benzin bzw. Methanolspaltgas (nach [7.61])

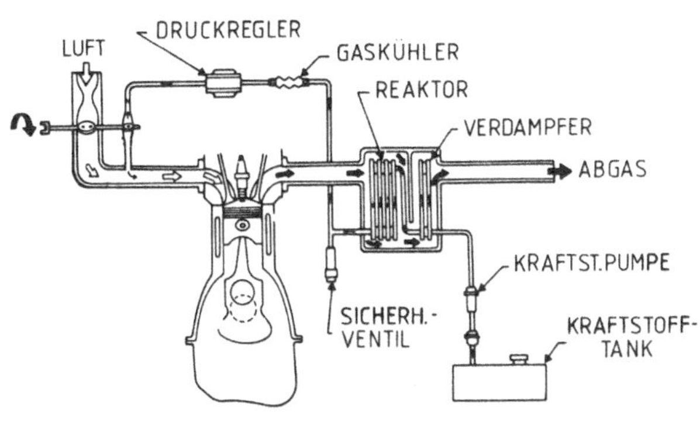

Abb. 7.75. Schematische Darstellung eines Motorkonzepts für Spaltgas [7.62]

katalytischen Reformers beträgt etwa 300°C bei einem Druck von 1 bis 4 bar. Das Gas wird dem Motor mit einer Temperatur von 150°C und etwa Atmosphärendruck zugeführt.

Die wesentlichen Vorteile des spaltgasbetriebenen Motors, hoher Wirkungsgrad, insbesondere in Teillastbetrieb, und geringe Abgasemissionen, machen dieses Konzept interessant. Dem stehen allerdings Nachteile, wie eine komplizierte Steuerung bzw. Regelung, gegenüber, um den Ansprüchen des normalen Fahrbetriebs zu genügen und um zu hohen Leistungsverlust bei Vollast zu vermeiden. Dieses System benötigt außerdem eine Startvorrichtung zum Starten des kalten Motors, da die Reaktion erst bei genügender Wärme erfolgt. Möglicherweise kann der Start durch ein elektrisch vorgeheiztes Katalysatorsystem erreicht werden.

Eine weitere Möglichkeit besteht darin, den Motor nicht mit Spaltgas alleine, sondern durch Zugabe von flüssigem Methanol zu betreiben. Durch die flüssige Methanolzugabe wird die Temperatur des Gasgemisches infolge der Verdampfung des Methanols abgesenkt. Damit sind niedrigere Spitzentemperaturen bei der Verbrennung und dementsprechend geringere NO_x-Emissionswerte zu erwarten. Zugabe von flüssigem Methanol hat außerdem steuerungs- und regeltechnische Vorteile. Durch den mit zunehmender Last vermehrten Anteil an flüssigem Methanol kann die durch den Gasbetrieb bedingte geringere Leistungsausbeute zum großen Teil kompensiert werden. Damit lassen sich die Vorteile beider Systeme, hoher Wirkungsgrad bei niedriger Last durch Spaltgasbetrieb und hohe Leistung bei Vollast durch Einsatz von flüssigem Methanol, kombinieren, Abb. 7.76 [7.61].

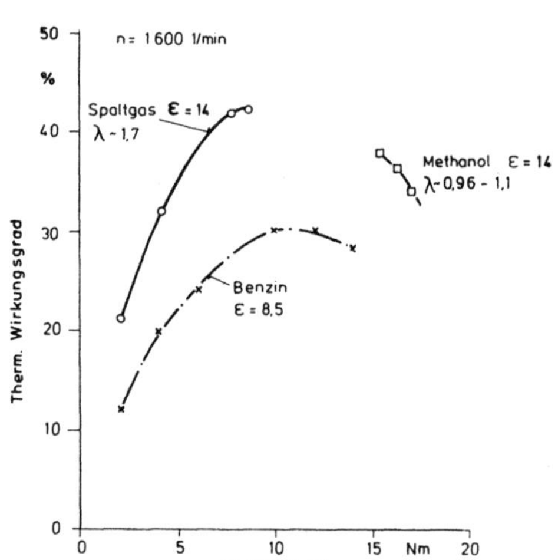

Abb. 7.76. Möglicher thermischer Wirkungsgrad und Drehmoment für den Betrieb eines Motorkonzepts mit Benzin, flüssigem Methanol und Methanol-Spaltgas (nach [7.61])

Auch die Zugabe von Methanol-Spaltgas zu flüssigem Benzin erweist sich vorteilhaft im motorischen Betrieb bezüglich Wirkungsgrad und Abgasemissionen [7.64].

7.6.3 Systemstudie für ein Konzept mit dissoziiertem und flüssigem Methanol

In Abb. 7.77 ist ein Konzept für den Betrieb mit dissoziiertem und flüssigem Methanol schematisch dargestellt [7.65].

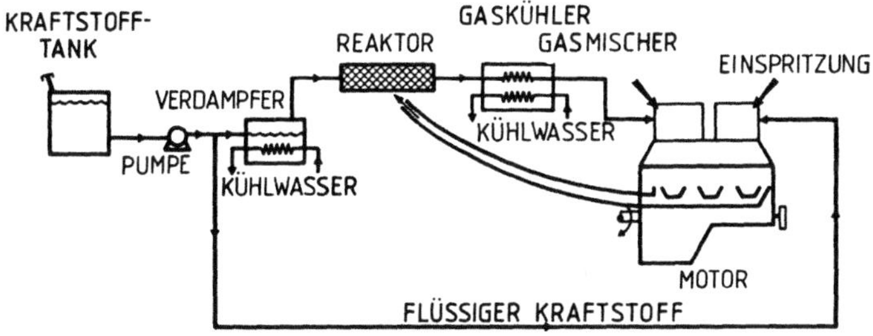

Abb. 7.77. Schema eines Konzepts für den Betrieb mit dissoziiertem und flüssigem Methanol [7.65]

Dieses System wird bekanntlich deswegen mit Interesse verfolgt, weil einerseits die Energiedichte des flüssigen Kraftstoffes benutzt werden kann und zum anderen die günstigen thermodynamischen Voraussetzungen einen hohen Gesamtwirkungsgrad versprechen, da ein Teil der Abgaswärme in chemische Energie des Kraftstoffes zurückverwandelt werden kann.

Das flüssige Methanol aus dem Kraftstofftank wird zunächst durch eine Heizanlage mit dem Motorkühlwasser verdampft. Anschließend wird das Motorabgas benutzt, um den Methanoldampf zu überhitzen und den Reaktor zu heizen. Der Wärmetauscher hinter dem Reaktor kühlt das Methanol-Spaltgas mit Hilfe des Motorkühlwassers, der Druck wird durch einen Druckregler reduziert. Das gekühlte Niederdruck-Spaltgas wird dann in einem üblichen Gasmischer mit Luft gemischt und dem Motor zugeführt. Hierbei wird ein mageres Gemisch bevorzugt, da die magere Verbrennung von wasserstoffreichen Kraftstoffgemischen eine deutliche Erhöhung des thermischen Wirkungsgrades ermöglicht. Das Konzept auf der Basis von reinem Spaltgas hat allerdings den Nachteil geringer Leistungsausbeute aufgrund des niedrigen Gemischheizwertes. Deshalb ist die Zufuhr von flüssigem Kraftstoff zusätzlich vorgesehen. Dadurch kann die Leistung deutlich gesteigert werden, andererseits können auch Betriebszustände ausgeglichen werden, in denen nicht genügend Spaltgas zur Verfügung steht. Je nach den gewünschten Betriebsbedingungen kann das Verhältnis zwischen Spaltgas und flüssigem Kraftstoff optimiert werden unter Berücksichtigung von Leistungsausbeute, Wirkungsgrad und Emissions- und Fahrverhalten. Nähere Angaben hierzu finden sich in [7.62], [7.63], [7.65].

Damit ergibt sich der Vorteil, daß der Zweistoffbetrieb Spaltgas/flüssiger Kraftstoff mit einem einzigen Kraftstoff aus dem Vorratstank möglich ist. Es ist also nur ein Kraftstofftank im Fahrzeug für beide Kraftstoffverteilungssysteme notwendig.

7.7 Dieselmotoren für Alkoholkraftstoffe

Für den direkten Einsatz in Dieselmotoren weisen Alkoholkraftstoffe einige prinzipbedingte Nachteile auf:

- Die geringe Zündwilligkeit, dargestellt als Cetanzahl bzw. Zündverzug, erschwert es außerordentlich, die Verbrennung von Alkoholen in Dieselmotoren in Gang zu bringen. Diese Tatsache ist durch den Aufbau der Alkoholmoleküle und die geringe Neigung dieser Kraftstoffe zum Verdampfen begründet, sie stellt das wesentliche Hemmnis für den Einsatz von Alkoholen im Dieselmotor dar.
- Die hohe Verdampfungswärme der Alkohole führt zu einer empfindlichen Senkung der Verdichtungsendtemperatur und wirkt damit zusätzlich ungünstig auf die Zündbedingungen ein.
- Die geringe Schmierwirkung der Alkohole kann in üblichen Diesel-Einspritzanlagen zu Problemen mit Einspritzpumpen und Düsen führen.
- Die im Vergleich zu üblichen Dieselkraftstoffen höhere Aggressivität der Alkohole kann zu Korrosionsproblemen führen.
- Die im Vergleich zum üblichen Dieselkraftstoff höhere Flüchtigkeit bringt die Gefahr von Dampfblasenbildung und Kavitation mit sich.

Zur Lösung dieser Probleme, besonders zum Ausgleich der geringen Zündwilligkeit, sind Modifikationen am motorischen Konzept bzw. in der Kraftstoffzusammensetzung erforderlich. Im Gegensatz zum Alkohol-Ottomotor sind hier wesentlich mehr Variationen denkbar und möglich. Unterschiedliche Systeme sind inzwischen entwickelt und erprobt worden. Die verschiedenen Möglichkeiten werden hier beschrieben und diskutiert. Auch hier muß das wichtigste Ziel sein, eine wirtschaftlich optimale Kombination von Kraftstoff und Motor zu erreichen.

Bei der Vielfältigkeit der hier gegebenen Möglichkeiten unterschiedlicher Konzepte sei zunächst zwischen Systemen mit einem bzw. zwei Kraftstoffen unterschieden:

Als Ein-Kraftstoffsysteme kommen für Dieselmotoren

- Alkohole mit Zündwilligkeitsverbesserer,
- Alkohol-Diesel-Mischkraftstoffe,
- umgewandelte Alkohole und
- reine Alkohole

in Frage. Für letztere besteht allerdings nur wenig Erfolgsaussicht.

Mögliche Zwei-Kraftstoffkonzepte sind:

- mechanisch erzeugte Mischungen aus Alkohol und Dieselkraftstoff,
- Alkohol ins Ansaugsystem,
- Systeme mit zwei Einspritzanlagen.

Systeme mit zwei Kraftstoffen bedingen erheblichen Aufwand, der sich in der Regel nur für neue Fahrzeugkonzepte lohnt. Der wesentliche Vorteil des Zwei-Kraftstoff-Prinzips besteht jedoch in der Tatsache, daß an den zweiten Kraftstoff nur sehr geringe Anforderungen bezüglich der Zündwilligkeit bestehen. Wenn die Verbrennung durch normalen Dieselkraftstoff erst einmal in Gang gekommen ist, lassen sich die zündunwilligen Alkohole ohne größere Probleme verbrennen.

Start und Warmlauf des Motors kann mit handelsüblichem Dieselkraftstoff erfolgen und unterliegt nicht den Nachteilen infolge des zündunwilligen Alkoholkraftstoffes. Gegenüber Alkohol-Diesel-Mischkraftstoffen gibt es keine Probleme mit der Stabilität des Kraftstoffes. Außerdem kann das Verhältnis von Alkohol zu Dieselkraftstoff je nach den Erfordernissen des Motors gewählt werden. Hier ist nicht nur die Berücksichtigung des kalten Betriebszustandes möglich, sondern auch zusätzlich eine Anpassung an Last und Drehzahl.

Deshalb ist dieses Verfahren am besten geeignet, reine Alkohole ohne zusätzliche Zündhilfen in Dieselmotoren zu verbrennen.

7.7.1 Grundlagenversuche über die Verwendung von Alkoholen in Dieselmotoren

In Basisversuchen an Einzylindermotoren wurde die generelle Tendenz beim Einsatz von Alkoholen in Dieselmotoren bestätigt [7.73]. In Motoren mit unterschiedlichem Brennverfahren (Vorkammer, Wirbelkammer und direkter Einspritzung) wurde der Einsatz von Ethanol-Dieselmischkraftstoffen und die Verwendung von reinem Ethanol in Ein- und in Zwei-Kraftstoff-Konzepten untersucht.

Mischkraftstoffe zeigen mit zunehmendem Alkoholgehalt steigende HC-Emissionen und abnehmenden thermischen Wirkungsgrad, insbesondere bei kleiner Last. Die unterschiedlichen Brennverfahren hatten dabei alle gleichlaufende Tendenz, wobei jedoch die direkte Einspritzung generell im Wirkungsgrad höher lag und deutlich geringere Rauchwerte bei allen Mischungsverhältnissen zwischen Alkohol und Dieselkraftstoff zeigte. Die Alkoholzumischung erbrachte bei allen Brennverfahren geringere Rauchemissionen und eine Absenkung der NO_x-Werte, die bei der Vorkammer geringer als bei der Wirbelkammer waren und bei der direkten Einspritzung die höchsten Werte erbrachten. Die gleiche Tendenz erwies sich bei den HC-Emissionen. Daraus kann geschlossen werden, daß das grundsätzliche Emissionsverhalten der unterschiedlichen Brennverfahren, wie man es von heute üblichen Dieselkraftstoffen kennt, auch bei der Verwendung von Alkoholen bestehen bleibt.

Alle Brennverfahren zeigten mit zunehmendem Alkoholgehalt steigende Tendenz im Zündverzug, während der Druckanstieg pro Grad Kurbelwinkel geringfügig zunahm.

In Mischkraftstoffen lassen sich nur beschränkte Alkoholmengen in der Größenordnung zwischen 20 und 30% unterbringen. Höhere Werte können nur dann erreicht werden, wenn ein Zwei-Kraftstoffsystem mit Dieselkraftstoff als Zündhilfe eingesetzt wird. Die Abstimmung der beiden Einspritzgesetze und die Lage und Spritzrichtung der Düsen mußten bei jedem Verfahren neu optimiert werden. Auch bei diesen Verfahren zeigt sich die generelle Tendenz, daß Alkoholkraftstoffe den Rauchwert im gesamten Lastbereich kräftig herabsenken. Der Wirkungsgrad bleibt gleich, insbesondere im mittleren und oberen Lastbereich. Die HC-Emissionen zeigen teilweise zunehmende Tendenz mit Alkoholkraftstoffen.

Diese Versuche geben zwar eine deutliche allgemeine Richtung wieder, lassen jedoch keinen exakten Vergleich zwischen den einzelnen Brennverfahren zu, da die Motoren unterschiedliche Werte für Hubraum und Verdichtung hatten, Tabelle 7.9.

Tabelle 7.9. *Daten der in [7.73] verwendeten Versuchsmotoren*

	Wirbelkammer	Vorkammer	Direkteinspritzung
Hubraum cm^3	522	780	1 246
Bohrung, Hub mm	86/90	95/110	115/120
Verdichtung	21,3	19	17

Weitere Grundlagenversuche mit Alkoholen in Dieselmotoren sind in [6.23], [6.24], [7.38], [7.79] beschrieben.

– Systeme mit einem Kraftstoff –

7.7.2 Alkohol-Diesel-Mischkraftstoffe

Der Vorteil bei der Nutzung von Alkohol-Diesel-Mischkraftstoffen liegt in erster Linie darin, daß die Motoren ohne wesentliche Änderung diese Kraftstoffe verwenden können. Voraussetzung für die einwandfreie Funktion im Motor ist die Stabilität des Mischkraftstoffs, die bei Dieselkraftstoffen in der Regel nur mit Hilfe von Lösungsvermittlern bzw. Emulgatoren sichergestellt werden kann (Abschnitt 6.5.2). Dies gilt insbesondere für Methanol. Exakte Messungen an Motoren zeigen, daß der Energieverbrauch mit diesen Mischkraftstoffen geringer ist als bei reinem Dieselkraftstoff. Der volumetrische Wirkungsgrad wird durch dieses Prinzip jedoch nicht verändert, da der Kraftstoff nach Abschluß des Einlaßtaktes im Zylinder zugeführt wird, so daß die Kühlwirkung aus der Verdampfungswärme des Kraftstoffs nicht mehr zur Erhöhung der Dichte der Ansaugluft führen kann. Der geringere Energieverbrauch und damit die Erhöhung des thermischen Wirkungsgrades kann durch folgende Effekte erklärt werden [7.70]:

- Die hohe Verdampfungswärme führt zu einer Senkung der Verdichtungsendtemperatur und damit der Verdichtungsarbeit.
- Der Zündverzug erlaubt mehr Zeit zur Verdampfung des Kraftstoffes, bevor die Verbrennung beginnt. Das bedeutet, daß höhere Ausbrennraten und damit eine größere Wärmefreisetzung pro Volumeneinheit zu erwarten ist.
- Im Arbeitsgas sind mehr Moleküle vorhanden, was einen höheren Zylinderdruck ergibt.

Insgesamt scheint die obere Grenze für die Zugabe von Alkoholen in Mischkraftstoffen zwischen 25 und 30% zu liegen, was den Verbrennungsablauf und den Wirkungsgrad des Motors betrifft. Voraussetzung ist allerdings, daß es gelingt, stabile Kraftstoffe herzustellen.

Versuche mit einem Einzylinder-Forschungsmotor zeigten, daß Mischkraftstoffe aus Alkohol und Dieselkraftstoff ohne geeignete Lösungsvermittler Probleme bereiten [7.70], [7.71].

Wasserfreies Ethanol läßt sich mit den meisten Dieselkraftstoffen mischen, jedoch geht die Stabilität der Mischung bei Zutritt von Wasser verloren, was bei der Affinität von Ethanol zum Wasser nicht zu vermeiden ist.

Die Versuchsergebnisse wiesen größere Streuungen auf, was wahrscheinlich auf Entmischung zurückzuführen ist. Ethanol-Dieselkraftstofflösungen zeigten gleichmäßigere Ergebnisse aufgrund des stabileren Kraftstoffes. Grundsätzlich wurden bei allen Mischkraftstoffen klopfende Verbrennungen beobachtet sowie eine Erhöhung des Zündverzugs zwischen 2 und 4° Kurbelwinkel im Drehzahlbereich zwischen 1 000 und 2 500 l/min. Die maximal mögliche Alkoholmenge war auf etwa 30% im Gesamtkraftstoff begrenzt. Die Grenze wurde durch zunehmenden Zündverzug und sinkenden Wirkungsgrad gegeben. Die Abb. 7.78 zeigt den Druckverlauf im Zylinder und die daraus errechnete Wärmefreisetzung für einen Kraftstoff mit 20% Ethanol bei 75% Last und 1 500 l/min. Es sind deutlich der Zündverzug und der höhere Druckgradient sowie der höhere Spitzendruck zu erkennen, im Vergleich zu normalem Dieselkraftstoff.

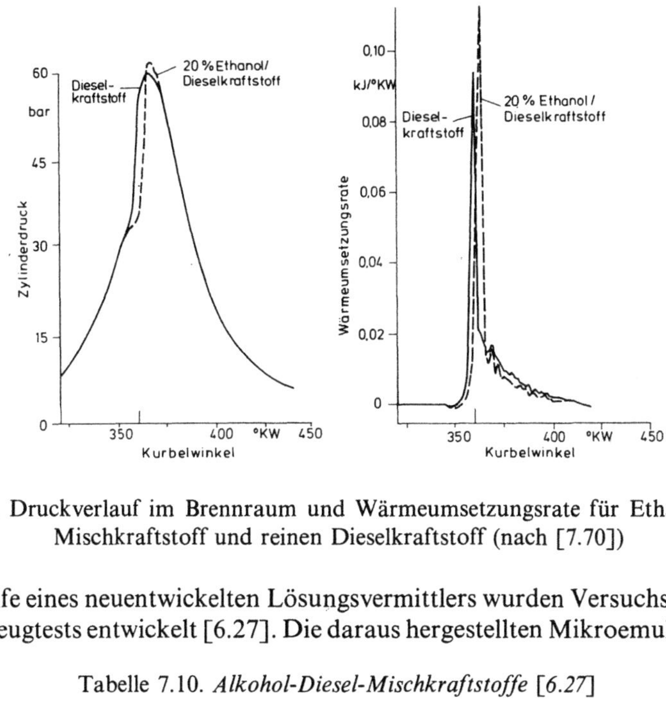

Abb. 7.78. Druckverlauf im Brennraum und Wärmeumsetzungsrate für Ethanol-Diesel-Mischkraftstoff und reinen Dieselkraftstoff (nach [7.70])

Mit Hilfe eines neuentwickelten Lösungsvermittlers wurden Versuchskraftstoffe für Fahrzeugtests entwickelt [6.27]. Die daraus hergestellten Mikroemulsionen aus

Tabelle 7.10. *Alkohol-Diesel-Mischkraftstoffe* [6.27]

	ED30 (Ethanol)	MD35 (Methanol)	DK (zum Vergleich)
Dieselkraftstoff, Vol.-%	70	65	100
Lösungsvermittler, Vol.-%	5	15	–
Ethanol, Vol.-%	25	–	–
Methanol, Vol.-%	–	20	–
Cetanzahl	33	35	53
Heizwert H_u			
kJ/kg	39 840	37 960	43 412
kJ/l	32 470	31 090	35 690
Heizwertunterschied zu DK, %	– 9	– 12,9	–
Dichte, g/ml	0,815	0,819	0,821

Ethanol bzw. Methanol und Dieselkraftstoff waren bis – 15°C stabil und hatten die Zusammensetzung und Eigenschaften nach Tabelle 7.10.

Filtrierbarkeit

Weder die Alkohole noch der Solubilisator beeinflussen die Filtrierbarkeit (gemessen in der CFPP[1]-Apparatur). Auf einen Nachteil soll hingewiesen werden; das Absenken der Viskosität führt zu einem schnelleren Absetzen der in der Kälte aus dem Dieselkraftstoff ausfallenden Paraffinkristalle, jedoch wurde für die bessere Verteilung der Paraffinkristalle bereits früher ein geeigneter Zusatz entwickelt.

Viskosität

Bei den bisher durchgeführten Messungen lag die Viskosität immer über 2 mm^2/s bei 20°C. Diese Viskositätsabsenkung führte im Motor mit einer Verteilerpumpe zu einer Erhöhung der volumetrischen Einspritzmenge von ca. 5%, eine willkommene Erscheinung zur Verminderung der Auswirkung des Heizwertabfalles der Kraftstoff-Alkoholgemische.

Flüchtigkeit bzw. Siedeverhalten

Bedingt durch die hohe Flüchtigkeit der Alkohole tritt eine sehr starke Beeinflussung der Siedekurve auf. Sicherheitstechnische Aspekte in bezug auf den Betrieb von Kraftfahrzeugen müssen noch untersucht werden. Der Kraftstoff entspricht der Gefahrenklasse A1.

Korrosionsverhalten

Das Korrosionsverhalten der Mischungen wurde bisher nicht untersucht. An dem verwendeten Prüfmotor wurde jedoch keine Korrosion beobachtet.

Versuchsergebnisse

Mit diesen Kraftstoffen wurden folgende Versuchsergebnisse ermittelt [7.72]:

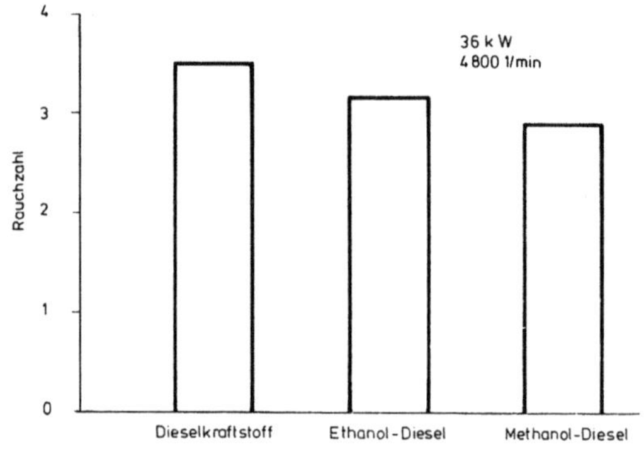

Abb. 7.79. Rauchzahlen (Bosch) von Alkohol-Diesel-Mischkraftstoffen bei gleicher Vollast-Leistung

[1] CFPP = *C*old *F*ilter *P*lugging *M*ethod.

Messungen auf dem Motorprüfstand. Wie erwartet, kann durch die Alkoholkraftstoffe eine Senkung der Rauchzahl erreicht werden. Abb. 7.79 zeigt die Rauchzahlen der beiden Testkraftstoffe im Vergleich zu normalem DK. Bei Einstellung auf gleiche Rauchzahl wie beim Serienmotor werden die in Abb. 7.80 dargestellten

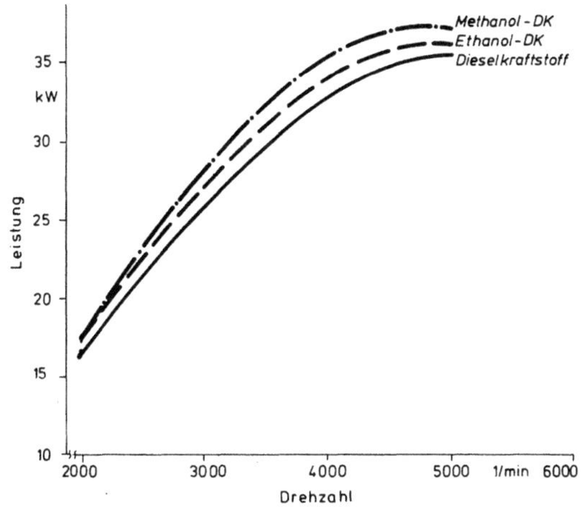

Abb. 7.80. Vollast-Leistung für Alkohol-Diesel-Mischkraftstoffe und Dieselkraftstoff im gleichen Motor mit Abstimmung auf gleichen Rauchwert

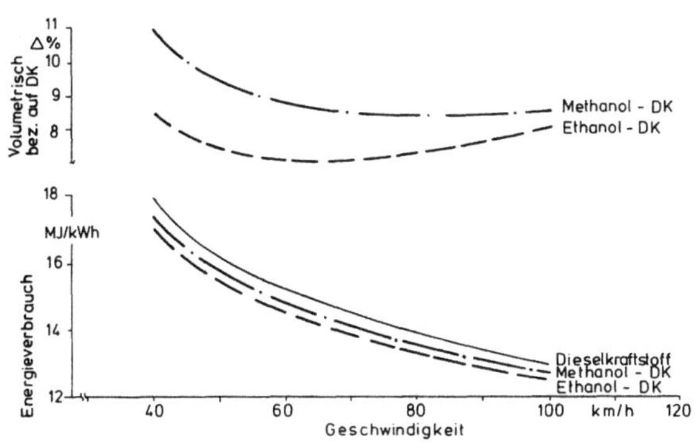

Abb. 7.81. Volumetrischer Mehrverbrauch von Alkohol-Diesel-Mischkraftstoffen im Vergleich zu Dieselkraftstoff sowie Energieverbrauch bei Straßenteillast

Leistungswerte erreicht, das heißt eine Leistungssteigerung von 2% beim Kraftstoff ED30 und 5% beim Kraftstoff MD35. Wie Abb. 7.81 zeigt, ist der volumetrische Kraftstoffverbrauch bei stationär gefahrener Teillast im Mittel etwa um 8 bzw. 9% höher als bei Dieselkraftstoff. Berücksichtigt man den Heizwert der Kraftstoffe, ist der Energieverbrauch mit diesen Alkohol-Mischkraftstoffen etwas geringer als bei Dieselkraftstoff.

Praktische Fahrversuche. Der Alkoholgehalt der hier verwendeten Kraftstoffe ist so hoch, daß die Cetanzahl empfindlich gesenkt wird und, zumindest in kritischen Betriebsbereichen, nicht mehr den Erfordernissen genügt. So wird der Kaltstart mit sinkenden Temperaturen schwieriger, insbesondere wird jedoch das Laufverhalten unmittelbar nach dem Kaltstart wegen starken Blaurauchs unbefriedigend. Bei Temperaturen über + 10°C wurden keine Beanstandungen festgestellt. Bei – 5°C läßt sich der Motor zwar mit der serienmäßigen Vorglühanlage noch starten, ein unmittelbares Anfahren ist jedoch nicht mehr möglich. Deshalb ist es notwendig, die hier genannten Kraftstoffgemische mit Zündbeschleunigern zu versehen, z. B. 0,5 bis 1% Kerobrisol MAR, je nach Jahreszeit. Eine wesentliche Verbesserung dieser Situation wird außerdem erreicht, wenn die serienmäßige Glühkerzen-Vorheizanlage auch nach dem Start für einige Sekunden in Betrieb bleibt.

Mit Ausnahme der Vorheizanlage entsprechen die Fahrzeuge serienmäßigen Konzepten für den Betrieb mit Dieselkraftstoff. Bei betriebswarmer Maschine ist das Laufverhalten mit diesen Kraftstoffen einwandfrei und führt zu keinen Beanstandungen bezüglich Leistung und Geräuschentwicklung.

7.7.3 Reine Alkohole in Dieselmotoren

Änderungen am motorischen Konzept, um der ungünstigen Zündwilligkeit von Kraftstoffen entgegenzukommen, sind zunächst extrem hohe Verdichtung und zusätzliche Vorwärmung der Ansaugluft. Abb. 7.82 [6.25] zeigt, wie durch Steigerung der Verdichtung eines Dieselmotorkonzeptes auch zündunwillige Kraftstoffe verwendbar werden, bis zu extrem zündunwilligen Kraftstoffen. Dabei sind allerdings Verdichtungswerte um 25 notwendig. Diese Abbildung muß als Erfahrungswert angesehen werden, da es keinen eindeutigen Zusammenhang zwischen Cetanzahl und notwendiger Verdichtung gibt. Diese Angaben beziehen sich jedoch nur auf den betriebswarmen Motor unter bestimmten Lastverhältnissen. Je geringer die Last wird, umso schwieriger ist ein einwandfreier Lauf des Motors zu erhalten.

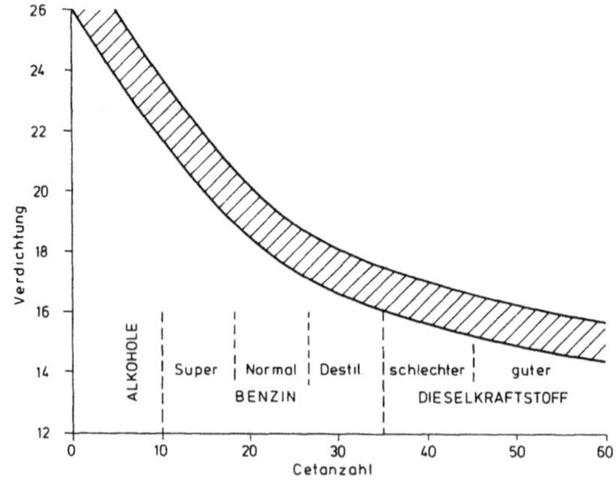

Abb. 7.82. Notwendige Verdichtung eines Dieselmotors für Kraftstoffe mit unterschiedlicher Zündwilligkeit (nach [6.25])

Bewährt hat sich die Vorheizung der Ansaugluft über Wärmetauscher oder Abgasrückführung im Teillastbetrieb. Diese Maßnahmen lassen sich bei Alkoholen besser als bei Dieselkraftstoffen anwenden, da die rußfreie Verbrennung keine Verschmutzung der Reinluftwege verursacht. Diese Vorwärmungsverfahren müssen lastabhängig gesteuert werden, um bei Vollast Leistungseinbußen zu vermeiden. Für den Start und den Betrieb des noch nicht betriebswarmen Motors müßten sie zusätzlich durch elektrische Heizelemente unterstützt werden.

Als mögliche Starthilfen sind neben der elektrischen Vorheizung der Ansaugluft eine Flammstartanlage und die Verwendung eines Startkraftstoffes bewährt. Hier ist entweder eine vorübergehende Umschaltung auf Dieselkraftstoff für Start- und Warmlauf möglich oder ein spezieller Startkraftstoff, wie z. B. Startpilot (feinversprühtes zündwilliges Gas-Kraftstoffgemisch).

Bei der Notwendigkeit eines zusätzlichen Startkraftstoffs sind die Nachteile des Zwei-Kraftstoff-Systems nicht zu übersehen, es muß in jedem Fall auf genügenden Vorrat des zusätzlichen Betriebsstoffes geachtet werden. Bei der Umschaltung auf Dieselkraftstoff für den Start muß auch das vorhergehende Abstellen des Motors einer bestimmten Vorschrift genügen.

Eine Möglichkeit, die durch die Luftvorwärmung bedingte Füllungsminderung des Motors auszugleichen, ist der Einsatz eines Abgasturboladers.

Extrem hohe Verdichtungen ermöglichen zwar einen zufriedenstellenden Lauf des Motors mit zündunwilligen Kraftstoffen, führen jedoch durch Steigerung von Spitzendruck und Druckanstieg pro Grad Kurbelwinkel zu höheren Triebwerksbelastungen als bei üblichen Dieselmotoren und damit auch durch hohe Reibungskräfte zur Senkung des Wirkungsgrades.

Durch diese Maßnahmen, insbesondere die hohe Verdichtung, werden wesentliche Vorteile des Dieselverfahrens zumindest teilweise verloren gehen, da mit der hohen Verdichtung die Arbeitsdrücke und damit auch die mechanischen Verluste ansteigen. Deshalb scheint es geraten, die wegen ihrer sonstigen Eigenschaften auch im Dieselmotor vorteilhaften Alkohole durch andere Maßnahmen einsetzbar zu machen.

Der hoch verdichtete Alkohol-Dieselmotor läßt sich durch wenige Anpassungsmaßnahmen wieder für handelsüblichen Dieselkraftstoff verwenden. Dabei muß lediglich die Einspritzmenge eingestellt und gegebenenfalls eine Luftvorwärmung bzw. Abgasrückführung außer Betrieb genommen werden. Eine Umstellung von hoch verdichteten Alkohol-Ottomotoren für normales Tankstellenbenzin ist im Vergleich dazu sichtlich aufwendiger.

7.7.4 Dieselmotoren mit Zündhilfe durch Glühkerzen

Eine weitere Möglichkeit, schwer entflammbare Kraftstoffe in Dieselmotoren zu zünden, ist der Einsatz von Glühkerzen. Diese Methode ist bei konventionellen Dieselkraftstoffen üblich zur Verbesserung des Kaltstartverhaltens. Der Einsatz von Glühkerzen für den Dauerbetrieb eines Dieselmotors ermöglicht die Verwendung von extrem zündunwilligen Kraftstoffen, wie z. B. Methanol oder Ethanol [7.74].

Erfahrungen mit diesem System erbrachten folgende Ergebnisse bei der Verwendung von Methanol als Kraftstoff im Dieselmotor:

- Mit der Glühkerze ist ein Start des kalten Motors ohne zusätzliche Zündhilfe im Kraftstoff möglich. Bei niedriger oder mittlerer Last ist ein Betrieb des Motors nur möglich, wenn die Kerze beheizt wird. Im Bereich hoher Last kann die Heizspannung der Kerze deutlich reduziert werden, oder ganz abgeschaltet, ohne daß ein nachteiliger Einfluß auf den Betrieb des Motors erreicht wird.
- Die Lage der Glühkerzen im Brennraum ist von Bedeutung für das Laufverhalten des Motors, sie muß sehr sorgfältig abgestimmt werden. Als vorteilhaft hat sich ein Platz im Brennraum erwiesen, der wenig Turbulenz hat und an dem das Kraftstoff-Luftgemisch reich genug zur Zündung ist.
- Wenn der Kraftstoffstrahl die Kerze selbst direkt berührt, sind hohe Heizströme notwendig, teilweise kann jedoch ein Stehenbleiben des Motors unter ungünstigen Bedingungen, insbesondere bei hoher Drehzahl und kleiner Last, auftreten.

Versuchsergebnisse an Ein- und Vierzylindermotoren sollen mit diesem Konzept deutlich bessere Werte für Energieverbrauch und Wirkungsgrad bei der Verwendung von Ethanol und Methanol erbracht haben, als dies im reinen Dieselbetrieb mit Dieselkraftstoff möglich ist. Auch bei diesem Konzept wurden die bekannten Vorteile der Alkohole festgestellt, nämlich die rußfreie Verbrennung unter allen Last- und Drehzahlbedingungen.

Für einen Vierzylindermotor von 3,9 l Hubraum, 82 PS bei 3 000 Umdrehungen mit direkter Einspritzung wurde für die Glühkerzen eine Heizleistung bis 1 kW benötigt. Gegenüber Dieselkraftstoff wurde angeblich eine Erhöhung des Wirkungsgrads zwischen 8,4 und 22,4% erreicht [7.74].

Den Einbau der Glühkerze, relativ zur Einspritzdüse, zeigt Abb. 7.83.

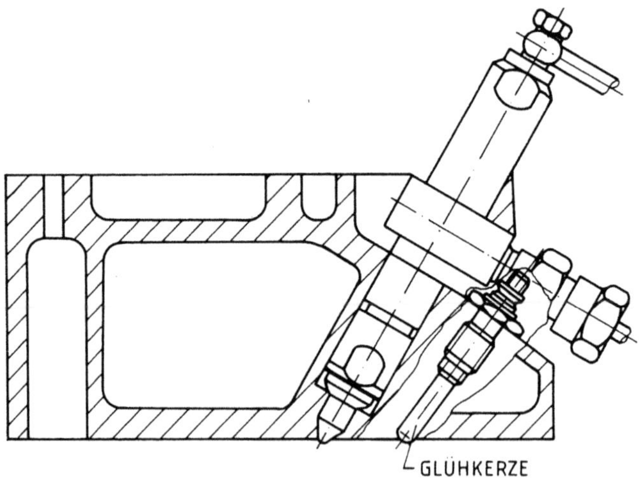

Abb. 7.83. Zylinderkopf eines Dieselmotors mit Einspritzdüse und Glühkerze [7.74]

7.7.5 Dieselmotoren mit zusätzlicher Funkenzündung

Alkohole erfordern in Dieselmotoren zur sicheren Zündung in allen Betriebsbereichen unterstützende Maßnahmen. Als eine der zahlreichen Möglichkeiten bietet sich eine Zündhilfe auf der Basis elektrischer Zündung an. Bei diesem Konzept wird der Kraftstoff wie beim üblichen Dieselmotor in den Brennraum eingespritzt, und eine elektrische Zündanlage sorgt für die Zündung des Kraftstoff-Luftgemischs.

Ein entsprechend umgerüsteter CSR-Cetanprüfmotor (Einzylinder) erbrachte folgende Ergebnisse [7.75]:

- Thermischer Wirkungsgrad und Leistung sind bei Dieselkraftstoff, Methanol und Ethanol etwa gleich.
- Die Alkohole erzeugen deutlich geringere NO_x-Emissionen.
- Es entstehen durch die Alkohole keine Feststoffemissionen. Die geringen Feststoffemissionen, die bei diesen Tests ermittelt wurden, konnten auf das Schmieröl zurückgeführt werden, daß in den Brennraum gelangt.
- Unverbrannte Kraftstoffteile sind bei Alkoholbetrieb höher. Dabei muß jedoch beachtet werden, daß die auf diese Weise ermittelten Werte vom Dieselkraftstoff nicht die Feststoffemissionen enthalten, die ebenfalls aus unverbranntem Kraftstoff entstanden sind. In jedem Fall wird sich die Zusammensetzung der un- oder teilverbrannten Anteile des Alkoholkraftstoffes deutlich von der aus Dieselkraftstoff unterscheiden. Polyzyklische Aromaten werden fehlen, der Hauptanteil wird aus einfachen Kohlenwasserstoffverbindungen bestehen, die als harmlos bezüglich Inversion und Toxidität angesehen werden.

Die praktischen Versuche zeigten jedoch, daß die Lage der Zündkerze, der Zündzeitpunkt und das Einspritzgesetz sehr sorgfältig gewählt werden müssen, um in allen Betriebszuständen des Motors sichere Zündung und aussetzerfreien Betrieb zu gewährleisten. Im Alkoholbetrieb mußte der Einspritzzeitpunkt um etwa 10 Grad vorgenommen werden, während der Zündzeitpunkt zurückgenommen werden mußte, um allzu steilen Druckanstieg und Klopfen zu vermeiden. Dieser Effekt wird auf intensive Turbulenz durch die Brennraumkonstruktion zurückgeführt. Insgesamt war es bei diesen Versuchen nicht gelungen, einwandfreie Zündbedingungen im ganzen Last-Drehzahlbereich zu erreichen. Das bedeutet, daß Motorenkonzepte auf dieser Basis sehr sorgfältig in bezug auf Verdichtung, Brennraumgeometrie, Zünd- und Einspritzgesetz entwickelt werden müssen. Unter Umständen ist im Bereich kleiner Lasten eine Drosselung der Ansaugluft notwendig, um das Kraftstoff-Luftgemisch nicht zu sehr abzumagern. Eventuell besteht die Möglichkeit, das Zündsystem durch eine einfache Glühkerze zu ersetzen.

Weitere Informationen über dieses Konzept, das genau genommen kein Diesel-, sondern ein Ottomotor mit direkter Einspritzung ist, finden sich in Abschnitt 7.10.2 (Motoren mit Schichtladung).

7.7.6 Ethanol mit Zündbeschleuniger in Dieselmotoren

Ein wesentlicher Vorteil für die Einführung von Alternativkraftstoffen ist für solche Systeme gegeben, die in allen vorhandenen Motoren eingesetzt werden können. Deshalb besteht großes Interesse, die zündunwilligen Alkohole durch entsprechende Zusätze in normalen Dieselmotoren allgemein verwendungsfähig zu machen. Alle heute bekannten Zündverbesserer sind organische Nitrate, hierzu Kapitel 6.5.3. Näheres über Auswahl und Erprobung dieser Kraftstoffe ist in [7.76] zu finden.

Auch hier erwies es sich als schwierig, die Eignung von Alkoholkraftstoffen auf der Basis von Cetanzahlprüfungen zu beurteilen. Es wurde bestätigt, daß dieselbe Mischung aus Alkohol und Zündbeschleuniger verschiedene Cetanzahlen ergibt, je nach der zugegebenen Kraftstoffmenge. Höhere Kraftstoffmengen bedeuten, daß die Einspritzzeit verlängert ist und somit eine Veränderung in den Verbrennungsbedingungen eintreten muß. Die Verwendung einer Einspritzpumpe mit größerem Hubraum, das heißt höherer Fördermenge pro Grad Kurbelwinkel, wird zu anderen Ergebnissen führen. Dies wird mit ein Grund sein für die an anderer Stelle (Kapitel 6.5) beschriebenen Unterschiede in der Beurteilung der Zündwilligkeit von Alkoholen, je nachdem, ob nach der „klassischen" Cetanzahlprüfmethode oder im realen Motor beurteilt wird.

Insgesamt zeigt sich, daß Ethanol-Zündwilligkeitsverbesserer-Gemische sich in normalen Dieselmotoren mit direkter Einspritzung als deutlich zündwilliger erweisen, als dies nach ihrer Cetanzahl, gemessen am genormten Prüfmotor, zu erwarten ist. So zeigt sich, daß ein Ethanol-Zündverbesserer-Gemisch, das im Prüfmotor mit $CZ = 30$ bewertet wird, sich in normalen Produktions-Dieselmotoren wie ein Dieselkraftstoff mit einer CZ von mehr als 53 verhält [6.21] – [6.26].

Die Einspritzpumpe des Dieselmotors muß dem neuen Kraftstoff angepaßt werden, einerseits sind höhere Einspritzmengen und gegebenenfalls ist eine Anpassung des Spritzzeitpunktes notwendig.

Die hohe Flüchtigkeit der Alkohole, verglichen mit Dieselkraftstoff, erhöht die Gefahr von Kavitationen im Einspritzsystem; die niedrige Viskosität ergibt Schmierungsprobleme bei den Pumpenelementen und den Einspritzdüsen. Hier sind entweder konstruktive Maßnahmen oder eine entsprechende Zusammensetzung des Kraftstoffes mit Schmiermittelzusatz notwendig. Außerdem ist mit Korrosion an einigen Bauteilen zu rechnen.

Praktische Versuche mit Alkohol-Zündwilligkeitsverbesserer-Gemischen in Dieselmotoren zeigen, daß der Mitteldruck von Dieselkraftstoff erreicht wird, wobei der Energieverbrauch geringfügig günstiger wird, insbesondere bei niedrigen Motordrehzahlen. Zu geringe Mengen an Zündbeschleuniger erfordern eine Vorverlegung des Zündzeitpunkts, was zu besserem Wirkungsgrad des Motors führt, aber auch den Verbrennungsdruck und den Druckanstieg rasch so weit ansteigen läßt, daß er mit Rücksicht auf die Bauteile nicht mehr zu verantworten ist.

Während der volumetrische Kraftstoffverbrauch durch den geringeren Heizwert des Ethanols entsprechend ansteigt, ergibt sich als großer Vorteil, daß der Betrieb mit Ethanol und Zündbeschleunigern über den ganzen Last- und Drehzahlbereich des Motors praktisch rauchfrei erfolgt.

Grundsätzlich hat die Verwendung von Alkoholen in Dieselmotoren höhere HC-Emissionen zur Folge. Hohe HC-Emissionen werden durch sichtbaren weißen Rauch und stechenden Geruch begleitet, hervorgerufen durch Acetaldehyd.

Durch Zugabe höherer Mengen an Zündbeschleuniger werden die HC-Emissionen gesenkt, so daß die bei normalen Dieselmotoren üblichen Werte erreicht werden können. CO-Emissionen sind gering, wie sie in dieselmotorischen Brennverfahren zu erwarten sind.

Gegenüber den dieselkraftstoffbetriebenen Motoren bestehen außerdem weitere Vorteile in der günstigeren Zusammensetzung des Abgases, da eine Reihe von krebsverdächtigen Abgaskomponenten im alkoholbetriebenen Dieselmotor nicht oder nur in extrem geringen Mengen nachzuweisen sind.

Da die Zündverbesserer in nahezu allen Fällen aus Stickstoffverbindungen bestehen, ist im motorischen Abgas eine Erhöhung der Stickoxidkonzentration zunächst zu erwarten. Untersuchungen haben jedoch gezeigt, daß dies nicht der Fall ist, was bedeutet, daß der an das Stickstoffmolekül gebundene Sauerstoff im Motor vollkommen freigesetzt und zur Verbrennung der Kohlenwasserstoffe verwendet wird.

Eine Zugabe von 10 bis 12% 2-Ethylhexylnitrat in Ethanol wird den Preis um etwa 10 bis 15% über den Wert von reinem Alkohol erhöhen. Dies erscheint akzeptabel, wenn damit eine allgemeine Verwendbarkeit in Dieselmotoren gegeben ist.

Obwohl die bisher vorliegenden Ergebnisse an geeigneten Zündwilligkeitsverbesserern für Alkohole zur Verbrennung in Dieselmotoren ermutigend sind, wird die Suche nach noch besser geeigneten Zusätzen fortgesetzt. Schwerpunkte sind hier insbesondere Sicherheitsaspekte, die Herabsetzung von Korrosionserscheinungen und die einfache Herstellbarkeit.

7.7.7 Alkoholderivate

Die Umwandlung von Alkoholen in zündwillige Derivate wird als erfolgversprechende Methode angesehen, Alkoholkraftstoffe für den Einsatz in Dieselmotoren besser geeignet zu machen.

Je nach dem Grad der erzielbaren Verbesserung reduziert sich die Notwendigkeit der hier beschriebenen Maßnahmen an den Motoren bzw. die Notwendigkeit, den Kraftstoff durch Zusätze (Zündbeschleuniger) anzupassen. Auch die Mischung mit Pflanzenölen bzw. Derivaten daraus wird sich günstig auf die Verbrennung im Dieselmotor auswirken. Gegebenenfalls sind auch Mischungen aus Alkohol- und Pflanzenölkonzepten mit Dieselkraftstoff möglich.

Allerdings ist bis jetzt noch wenig über eine Erprobung auf diesem Gebiet bekannt geworden.

– Systeme mit zwei Kraftstoffen –

7.7.8 Mechanisch erzeugte Alkohol-Dieselkraftstoff-Mischungen

Mischkraftstoffe aus Alkoholen und Dieselkraftstoff lassen sich nur mit Hilfe von Lösungsvermittlern bzw. Emulgatoren stabil halten. Besonders schwierig wird die Situation, wenn Mischungen mit Methanol hergestellt werden sollen. Hier sind kostspielige Lösungsvermittler notwendig, wenn nicht beide Kraftstoffe getrennt dem Motor zugeführt werden. Dies bedingt jedoch zwei Gemischbildungssysteme. Eine weitere Möglichkeit besteht darin, beide Kraftstoffkomponenten erst vor der Einspritzpumpe oder vor der Einspritzdüse mechanisch miteinander zu mischen. Diese Mischung muß jedoch mindestens solange stabil bleiben, bis der Einspritzvorgang beendet ist.

Das Problem besteht hier in der Schaffung einer brauchbaren Mischanlage, die eine homogene Emulsion erzeugt, die außerdem ausreichend stabil ist. Dazu muß das Mischungsverhältnis Alkohol/Dieselkraftstoff genau eingehalten werden.

Erschwerend sind die Randbedingungen der Betriebsparameter des Motorbetriebs, wie Start des kalten Motors usw.

In jedem Fall muß jedoch eine gleichmäßige Mischung erreicht werden, da sonst mit unregelmäßigem Motorbetrieb zu rechnen ist.

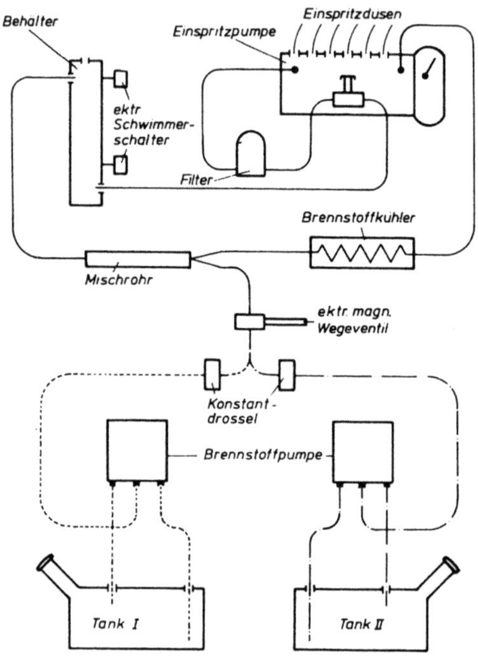

Abb. 7.84. Schema eines Zwei-Kraftstoffsystems und mechanischen Mischsystems (Mischrohr) [7.67]

Das Schema einer Alkohol-Dieselkraftstoff-Mischanlage im Fahrzeug ist in Abb. 7.84 [7.67] dargestellt. Aus den beiden Kraftstofftanks wird mit je einer Pumpe Dieselkraftstoff bzw. Alkohol angesaugt und auf einen bestimmten Druck gebracht. Durch entsprechende Steuereinrichtungen wird das gewünschte Mischungsverhältnis erreicht und eine zumindest kurzzeitig stabile Mischung im Mischrohr erzeugt, die aus einem Vorratsbehälter der Einspritzpumpe zugeführt wird. Die Überströmmenge aus der Einspritzpumpe wird nach dem Durchströmen eines Kühlers wieder ins Mischrohr gefördert. Der Kühler soll ein vorzeitiges Ausdampfen des Alkohols vermeiden. Da sich die Mischungen, insbesondere bei der Verwendung von Methanol, relativ schnell wieder entmischen, muß die Überströmmenge und die Leckmenge aus den Einspritzdüsen wieder dem Mischrohr im Kreislauf zugeführt werden.

Ein anderes mechanisches Emulsionssystem, genannt Hydro Shear [7.69], ist im Prinzip in Abb. 7.85 dargestellt. Alkohol- und Dieselkraftstoff werden diesem System aus zwei getrennten Tanks zugeführt. Dieses Konzept ermöglicht eine weite Flexibilität, so daß der Motor sowohl mit reinem Dieselkraftstoff als auch in

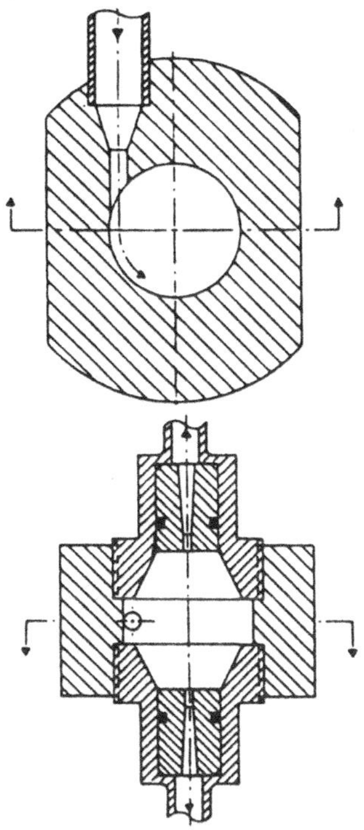

Abb. 7.85. Mischsystem für zwei Kraftstoffe (Hydro Shear) [7.69]

beliebigen Mischungsverhältnissen als Emulsion oder mit reinem Dieselkraftstoff betrieben werden kann. In der in Abb. 7.79 dargestellten Mischkammer wird die rotierende Flüssigkeit allmählich zum Zentrum gezwungen, während die Tangentialgeschwindigkeit sich kontinuierlich ändert unter dem Einfluß der auf sie wirkenden Kräfte. Das System arbeitet mit einem Druckverlust von 10 bis 18 bar und bildet unter diesen Bedingungen eine Emulsion aus kleinsten Teilchen. Die Hauptelemente dieses Emulsionssystems sind deshalb eine Hochdruckpumpe und die Mischkammer.

Da die mechanisch erzeugte Alkohol-Dieselkraftstoff-Emulsion nur kurze Zeit stabil bleibt, ist damit ein Start des Motors kaum möglich. Auch das Warmlaufen des Motors wird nicht zufriedenstellend sein, zumindest bei tieferen Temperaturen. Zündaussetzer und Blaurauchentwicklung wird man wegen der geringen Zündwilligkeit der Emulsion erwarten müssen. Um diese nachteiligen Effekte zu vermeiden, sollte der Motor mit reinem Dieselkraftstoff gestartet und so lange betrieben werden, bis normale Betriebsbedingungen, einschließlich einer eventuell notwendigen Vorwärmung der Ansaugluft, erreicht sind. Dafür muß die Einspritzanlage vor dem Start mit reinem Dieselkraftstoff versorgt werden, entweder durch ein Spülsystem, das aber kaum die Einspritzleitungen zwischen Pumpe und Einspritzdüsen erfassen kann, oder durch entsprechende Maßnahmen vor dem Abstellen des Motors. Das letztere Verfahren wird vorteilhafter sein, erfordert jedoch zusätzlichen Aufwand und Aufmerksamkeit in der Bedienung des Motors.

Praktische Versuche haben gezeigt, daß mit einer sorgfältig abgestimmten mechanischen Mischanlage der Motor ohne deutliche zyklische Schwankungen mit gleichmäßigem Druckverlauf und ebenso gleichmäßiger Gemischzusammensetzung im Einspritzstrahl betrieben werden kann [7.68].

Der Betrieb des Motors mit mechanisch erzeugten Mischungen zeigt deutlich vergrößerten Zündverzug, damit größeren Druckanstiegsgradienten und im Grenzfall klopfende Verbrennung. Dadurch wird die zulässige Methanol- bzw. Alkoholzumischung begrenzt. Diese Effekte, die durch eine Abkühlung infolge der hohen Verdampfungswärme der Alkohole hervorgerufen werden, lassen sich durch Erhöhung der Ansauglufttemperatur bzw. durch Erhöhung der Verdichtung reduzieren. Damit ist allerdings eine Einbuße an Leistung und Wirkungsgrad verbunden.

Der Wirkungsgrad des Motors bleibt unverändert, wenn der Methanolanteil in der Emulsion unter 20% bleibt. Durch die Methanolzugabe ist eine deutliche Absenkung der Rußemission festzustellen, während die NO_x-Emissionen ansteigen.

Ein wesentlicher Vorteil ist bei der mechanisch erzeugten Emulsion zu erwarten: Sie kann durch entsprechende Steuereinrichtungen in ihrer Zusammensetzung individuell den Betriebsbedingungen des Motors angepaßt werden, das heißt auf die Last- und Drehzahlbereiche und die Betriebstemperatur optimiert werden. Somit müßte, je nach den Betriebsbedingungen des Motors, im praktischen Einsatz ein höherer Alkoholanteil im Kraftstoff möglich sein als bei fertig angemischten Emulsionen, deren Zusammensetzung durch den ungünstigsten Betriebspunkt im Kennfeld limitiert ist.

Allerdings muß dabei die Steuerung im Fahrbetrieb übliche Laständerungen berücksichtigen, um Fahrfehler bzw. Rauchstöße im Abgassystem zu vermeiden. Diese können dann auftreten, wenn der Vollastanschlag der Einspritzpumpe auf Alkohol-Diesel-Mischbetrieb ausgelegt ist und durch plötzliches starkes Beschleunigen aus dem Leerlauf mit reinem Dieselkraftstoff gefahren wird.

Zusätzliche Zündhilfen, sei es am Motorkonzept oder als Kraftstoffkomponente, sind vermeidbar.

Zusammenfassend kann gesagt werden, daß die mechanische Herstellung eines Dieselkraftstoff-Alkoholgemischs zwar möglich ist, wenn auch mit größerem Aufwand. Durch unerwünschte Erscheinungen des Verbrennungsablaufs ist die Alkoholzumischung begrenzt. Hinzu kommen Probleme durch Entmischung bei stehendem Motor, die den nachfolgenden Kaltstart erschweren.

7.7.9 Alkohol-Dieselmotoren mit Zündstrahl

Der Zündstrahlmotor ergibt eine Möglichkeit, die zündunwilligen Alkoholkraftstoffe ohne Modifikation der Kraftstoffzusammensetzung auch in Dieselmotoren zu verbrennen. Es ist hierfür nur eine relativ geringe Menge an Dieselkraftstoff notwendig, der Alkoholkraftstoff wird last- und drehzahlabhängig über ein zweites Kraftstoffversorgungssystem dem Motor zugegeben. Dies kann ein Vergaser bzw. Niederdruck-Einspritzsystem sein, das den zweiten Kraftstoff (Alkohol) in das Saugsystem einbringt, oder ein zweites Diesel-Einspritzsystem mit direkter Einspritzung des Alkohols in den Brennraum.

Verglichen mit dem Ein-Kraftstoffsystem, das Alkohol mit chemischer Zündhilfe auf der Basis von Nitraten verwendet, steht hier als Nachteil der höhere Bauaufwand. Außerdem lassen sich vorhandene Fahrzeuge nur mit größerem Aufwand auf ein System mit doppelter Gemischbildungseinrichtung umrüsten.

Was die gesamten Kosten angeht, steht in dem einen Fall größerer Bauaufwand am Motor-Fahrzeugkonzept dem teureren Kraftstoff auf der anderen Seite gegenüber. Welches der beiden Systeme in der Praxis die höheren Betriebskosten verursacht, muß die Zukunft zeigen, wenn genügend Erfahrung vorliegt. Hier bestehen bei dem System Alkohol mit Zündwilligkeitsverbesserer noch Unklarheiten.

7.7.10 Zugabe von Alkoholkraftstoffen in das Ansaugsystem

Dieses Konzept sieht die Zuführung von Dieselkraftstoff über eine übliche Einspritzanlage in den Brennraum vor. Damit werden Zündzeitpunkt und Verbrennungsverhalten gesteuert. Das Dieseleinspritzsystem wird dabei in der Menge so weit reduziert, daß eine entsprechende Alkoholmenge über das Saugrohr zugegeben werden kann. Der Alkoholkraftstoff wird entweder über Vergaser oder ein Niederdruck-Einspritzsystem dem Ansaugtrakt zugeführt. Vorteilhaft bei diesem Verfahren mit zwei getrennten Gemischbildungseinrichtungen ist eine last- und drehzahlabhängige mögliche Dosierung der Alkoholmenge. Außerdem bleibt der Bauaufwand beschränkt, auch der Aufwand für eine eventuelle Nachrüstung vorhandener Fahrzeuge hält sich in Grenzen, da das zweite Gemischbildungssystem relativ einfach sein kann.

Ein mögliches System ist schematisch in Abb. 7.86 dargestellt [7.77]. Hier wird der Alkoholkraftstoff über ein Einspritzsystem mit je einer Düse pro Zylinder

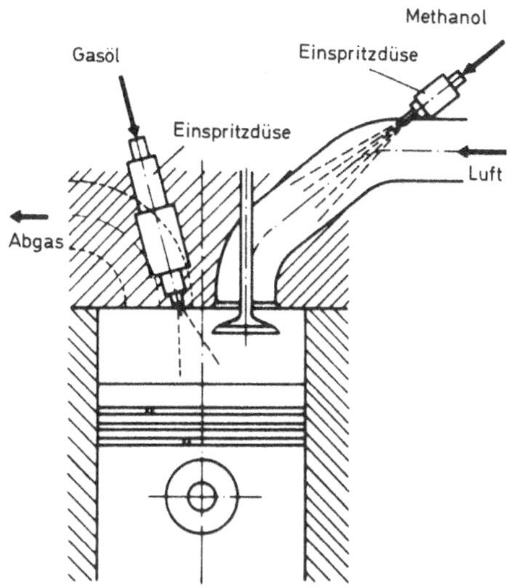

Abb. 7.86. Zwei-Kraftstoffkonzept für Dieselmotor mit Saugrohr-Einspritzung von Methanol [7.77]

zugegeben. Einfachere Systeme, wie z. B. ein zentrales Einspritzsystem oder Vergaser, sind ebenfalls denkbar. Im Interesse einer gleichmäßigen Verteilung des Alkohols auf die einzelnen Zylinder wird dabei eine intensive Gemischheizung wie bei entsprechenden Ottomotoren notwendig sein. Die durch die Heizung erreichbare Erhöhung der Gemischtemperatur wird sich nicht nur vorteilhaft auf die gleichmäßige Verteilung, sondern auch auf die Zündwilligkeit bemerkbar machen, weil im gleichen Maß die Verdichtungstemperatur erhöht wird.

Die Abstimmung des gesamten Systems muß so erfolgen, daß unkontrollierte Verbrennungen des Alkohol-Luftgemischs mit zu großem Alkoholanteil vermieden werden, ebenso laut klopfende Verbrennungen, hervorgerufen durch zu hohen Zündverzug.

Grundsätzlich erschwert dieses Konzept das dieselmotorische Arbeitsverfahren, da der bereits in der Ansaugluft vorhandene Alkohol während der Verdichtung verdampft und infolge seiner hohen Verdampfungswärme zu einer deutlichen Absenkung der Verdichtungstemperatur und damit zur Verschlechterung der Zündbedingungen führt. Dieser Effekt kann durch die üblichen Methoden zur Erhöhung der Kompressionsendtemperatur verringert werden, das heißt Heizen der Ansaugluft oder Erhöhung der Verdichtung. Eine andere Möglichkeit besteht darin, den Alkohol vor der Zugabe zu verdampfen. Über günstige Ergebnisse mit einem kühlwasserbeheizten System wurde in [6.25] berichtet.

Bei steigender Last führt die Erhöhung des Temperaturniveaus zu einer Reduzierung dieses Effekts. Alle diese Maßnahmen sind jedoch nicht ausreichend, um den Zündverzug so weit zu reduzieren, wie er bei normalem Dieselkraftstoff üblich ist. Im Einklang mit dem Zündverzug nimmt auch die Drucksteigerung pro Grad Kurbelwinkel zu, aufgrund der Tatsache, daß während der unkontrollierten ersten Phase der Verbrennung bereits eine größere Kraftstoffmenge im Brennraum ist. Bei höheren Methanolzugabemengen wurde allerdings beobachtet, daß der Druckanstieg abnahm, was darauf zurückzuführen ist, daß der Zündverzug so groß ist, daß die Verbrennung erst nach dem oberen Totpunkt beginnt [7.68].

Grundsätzlich wird aus verschiedenen Versuchsergebnissen bestätigt, daß die mögliche Methanolzugabemenge bei kleiner Last durch Zündaussetzer und ansteigende HC- und CO-Emissionswerte begrenzt wird. Heizen der Ansaugluft verbessert die Situation. Die dazu notwendige Wärmemenge entspricht etwa der Verdampfungswärme des Alkohols. Die Zugabe von verdampftem Methanol hat sich bewährt [7.80], [7.81]. Damit kann bei kleiner Last eine größere Methanolmenge zugegeben werden. Mit zunehmender Last kann der prozentuale Anteil des Alkohols an der Gesamtkraftstoffmenge wegen des höheren Temperaturniveaus im Motor vergrößert werden. Die rußfreie Verbrennung des Alkohols senkt die Gesamtemission an Feststoffen, die hohe Verdampfungswärme bringt eine intensive Innenkühlung und damit niedrigere NO_x-Emissionen.

Allerdings ist die auf diesem Weg mögliche Alkoholmenge begrenzt, da sie durch zu großen Zündverzug klopfende Verbrennung erzeugen kann oder bei hoher Motortemperatur zu frühe Selbstzündung des Alkohol-Luftgemischs während des Verdichtungstakts auftreten kann.

Im oberen Lastbereich begrenzen dann zunehmender Zündverzug und hoher Druckanstieg die mögliche Alkoholmenge immer mehr. Als Ursache dafür ist die Kühlwirkung aus der Verdampfung des Alkoholanteils anzusehen. Durch intensive Heizung der Ansaugluft könnte dem begegnet werden, aber der möglichen Temperatur der Ansaugluft sind im Vollastbetrieb ebenfalls Grenzen gesetzt durch hohen Druckanstieg aus ungewollter Selbstzündung, besonders bei Methanol, wo offenbar ähnliche Effekte wie bei der Vorentflammung in Ottomotoren auftreten. Besonders kritisch scheint in diesem Bereich der Betrieb mit verdampftem Methanol zu sein [7.79], [7.80].

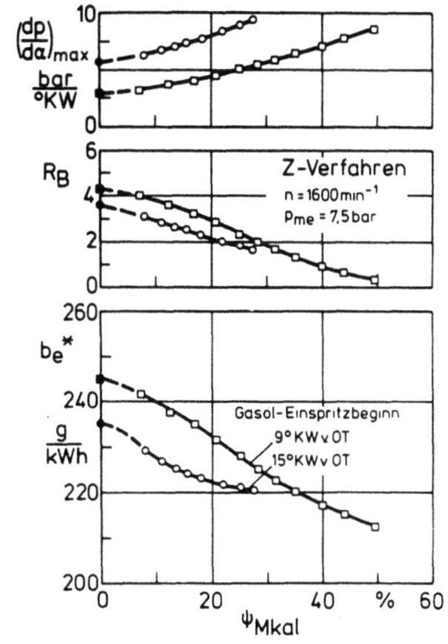

Abb. 7.87. Druckanstiegsgeschwindigkeit $dp/d\alpha$, Rauchwert R_B (nach Bosch) und Brennstoffverbrauch b_e^* in Abhängigkeit vom kalorischen Methanolanteil bei einem Zwei-Kraftstoffkonzept mit Methanol-Saugrohreinspritzung nach Abb. 7.86 [7.77]

Ausführliche Untersuchungen von Alkohol-Saugrohreinspritzung bei verschiedenen dieselmotorischen Brennverfahren ergaben übereinstimmende Ergebnisse [7.78]. Eine Methanolzugabe verspricht im oberen Lastbereich eine deutliche Senkung der Ruß- und Verbrauchswerte. Bei niedrigen Mitteldrücken sollte die Methanolmenge jedoch reduziert bzw. ganz vermieden werden, um eine Zunahme der HC- und CO-Emissionen zu vermeiden. Abb. 7.87 zeigt einen Teil der Versuchsergebnisse für einen Betriebspunkt von $n = 1\,600$ l/min und $p_{me} = 7{,}5$ bar. Mit zunehmendem Alkoholanteil muß mit ansteigendem Druckgradienten gerechnet werden, während Rußzahl und kalorischer Kraftstoffverbrauch zurückgehen. Allzu hohe Werte für den Druckgradienten können durch Veränderung des Einspritzbeginns gemildert werden, allerdings zu Lasten des Verbrauchs. Die Abbildung zeigt in diesem Lastbereich eine mögliche Grenze bei einem Methanolanteil zwischen 18 und 20%. Damit kann bei einer noch als tragbar anzusehenden Erhöhung des Druckgradienten ein Verbrauchsvorteil von etwa 5% und eine Rußabnahme auf die Hälfte erwartet werden. Ein um 6 Grad Kurbelwinkel nach Spät verschobener Einspritzbeginn ermöglicht bei gleichbleibendem Druckgradienten einen Methanolanteil bis zu 40%, wobei der Verbrauchsvorteil sich auf 8% vergrößert und der Rußwert weiter abnimmt.

Der Methanolanteil am Gesamtenergieeinsatz ist die Energiemenge, die in Form von Methanol zugeführt wird, bezogen auf die insgesamt dem Motor zugeführte Energie

$$\psi_{M_{\text{Kal}}} = \frac{\dot{m}_M \cdot H_{uM}}{\dot{m}_G \cdot H_{uG} + \dot{m}_M \cdot H_{uM}}.$$

Damit wird der Kraftstoffverbrauch, wenn er auf der Basis der unterschiedlichen Heizwerte in „Gramm Gasöläquivalent" b_e^* ausgedrückt wird:

$$b_e^* = \frac{\dot{m}_G + \dot{m}_M \cdot H_{uM}/H_{uG}}{P_e}.$$

Hier bedeuten:

$\dot{m}_M$ = Methanolmenge g/h,

H_{uM} = Heizwert Methanol kJ/kg,

$\dot{m}_G$ = Gasölmenge g/h,

H_{uG} = Heizwert Gasöl kJ/kg,

P_e = Leistung kW.

Mit Hilfe der anschaulichen Größe b_e^* läßt sich ein direkter Vergleich des Kraftstoffverbrauchs mit herkömmlichen Dieselmotoren anschaulich darstellen.

In ähnlicher Weise drückt man oft den Kraftstoffverbrauch von Fahrzeugen in Liter Dieselkraftstoff- bzw. Benzinäquivalent aus.

Beim Einsatz von Methanol liegt die mögliche Einsparung an Dieselkraftstoff nach diesem Verfahren etwa zwischen 15 und 25%. Sie ist abhängig von dem Betriebszustand des Motors.

Über die maximal mögliche Ethanolmenge liegen unterschiedliche Angaben vor [6.25]. Fest steht jedoch, daß auch hier im leerlaufnahen Gebiet sowie bei Vollast diesem Verfahren Grenzen gesetzt sind.

Beim Start, im Leerlauf und bei niedriger Last wird zweckmäßigerweise nur mit Dieselkraftstoff gefahren, um Probleme mit dem zündunwilligen Alkohol zu vermeiden. Außerdem werden dadurch höhere HC- und CO-Emissionen vermieden, die besonders bei niedrigen Mitteldrücken zunehmen. Eine Verschiebung des Förderbeginns der Dieseleinspritzung gegenüber dem Serienzustand um 4 Grad Kurbelwinkel in Richtung Spät hat sich vorteilhaft erwiesen, indem der maximale Druckgradient auf das niedrige Niveau des reinen Dieselbetriebs reduziert werden konnte. Außerdem wurden dadurch die NO_x- und HC-Emissionen unter die Werte des reinen Dieselbetriebs reduziert.

7.7.11 Zwei Einspritzsysteme (Doppel-Einspritzung)

Bei diesen Konzepten wird eine geringe Menge an Dieselkraftstoff zum Einleiten der Zündung in den Brennraum eingespritzt, während die Alkoholmenge über ein zweites Einspritzsystem ebenfalls in den Brennraum zugegeben wird. Somit sind zwei getrennte Einspritzanlagen notwendig.

Nachteilig ist der hohe Bauaufwand, neben einem, wenn auch etwas vereinfachten Diesel-Einspritzsystem ist der gleiche Aufwand für den Alkoholkraftstoff nötig. Dafür ist man aber völlig frei in der optimalen Anpassung der beiden Kraftstoffe an die Betriebsbedingungen des Motors. So wird man im allgemeinen mit reinem Dieselkraftstoff starten und versuchen, mit einer konstanten Einspritzmenge auszukommen und nur den Alkohol in der Menge anzupassen. Der Verbrennungsverlauf im Motor läßt sich in weiten Grenzen den Erfordernissen anpassen und gestattet die Verwendung von Kraftstoffen recht unterschiedlicher Qualitäten. Somit können bei diesem Verfahren in Dieselmotoren auch die höchsten Alkoholanteile an der Gesamtenergiebilanz realisiert werden. Ein nach diesem Verfahren optimiertes Konzept ist sehr wirtschaftlich, arbeitet rußfrei, geräuscharm und mit geringen Abgasemissionen. Die hohe Verdampfungswärme der Alkohole läßt sich bei diesem Verfahren vorteilhaft zu intensiver Innenkühlung des Motors ausnutzen.

Ein weiterer Vorteil des Zündstrahlverfahrens besteht darin, daß zur sicheren Verbrennung von Alkoholkraftstoffen der Dieselmotor in seiner Verdichtung nicht erhöht werden muß.

Bei der Entwicklung dieser Verfahren hat die Brennraumgeometrie, die Lage der Einspritzdüsen, ihre Spritzgeometrie und der Einspritzverlauf deutlichen Einfluß auf das motorische Verhalten. An verschiedenen dieselmotorischen Brennverfahren wurde der Zündstrahlbetrieb erfolgreich erprobt [7.78], [7.86], Abb. 7.88.

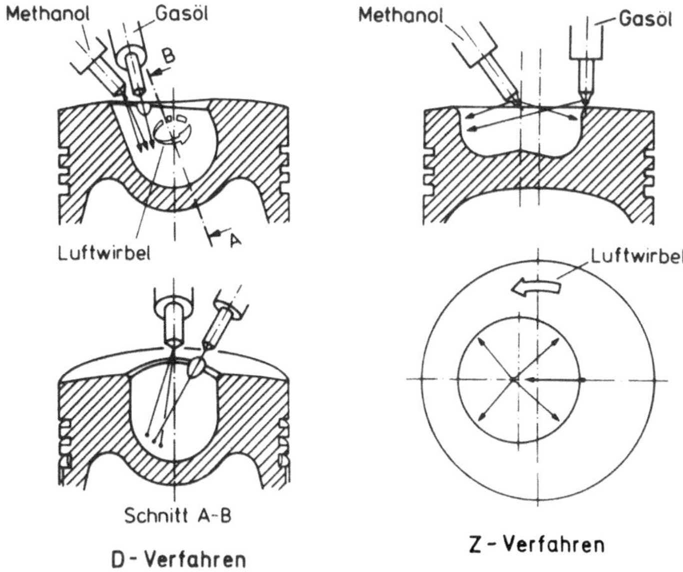

Abb. 7.88. Brennräume von Zwei-Kraftstoff-Konzepten mit Anordnung der Einspritzdüsen [7.78]

Die Zündölmenge ist konstant im gesamten Last-Drehzahlbereich, ebenso der Einspritzzeitpunkt des Zündöls. Der Motor wird mit reinem Dieselkraftstoff

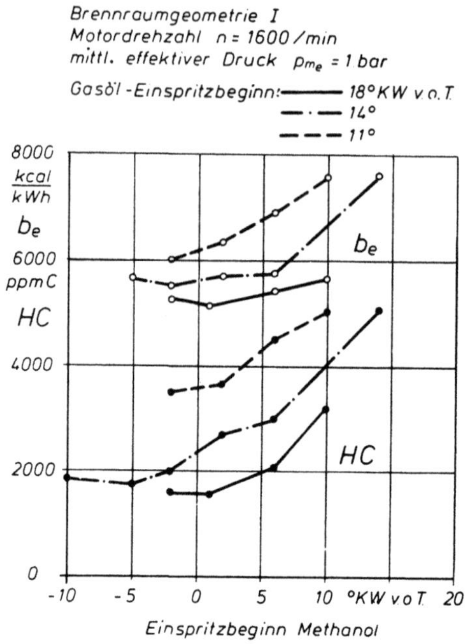

Abb. 7.89. Optimierung des Einspritzbeginns für ein Zwei-Kraftstoffsystem für Dieselkraftstoff und Methanol, Drehzahl 1 600 l/min, Mitteldruck 1 bar [7.68]

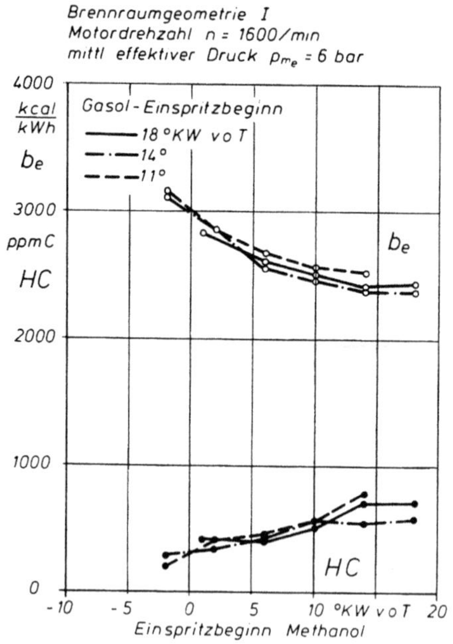

Abb. 7.90. Optimierung des Einspritzbeginns für ein Zwei-Kraftstoffsystem für Dieselkraftstoff und Methanol, Drehzahl 1 600 l/min, Mitteldruck 6 bar [7.68]

gestartet, um Unregelmäßigkeiten in der Alkoholverbrennung bei kaltem Motor zu vermeiden. Startschwierigkeiten durch eventuelle Dampfblasenbildung im Alkoholkreislauf werden durch eine zusätzliche elektrische Umwälzpumpe vermieden.

Eine Dieselkraftstoff-Zündölmenge in der Größenordnung von etwa der halben Leerlaufeinspritzmenge ist ausreichend für eine sichere Zündung. Wichtig ist dabei jedoch der Einspritzzeitpunkt. Das Zündöl muß deutlich vor dem Alkohol in den Brennraum eingespritzt werden, so daß die Verbrennung bereits beginnt, bevor die kühlende Wirkung des eingespritzten Alkohols auf die komprimierte Verbrennungsluft beginnt. Der frühe Einspritzbeginn des Zündöls ist besonders wichtig bei niedrigen Drehzahlen und kleiner Last zur Vermeidung von Zündaussetzern, hohen HC-Emissionen und um günstige Kraftstoffverbrauchswerte zu erreichen. Mit steigender Last und Drehzahl erweist sich der Einspritzbeginn von Zündöl und Alkohol als weniger kritisch. Die Abb. 7.89 und 7.90 zeigen den Einfluß des Einspritzbeginns von Zündöl und Methanol auf Kraftstoffverbrauch und HC-Emissionen [7.86].

Der Einfluß des Einspritzbeginns vom Zündöl auf Kraftstoffverbrauch, Schadstoff und Geräuschemission ist gering, solange dieser deutlich früher als der der Alkoholeinspritzung liegt. Der Einspritzbeginn des Alkoholkraftstoffs hat bei einem direkt einspritzenden System nur geringen Einfluß auf HC-Emissionen und Kraftstoffverbrauch, während zu früher Spritzbeginn deutlichen Anstieg des Druckgradienten hervorruft.

Die Emissionswerte zeigen mit dem Zündstrahlverfahren praktisch rauch- bzw. rußfreies Abgas, während die HC-Emissionen von der sorgfältigen Abstimmung des Brennverlaufs bzw. des Einspritzverfahrens abhängen. Die Aldehydemissionen

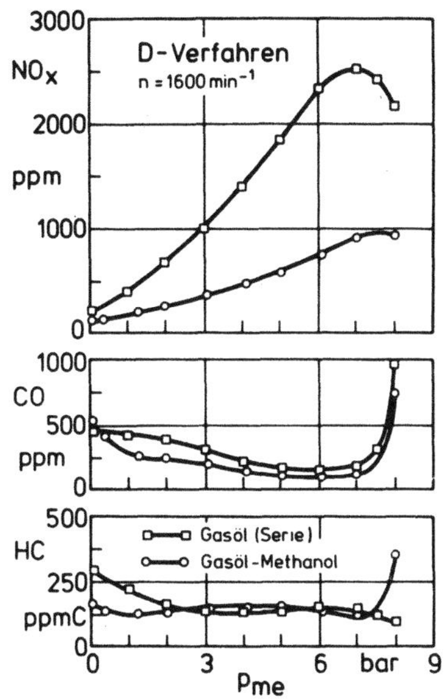

Abb. 7.91. Schadstoffemissionen eines Dieselmotors mit Zwei-Kraftstoffsystem Methanol-Dieselkraftstoff im Vergleich zum Serien-Dieselmotor [7.78]

bewegen sich in dem üblichen Rahmen von Dieselmotoren, hier ist also im Gegensatz zum Ottomotor nicht mit einer Erhöhung der Aldehydemission zu rechnen, wenn als Kraftstoff Alkohole verwendet werden.

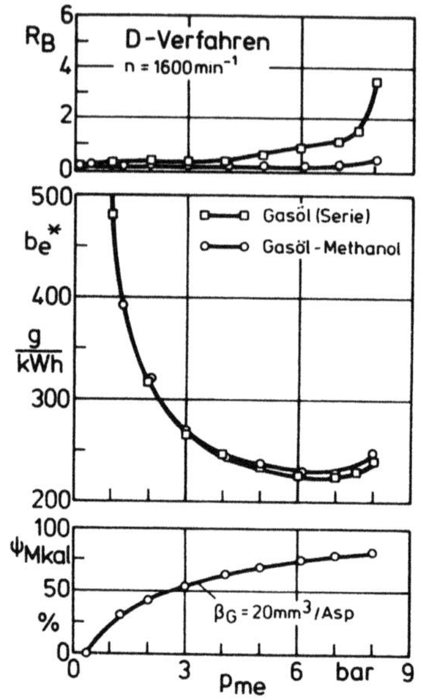

Abb. 7.92. Rauchzahl R_B (nach Bosch), Kraftstoffverbrauch b_e^* und kalorischer Methanolanteil $\psi_{M_{Kal}}$ eines Zwei-Kraftstoffsystems bei Drehzahl 1 600 1/min [7.78]

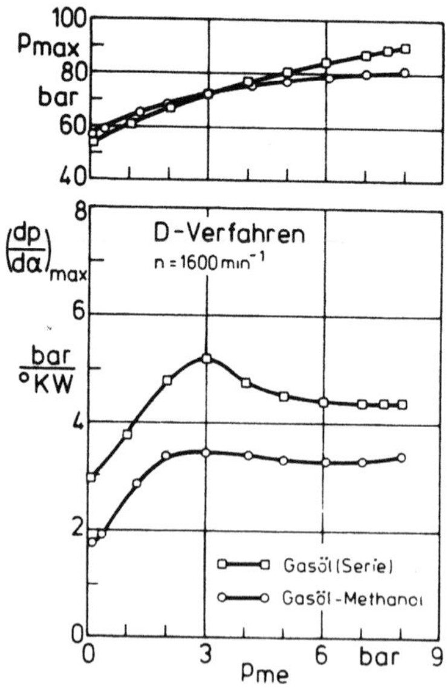

Abb. 7.93. Spitzendruck p_{max} und Druckanstiegsgeschwindigkeit $dp/d\alpha$ zu Abb. 7.92 [7.78]

Wie Abb. 7.91 zeigt, sind die Emissionswerte für CO und HC etwa gleich wie beim Dieselmotor, während die NO_x-Emissionen deutlich abgesenkt werden konnten. Die Aldehydkonzentration im Abgas verhält sich quantitativ etwa wie die Ergebnisse für die Gesamt-HC-Werte. Das bedeutet, daß die Aldehydkonzentration etwa dem Niveau des serienmäßigen Dieselmotors entspricht [7.78].

Abb. 7.92 zeigt den Rauchwert, den Kraftstoffverbrauch und den Methanolanteil über dem Mitteldruck im Vergleich zum Serien-Dieselmotor. Der Zündstrahlmotor arbeitet auch bei maximalem Mitteldruck von 8 bar mit einem Rußwert von nur etwa 0,3, das heißt die Verbrennung ist praktisch rußfrei. Der Energieverbrauch ist weitgehend identisch mit dem des Serien-Dieselmotors.

Spitzendruck und Druckgradient liegen beim Zündstrahl-Alkoholmotor deutlich niedriger als beim vergleichbaren Seriendieselmotor, Abb. 7.93 [7.78]. Untersuchungen des Verbrennungsdruckverlaufs im Brennraum zeigen, daß niedrige Druckanstiegsgradienten und geringe zyklische Druckschwankungen einen Hinweis auf sichere Zündung und leise Verbrennung geben.

Mit dem Zündstrahlverfahren lassen sich bei Optimierung der konstruktiv gegebenen Parameter bis über 85% des Kraftstoffverbrauchs durch den Alkoholanteil decken, energetisch gerechnet.

Auch bei anderen dieselmotorischen Brennverfahren, wie z. B. Wirbelkammermotoren, haben sich die mit direkt einspritzenden Motoren ermittelten Ergebnisse für den Zündstrahlbetrieb bestätigt.

Ein konstruktives Problem besteht allerdings beim Zündstrahlmotor aufgrund der Tatsache, daß die Einspritzdüse für den Zünd-Dieselkraftstoff nur geringe Mengen fördert und damit nur wenig gekühlt wird. Dies kann bei hoher Last des Motors zu thermischer Überlastung, Überhitzung und Verkoken führen. Dieser Nachteil kann durch geeignete Lage der Einspritzdüse verringert werden, eventuell muß die Zündölmenge erhöht werden. Außerdem haben sich zusätzliche konstruktive Maßnahmen bewährt, die einen Wärmeschutz der Düse bewirken.

Weitere Hinweise auf konstruktive Maßnahmen sowie unterschiedliche dieselmotorische Brennverfahren, wie Direkteinspritzung und Wirbelkammermotoren, finden sich in [7.85] – [7.90].

An einem MWM-Forschungsmotor wurden die Grundlagen eines Zwei-Kraftstoffsystems ebenfalls untersucht [7.91]. Der Brennraum ist in Abb. 7.94 dargestellt. Eine Erhöhung der Verdichtung von 16,5 auf 20 ermöglichte eine erhebliche Reduzierung der notwendigen Dieselkraftstoffmenge für den Zündstrahl. Die Ergebnisse dieser Arbeiten bestätigten die an anderer Stelle gefundenen Resultate, wie deutlich geringere Rauchentwicklung und günstigeren Wirkungsgrad. Im Vollastbetrieb werden etwa 8% der gesamten verbrauchten Kraftstoffmenge als Dieselkraftstoff zum Zünden benötigt.

Von anderer Stelle (Volvo) wird über ein ähnliches Konzept berichtet. Ein aufgeladener Dieselmotor mit Direkteinspritzung wurde für die Verwendung von Methanolkraftstoff entwickelt. Es wurde ein Zwei-Kraftstoffsystem mit getrennter Einspritzung von Dieselkraftstoff und Methanol verwendet, um eine weitgehend freizügige Gestaltung der Einspritzgesetze beider Kraftstoffe und damit entsprechende Beeinflussung des Brennverhaltens zu ermöglichen [7.82] – [7.84].

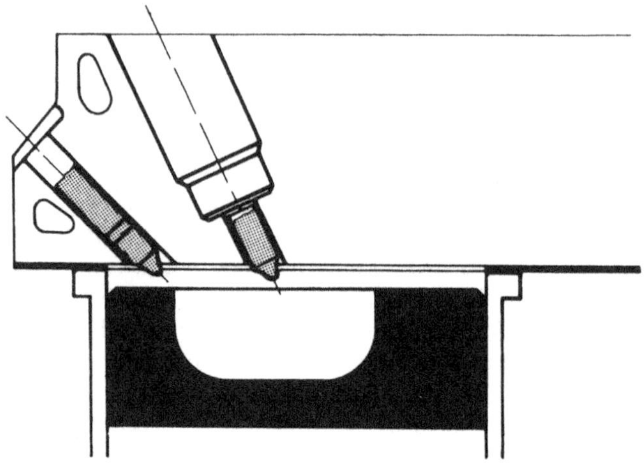

Abb. 7.94. Düsenanordnung und Brennraumform eines Dieselmotors für zwei Kraftstoffe [7.91]

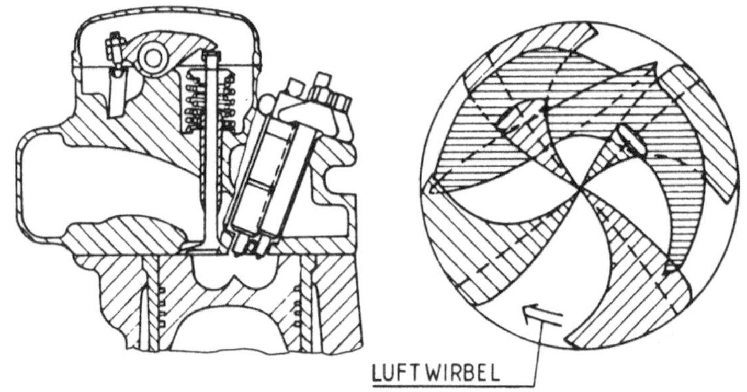

Abb. 7.95. Brennraum mit Anordnung der Einspritzdüsen eines Zwei-Kraftstoff-Konzepts [7.84]

Die Form des Brennraums ist in Abb. 7.95 dargestellt. Der Zünd-(Diesel)-Kraftstoff wird, durch eine Einlochdüse gerichtet, eingespritzt, während der Alkoholkraftstoff durch eine Vierlochdüse zentral zugeführt wird. Der Dieselkraftstoff wird entgegen den Luftwirbel im Brennraum eingespritzt, um so die Bildung eines reichen Kraftstoff-Luftgemischs zu erreichen und um ein Anlagern des Kraftstoffs an den Wänden zu vermeiden. Die Einspritzgeometrie hat sich als sehr wichtig erwiesen, um HC-Emissionen und Rauch zu minimieren. Das System ist so ausgelegt, daß im Leerlauf mit kleiner Last nur Dieselkraftstoff eingespritzt wird. Von großem Einfluß auf die HC- und Rußemission ist das Verhältnis zwischen Dieselkraftstoff- und Alkoholmenge, abhängig vom Last-Drehzahlbereich. Zu große Alkoholmengen bei niedriger Last führen zu starkem Anstieg der HC-

Emissionen. Wesentlich ist außerdem der Einspritzzeitpunkt beider Kraftstoffe, der Zündkraftstoff muß in jedem Falle deutlich früher als der Alkohol eingespritzt werden.

Der Motor wurde mit unterschiedlichen Kraftstoffen getestet, wobei Methanol mit verschiedenem Wassergehalt besonders sorgfältig untersucht wurde. Auch hier wurden Ergebnisse von anderen Stellen bestätigt, wie höherer Spitzendruck und höherer thermischer Wirkungsgrad bei der Verwendung von Alkoholkraftstoffen. Um den 13-mode-US-Federal-Abgastest bezüglich der HC- und NO_x-Werte zu bestehen, mußte der Einspritzzeitpunkt für Alkohol reduziert werden, wodurch allerdings eine geringe Wirkungsgradeinbuße bei hoher Motordrehzahl in Kauf genommen werden mußte.

Die Zugabe von 15% Wasser in den Methanolkraftstoff zeigte keine nachteiligen Folgen auf das Verhalten des Motors in bezug auf Spitzendruck, Drehmoment- und Leistungsverlauf, Wirkungsgrad sowie HC- und Rußemissionen.

Die Verwendung von Ethanol führte zu etwa gleichen Ergebnissen wie mit Methanol, in diesen Fällen wurde der Wassergehalt bis zu 50% erhöht, ohne daß nachteilige Folgen auf das Laufverhalten des Motors bemerkt wurden.

Dauertests mit diesen Motoren führten teilweise zu Schwierigkeiten in Einspritzdüsen und der Einspritzpumpe durch die fehlende Schmierwirkung des Methanols.

Für Kaltstart und Warmlauf des Motors wird reiner Dieselkraftstoff verwendet. Wenn in diesem Laufzustand Methanol zu früh zugegeben wird, muß mit Fehlzündungen gerechnet werden. Eine zusätzliche elektrische Heizung der Ansaugluft hat sich bewährt, um diesen Effekt zu reduzieren.

7.7.12 Ethanol bzw. Methanol im Dieselmotor

Sowohl Methanol als auch Ethanol lassen sich im Zweistoffbetrieb in Dieselmotoren mit doppelter Einspritzanlage bei der Anwendung des Zündstrahlverfahrens verwenden. Hier zeigt sich bei der Abstimmung, daß für beide Alkohole die verbrauchsoptimierten Werte für den Einspritzbeginn beibehalten werden können, lediglich die Einspritzdauer muß mit Rücksicht auf die geringere Ethanolmenge (höherer Heizwert) verringert werden.

Untersuchungen des Brennverlaufs zeigen, daß bei Ethanol das Maximum der Umsatzrate und das Brennende später als im Methanolbetrieb liegen. Der Spitzendruck ist bei Ethanolbetrieb deutlich niedriger, ebenso der Druckgradient. In Abb. 7.96 sind Spitzendruck, Druckgradient und Einspritzzeiten für Ethanol- und Methanolbetrieb dargestellt [7.86], [7.89].

Abb. 7.97 zeigt den Vergleich von Emissionswerten und Kraftstoffverbrauch für beide Alkohole. Für Ethanol ist im gesamten Lastbereich der kalorische Kraftstoffverbrauch höher als bei Methanol, was auf die langsamere Umsetzung während der Verbrennung zurückzuführen ist. Bei Ethanolbetrieb lassen sich höhere NO_x-Emissionen feststellen, die HC-Emissionen sind praktisch identisch, während die Aldehydwerte im Ethanolbetrieb niedriger sind.

Untersuchungen mit Alkohol-Wassergemischen im Zündstrahlbetrieb führten zu einer weiteren Absenkung des an sich schon niedrigen NO_x-Niveaus. Bei Ethanol-Wassergemischen konnte ein geringer Anstieg des Wirkungsgrads realisiert werden, im Gegensatz zum Methanol-Wasserbetrieb.

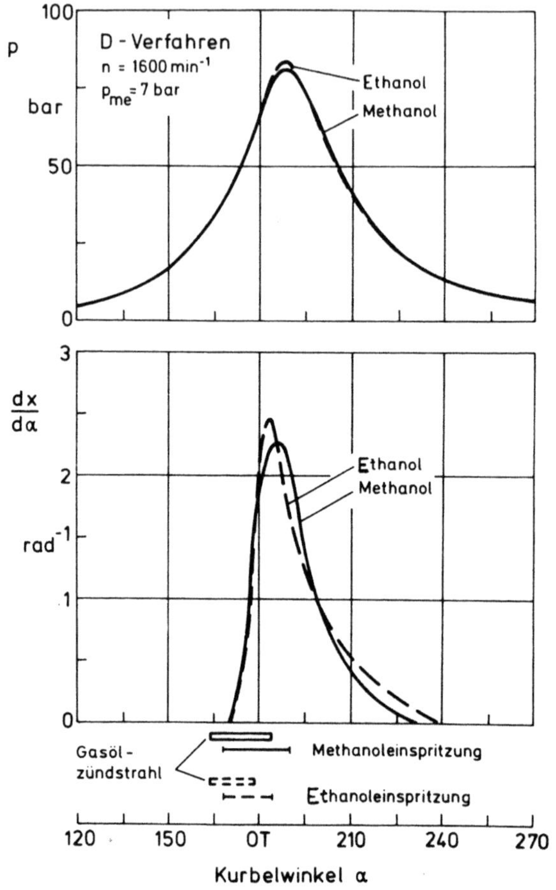

Abb. 7.96. Druckverlauf p und Druckanstiegsgeschwindigkeit $dp/d\alpha$ sowie Einspritzzeitpunkt eines Zwei-Kraftstoffsystems für Ethanol bzw. Methanol [7.89]

Bei der Verwendung von preisgünstig herzustellendem Rohmethanol, das etwa 3% Dimethylether und 3 bis 5% Wasser enthält, ist nahezu gleiches Emissions- und Wirkungsgradverhalten wie bei reinem Methanol zu erwarten.

7.7.13 Schmierung, Emissionen

Praktische Erfahrungen in Langzeitversuchen mit Alkoholkraftstoffen haben ergeben, daß sich Motorschmieröle aufgrund der geringeren Rauchneigung des Alkohols bei der dieselmotorischen Verbrennung und des fehlenden Schwefels als länger haltbar erweisen, da die alkalische Reserve langsamer abgebaut wird. Somit sind größere Ölwechselintervalle zu erwarten. Andererseits kann die sehr raucharme Verbrennung dieser Kraftstoffe wegen des geringeren Anfalles an schmierendem Ruß zu erhöhtem Ventil- und Ringverschleiß führen.

Auf der Emissionsseite ist vorteilhaft zu vermerken, daß das Fehlen von Aromaten im Kraftstoff zu deutlich geringeren Emissionswerten an polyzyklischen

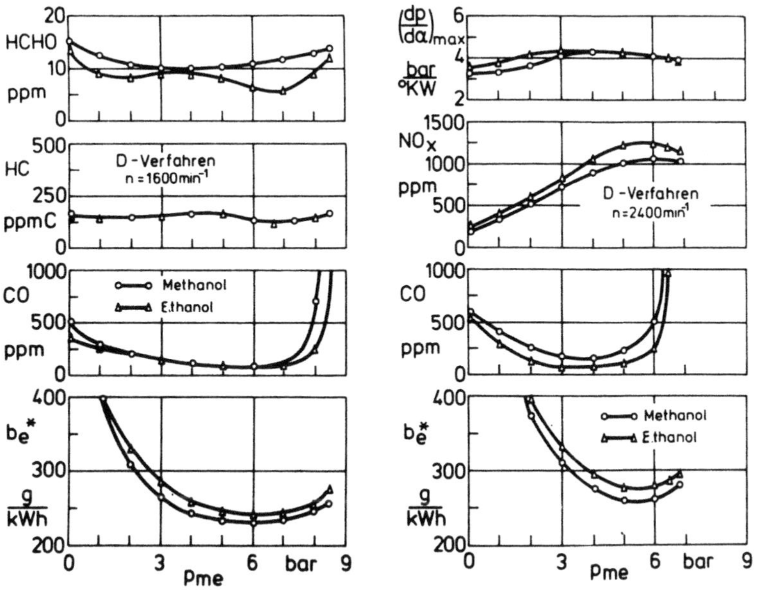

Abb. 7.97. Abgasemissionen, Druckanstiegsgeschwindigkeit und Kraftstoffverbrauch eines Zwei-Kraftstoffsystems für Ethanol bzw. Methanol [7.89]

Stoffen führt, die teilweise als krebserregend angesehen werden. Wie bereits erwähnt, ermöglichen Alkoholkraftstoffe eine drastische Senkung der Ruß- und NO_x-Emissionswerte, während HC- und CO-Emissionen von der sorgfältigen Abstimmung des Einspritzsystems und des Brennraums abhängen.

7.8 Werkstoffe – Auswirkungen auf die Materialverträglichkeit

Alkohole, insbesondere Methanol, stellen ein gutes Lösungsmittel für viele organische Polymerwerkstoffe (Elastomere) dar. Dieser Effekt wird teilweise verstärkt, wenn Kohlenwasserstoffe, insbesondere Aromaten, in Mischkraftstoffen dazukommen. Außerdem wirken wasserhaltige Alkohole aggressiv gegen Metalle bzw. Metallegierungen. Auch hier zeigt sich Methanol problematischer als die anderen Alkohole.

7.8.1 Einfluß auf Kunststoffe

Auffallend ist zunächst das starke Quellen von Kautschuk (Elastomere) und Kunststoffen. Das Herauslösen von Weichmachern kann außerdem die Elastizität der Werkstoffe so stark verändern, daß ihre Funktion gestört wird. Diese Effekte werden durch die Materialauswahl, die Herstellverfahren und die zusätzlich eingesetzten Füllstoffe beeinflußt.

Ob es zu Betriebsstörungen kommt, hängt in jedem Fall von der Funktion der betreffenden Bauteile ab. So kann sich z. B. zeigen, daß ein gewisses Quellen und eine damit gegebene Längenzunahme von Kunststoff-Kraftstoffleitungen aus Polyamid durch entsprechende Verlegung in Schlaufen durchaus akzeptiert werden kann, während ein Quellen von beweglichen Dichtelementen zu Funktionsstörungen führen kann. Bisherige Erfahrungen haben gezeigt, daß Polyamide vom Typ 11 oder 12 in vielen Einsatzfällen betriebssicher sind. Günstig erweist sich eine Glasfaserverstärkung des Materials, soweit konstruktiv möglich. In diesen Fällen haben sich auch teilweise Teile aus Polyamid 6 bzw. 6,6 bewährt. Gute Ergebnisse wurden auch mit Teilen aus Polyacetal erzielt.

Schwieriger ist das Verhalten von Nitrilbutadien-Kautschuken zu beherrschen. Diese Teile werden sehr oft als Dichtelemente eingesetzt. Solange sie dabei statische Funktionen, z. B. als O-Ring, der als Dichtelement in einer Nut sitzt, erfüllen, ist ein gewisses Quellen durchaus in Kauf zu nehmen. Bei der Demontage von Teilen muß der aufgequollene Ring allerdings entweder getrocknet oder durch ein Neuteil ersetzt werden. Bei beweglichen Dichtelementen, wie z. B. Dichtmanschetten von Kolbenpumpen, führt das starke Quellen allerdings zu Betriebsstörungen. Nicht in allen Fällen läßt sich hier durch eine Materialänderung Erfolg erzielen. Die Praxis hat gezeigt, daß Materialien, die vom Quellverhalten zunächst befriedigende Ergebnisse zeigen, in Langzeitversuchen durch Versprödung oder Aufquellen ausfallen. Problematisch ist auch das Temperaturverhalten verschiedener Kautschukmaterialien, die bei tiefer Temperatur zum Verhärten neigen.

Beimischungen von Tertiärbutylalkohol zu Alkohol-Mischkraftstoffen mindern zwar den stark negativen Einfluß, insbesondere von Methanol, vermögen ihn jedoch nicht ganz auszugleichen.

Der Zusatz von Methyltertiärbutylether zeigt keinen Einfluß auf Elastomere, sowohl bei üblichen Kohlenwasserstoff-Kraftstoffen als auch bei Methanol-Mischkraftstoffen.

Neuteile aus Gummi, z. B. Schläuche aus Fluorelastomeren, zeigen zunächst eine starke Verfärbung des Kraftstoffes, da ein Teil des Weichmachers herausgelöst wird. Dies kann z. B. bei Tankstellen dazu führen, daß der Kraftstoff, der längere Zeit im Schlauch zwischen Zapfsäule und Zapfpistole ist, sehr hohen Gehalt an Rückständen (Gum bzw. Abdampfrückstand) hat.

In vielen Fällen zeigt sich jedoch, daß reines Methanol wesentlich weniger Schwierigkeiten macht als Methanol-Benzin-Mischkraftstoffe. So konnte festgestellt werden, daß ein M15-Kraftstoff aus einem Zapfsäulenschlauch einer Tankstelle mehr als doppelt so viel Weichmacher herauslöst wie handelsüblicher Superkraftstoff (670 zu 320 mg/100 ml unter bestimmten Versuchsbedingungen). Reines Methanol ergab dabei nur einen Abdampfrückstand von 180 mg/100 ml, deutlich weniger als normaler Superkraftstoff. Hieraus kann der Schluß gezogen werden, daß Gemische aus Methanol und Aromaten deutlich aggressiver wirken als Methanol oder der Grundkraftstoff selbst, zumindest bei einigen Kunststofftypen. Diese Tatsache wird dadurch erklärt, daß durch die homogene Verteilung des Methanols im Kraftstoff die Wasserstoff-Brückenbildung zwischen den Methanolmolekülen weitgehend zerstört wird und daß aufgrund der dadurch erhöhten Flüchtigkeit des Methanols eine verstärkte Diffusion in die Polymer-Werkstoffoberfläche auftreten kann [6.17].

7.8.2 Einfluß auf Lacke

Auch hier zeigt Methanol von allen Alkoholen die höchste Aggressivität. Die heute in der Automobilindustrie verwendeten Einbrennlacke sind – bis auf wenige

Ausnahmen – gegenüber reinem Methanol und Methanol-Mischkraftstoffen beständig. Lufttrocknende Reparaturlacke werden allerdings zum Teil schon bei Mischkraftstoffen mit 5 Vol.-% Methanolanteil angegriffen, es werden Auswaschungen oder Blasenbildung bemerkt. Der bei Kunststoffen günstige Zusatz von Tertiärbutylalkohol konnte in diesen Fällen nicht zu einer Minderung der Lackschäden führen [6.17].

7.8.3 Prüfflüssigkeiten

Die Prüfung organischer Polymerwerkstoffe (Gummi- und Kunststoffteile) erfolgt zunächst in Labortests. Geeignete Prüfflüssigkeiten werden vom

„Gemeinschaftsausschuß Kraftstoffverträglichkeit mit Polymerwerkstoffen"

definiert. Diesem Ausschuß gehören an:

FAKAU = Fachausschuß Kautschuktechnik,

FAM = Fachausschuß Mineralöl und Brennstoffnormen,

NMP = Normenausschuß Materialprüfung.

Die Prüfflüssigkeiten sind festgelegt im Entwurf:

DIN 51604, FAM Prüfflüssigkeit für Polymerwerkstoffe,

Teil 1 = Kraftstoff konventionell mit 5% Ethanol,

Teil 2 = Kraftstoff methanolhaltig, Typ M15,

Teil 3 = Kraftstoff entmischte Phase methanolhaltig, Typ M60.

Entsprechende Prüfflüssigkeiten für Ethanol-Mischkraftstoffe sind in Arbeit. Für Reinalkoholkraftstoffe sind bisher noch keine Prüfnormen definiert.

7.8.4 Einfluß auf Metalle

Beim Einsatz von Alkoholkraftstoffen sind primär eine Reihe von Materialproblemen zu lösen. Über Kunststoffe und Gummiteile wurde bereits in Abschnitt 7.8.1 berichtet. Aber auch Metalle werden durch Alkohole angegriffen, so daß die dadurch hervorgerufene Korrosion teilweise zu Betriebsstörungen führen kann. Hier ist allerdings der Einfluß bei Mischkraftstoffen, seien es Methanol- oder Ethanol-Benzin-Mischkraftstoffe, relativ gering. Lediglich in einigen Fällen sind Betriebsstörungen an Gemischbildungssystemen bei der Anwendung von Mischkraftstoffen bekannt geworden. So wurden bei Vergasergehäusen aus Aluminium-Druckgußlegierung in einzelnen Fällen mit M15-Kraftstoff Korrosionserscheinungen festgestellt. Auch bei anderen Teilen in Gemischbildungssystemen trat an Aluminiumteilen Korrosion auf. Dabei kommt es auf das Bauteil und seinen Einsatz an, ob durch diese Korrosion Betriebsstörungen hervorgerufen werden. So ist z. B. in einfachen Vergasern eine geringe Korrosionsrate in der Praxis akzeptabel, während der gleiche Effekt an empfindlichen Steuerungs- oder Regelorganen bereits zu Störungen führen kann. Oberflächenschutz durch Eloxieren bzw. Chromatieren bei Zinkteilen hat sich nach dem jetzigen Stand der

Erkenntnis bewährt. Schwerere Korrosionsschäden mit Alkohol-Benzin-Mischkraftstoffen, wie sie teilweise aus Brasilien und Südafrika berichtet werden, müssen auf mangelnde Qualität der Alkohole, insbesondere hohen Säuregehalt, zurückgeführt werden. Insgesamt ist das Korrosionsproblem bei Mischkraftstoffen jedoch deutlich geringer als bei den reinen Alkoholen.

Über die Korrosivität der Alkohole wurden umfangreiche Untersuchungen durchgeführt [7.92], [7.93].

Dieser Effekt wird durch die Gegenwart von Feuchtigkeit bzw. den Wassergehalt vieler Alkoholkraftstoffe verstärkt. Auch andere, in geringer Form vorhandene Zusätze in Alkoholen verstärken den korrosiven Angriff. Dies wird besonders bei reinen Ethanolkraftstoffen festgestellt, die aufgrund unterschiedlicher Herstellverfahren zum Teil erheblichen Gehalt an Säuren bzw. anderen Verunreinigungen (z. B. Chlorionen) haben.

Die Korrosion wird hauptsächlich in der Gasphase beobachtet. Besonders kritische Verhältnisse wurden an Vergasern und Kraftstoffpumpen festgestellt.

Verschiedene Quellen berichten über Korrosionserscheinungen mit Alkoholkraftstoffen. Die Ergebnisse seien im folgenden zusammengefaßt:

Stahl

Methanol erzeugt beschleunigte Korrosion an Stahlteilen, insbesondere an Oberflächen, die nicht ständig von der Flüssigkeit überspült sind und teilweise der Luft ausgesetzt sind, wie z. B. die Wände von Kraftstofftanks. Dieser Effekt wird dadurch verstärkt, daß Methanol die üblichen Oberflächenschutzüberzüge auf Kunststoffbasis, wie sie bei Benzinfahrzeugen üblich sind, löst und die Stahloberfläche ungeschützt zurückläßt. Betriebsstörungen entstehen insbesondere dann, wenn eine rostige Oberfläche bereits bestanden hat. Alkohole haben die Eigenschaft, die Rostpartikel von der Oberfläche zu lösen und wegzuschwemmen. Das führt zu Problemen im Kraftstoffsystem, Zusetzen von Filtern bzw. Störungen in der Gemischbildung. Mischungen aus Methanol und Wasser sind teilweise aggressiver als chemisch reines Methanol. Methanol-Benzin-Mischkraftstoffe haben sehr geringen Einfluß auf Stahl, solange die Mischung stabil bleibt und sich nicht entmischt.

Zink

Zink wird von Methanol und Ethanol angegriffen, auch Zinklegierungen. Auch hier führt erhöhter Wassergehalt zu einer intensiveren Korrosion.

Aluminium

Die Verhältnisse bei Aluminium sind vergleichbar mit den Effekten bei Zink.

Bei Aluminiumlegierungen kommt es auf die Legierungsbestandteile an. Nach bisherigen Laborversuchen scheint der Kupfergehalt dieser Legierungen von besonders ungünstigem Einfluß zu sein.

Blei-Zinnlegierung (*Terne Plate*)

Korrosionsschäden wurden an Blei und Zinn, insbesondere an Blei/Zinnlegierungen festgestellt, die oft als Oberflächenschutz in Fahrzeugtanks eingesetzt werden.

Allgemein bekannt ist die starke Korrosion von Terne Plate durch Methanol und auch Methanol-Benzin-Mischkraftstoffe. Insbesondere reines Methanol führt zum raschen Abtrag der Oberflächenschutzschicht und dabei zu extrem starkem Verschmutzen von Filtern und Kraftstoffsystemen.

Kupfer und Kupferlegierungen

Geringe Korrosion wurde beobachtet, die auch durch wasserhaltige Kraftstoffe verstärkt wurde. Betriebsstörungen konnten jedoch nicht festgestellt werden. Elektrolytische Korrosion bei Reinmethanolkraftstoffen wurde festgestellt bei Schrauben und Düsen aus Messing, die im Zink-Druckgußgehäuse von Vergasern eingeschraubt waren.

Magnesium

Magnesium wird stark durch Methanol angegriffen.

Über umfangreiche Korrosionsversuche wird auch in [7.92] berichtet. In ausgedehnten Laborversuchen wurde der Einfluß von Methanol teilweise mit Wasser und teilweise mit Seewasserzusatz sowie Korrosionsschutzmitteln untersucht. Die Ergebnisse bestätigen im wesentlichen die bereits genannten Resultate:

Extrem starke Korrosionswerte wurden bei Terne Plate, Magnesium und Blei festgestellt. Besonders interessierte bei diesen Versuchen das Verhalten von Zink, da dies das übliche Basismaterial für Vergasergehäuse darstellt. Während die Korrosionsergebnisse von Zink zusammen mit chemisch reinem Methanol befriedigend waren, wurden stark erhöhte Oberflächenbeschädigungen festgestellt, wenn im Methanol Verunreinigungen, insbesondere Schwefel- bzw. Chlorkomponenten (Ionen), vorhanden waren.

Durch Korrosion werden nicht nur Schäden an den betreffenden Bauteilen selbst hervorgerufen. Die Korrosionsprodukte führen darüber hinaus auch teilweise zu zusätzlichen Betriebsstörungen an anderen Teilen im Kraftstoffsystem. So entsteht z. B. an ungeschützten Zink- und Aluminiumoberflächen eine Hydroxidverbindung, eine gallertartige Masse, die Siebe und teilweise sogar Filter passiert und sich dann an bestimmten Stellen in den Vergasern oder im Einspritzsystem anlagert. In Anwesenheit von Feuchtigkeit oder nach längerer Stillstandszeit wandelt sich dieses Hydroxid in das entsprechende Oxid um, das als feste unlösliche Masse Störungen hervorruft.

Der stark polare Charakter der Alkohole, besonders der niederen, das heißt die erhöhte elektrische Leitfähigkeit, begünstigen galvanische Effekte. Die elektrische Leitfähigkeit von Methanol ist wesentlich (um Zehnerpotenzen) höher als die von Diesel- oder Ottokraftstoff.

Dazu kommt in den meisten Fällen ein nicht vollständig zu vermeidender Säureanteil im Alkohol, was ebenfalls die unerwünschte galvanische Korrosion drastisch erhöht und gegebenenfalls zu Problemen mit elektrisch betriebenen Bauteilen führt, die im Kraftstoff liegen (z. B. Niveaugeber im Tank, elektrische Kraftstoffpumpen).

Das Korrosionsverhalten ändert sich allerdings drastisch in einigen Situationen, wenn galvanische Effekte dazukommen. Unter diesen Umständen, das heißt unter dem Einfluß der elektrischen Spannungsreihe, wurde schwere Korrosion bei der Kombination

- Aluminium-Stahl,
- Aluminium-Messing,
- Zink-Messing

festgestellt. In dieser Situation wird die elektropositive Seite der Spannungsreihe stärker angegriffen als das andere Teil.

Diese Ergebnisse, die insbesondere auf Methanol bezogen sind, lassen sich auch auf andere Alkohole anwenden, aber sie werden bei höheren Alkoholen geringer sein. In der Praxis sind allerdings gerade beim Einsatz von Ethanol starke Korrosionsschäden aufgetreten. Dies ist allerdings auf die geringe Qualität des Kraftstoffs zurückzuführen.

Korrosion durch Ethanolkraftstoffe

Aufgrund der praktischen Erfahrung mit Reinethanolkraftstoffen in Brasilien mußte erkannt werden, daß das Korrosionsverhalten von Kraftstoffen stark durch zusätzliche Beimengungen, wie Wasser, Chloridionen, Säure und Ethylacetat, beeinflußt werden. In Versuchsreihen auf der Basis elektrochemischer Techniken wurde das Korrosionsverhalten von besonders interessierenden Metallen im Zusammenhang mit der Variation von Ethanol-Kraftstoffqualitäten untersucht [7.93].

Die Versuche haben gezeigt, daß die Korrosion stark durch gewisse Verunreinigungen, insbesondere durch Ionen, erhöht wird. Diese Verunreinigungen können entweder aus der Fermentation stammen oder nachfolgend während der Lagerung und Verteilung im System entstehen. Den größten Einfluß haben Chloridionen und Essigsäure in hoher Konzentration gezeigt.

In einem speziellen Versuchsaufbau wurde die Korrosion auf der Basis elektrochemischer Polarisation getestet. In weiteren Testreihen wurde der Einfluß der Temperatur in einer speziell dafür entwickelten geschlossenen Zelle untersucht.

Für die grundlegenden Untersuchungen über den Einfluß von Wasser, Chloriden und Säuren sowie Ethylacetat auf den Korrosionsangriff verschiedener Metalle wurden wasserfreies Ethanol, destilliertes Wasser und chemisch reine Bestandteile der zu untersuchenden „Verunreinigungen" eingesetzt.

Weitere Tests wurden ausgeführt, um die Wirksamkeit von Korrosionsschutzmitteln zu testen. Hierfür wurde eine künstliche Alkoholmischung verwendet, die folgende Zusammensetzung hatte:

- 90% wasserfreies Ethanol,
- 10% destilliertes Wasser,
- 10 ppm Chlorid (NaCl),
- 100 ppm Essigsäure.

Diese Zusammensetzung wurde aufgrund von Erfahrungen aus Kraftstoffproben von verschiedenen Tankstellen in Brasilien gewählt und sollte eine besonders schwierige Situation in der Praxis darstellen.

Die Korrosionsschutzmittel wurden in einem künstlichen Kreislauf, der so nah wie möglich dem Einsatz im Fahrzeug entsprach, getestet. Dieser Kreislauf ist in

Abb. 7.98 dargestellt. Der Kraftstoff wurde hier acht Stunden täglich, fünf Tage in der Woche, durchgepumpt. In der Zwischenzeit blieb der Kraftstoff im System, wurde jedoch einmal in der Woche ausgetauscht. Nach vier Wochen wurde der Korrosionsangriff auf die beteiligten Baustoffe beurteilt.

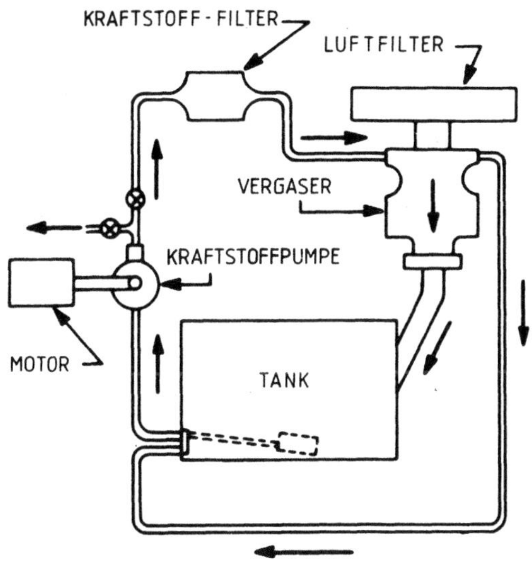

Abb. 7.98. Schema eines Systems für Korrosionstests mit Kraftstoffumlauf [7.93]

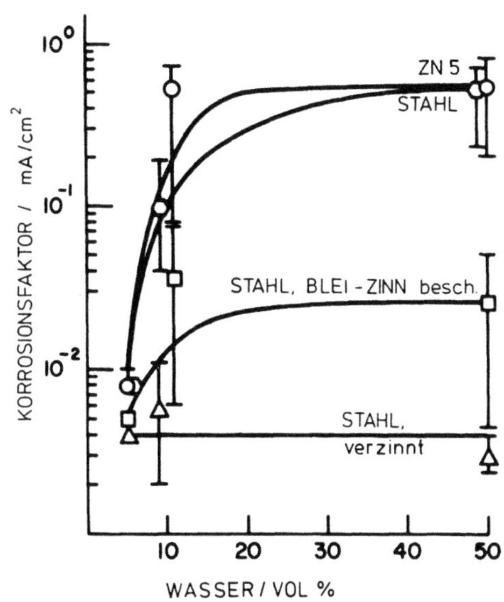

Abb. 7.99. Einfluß von Wasser in Ethanol auf die Korrosion [7.93]

Der Einfluß von Wasser ist in Abb. 7.99 dargestellt; hier ist die Korrosionsrate abhängig von der Wasserkonzentration aufgetragen. Besonders Zinkdruckguß

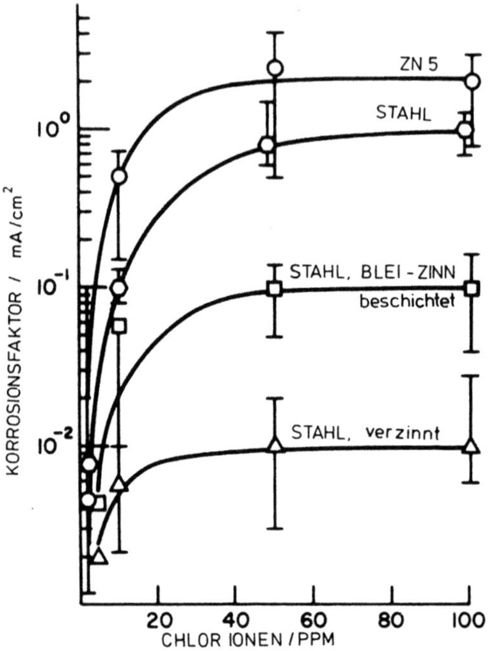

Abb. 7.100. Einfluß von Chlorid-Ionen in Ethanol auf die Korrosion [7.93]

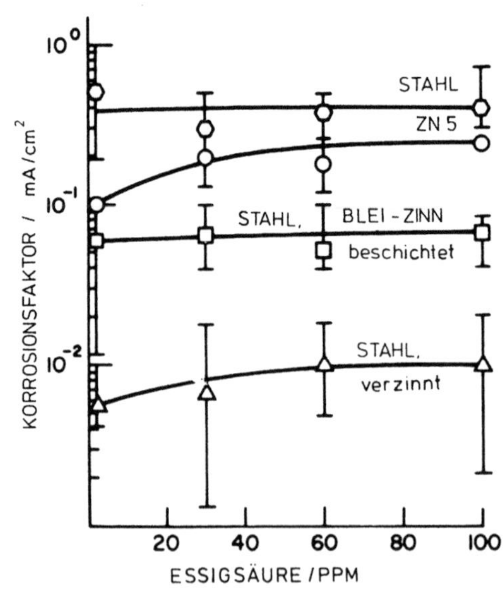

Abb. 7.101. Einfluß von Essigsäure in Ethanol auf die Korrosion [7.93]

(Zamak 5) und Stahl zeigten starken Korrosionsangriff. Diese Ergebnisse, gemessen nach dem elektrochemischen Polarisationstest, stehen in guter Übereinstimmung mit dem praxisnahen Test im Kraftstoffsystem. Bis zu 15% Wasser im Kraftstoff nimmt die Korrosionsrate stark zu, über 20% ist kein gesteigerter Effekt zu erkennen. Am besten hat sich in diesen Tests verzinntes Stahlblech bewährt.

Die Wirkung von Chloriden wurde in der Gegenwart von 10% Wasser untersucht. Wie Abb. 7.100 zeigt, werden auch hier insbesondere Zinkdruckguß und Stahl angegriffen.

Deutlich geringer ist der Einfluß von Essigsäure auf das Korrosionsverhalten der Metalle, wie in Abb. 7.101 dargestellt.

Organische Verunreinigungen, die keine Ionen enthalten, sind ebenfalls in Alkoholkraftstoffen enthalten, hauptsächlich bei Ethanol auf der Basis von Ethylacetat. Wie Abb. 7.102 zeigt, ist der Einfluß allerdings deutlich geringer als bei den vorgenannten Verunreinigungen des Kraftstoffs.

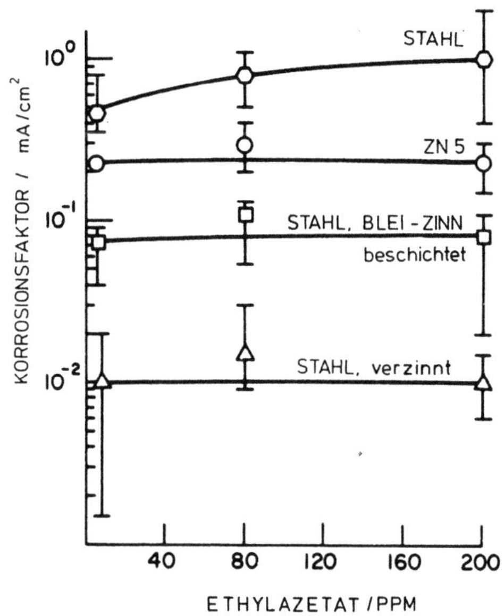

Abb. 7.102. Einfluß von Ethylacetat in Ethanol [7.93]

Die Untersuchung verschiedener auf dem Markt angebotener Korrosionsschutzmittel konnte allerdings keinen durchgreifenden Erfolg nachweisen. Ein Langzeitschutz von Zinkdruckguß oder Stahl, zusammen mit dem künstlichen Prüfkraftstoff, konnte nicht sicher nachgewiesen werden.

7.8.5 Korrosionsschutz

Zur Vermeidung von Korrosion bieten sich verschiedene Wege an:

– Die Qualität des Kraftstoffes sollte durch entsprechende Spezifikationen abgestimmt sein und überwacht werden.

- Wirksame Korrosionsschutzadditive führen zusammen mit einer entsprechenden Kraftstoffqualität bei fast allen metallischen Baustoffen zum Erfolg [7.94]. Es ist allerdings bis jetzt nicht gelungen, ein allgemein wirksames Additiv für den Kraftstoff zu finden, das alle in Frage kommenden Baumaterialien gegen die unterschiedlichen Verunreinigungen wirksam schützt. Dafür ist das Beanspruchungspotential zu umfangreich, besonders wenn die Qualität des Kraftstoffs durch unterschiedliche Beimengungen und Verunreinigungen stark schwankt. Diese Gefahr besteht besonders bei Ethanol, das weitgehend unkontrolliert in vielen kleinen Destillerien hergestellt wird. Da der Chemie hier Grenzen gesetzt sind, kann ein Additiv nur dann verläßlich wirksam sein, wenn dazu eine entsprechende Kraftstoffqualität sichergestellt ist.
- In einigen Fällen läßt sich jedoch ein Wechsel des Baumaterials nicht umgehen. Hier ist insbesondere Blei/Zinn-oberflächengeschütztes Blech für Kraftstofftanks von Reinalkoholfahrzeugen zu nennen.
- Korrosion von Metallen kann in vielen Fällen durch die Auswahl geeigneter Oberflächenschutzmethoden stark verringert bzw. verhindert werden. Hier sind insbesondere Chromatierungsverfahren bei Zink, Eloxieren bei Aluminium sowie andere gängige Oberflächenschutzverfahren, wie Phosphatieren, sowie Chrom und Nickel zu nennen.

Der Schutzeffekt dieser Verfahren hängt stark davon ab, wie dicht die Oberflächenbeschichtung ist. Gegebenenfalls müssen mehrere Verfahren kombiniert werden, z. B. Phosphatieren und Beizen.

Oberflächenschutzverfahren auf der Basis von Lack bzw. Kunststoffen sind in Erprobung, eine endgültige Bewährung steht allerdings noch aus.

7.9 Verschleiß an Motoren beim Betrieb mit Alkoholkraftstoffen

Systematische Versuchsergebnisse weisen darauf hin, daß beim Betrieb mit Alkoholkraftstoffen höhere Verschleißwerte auftreten können als mit normalen Ottokraftstoffen. Dies wurde insbesondere bei niedrigen Motortemperaturen festgestellt [7.97], [7.98], [7.99].

Umfangreiche Tests wurden mit einem CLR-Motor und einem 2,3-l-Ford-Motor im South West Research Institute, USA, durchgeführt. Die Betriebsbedingungen der Motoren waren entsprechend den Sequence II C- und den Sequence V-Tests so ausgelegt, daß sie extremem Kaltfahrbetrieb entsprechen. Dabei wurden Öltemperaturen von etwa 49°C und Wassertemperaturen zwischen 40 und 43°C gefahren. Es wurde sorgfältig darauf geachtet, daß gleiche Versuchsbedingungen bei den entsprechenden Vergleichsversuchen zwischen handelsüblichem Ottokraftstoff und reinem Methanol eingehalten wurden. Das heißt, Luftverhältnis und andere wesentliche Betriebsparameter der Motoren waren für beide Kraftstoffe gleich.

Aus den Analysen des Schmieröls folgte als Ergebnis, daß im Methanolbetrieb hauptsächlich Eisen und Rost gefunden wurden. Nach den üblichen Erfahrungen mit benzinbetriebenen Motoren wurde zunächst Rost im Ventiltrieb, insbesondere an den Nockenwellen, erwartet. Die Inspektion dieser Teile ergab jedoch keinen besonderen Hinweis. Die Beobachtung des Öls unter den verschiedenen Betriebsbedingungen des Motors zeigte, daß insbesondere bei tiefen Temperaturen und kleiner Last (hauptsächlich im Leerlauf) das Öl eine gelblich-milchige Färbung annahm, herrührend von einer Öl-Wasser-Methanol-Emulsion. Bei einer Erhöhung der Last- und Temperaturbereiche im Laufe der unterschiedlichen Testzyklen nahm das Öl wieder sein normales Aussehen an. Öluntersuchungen zeigten kontinuierlich ansteigenden Eisengehalt und zunehmende Durchblasemenge aus dem Kurbelgehäuse. Die Demontage des Motors zeigte primär extremen Verschleiß an Kolbenringen und Zylinderlaufbahn. Auch die übrigen Teile des Motors zeigten starken Verschleiß, dieser war jedoch wahrscheinlich durch den hohen Eisengehalt im Schmieröl hervorgerufen worden. Verschiedene Variationen der Testmethoden, die mit dem Ziel durchgeführt wurden, noch offene Frage aufzuklären, führten zu folgenden Resultaten:

- Die Verschleißraten im Methanolbetrieb erwiesen sich als reproduzierbar.
- Im Vergleich zum Benzinbetrieb wird mit Methanol bei kaltem Motor ein Vielfaches an Verschleiß gemessen. Dieser Verschleiß konzentriert sich hauptsächlich auf Zylinderlaufbahnen und Kolbenringe.
- Im Methanolbetrieb wurden deutlich geringere Ablagerungen als bei benzinbetriebenen Motoren gefunden.
- Die Ölanalysen von benzin- und methanolbetriebenen Motoren zeigten während des Testlaufs in den wesentlichen Eigenschaften der Öle keine Veränderungen, lediglich der Gehalt an Verschleißprodukten war im Methanolbetrieb bemerkenswert höher, insbesondere der Eisengehalt.

In weiteren Versuchen wurde untersucht, ob durch Verbesserung der Gemischqualität der Verschleiß herabgesetzt werden kann. Im Gegensatz zu den ursprünglichen Versuchen, wo auch der methanolbetriebene Motor lediglich die serienmäßige Gemischheizung des benzinbetriebenen Motors erhielt, wurde der Motor mit verdampftem Methanol betrieben. Ölanalysen zeigten, daß dadurch der Methanol- und Wassergehalt im Öl wesentlich niedriger wird. Wie erwartet, waren die Verschleißraten mit verdampftem Methanol geringer, während im Vergaserbetrieb die Werte zunächst nur geringfügig höher lagen, dann jedoch ab einem bestimmten Wert des über der Betriebszeit kontinuierlich zunehmenden Wasser-Methanolgehalts im Schmieröl rapide anstiegen. Zu diesem Zeitpunkt wurden im Öl etwa 18% Methanol und 43% Wasser festgestellt, hervorgerufen durch die extremen Betriebsbedingungen; Laufzeit ca. 36 Stunden bei stark unterkühltem Motor [7.97], [7.99].

Der in den erwähnten Öluntersuchungen verwendete Sequence V-D-Test besteht aus drei Abschnitten mit verschiedenen Last- und Drehzahlstufen. Eine Testsequenz dauert vier Stunden. Die Öltemperatur wird auf 49°C in der Zuführung zum Motor geregelt, die Wassertemperatur auf 40,5°C. Das Kraftstoff-Luftverhältnis wird so eingestellt, daß im Abgas etwa 1% O_2 enthalten ist.

Die Untersuchung verschiedener Alkohol-Kraftstoffe zeigte, daß diese hohen Verschleißwerte, insbesondere von Eisen, nur bei methanolbetriebenen Motoren festzustellen waren. Reines Ethanol bzw. Mischkraftstoffe mit Methanol oder Ethanol führten zu Verschleißraten in der Größenordnung von benzinbetriebenen Motoren.

Ausgedehnte Schmierölversuche mit kalt laufenden Motoren, die mit M15-Kraftstoff nach dem deutschen BMFT-Programm betrieben wurden, bestätigten dieses Ergebnis. In mehreren Testläufen wurde festgestellt, daß M15-betriebene Motoren im kalten Zustand zwar eine höhere Verschleißrate zeigten als im warmen Betriebszustand, die Verschleißwerte liegen jedoch im Rahmen gleicher Ergebnisse von benzinbetriebenen Motoren [7.101], [7.102].

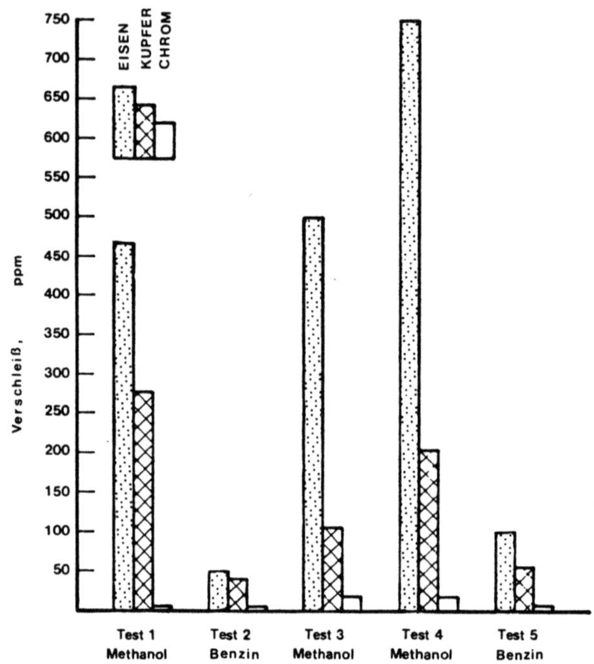

Abb. 7.103. Ergebnisse aus Ölanalysen von Motoren, die unter extremem Kaltbetrieb gelaufen sind [7.97]

In Abb. 7.103 sind die Ergebnisse aus Ölanalysen von benzin- und methanolbetriebenen Motoren unter extremem Kaltbetrieb dargestellt. Deutlich ist der höhere Gehalt an Verschleißpartikeln im Öl bei Methanolbetrieb, hier ist hauptsächlich der extrem hohe Eisengehalt hervorzuheben.

In Abb. 7.104 sind die Verschleißergebnisse aus verschiedenen Testläufen mit unterschiedlichen Kraftstoffen dargestellt [7.98].

Von der Temperatur abhängige Verschleißwerte beim Betrieb mit Benzin, Ethanol oder Methanol sind in Abb. 7.105 dargestellt. Diese Ergebnisse wurden dadurch erreicht, daß ein Ford-Vierzylindermotor unter konstanten Betriebsbedingungen jeweils für 20 Stunden betrieben wurde, mit anschließender Messung der Eisenkonzentration im Öl. Nach diesem Betriebspunkt wurde das Öl gewechselt, die Maschine gespült und neues Öl aufgefüllt. Der Test wurde dann mit einem anderen Kraftstoff oder mit anderer Ölsumpftemperatur wiederholt. Deutlich sind die mit sinkender Öltemperatur stark ansteigenden Verschleißraten zu erkennen, sobald der methanolbetriebene Motor mit Öltemperaturen unter 65°C gefahren wird.

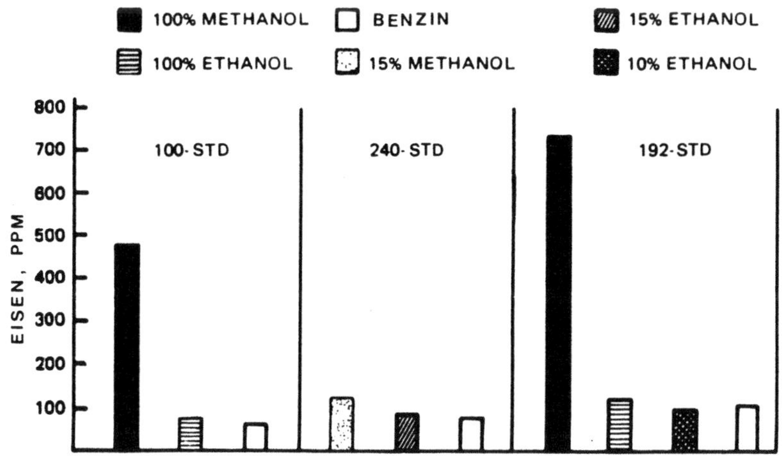

Abb. 7.104. Eisen-Verschleißwerte nach Testläufen mit unterschiedlichen Kraftstoffen [7.98]

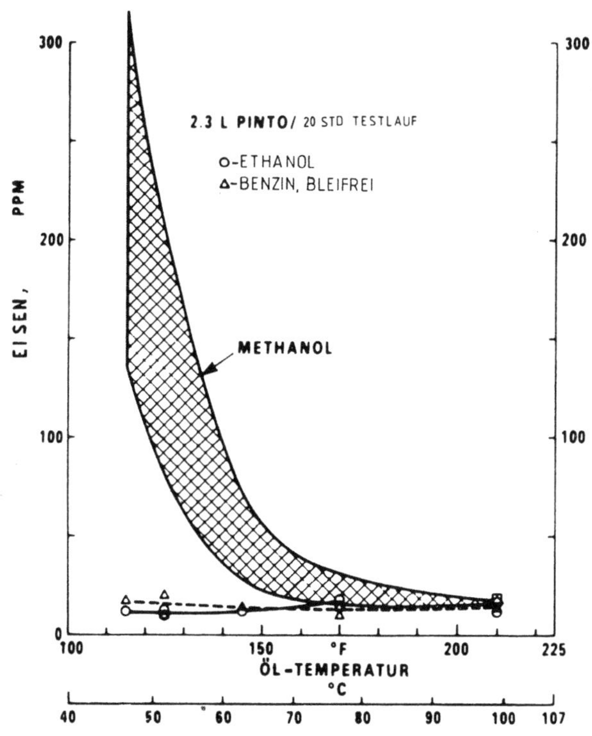

Abb. 7.105. Eisengehalt im Schmieröl von Ottomotoren, abhängig von der Öltemperatur für Benzin, Ethanol und Methanol [7.98]

Dauerversuche mit Reinethanol-Fahrzeugen über 100000 km mit hoher Geschwindigkeit zeigten bei der abschließenden Untersuchung der Ölproben und des Verschleißverhaltens des Motors keine außerordentlichen Unterschiede zu den gewohnten Werten von Benzinmotoren. Ähnliche Verhältnisse wurden festgestellt, wenn Fahrzeuge über längere Zeiten entsprechend den durchschnittlichen Verbrauchergewohnheiten in Brasilien betrieben wurden. Dies gilt auch für solche Fahrzeuge, die ausschließlich im „Stop and Go"-Verkehr betrieben wurden. Hierdurch wird bestätigt, daß ethanolbetriebene Motoren, zumindest unter den klimatischen Bedingungen wärmerer Länder, keine außergewöhnlichen Verschleißerscheinungen zeigen [7.100].

Von anderer Quelle [7.96] wird über Ergebnisse von Verschleißversuchen mit reinem Ethanolkraftstoff berichtet. Hier wird gezeigt, daß unter normalen Betriebstemperaturen die Motoren außerordentlich wenig Ablagerungen zeigen und die Verschleißwerte vergleichbar zu denen von normalen Benzinmotoren sind. Die nicht betriebswarme Maschine zeigt demgegenüber mit absinkender Temperatur erhöhte Verschleißraten, die deutlich über den Werten von Benzinmotoren liegen.

Der beobachtete hohe Verschleiß bei kalter Maschine kann durch sorgfältige Ölfilterung deutlich verringert werden. Die Variation von Wasser- und Säuregehalt im Kraftstoff innerhalb vernünftiger, im praktischen Betrieb zu erwartenden Grenzen hatte keinen deutlichen Einfluß auf den Verschleiß der Motorenteile.

Ein Korrosionsschutzmittel im Kraftstoff konnte den Verschleiß an Zylinderbohrung und Kolbenringen verringern.

Andere Quellen [7.95] berichten über erhöhten Verschleiß an Ventilsitzen und am Ventiltrieb bei bestimmten Motoren, die mit Ethanol betrieben wurden. Hier kann durch Wahl geeigneter Werkstoffe Abhilfe geschaffen werden.

Ähnliche Ergebnisse werden aus Flottenversuchen mit Methanol- und Ethanolfahrzeugen berichtet [7.58]. Die Untersuchung von Ölproben zeigte einen extrem hohen Gehalt an Zinn und Blei, während Eisen und Aluminium sich im normalen Rahmen von vergleichbaren Benzinmotoren bewegten. Daraus wurde zunächst geschlossen, daß mit höherem Lagerverschleiß und normaler Lebensdauer für Kolben und Zylinder gerechnet werden kann. Die Demontage von Motoren nach etwa 18000 km zeigte jedoch, daß an der Zylinderlaufbahn starker Verschleiß, insbesondere im oberen Bereich, festzustellen war. Da dies nicht aus den Rückständen im Öl nachzuweisen war, muß angenommen werden, daß das meiste aus dem Metallabrieb der Zylinderlaufbahn durch das Abgassystem entweicht. Der Lagerverschleiß war zwar höher als normal, die Lagerschalen waren jedoch noch gebrauchsfähig.

Der hohe Verschleiß an den Zylinderlaufbahnen kalt laufender Methanolmotoren wird auf die folgenden Mechanismen zurückgeführt:

– Durch flüssiges Methanol oder die Verbrennungsprodukte daraus wird der Schmierfilm zerstört, was die metallischen Oberflächen in der Ringzone ungeschützt zurückläßt. Damit sind die Möglichkeiten zu Korrosion und extremem Verschleiß gegeben. Der Wirkungsmechanismus wird darin gesehen, daß das Zusammenwirken von Korrosion und Verschleiß mit der Gleitbewegung des Kolbentriebs die hohen Abriebwerte an den Eisenteilen hervorruft. Dieser Effekt steigert sich dadurch besonders, daß unter diesen Betriebsbedingungen immer wieder frische, ungeschützte Metalloberflächen vorliegen. Interessant ist, daß an anderen Teilen des Motors diese Effekte nicht beobachtet werden können.

- Das größere Kraftstoffvolumen und die höhere Verdampfungswärme von Methanol führen zur Anwesenheit von flüssigem Kraftstoff an den Zylinderwänden und zum Abwaschen des Schmierfilms, so daß die Oberflächen ungeschützt bleiben, was zu erhöhtem Abrieb führt. Diese Erklärung müßte aber für Methanol und Ethanol etwa gleich sein, da auch Ethanol sehr schwer zu verdampfen ist.
- Methanol reagiert mit dem Schmiermittel und seinen Additiven, was zu erhöhter Korrosion bzw. Verschleiß führt.
- Die aggressiven Medien sind zwar bei Methanol vorhanden, jedoch nicht bei Ethanol.

Die wirkliche Ursache für den erhöhten Verschleiß von methanolbetriebenen Motoren ist jedoch noch nicht geklärt.

Die verschiedenen Untersuchungen über das Verschleißverhalten von Alkoholmotoren, insbesondere Methanolmotoren, führen zum heutigen Zeitpunkt nicht zu einem eindeutigen Ergebnis. Einerseits wird aus Labortests und Flottenuntersuchungen von erhöhtem Verschleiß berichtet, andererseits werden in einigen Berichten Fahrzeuge erwähnt, die hohe Laufzeiten und lange Lebensdauerwerte erreicht haben. Daraus muß geschlossen werden, daß der Verschleiß und die Lebensdauer von Alkoholmotoren von der Konstruktion der einzelnen Konzepte bzw. von der Materialpaarung abhängen.

Es läßt sich heute noch nicht sagen, in welchem Maße hier durch Änderung der Ölzusammensetzung, durch Kraftstoffadditive, durch konstruktive Maßnahmen oder in der Materialpaarung Verbesserungen zu erwarten sind. Außerdem muß in Flottentests geklärt werden, inwieweit die normalen Betriebsbedingungen von Fahrzeugen unter den üblichen Umgebungseinflüssen die tatsächliche Lebensdauer eines methanolbetriebenen Motors beeinflussen.

Das ungünstige Zusammenwirken von Methanol mit dem Motorenschmieröl ist nach heutiger Erkenntnis nur bei extrem kaltem Motor zu erwarten. Sobald das Öl den Siedepunkt des Methanols erreicht, wird dieses ausdampfen, so daß unter normalen Betriebsbedingungen unverdünntes Schmieröl zur Verfügung steht. Aufgrund des relativ niedrigen Siedepunkts von Methanol wird dieser Zustand relativ schnell nach dem Kaltstart erreicht, das heißt früher, als eine Ölverdünnung durch Benzin ausdampft. In jedem Fall sollten Start und Warmlauf des kalten Motors mit der geringstmöglichen Gemischanreicherung erfolgen, um eine Ölverdünnung so weit wie möglich zu vermeiden. Wichtig ist das schnelle Anwärmen des Motors, was bei modernen Motorkonzepten durch den geringen Wasservorrat im inneren Kreislauf normalerweise konstruktiv berücksichtigt ist. Günstig ist außerdem, das Öl so schnell wie möglich auf Betriebstemperatur zu bringen, eventuell mit einem kühlwasserbeheizten Wärmetauscher.

7.10 Alkohole in anderen Antrieben

7.10.1 Zweitaktmotoren, Kreiskolbenmotoren

Alkohole, insbesondere Methanol, sind nicht in jedem Fall mit dem Motorenöl mischbar. Deshalb muß beim Einsatz von Alkohol- und Alkoholmischkraftstoffen bei Zweitaktmotoren mit Schmierungsproblemen gerechnet werden. Dies gilt besonders für Methanol in Zweitaktmotoren mit Mischungsschmierung. Hier muß das Schmieröl sorgfältig auf seine Eignung geprüft und ausgewählt werden.

Eine ähnliche Situation ist beim Einsatz von Alkoholkraftstoffen in Wankelmotoren gegeben. Um hier Probleme mit der Schmierung empfindlicher Teile zu vermeiden, ist ebenfalls ein alkoholverträgliches Schmieröl notwendig.

7.10.2 Motoren mit Schichtladung

Motoren mit geschichteter Ladung vereinigen teilweise Baumerkmale sowohl von Diesel- als auch von Ottomotoren und versuchen damit, die Vorteile beider Motorenbauarten zu kombinieren. Bei den unterschiedlichen, hier möglichen Motorenkonzepten hat sich der Schichtlademotor mit direkter Einspritzung in einigen Konzepten als vorteilhaft erwiesen. Hier wird der Kraftstoff direkt in einen Brennraum, der durch eine Mulde im Kolben gebildet wird, eingespritzt. Die Art des Einspritzgesetzes und die Form der Mulde sowie der Luftwirbel im Brennraum erfordern sorgfältige Abstimmarbeit, um in allen Last- und Drehzahlbereichen des Motors sichere Zündung und sicheres Laufverhalten zu gewährleisten. Diese Motorenbauart stellt zwar einen höheren Bauaufwand als der reine Diesel- bzw. Ottomotor dar, besitzt jedoch einige deutliche Vorteile:

- Durch hohe Verdichtung läßt sich der Motor im Wirkungsgradoptimum betreiben.
- Die Verdichtung läßt sich auf das Wirkungsgradoptimum auslegen, ohne Rücksicht auf den Kaltstart des Motors, wie dies bei Dieselmotoren oft der Fall ist.
- Durch die Qualitätsregelung, das heißt ungedrosselter Betrieb in allen Lastbereichen, werden die bei anderen fremdgezündeten Motoren auftretenden Drosselverluste vermieden.
- Die Trennung von Gemischbildung und Zündung im Brennraum erlaubt eine weitgehende Anpassung an die Betriebsverhältnisse.
- Ein großer Vorteil dieses Motorenprinzips ist seine Unempfindlichkeit gegen die Qualität von Kraftstoffen. Sowohl niedrige Oktanzahlen als auch niedrige Cetanwerte werden in diesen Motoren toleriert. Dies ist von besonderem Vorteil bei Verwendung von Alkoholkraftstoffen.
- Für die Verwendung von Alkoholkraftstoffen ist die Verdichtung deutlich niedriger als bei Dieselmotoren, und damit auch die Belastung der Triebwerksteile.

Als Beispiel für Schichtlademotoren sei hier der MAN-FM-Alkoholmotor erwähnt. Der Brennraum dieses Motors ist in Abb. 7.106 dargestellt. Die Einspritzdüse, die Spezialzündkerze und der kugelförmige Brennraum im Kolben sind zu erkennen. Für das Betriebsverhalten des Motors ist die sorgfältige

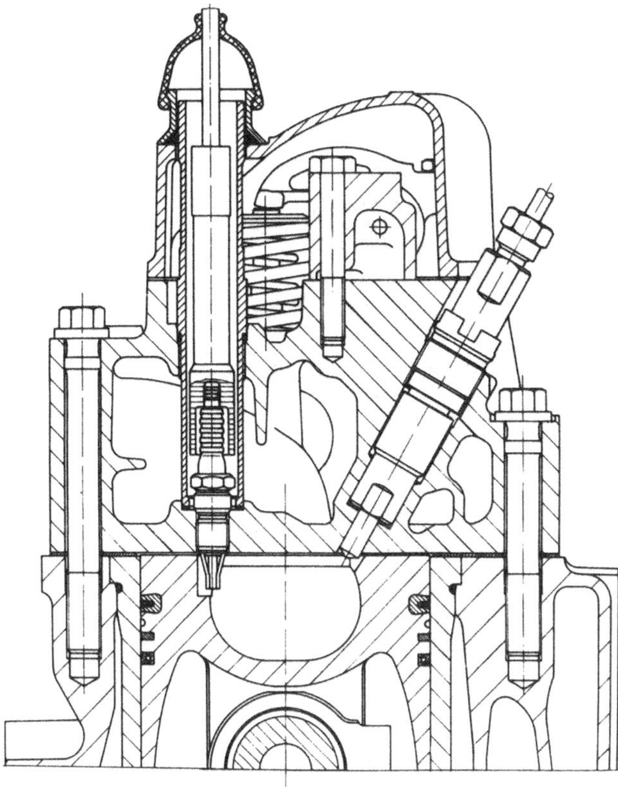

Abb. 7.106. Brennraum eines Schichtlademotors (Dieselmotor mit Funkenzündung MAN-FM) [7.106]

Abstimmung der konstruktiv gegebenen Parameter wesentlich. Der eingespritzte Kraftstoff wird zunächst als filmartiger Niederschlag an der Brennraumwand im Kolben angelagert. Der von der Wand abdampfende Kraftstoff wird der im Brennraum kreisenden Luft nach und nach zugeführt und verbrannt. Die Geschwindigkeit des Abdampfens hängt von der Verbrennung ab, durch entsprechende Abstimmung des Systems wird verhindert, daß vor dem Beginn der Verbrennung bereits eine größere Menge zündfähigen Gemischs vorhanden ist. Damit können die Druckanstiegsgeschwindigkeit und der Verbrennungsdruck in Grenzen gehalten werden.

Das Abdampfen des Kraftstoffes von der Brennraumwand im Kolben bringt den weiteren Vorteil mit sich, daß die Wärmebelastung der Bauteile verringert wird und die sonst verlorene Wärmemenge (Wandwärme) dem Prozeß wieder zugeführt wird, was sich in einer Wirkungsgradverbesserung zeigt.

Im praktischen Einsatz zeigt der FM-Alkohol-Motor ein stabiles Laufverhalten im gesamten Betriebsbereich. Die Druckanstiegsgeschwindigkeit durch die Verbrennung bleibt unter einem Wert von 5 bar/Grad Kurbelwinkel. Gegenüber dem Betrieb mit Dieselkraftstoff kann durch die Verwendung von Methanol der

Wirkungsgrad noch um etwa 3% gesteigert werden. Die hohe Verdampfungswärme des Methanols gestattete eine Steigerung des Mitteldrucks um etwa 10%, bis kritische Bauteiltemperaturen erreicht wurden. In Abb. 7.107 ist das Wirkungsgrad-Kennfeld des Motors mit Methanol bzw. Dieselkraftstoff dargestellt.

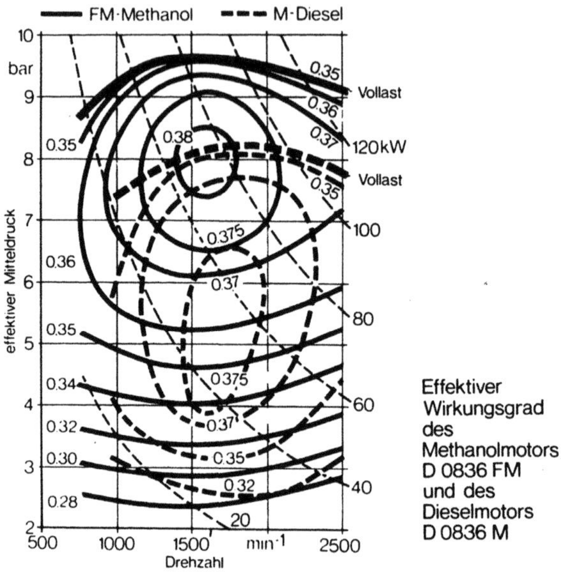

Abb. 7.107. Wirkungsgrad-Kennfeld des Motors nach Abb. 7.106 im Vergleich zu einem entsprechenden Serien-Dieselmotor [7.106]

Beim Methanolbetrieb ist der FM-Motor völlig frei von Rußemissionen. Die Stickoxidemission sinkt auf etwa den dritten Teil im Vergleich zu Benzin bzw. Dieselkraftstoffbetrieb. Die HC-Emissionen bleiben etwa gleich, während die Kohlenmonoxidemissionen geringfügig höher als im Benzinbetrieb liegen, jedoch noch deutlich unter den Werten für Ottomotoren. Im Gegensatz zu diesel- und alkoholbetriebenen Ottomotoren sind die Aldehydemissionen sehr gering.

Ein großer Vorteil dieses Systems liegt in dem günstigen Kaltstartverhalten. Ohne zusätzliche Maßnahmen, wie z. B. Kraftstoffzusätze oder Vorheizung der Ansaugluft, sind Kaltstarts bis – 20°C mit reinem Methanol möglich. Dies ist dadurch zu erklären, daß die angesaugte Verbrennungsluft zunächst durch die Verdichtung erwärmt wird und vor der Zündung nur ein geringer Kraftstoffanteil verdampft und damit dem Gemisch nicht allzuviel Wärme entzieht.

Die Kennlinien für Vollastbetrieb dieses Motors sind in Abb. 7.108 dargestellt. Durch die völlig rußfreie Verbrennung läßt sich der Mitteldruck und damit das Drehmoment im gesamten Drehzahlbereich deutlich steigern, besonders bei niedriger Drehzahl. Im Vergleich zum Dieselmotor zeigte der FM-Motor eine weitere Steigerung des Wirkungsgrads.

Weiteres über den FM-Motor findet sich in den Literaturstellen [7.103]–[7.106].

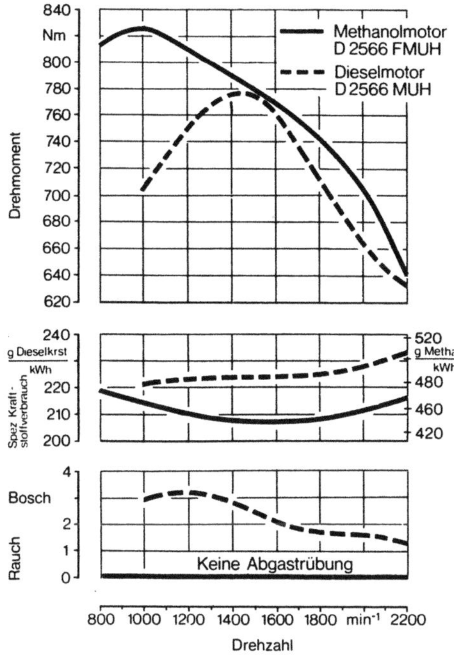

Abb. 7.108. Vergleich Vollastbetrieb eines Schichtlademotors (MAN-FM) mit einem entsprechenden Serien-Dieselmotor [7.106]

Dieses Motorprinzip wird in einigen anderen Forschungs- bzw. Entwicklungskonzepten verfolgt, wie z. B. Texaco und Ford-Proco in den USA. Über diese Motoren wird von ähnlichen Ergebnissen berichtet [7.75], [7.107]. Siehe hierzu auch Abschnitt 7.7.6.

7.10.3 Gasturbine und andere Antriebe mit kontinuierlicher Verbrennung

Der Einsatz von Alkoholkraftstoffen in Gasturbinen, Stirlingmotor und ähnlichen Systemen mit kontinuierlicher Verbrennung bereitet prinzipiell keine Probleme. Die Systeme sind in der Regel von sich aus weniger anspruchsvoll an die Kraftstoffspezifikationen als Verbrennungsmotoren. Für die Verbrennung von Alkoholen ist lediglich das Material im Kraftstoff-Tanksystem entsprechend anzupassen sowie die Zumeßeinrichtung des Kraftstoffs auf dem Luftbedarf einzuregulieren. Auch hier sind geringe Schadstoffwerte zu erwarten [7.108], [7.109].

7.10.4 Brennstoffzellen

In Brennstoffzellen wird die chemische Energie des Kraftstoffs auf elektrochemischem Wege ohne den Umweg über eine Wärmekraftmaschine direkt in elektrische Energie umgesetzt. Diese Umwandlung unterliegt nicht den thermodynamischen Gesetzen des Carnot-Prozesses. Dadurch sind ein hoher Wirkungsgrad, geringe Verlustwärme und eine maximale Ausnutzung des Energiepotentials aus dem

Brennstoff möglich. Im Gegensatz zu elektro-chemischen Primär- und Sekundärelementen, die sich bei Stromabgabe chemisch zersetzen, bleiben in der Brennstoffzelle die Elektroden unverändert. Die Reaktion in der Zelle läuft so lange ab, wie der Brennstoff zugeführt wird.

Die Brennstoffzelle arbeitet geräuschlos, ohne Abgasschadstoffe und läßt sich kurzzeitig überlasten. Die in der Zelle ablaufende „elektro-chemische Umwandlung" kommt durch zwei Teilreaktionen an räumlich voneinander getrennten Elektroden zustande. Durch diesen Vorgang bilden sich an den Elektroden unterschiedliche Potentiale, wodurch an einen externen Verbraucher Strom geliefert werden kann.

Theoretisch lassen sich mit der Brennstoffzelle Wirkungsgradwerte über 90% erreichen. Diese werden in der Praxis reduziert, weil die Reaktionen an den Elektroden nicht unter den theoretisch möglichen Bedingungen ablaufen. Für eine leistungsfähige Brennstoffzelle müssen die internen Vorgänge unter möglichst optimalen Bedingungen ablaufen. Dazu ist eine Elektrolyt mit sehr guter Leitfähigkeit und eine hohe Beschleunigung der Elektrodenreaktion notwendig. Dies kann sowohl durch hohe Betriebstemperatur als auch durch geeignete Katalysatoren geschehen.

Als Brennstoffe für die Zelle bieten sich Kohlenwasserstoffe an; Alkohole sind besonders vorteilhaft, da sie wegen ihrer einfachen und eindeutigen chemischen Zusammensetzung für diese Vorgänge besser geeignet sind als Mischungen aus verschiedenen Kohlenwasserstoffkomponenten. Methanol ist dabei von Vorteil, weil es sich bereits bei niedriger Temperatur mit Hilfe eines Katalysators elektrochemisch oxidieren läßt.

Nach heutigem Stand der Technik sind Brennstoffzellen sehr groß und schwer, bezogen auf die erzielbare Leistung. Für das Leistungsgewicht einer Zelle werden viermal höhere Werte als für einen Verbrennungsmotor angegeben [6.1]. In einem Fahrzeug kommen dann noch der Elektromotor mit Regelung und Antriebssystem dazu. Brennstoffzellen mit Methanol liegen wegen niedrigerer Stromdichten noch weit ungünstiger als der hier genannte Wert für eine H_2-O_2-Zelle. Auch ist das Volumen der Zellen so groß, daß eine Unterbringung in einem Fahrzeug kaum realisierbar erscheint. Nachteilig sind außerdem die hohen Herstellkosten und der Bedarf an Edelmetall-Katalysatoren. Bisher wurden nur relativ leistungsschwache Einheiten als Prototypen realisiert, meist als Labormuster für elektrische Geräte.

Für den Antrieb von Fahrzeugen und für den großtechnischen Einsatz kommt demnach die Brennstoffzelle beim heutigen Entwicklungsstand nicht in Frage.

Literatur

[7.1] Nierhauve, B.: Methanol-Gasoline Blended Fuels in West Germany – Specification and Early Field Experience. Fourth International Symposium on Alcohol Fuels Technology. Guarujá, Brazil, October 5–8, 1980.

[7.2] Lee, W., König, A., Bernhardt, W.: Versuche mit Methanol und Methanol-Benzin-Mischkraftstoffen. MTZ **37**, Heft 5, 181–186 (1976).

[7.3] Lee, W., Reders, H.: Labor- und Fahrversuche mit Methanol-Mischkraftstoffen. ATZ **78**, Heft 11, 499–501, Heft 12, 545–548 (1976).

[7.4] Svahn, L. G.: Specifications of Alcohol Motor Fuels. Fourth International Symposium on Alcohol Fuels Technology. Guarujá, Brazil, October 5–8, 1980.

[7.5] Nierhauve, B.: Anwendungstechnische Untersuchungen mit Methanol/Benzin-Mischkraftstoffen. 6. Statusseminar „Kraftfahrzeuge und Straßenverkehr“ des Bundesministers für Forschung und Technologie (BMFT) in Bad Aachen, 5. bis 7. September 1978. Verlag TÜV Rheinland GmbH.

[7.6] Nierhauve, B.: Über das Start- und Fahrverhalten methanolhaltiger Kraftstoffe. Second International Symposium on Alcohol Fuels Technology. Wolfsburg, Germany, November 21–23, 1977.

[7.7] Lee, W.: Großversuch mit Methanol-Benzin-Mischkraftstoff. Entwicklungslinien in der Kraftfahrzeugtechnik. 4. Statusseminar „Kraftfahrzeug- und Straßenverkehrstechnik“ des Bundesministeriums für Forschung und Technologie (BMFT) in Berlin, 10. bis 12. November 1979.

[7.8] Pischinger, G., Pinto, N. L. M.: Experiences with the Utilization of Methanol/Gasoline Blends and Pure Ethanol in Brazilian Passenger Cars. Third International Symposium of Alcohol Fuels Technology. Asilomar, California, May 28–31, 1979.

[7.9] Allsup, J. R., Eccleston, D. B.: Ethanol/Gasoline Blends as Automotive Fuels. Third International Symposium of Alcohol Fuels Technology. Asilomar, California, May 28–31, 1979.

[7.10] Furey, R. L., King, J. B.: Evaporative and Exhaust Emissions from Cars Fueled with Gasoline Containing Ethanol or Methyltert-Butyl Ether. SAE 800261.

[7.11] Nierhauve, B., Menrad, H., Decker, G.: Erprobung von Methanolkraftstoffen bei niedrigen Temperaturen. ATZ **11**, 579–583 (1980).

[7.12] König, A., Köhler, U. S., Bernhardt, W.: Ergebnisse aus der Praxiserprobung von Fahrzeugen im Mischkraftstoffbetrieb. 6. Statusseminar „Kraftfahrzeuge und Straßenverkehr“ des Bundesministers für Forschung und Technologie (BMFT) in Bad Aachen, 5. bis 7. September 1978. Verlag TÜV Rheinland GmbH.

[7.13] Menrad, H.: Die M15-Fahrzeuge der deutschen Fahrzeugindustrie. 8. Statusseminar „Kraftfahrzeuge und Straßenverkehr“ des Bundesministers für Forschung und Technologie (BMFT) in Malente, 11. bis 13. November 1980. Verlag TÜV Rheinland GmbH.

[7.14] Lee, W., König, A., Bernhardt, W.: Kaltstart- und Kaltanfahrverhalten mit Methanol-Benzin-Mischkraftstoffen. 5. Statusseminar „Kraftfahrzeuge und Straßenverkehr“ des Bundesministers für Forschung und Technologie (BMFT) in Bad Alexandersbad, 27. bis 29. September 1977. Verlag TÜV Rheinland GmbH.

[7.15] Mündler, H.: Untersuchungen von Kraftstoffverbrauch und Fahrbarkeit von M15-Fahrzeugen. 8. Statusseminar „Kraftfahrzeuge und Straßenverkehr“ des Bundesministers für Forschung und Technologie (BMFT) in Malente, 11. bis 13. November 1980. Verlag TÜV Rheinland GmbH.

[7.16] Brinkman, N. D., Gallopoulos, N. E., Jackson, M. W.: Exhaust Emissions, Fuel Economy, and Driveability of Vehicles Fueled with Alcohol-Gasoline Blends. SAE 750120.

[7.17] Bechtold, R., Pullman, J. B.: Driving Cycle Economy, Emissions and Photochemical Reactivity Using Alcohol Fuels and Gasoline. SAE 800260.

[7.18] Mooney, J. J., Hansel, J. G., Burns, K. R.: Three-Way Conversion Catalysts on Vehicles Fueled with Ethanol-Gasoline Mixtures. SAE 790428.

[7.19] Hilden, D. L., Parks, F. B.: A Single-Cylinder Engine Study of Methanol Fuel-Emphasis on Organic Emissions. SAE 760378.

[7.20] Obländer, K., Abthoff, J., Nagel, B.: Methanol als Alternativkraftstoff für Ottomotoren. ATZ **78**, Heft 3, 113–117 (1976).

[7.21] Menrad, H., Geffers, W., Bernhardt, W.: Untersuchungen am Fahrzeug – Prototypen für Reinmethanolbetrieb. 5. Statusseminar „Kraftfahrzeuge und Straßenverkehr“ des Bundesministers für Forschung und Technologie (BMFT) in Bad Alexandersbad, 27. bis 29. September 1977. Verlag TÜV Rheinland GmbH.

[7.22] Menrad, H., Geffers, W., Bernhardt, W.: Spezifische Untersuchungen an Methanol- und Äthanol-Motoren. 6. Statusseminar „Kraftfahrzeuge und Straßenverkehr" des Bundesministers für Forschung und Technologie (BMFT) in Bad Aachen, 5. bis 7. September 1978. Verlag TÜV Rheinland GmbH.
[7.23] Nichols, R. J.: Modification of a Ford Pinto for Operation on Methanol. Third International Symposium on Alcohol Fuels Technology. Asilomar, California, May 28–31, 1979.
[7.24] Pinto, N., Le Masson, Clymans, F.: The Alcohol Programme of Volkswagen do Brazil. Third International Symposium of Alcohol Fuels Technology. Asilomar, California, May 28–31, 1979.
[7.25] Chui, G., Anderson, R., Baker, R.: Brazilian Vehicle Calibration for Ethanol Fuels. Third International Symposium of Alcohol Fuels Technology. Asilomar, California, May 28–31, 1979.
[7.26] Nichols, R.: Modification of a Ford Pinto for Operation on Methanol. Third International Symposium of Alcohol Fuels Technology. Asilomar, California, May 28–31, 1979.
[7.27] Menrad, H.: A Motor Vehicle Powerplant for Ethanol and Methanol Operation. Third International Symposium of Alcohol Fuels Technology. Asilomar, California, May 28–31, 1979.
[7.28] Menrad, H.: Äthanol als Kraftstoff für Ottomotoren. ATZ **6** (1979).
[7.29] Menrad, H.: Fahrzeug-Prototyp für Methanolantrieb. Entwicklungslinien in der Kraftfahrzeugtechnik. 4. Statusseminar „Kraftfahrzeug- und Straßenverkehrstechnik" des Bundesministeriums für Forschung und Technologie (BMFT). Berlin, 10. bis 12. November 1979.
[7.30] Galvin, M., Kemp, R. M.: The Development of Carburettor Systems for the Use of Alcohol in Spark Ignition Engines. Fourth International Symposium on Alcohol Fuels Technology. Guarujá, Brazil, October 5–8, 1980.
[7.31] Schmidt, P., Czaschke, H. W., Rangel, G. N., Pinto, N. L. M.: Desenvolvimento de Veículos e Motores a Alcool pela Volkswagen do Brasil S.A. Fourth International Symposium on Alcohol Fuels Technology. Guarujá, Brazil, October 5–8, 1980.
[7.32] Brinkman, N. D.: An Engine Study of Efficiency and Fuel Consumption with Ethanol Fuel. Fourth International Symposium on Alcohol Fuels Technology. Guarujá, Brazil, October 5–8, 1980.
[7.33] Menrad, H., Decker, G., Loeck, H.: VW-Fahrzeugkonzepte für Methanolkraftstoffe. 8. Statusseminar „Kraftfahrzeuge und Straßenverkehr" des Bundesministers für Forschung und Technologie (BMFT) in Malente, 11. bis 13. November 1980. Verlag TÜV Rheinland GmbH.
[7.34] Hüttebräucker, D.: Daimler-Benz-Fahrzeugkonzept M100-Reinmethanol. 8. Statusseminar „Kraftfahrzeuge und Straßenverkehr" des Bundesministers für Forschung und Technologie (BMFT) in Malente, 11. bis 13. November 1980. Verlag TÜV Rheinland GmbH.
[7.35] Schwarz, H., Bertling, H.: Einfluß der Zündung auf Motor und Abgas; Beesch, O.: Beurteilung und Auswahl des Wärmewertes von Zündkerzen für Otto-Motoren. Bosch Technische Berichte **4**, Heft 1, 47–51 (1972).
[7.36] Menrad, H. K., Loeck, H.: Results from Basic Research on Alcohol Powered Vehicles. Fourth International Symposium on Alcohol Fuels Technology. Guarujá, Brazil, October 5–8, 1980.
[7.37] Pischinger, F., Kramer, K.: Untersuchung des Verbrennungsablaufes bei Methanolbetrieb. Second International Symposium on Alcohol Fuels Technology. Wolfsburg, Germany, November 21–23, 1977.
[7.38] Nagalingam, B., Sridhar, B. L., Panchapakesan, N. R., Gopalakrishnan, K. V.,

Murthy, B. S.: Surface Ignition Initiated Combustion of Alcohol in Diesel Engines – A New Approach. SAE 800262.

[7.39] Rajan, S.: Factors Influencing Cold Starting of Engines Operating on Alcohol Fuel. Third International Symposium of Alcohol Fuels Technology. Asilomar, California, May 28 – 31, 1979.

[7.40] Harrington, J. A., Roby, R. J., Cavolowsky, J. A.: Fuel Vaporization for Fast Cold Starting of Ethanol Fueled Vehicles. Fourth International Symposium on Alcohol Fuels Technology. Guarujá, Brazil, October 5 – 8, 1980.

[7.41] Greiner, L., Likos, W.: Engine Cold-Start with Dissociated Methanol. Third International Symposium of Alcohol Fuels Technology. Asilomar, California, May 28 – 31, 1979.

[7.42] Druckschrift Fa. Daimler-Benz: Methanolbetrieb WAM 670.51007/03.81.

[7.43] Starke, K.: Fahrverhalten eines Kraftfahrzeuges mit Zweistoffbetrieb (Benzin-Methanol/Wasser). Entwicklungslinien in der Kraftfahrzeugtechnik. 4. Statusseminar „Kraftfahrzeug- und Straßenverkehrstechnik" des Bundesministeriums für Forschung und Technologie (BMFT). Berlin 10. bis 12. November 1979.

[7.44] Starke, K.: Fuelling the S. I. Engine with Gasoline/Methanol Water Blends. Second International Symposium on Alcohol Fuels Technology. Wolfsburg, Germany, November 21 – 23, 1977.

[7.45] Staab, J., Baronick, J., Kroneisen, A.: Improving the Method of Hydrocarbon Analysis. SAE 810427.

[7.46] Ito, K., Yano, T.: Formaldehyde Emissions from a SI Engine Using Methanol. Third International Symposium of Alcohol Fuels Technology. Asilomar, California, May 28 – 31, 1979.

[7.47] Pischinger, F., Kramer, K.: The Influence of Engine Parameters on the Aldehyde Emissions of a Methanol Operated Four-Stroke Otto Cycle Engine. Third International Symposium of Alcohol Fuels Technology. Asilomar, California, May 28 – 31, 1979.

[7.48] Browning, L. H., Defley, R. K.: An Analytical Study of Aldehyde Formation During the Exhaust Stroke of a Methanol-Fueled SI Engine. Fourth International Symposium on Alcohol Fuels Technology. Guarujá, Brazil, October 5 – 8, 1980.

[7.49] Lawrence, R.: Emissions from Gasohol Fueled Vehicles. Third International Symposium of Alcohol Fuels Technology. Asilomar, California, May 28 – 31, 1979.

[7.50] Gruden, D., Höchsmann, G.: Abgasverhalten von Otto- und Schichtlademotoren bei Betrieb mit Methanol. Second International Symposium on Alcohol Fuels Technology. Wolfsburg, Germany, November 21 – 23, 1977.

[7.51] Bernard III, M.: Environmental Planning and Assessment for Highway Vehicle Use of Alcohol Fuels. Third International Symposium of Alcohol Fuels Technology. Asilomar, California, May 28 – 31, 1979.

[7.52] Ito, K., Yano, T.: Methanol and Formaldehyde Kinetics in the Exhaust System of a Methanol Fueled Spark Ignition Engine. Fourth International Symposium on Alcohol Fuels Technology. Guarujá, Brazil, October 5 – 8, 1980.

[7.53] D'Eliscu, P.: Environmental Consequences of Methanol Spills and Methanol Fuel Emissions on Terrestrial and Freshwater Organisms. Third International Symposium of Alcohol Fuels Technology. Asilomar, California, May 28 – 31, 1979.

[7.54] Ferry, D., McQueen, E.: Toxicity of Methanol/Petrol Mixtures. Third International Symposium of Alcohol Fuels Technology. Asilomar, California, May 28 – 31, 1979.

[7.55] Bertilsson, B.: Methanol Containing Fuels – Evaluation of Environmental and Health Constraints. Third International Symposium of Alcohol Fuels Technology. Asilomar, California, May 28 – 31, 1979.

[7.56] Last, A. J., Lawson, A., Simmons, E. W.: Oxygen Sensor Equipped Engine Operation on Methanol/Gasoline Blends and Phase Separation Problems. Fourth

International Symposium on Alcohol Fuels Technology. Guarujá, Brazil, October 5–8, 1980.

[7.57] Pefley, R. K., Pullman, J. B., Suga, T. P., Espinola, S.: A Feedback Controlled Fuel Injection System Can Accomodate any Alcohol-Gasoline Blend. Fourth International Symposium on Alcohol Fuels Technology. Guarujá, Brazil, October 5–8, 1980.

[7.58] Baisley, W. H., Edwards, C. F.: Emission and Wear Characteristics of an Alcohol Fueled Fleet Using Feedback Carburetion and Three-Way Catalysts. Fourth International Symposium on Alcohol Fuels Technology. Guarujá, Brazil, October 5–8, 1980.

[7.59] van der Weide, J., Ramackers, M.: A Retrofittable Alcohol/Petrol Carburation System. Fourth International Symposium on Alcohol Fuels Technology. Guarujá, Brazil, October 5–8, 1980.

[7.60] Voecks, Dawson, S., Houseman, J.: Operation of a Catalytic Methanol Decomposition Reactor for Vehicular Use. Fourth International Symposium on Alcohol Fuels Technology. Guarujá, Brazil, October 5–8, 1980.

[7.61] Hirota, T.: Study of the Methanol-Reformed Gas Engine, I. SAE Review, March 1981, p. 7–13.

[7.62] Inagaki, T., Hirota, T., Ueno, Z.: Combustion and Emission of Gaseous Fuel from Reformed Methanol in an Automotive Engine. Third International Symposium of Alcohol Fuels Technology. Asilomar, California, May 28–31, 1979.

[7.63] Zajontz, J., Burmeister, H., Dommes, K.-H., Weidenbach, G.: Katalysatoren zur Erzeugung von Spaltgasen aus Alkohol im Hinblick auf eine Verbesserung des Betriebsverhaltens von Otto-Motoren. BMFT-Statusseminar Bad Dürkheim, 11. bis 13. November 1981.

[7.64] Kikuchi, E., Kunitomo, Y., Morita, Y.: Catalyst for On-Board Reforming of Methanol. Japan Petrol. Inst. **23**, No. 5, 328–333 (1980).

[7.65] Finegold, J. G., Karpuk, M. E., McKinnon, J. T.: Demonstration of Dissociated Methanol as an Automotive Fuel: System Design. Fourth International Symposium on Alcohol Fuels Technology. Guarujá, Brazil, October 5–8, 1980.

[7.66] H. S.: Methanol-Gas-Motor arbeitet im Nutzfahrzeug. VDI-Nachrichten **13**, 6 (1981).

[7.67] Finsterwalder, G., Küpper, H.: Zweistoffbetrieb Gasöl-Methanol für Dieselstraßenfahrzeuge. – Methanolzumischung im Einspritzsystem. 5. Statusseminar „Kraftfahrzeuge und Straßenverkehr" des Bundesministers für Forschung und Technologie (BMFT) in Bad Alexandersbad, 27. bis 29. November 1977. Verlag TÜV Rheinland GmbH.

[7.68] Finsterwalder, G., Saftig, J.: Zweistoffbetrieb Gasöl-Methanol für Dieselstraßenfahrzeuge – Einzylinder- und Vollmotoruntersuchungen mit Direkteinspritzung von Methanol. 6. Statusseminar „Kraftfahrzeuge und Straßenverkehr" des Bundesministers für Forschung und Technologie (BMFT) in Bad Aachen, 5. bis 7. September 1978. Verlag TÜV Rheinland GmbH.

[7.69] Lawson, A., Last, A.: Development of an On-Board Mechanical Fuel Emulsifier for Utilization of Diesel Methanol and Methanol/Gasoline Fuel Emulsions in Transportation. Third International Symposium of Alcohol Fuels Technology. Asilomar, California, May 28–31, 1979.

[7.70] Moses, C., Naegeli, D., Owens, E., Tyler, J.: Engine Experiments of Alcohol/Diesel Fuel Blends. Third International Symposium of Alcohol Fuels Technology. Asilomar, California, May 28–31, 1979.

[7.71] Moses, C. A., Ryan, T. W., Likos, W. E.: Experiments with Alcohol/Diesel Fuel Blends in Compression-Ignition Engines. Fourth International Symposium on Alcohol Fuels Technology. Guarujá, Brazil, October 5–8, 1980.

[7.72] Menrad, H., Decker, G., Loeck, H.: VW-Fahrzeugkonzepte für Alkohol-Diesel-Mischkraftstoffe. 8. Statusseminar „Kraftfahrzeuge und Straßenverkehr" des Bundesministers für Forschung und Technologie (BMFT) in Malente, 11. bis 13. November 1980. Verlag TÜV Rheinland GmbH.
[7.73] Sugigama, H.: Utilization of Alcohol as a Fuel in Diesel Engines. Fourth International Symposium on Alcohol Fuels Technology. Guarujá, Brazil, October 5–8, 1980.
[7.74] Nanni, H., Domschke, A. G., Brunetti, F.: Use of Glow Plugs in Order to Obtain Multifuel Capability of Diesel Engines. Fourth International Symposium on Alcohol Fuels Technology. Guarujá, Brazil, October 5–8, 1981.
[7.75] Adelman, H. G., Pefley, R. K.: Utilization of Pure Alcohol Fuels in a Diesel Engine by Spark Ignition. Fourth International Symposium on Alcohol Fuels Technology. Guarujá, Brazil, October 5–8, 1980.
[7.76] Fahlander, S., Walde, N.: Ethanol Fuels with Ignition Improver for Turbocharged Diesel Engines. Fourth International Symposium on Alcohol Fuels Technology. Guarujá, Brazil, October 5–8, 1980.
[7.77] Pischinger, F., Havenith, C., Stutzenberger, H.: Zweistoffbetrieb Gasöl-Methanol für Dieselstraßenfahrzeuge – Methanolzumischung über Saugrohreinspritzung. 5. Statusseminar „Kraftfahrzeuge und Straßenverkehr" des Bundesministers für Forschung und Technologie (BMFT) in Bad Alexandersbad, 27. bis 29. September 1977. Verlag TÜV Rheinland GmbH.
[7.78] Pischinger, F., Havenith, C., Stutzenberger, H.: Einzylinder-Untersuchungen mit Saugrohr- und Direkteinspritzung von Methanol. 6. Statusseminar „Kraftfahrzeuge und Straßenverkehr" des Bundesministers für Forschung und Technologie (BMFT) in Bad Aachen, 5. bis 7. September 1978. Verlag TÜV Rheinland GmbH.
[7.79] Scott, W. M.: Dual Fuelling the Truck Diesel with Methanol. Second International Symposium on Alcohol Fuels Technology. Wolfsburg, Germany, November 21–23, 1977.
[7.80] Cruz, J., Chancellor, W., Goss, J.: Dual-Fueling a Diesel Engine with Carbureted Alcohol. Third International Symposium of Alcohol Fuels Technology. Asilomar, California, May 28–31, 1979.
[7.81] Singh, A. K., Pundir, B. P., Singh, A.: A Fuel System for Dual-Fuel Operation of an Automotive Diesel. Fourth International Symposium on Alcohol Fuels Technology. Guarujá, Brazil, October 5–8, 1980.
[7.82] Holmér, E.: Methanol as a Substitute Fuel in the Diesel-Engine. Second International Symposium on Alcohol Fuels Technology. Wolfsburg, Germany, November 21–23, 1977.
[7.83] Holmér, E.: The Utilization of Different Fuels in a Diesel Engine with Two Separate Injection Systems. Third International Symposium of Alcohol Fuels Technology. Asilomar, California, May 28–31, 1979.
[7.84] Berg, P. S., Holmér, C., Bertilson, B. J.: Verwendung verschiedener Kraftstoffe im Dieselmotor mit zwei Einspritzsystemen. MTZ **42**, 7/8, 293–296 (1981).
[7.85] Finsterwalder, G., Küpper, H., Pischinger, F., Havenith, C.: Gasöl-Methanol-Dieselmotor. 8. Statusseminar „Kraftfahrzeuge und Straßenverkehr" des Bundesministers für Forschung und Technologie (BMFT) in Malente, 11. bis 13. November 1980. Verlag TÜV Rheinland GmbH.
[7.86] Pischinger, F., Havenith, C., Finsterwalder, G.: Eignung verschiedener dieselmotorischer Brennverfahren für die Nutzung in Alkoholkraftstoffen. VDI-Berichte **370**, 331–338 (1980).
[7.87] Pischinger, F., Havenith, C.: A New Way of Direct Injection of Methanol in a Diesel Engine. Third International Symposium of Alcohol Fuels Technology. Asilomar, California, May 28–31, 1979.

[7.88] Pischinger, F. F., Havenith, D.: The Suitability of Different Alcohol-Fuels for Diesel Engines by Using the Direct-Injection Method. Fourth International Symposium on Alcohol Fuels Technology. Guarujá, Brazil, October 5–8, 1980.

[7.89] Finsterwalder, G., Kuepper, H.: Methanol-Diesel Engine with Minimum Pilot Injection Quantity. Fourth International Symposium on Alcohol Fuels Technology. Guarujá, Brazil, October 5–8, 1980.

[7.90] Pischinger, F., Havenith, C., Finsterwalder, G.: Methanol-Direkteinspritzung bei Fahrzeugdieselmotoren. ATZ **81**, 6, 271–275 (1979).

[7.91] Dietrich, W., Anisits, F., Hiemesch, O.: Investigations and Results with MWM Pilot-Ignition Ethanol Combustion System. Fourth International Symposium on Alcohol Fuels Technology. Guarujá, Brazil, October 5–8, 1980.

[7.92] Leng, I. J.: Fuel Systems for Alcohols – Corrosion and Allied Problems. Fourth International Symposium on Alcohol Fuels Technology. Guarujá, Brazil, October 5–8, 1980.

[7.93] Wiggle, R. R., Hospadaruk, V., Styloglou, E. A., Chui, G. K., Tallent, W. D.: The Corrosivity of Ethanol Fuel Mixtures to Fuel System Materials. Fourth International Symposium on Alcohol Fuels Technology. Guarujá, Brazil, October 5–8, 1980.

[7.94] Codling, V. J.: The Development and Testing of an Anti-Corrosive Additive for Alcohol Fuels. Fourth International Symposium on Alcohol Fuels Technology. Guarujá, Brazil, October 5–8, 1980.

[7.95] Fotedar, H. L.: Some Aspects of Component Wear in Alcohol Engines. Fourth International Symposium on Alcohol Fuels Technology. Guarujá, Brazil, October 5–8, 1980.

[7.96] Chui, G. K., Baker, R. E.: Lubrication Behavior in Ethanol-Fueled Engines. Fourth International Symposium on Alcohol Fuels Technology. Guarujá, Brazil, October 5–8, 1980.

[7.97] Owens, E. C.: Methanol-Fuel Effects on Spark Ignition Engine Lubrication and Wear. Second International Symposium on Alcohol Fuels Technology. Wolfsburg, Germany, November 21–23, 1977.

[7.98] Owens, E. C., Marbach, H. W., Jr., Frame, E. A., Ryan, T. W.: Lubrication Requirements for Alcohol-Fueled Spark Ignition Engines. Fourth International Symposium on Alcohol Fuels Technology. Guarujá, Brazil, October 5–8, 1980.

[7.99] Owens, E. C., Marbach, H. W., Frame, E. A., Ryan, T. W.: Effects of Alcohol Fuels on Engine Wear. SAE 800857.

[7.100] Pischinger, G., Clymans, F., Cardona, W.: Lubrication of SI Ethanol Engines. Fourth International Symposium on Alcohol Fuels Technology. Guarujá, Brazil, October 5–8, 1980.

[7.101] Krumm, H.: Begleitende Schmieröl-Untersuchungen zum M15-Flottentest. 8. Statusseminar „Kraftfahrzeuge und Straßenverkehr" des Bundesministers für Forschung und Technologie (BMFT) in Malente, 11. bis 13. November 1980. Verlag TÜV Rheinland GmbH.

[7.102] Däumig, L.: Prüfstandsversuche hinsichtlich des Verhaltens von Motorölen im M15-Betrieb. 8. Statusseminar „Kraftfahrzeuge und Straßenverkehr" des Bundesministers für Forschung und Technologie (BMFT) in Malente, 11. bis 13. November 1980. Verlag TÜV Rheinland GmbH.

[7.103] Chmela, F. G., Urlaub, A. G.: High-Speed, Multifuel Engine: L 9204 FMV. SAE 740122.

[7.104] Chmela, F.: Entwicklungsstand des FM-Motors im Methanolbetrieb. MAN – interner Bericht vom 12. März 1979.

[7.105] Neitz, A., Chmela, F.: Results of MAN-FM Diesel Engines Operating on Straight Alcohol Fuels. Fourth International Symposium on Alcohol Fuels Technology. Guarujá, Brazil, October 5–8, 1980.

[7.106] Chmela, F.: Betriebsergebnisse von fremdgezündeten MAN-FM-Dieselmotoren mit Methanolkraftstoff M100. 8. Statusseminar „Kraftfahrzeuge und Straßenverkehr" des Bundesministers für Forschung und Technologie (BMFT) in Malente, 11. bis 13. November 1980.

[7.107] Ito, K.: Stratified Charge in a Single Chamber Engine Using Methanol. Second International Symposium on Alcohol Fuels Technology. Wolfsburg, Germany, November 21–23, 1977.

[7.108] LaPointe, C. W., Schultz, W. L.: Comparison of Emission Indexes Within a Turbine Combuster Operated on Diesel Fuel or Methanol. SAE 730669.

[7.109] Bardon, M. F.: Methanol and Ethanol as Gas Turbine Fuels. Fourth International Symposium an Alcohol Fuels Technology. Guarujá, Brazil, October 5–8, 1980.

8. Einführungsstrategien

8.1 Alkoholkapazitäten

Der gegenwärtige Welt-Mineralölverbrauch liegt bei ca. 3×10^9 t/Jahr, wovon ca. 1×10^9 t/Jahr für den Straßenverkehrssektor in Form von Benzin oder Dieselöl verbraucht werden. Die gegenwärtige Welt-Methanolproduktion liegt mit ca. 12×10^6 t/Jahr im Energiegehalt um mehr als zwei Zehnerpotenzen unter der der konventionellen Transport-Treibstoffe, die Produktion von agrarischem Ethanol liegt mit ca. 4×10^6 t/Jahr noch erheblich niedriger. Eine gedankliche Substitution des heutigen Transportkraftstoffs durch Alkoholkraftstoffe führt auf eine Größenordnung der notwendigen Investitionen von $1-2 \times 10^{12}$ DM. Dieser Zahlenwert allein zeigt bereits, daß ein global merklicher Ersatz heutiger Transportkraftstoffe durch Alkohol nur langfristig, in einem Zeitrahmen von vielleicht 20 Jahren, vorstellbar ist. Eine gleiche Mindestzeitspanne ergibt sich auch aus anderen Argumenten, wie z. B. der Bereitstellung entsprechender Mengen an alternativen Primärenergien, dem Auffinden und Erschließen von Industriestandorten und schließlich der Planung und dem Bau von Anlagen. Auch aus dem Vergleich des heutigen Welt-Mineralölverbrauchs mit den verbliebenen Mineralölvorräten ergibt sich, daß ein Substitutionszeitraum von 20 Jahren angemessen ist. Dieser Zeitraum steht für die sukzessive Errichtung von Produktionskapazitäten für alternative (Alkohol-)Kraftstoffe und ihre schrittweise Einführung in den Markt zur Verfügung. Da Alkoholkraftstoffe nicht ohne weiteres mit den heutigen Fahrzeugen und dem heutigen Verteilungssystem kompatibel sind (Kapitel 6 und 7), muß mit dem Anwachsen der Alkoholkapazitäten eine Anpassung auf der Anwendungsseite Hand in Hand gehen. Hierzu ist eine abgestufte Einführungsstrategie erforderlich, die die technischen und wirtschaftlichen Erfordernisse einer Umstellung berücksichtigt und die eine gewisse Flexibilität in der Abstimmung von Alkoholverfügbarkeit und Alkoholbedarf ermöglicht.

Auch wenn eine globale Bedeutung von Alkoholkraftstoffen nur langfristig zu erreichen ist, können Alkoholkraftstoffe auf regionaler Ebene bereits kurzfristig Bedeutung erlangen. Diese mögliche Regionalisierung oder Dezentralisierung der Versorgung mit Alkoholkraftstoffen wird auch durch die Größenordnung typischer Alkoholproduktionsstätten unterstrichen. Methanolanlagen liegen mit einer Tageskapazität von 200 – 2 000 t um 1 bis 2 Größenordnungen unter dem Kraftstoffausstoß typischer Mineralölraffinerien. Typische Ethanolkraftstoffanlagen liegen mit einer Tageskapazität von 10 – 200 t noch um eine Zehnerpotenz unter Methanolanlagen. Die dezentrale Struktur der Versorgung mit Alkoholkraftstoffen bietet auch wenig entwickelten Ländern und Regionen die Chance für eine Versorgung mit Energie für Transport und Verkehr. Andererseits besteht die

Gefahr, daß sich in einzelnen Ländern oder Regionen Kraftstoffarten oder Kraftstoffzusammensetzungen entwickeln, die mit denen benachbarter Regionen nicht kompatibel sind. Dies würde ernsthafte negative Auswirkungen auf die Freizügigkeit des Straßenverkehrs haben. Auch aus diesem Grunde ist eine strategische Langfristplanung des Einsatzes von Alkoholkraftstoffen, die international abgestimmt ist, unersetzlich.

8.2 Mögliche Zwischenstufen

Es ist ohne weiteres vorstellbar, daß die gesamte, durch Straßenverkehr erbrachte Transportleistung eines Tages mit Hilfe von Alkohol-Kraftstoffen bewerkstelligt wird. Die technischen Voraussetzungen hierfür sind sowohl auf der Herstellungs- als auch auf der Anwendungsseite bekannt oder können bis zum Einsatzzeitpunkt entwickelt werden. Um aber von der heutigen Situation, in der praktisch ausschließlich Kohlenwasserstoff-Kraftstoffe eine Rolle spielen, dorthin zu gelangen, sind eine Reihe von Zwischenschritten erforderlich. Diese Zwischenstufen müssen so angelegt sein, daß sie mit einer gewissen Flexibilität eine wachsende Alkoholproduktionskapazität mit der Entwicklung der technischen Voraussetzungen zur Anwendung des Alkoholkraftstoffes im Markt abzustimmen erlauben.

Abhängig von der Alkoholkonzentration lassen sich für die Anwendung im Fahrzeug grob einige Zwischenstufen angeben, wobei technische Einzelheiten des Umstellungsaufwandes an den Fahrzeugen bereits in Kapitel 7 beschrieben wurden. Auch bei der Herstellung, Lagerung und Verteilung der Alkoholkraftstoffe sind entsprechende Vorkehrungen notwendig (z. B. geeignete Werkstoffe, Verhindern von Wasserzutritt bei Mischkraftstoffen).

Für die Einführung von Alkoholkraftstoffen auf breiter Basis im Markt sind unterschiedliche Strategien denkbar und möglich. Ihre Realisierung hängt zunächst von gegebenen Randbedingungen, sei es politischer oder wirtschaftlicher Art, ab.

Mögliche Einführungsstrategien müssen sich außerdem an der Technologie der betreffenden Länder orientieren. Bei hohen Ansprüchen in bezug auf Abgasschadstoffe und Fahrverhalten ist eine Veränderung der Kraftstoffspezifikation für bereits am Markt laufende Fahrzeuge nur in engen Grenzen möglich.

Außerdem spielen noch eine Reihe weiterer Faktoren eine Rolle, wie z. B. die Rohstoffquellen im eigenen Lande, Lohnkosten sowie verfügbare Arbeitsplätze, des weiteren die Leistungsfähigkeit und Flexibilität der vorhandenen Raffinerien.

Auch die Nutzungsdauer der Fahrzeuge muß bedacht werden, denn auch für ältere Typen muß noch für lange Zeit ein geeigneter Kraftstoff bereitgehalten werden.

Die von der Anwendung her einfachste Möglichkeit stellt zunächst der Einsatz von Alkohol-Mischkraftstoffen für Ottomotoren dar. Hier bietet ein Ethanol-Benzin-Mischkraftstoff die geringsten Probleme, was sich bereits in der Praxis in Brasilien und anderen Ländern bewahrheitet hat.

Methanol-Mischkraftstoffe lassen dagegen wesentlich mehr Probleme erwarten, zunächst mit Materialien und dann im Fahrverhalten. Damit ist die im Kraftstoff verwendbare Methanolmenge auf wenige Prozente beschränkt, wenn keine dafür angepaßten Fahrzeuge zur Verfügung stehen. Um die Probleme zu verringern, wird sich als Mischkomponente nicht reines Methanol, sondern ein Gemisch mit höheren Alkoholen bzw. Alkoholderivaten, z. B. Ethern, empfehlen.

Geht man von dem Gedanken aus, daß in den kommenden Jahren zunehmende Methanolmengen in bestimmten Regionen, z. B. in Europa, auf den Markt drängen, wäre ein Vorgehen nach folgenden Strategien denkbar:

Variante 1. Zum Benzin werden einige Prozente sauerstoffhaltiger Komponenten (Methanol + Lösungsvermittler, Ether u. a.) nach und nach zugemischt. In der ersten Zeit wird zunächst in einigen Regionen, in denen eine besonders geeignete Raffinerie- und Absatzstruktur vorherrscht, mit der Zumischung begonnen werden, bis der zulässige Methanolanteil in diesem Gebiet erreicht ist. Anschließend wird man den Einsatz dieser Mischkraftstoffe auf andere Gebiete ausdehnen.

Daneben werden Fahrzeuge für Methanolkraftstoff eingeführt, die in Form von Flotten betrieben werden und durch ein zunächst sehr dünnes Kraftstoff-Verteilungssystem versorgt werden. Unter dem Begriff „Flotte" sind dabei nicht nur geschlossene Fuhrparks zu verstehen, sondern auch solche Fahrzeuge im allgemeinen Einsatz, die nur lokal im eingeschränkten Umkreis laufen, z. B. Zweit- und Dritt-Fahrzeuge. Die Versorgung der Flottenfahrzeuge mit Methanol hat Priorität, so daß für einen eventuell notwendigen Ausgleich zwischen Methanolbedarf und Methanolverfügbarkeit die Zumischrate von Methanol zum Mischkraftstoff variiert werden muß. Ist die Aufnahmefähigkeit des Marktes für Methanol-Flottenfahrzeuge ausgeschöpft, so werden im nächsten Schritt Reinmethanolfahrzeuge auch für den allgemeinen Markt angeboten, unter gleichzeitiger Verdichtung des Verteilungsnetzes.

Vorteilhaft an dieser Strategie ist, daß keine Umstellung oder Anpassung der Benzinfahrzeuge erforderlich ist. Kritisch zu bewerten ist die relativ geringe Pufferkapazität der Methanolproduktionsmengen, die insbesondere bei der Einführung von Reinmethanol auch für den allgemeinen Markt zu Engpässen führen kann. Problematisch ist darüber hinaus bei der Verwendung von Reinalkohol nur für den Betrieb von Flottenfahrzeugen zunächst das Fehlen eines Gebrauchtwagenmarktes für Reinalkoholfahrzeuge.

Variante 2. Wie bei Variante 1 werden zum Benzin bis zu einigen Prozenten sauerstoffhaltige Komponenten zugemischt. Gleichzeitig werden neuproduzierte Fahrzeuge für den Betrieb mit Kraftstoffen ausgerüstet, die bis zu ca. 15% Methanol enthalten. Ist eine genügende Marktdurchdringung dieser Fahrzeuge gegeben, so wird der Alkoholgehalt des Mischkraftstoffs nach und nach bis auf etwa 15% erhöht. Im gleichen Zeitraum werden die Gemischbildungssysteme der Fahrzeuge an diesen Kraftstoff angepaßt. Ist die Maximalzumischung von 15% erreicht, so werden zusätzlich Reinmethanolfahrzeuge in den allgemeinen Markt eingeführt und durch ein zusätzliches Methanol-Verteilungssystem versorgt. Als Puffer für die Methanolproduktion dient wieder die Zumischrate im Mischkraftstoff.

Diese Variante vermeidet die Probleme der Variante 1, benötigt aber wegen der Anpassung der Benzinfahrzeuge an den steigenden Methanolgehalt des Mischkraftstoffs insgesamt einen längeren Umstellungszeitraum von Benzin auf Methanol. Dieses Verfahren setzt außerdem voraus, daß die Fahrzeuge in einem relativ weiten Bereich den Methanolgehalt im Kraftstoff tolerieren, ohne daß Betriebsstörungen oder ungewollte Nachteile im Emissionsverhalten auftreten. Die Fahrzeuge müssen deshalb nicht nur über resistente Bauteile verfügen, sondern auch konstruktive Maßnahmen enthalten, um einwandfreies Fahrverhalten unter Berücksichtigung der sich mit dem Methanolanteil ändernden Kraftstoffeigenschaften (Flüchtigkeit, Luftbedarf) zu gewährleisten.

Nachteilig ist bei diesem Verfahren die Problematik des Mischkraftstoffs, dessen Methanolanteil mehr als wenige Prozent beträgt. Um Phasentrennung zu vermeiden, muß die Wasseraufnahme im Transport- und Lagerungssystem vermieden werden. Außerdem muß der Anteil leichtsiedender Bestandteile im Grundbenzin beschränkt werden, um die Flüchtigkeit des Mischkraftstoffs in Grenzen zu halten.

Variante 3. Bei dieser Variante werden Methanolproduktion und Methanolbedarf dadurch entkoppelt, daß das erzeugte Methanol mit Hilfe geeigneter Verfahren (z. B. das Mobil-Verfahren [8.1], [8.2]) in Benzin umgewandelt wird. Das so erzeugte Benzin geht in den konventionellen Kraftstoffmarkt, so daß weder auf der Verteilungs- noch auf der Anwendungsseite irgendwelche Umstellungen erforderlich sind. Ist eine ausreichende Methanolkapazität errichtet, so werden zusätzlich Reinmethanolfahrzeuge eingeführt, zuerst als Flottenfahrzeuge und dann für den allgemeinen Markt, und gleichzeitig wird ein Verteilungssystem für Reinmethanol nach und nach errichtet. In den Produktionsstätten für Mobil-Benzin wird entsprechend dem steigenden Methanolbedarf der Konversionsteil vom Methanol zum Benzin reduziert.

Diese Variante hat den Vorteil, daß auf der Verteilungs- und Anwendungsseite keinerlei Anpassungen an einen Mischkraftstoff erforderlich wären. Als weiterer Vorteil ist die große Flexibilität bezüglich Methanolproduktion und Methanolbedarf zu nennen. Nachteilig ist die verlorene Investition für die Benzinkonversionskapazität. Vergegenwärtigt man sich aber, daß dieser Teil der Anlage, insbesondere wenn Kohle der Primärenergieträger ist, nur einen verhältnismäßig geringen Teil der Gesamtinvestition darstellt, dann scheint dieser Nachteil tragbar. Schließlich werden für die gleiche Transportleistung mit Hilfe von Methanol etwa 30% weniger Primärenergie benötigt als bei der Verwendung von Mobil-Benzin aus Methanol. Die Gründe hierfür liegen einmal in dem Energieverlust bei der Umwandlung von Methanol in Benzin und zum anderen im besseren Wirkungsgrad des Methanolmotors. Zudem ist mit einem Produktverlust zu rechnen, da neben Benzin auch C_3- und C_4-Komponenten entstehen.

Mögliche Strategien werden durch die auf dem Markt vorhandenen Fahrzeuge wesentlich beeinflußt, die heute nur geringe Alkoholanteile tolerieren. Eine allgemeine Umrüstung wird wegen des durch die Typenvielfalt notwendigen Aufwands nicht realisierbar sein.

Stellt man zunächst alle neugebauten Fahrzeuge mit methanolresistenten Bauteilen her, kann damit gerechnet werden, daß in absehbarer Zeit, etwa in einem Zeitraum von 6 bis 8 Jahren, ein erheblicher Anteil der Fahrzeugpopulation von den Bauteilen her keine Restriktion mehr für höhere Methanolanteile darstellt.

Um in der Zukunft frei zu sein, empfiehlt es sich, diese Restriktion so bald wie möglich abzubauen, das heißt, die Fahrzeuge von der Materialseite auf eine mögliche Änderung in der Zukunft vorzubereiten.

Die praktischen Möglichkeiten der Einführung von Mischkraftstoffen (Herstellung der Mischung in der Raffinerie, im Zwischenlager oder an der Tankstelle) sind in Abschnitt 6.7.1 diskutiert.

Die parallel zur Umstellung der Benzinfahrzeuge erforderliche Umstellung der Dieselfahrzeuge kann nach den gleichen Schemata ablaufen. Dieselkraftstoff kann, wie in Kapitel 7.6 ausgeführt wurde, durch einen Alkohol-Diesel-Mischkraftstoff ersetzt werden. Für den Einsatz von Reinalkohol in Dieselmotoren wurden ebenfalls in Kapitel 7.6 Prinziplösungen angegeben, die serienreif sein werden, wenn ihre Anwendung erforderlich wird.

Ethanol wird in den Industriestaaten nur aus Überschuß- oder Restprodukten erzeugt werden. Die daraus resultierende Verfügbarkeit wird nur eine Anwendung im Mischkraftstoff erlauben. In einer Reihe von Entwicklungsländern dagegen kann Ethanol wegen der günstigeren lokalen Voraussetzungen und dem wesentlich geringeren spezifischen Bedarf an Kraftstoff langfristig auch eine Rolle als unvermischter Kraftstoff spielen. Für eine Ethanolproduktion werden zuerst die konventionellen Verfahren auf Basis zucker- oder stärkehaltiger Rohstoffe zur Anwendung kommen, wobei als Ausgangsmaterial primär Zuckerrohr in Frage kommt sowie in einzelnen Ländern die konzentriert anfallenden Reste aus der industriellen Verarbeitung von Obst. Mittelfristig werden Pflanzen, wie Maniok, hinzukommen, die geringere Ansprüche an die Bodenqualität stellen als Zuckerrohr. Langfristig ist, wie bereits in Kapitel 5 ausgeführt, der Einsatz cellulosehaltiger Rohstoffe unumgänglich. Es stellt sich dann die Frage, ob die Erzeugung von Methanol oder von Ethanol sinnvoller ist.

Für die Erzeugung eines Kohlenwasserstoff-Alkohol-Mischkraftstoffes sind Methanol und Ethanol in gewissen Grenzen austauschbar, wobei allerdings Methanol-Mischkraftstoffe kritischer zu bewerten sind hinsichtlich Materialverträglichkeit, Entmischungsgefahr und Dampfblasenbildung. Auch unter toxikologischen Gesichtspunkten ist Ethanol der Vorzug gegenüber Methanol zu geben. Andererseits ist die Erzeugung von Methanol aus cellulosehaltigen Rohstoffen energetisch günstiger als die von Ethanol. Werden cellulosehaltige Rohstoffe zu einem Zeitpunkt für die Alkoholkraftstofferzeugung erschlossen, in dem bereits Reinethanolfahrzeuge im Markt sind, so ist ein Übergang auf Methanol nicht mehr ohne weiteres möglich. Aus diesem Grund und aus dem erwähnten geringeren Schwierigkeitsgrad beim Einsatz von Ethanol-Mischkraftstoffen werden Länder, die sich ursprünglich für Ethanol als Alternativkraftstoff entschieden haben, auch langfristig bei Ethanol bleiben. Eine prinzipielle Möglichkeit, auch Methanol-Herstellungstechnologien für die Erzeugung von Ethanol einzusetzen, ist die Umwandlung von Methanol in Ethanol nach der Homologisierungsreaktion:

$$CH_3OH + CO + 2H_2 \rightarrow C_2H_5OH + H_2O.$$

Je nach der gegebenen Situation sind geeignete Kombinationen der hier diskutierten Möglichkeiten denkbar. Somit wird die Flexibilität der möglichen Strategien weiter erhöht.

Einen wesentlichen Einfluß auf die Einführungsstrategien hat die Kostensituation, wobei die Besteuerung der Kraftstoffe eine entscheidende Rolle spielt. Wegen des geringen volumetrischen Energieinhalts von Alkoholen muß in jedem Fall die bisher übliche volumenbezogene Bemessung der Mineralölsteuer in eine energie-(heizwert-)bezogene abgewandelt werden.

Damit ist auch die Möglichkeit gegeben, für einen Einführungszeitraum durch steuerliche Entlastung den notwendigen Anreiz zu bieten.

Bei der Herstellung eines Kraftstoffes sind die Kosten der unterschiedlichen Komponenten und ihr Anteil an der Gesamtmenge von Einfluß. So kann z. B. bei Diesel-Mischkraftstoffen eine Kraftstoffzusammensetzung mit einem teureren Lösungsvermittler insgesamt vorteilhafter sein, wenn davon eine geringe Menge bereits den gewünschten Effekt erzielt und/oder wenn damit noch andere Vorteile erzielt werden, wie z. B. die Verbesserung der Zündwilligkeit.

Bei einer Wirtschaftlichkeitsstudie spielt jedoch nicht nur der Kraftstoffpreis einschließlich Steuer eine wesentliche Rolle. Ausschlaggebend sind letztlich die Gesamtkosten für den Betrieb der Fahrzeuge. So kann ein teurer Kraftstoff trotzdem vorteilhaft sein, wenn dadurch entsprechende Einsparungen am Fahrzeug-Motorkonzept möglich sind, die die gesamten Betriebsaufwendungen geringer ausfallen lassen. So darf ein Alternativkraftstoff, der sich in bestehenden Fahrzeugen ohne Änderung an Motoren und Zubehör einsetzen läßt, durchaus einen höheren Preis haben.

Unabhängig von der letztendlich gewählten Einführungsstrategie muß jedoch der ungehinderte, nicht auf bestimmte Länder oder Regionen eingeschränkte Einsatz von Fahrzeugen bei allen Strategien einen hohen Stellenwert besitzen. Das bedeutet, daß einer Einführung von neuen Kraftstoffen eine politische Einigung vorangehen muß. Ziel einer Einigung muß in jedem Fall eine einheitliche Kraftstoffspezifikation sein, um eine lokal bzw. auf einzelne Länder beschränkte Politik zu vermeiden. Wesentlich mitbestimmend für eine Einführungsstrategie werden deshalb die Energiekonzepte der einzelnen Regionen bzw. Ländergruppen (ECE) sein.

8.3 Übergangsprodukte

Zwischen den langfristig als Alternativkraftstoffe in Frage kommenden Alkoholen Methanol und Ethanol und den heute verwendeten Kraftstoffen steht eine Reihe von Produkten, die als Kraftstoffkomponenten in der Übergangsphase eine Rolle spielen können.

8.3.1 Komponenten aus Mineralöl

Alkohole oder andere sauerstoffhaltige Komponenten können vorteilhaft aus geringwertigen Produkten der Mineralölverarbeitung hergestellt werden. Derartige Produkte werden in Zukunft mit höherem Konversionsgrad der Raffinerien, das heißt mit verstärkter Aufarbeitung schwerer Mineralölprodukte zu Treibstoffen und Chemierohstoffen in steigendem Maße anfallen.

Eine Möglichkeit zur Erzeugung von Alkoholkraftstoffen aus Produkten der Mineralölkonversion ist die Hydratation von Olefinen zu Alkohol. Das einfachste Beispiel hierfür ist natürlich die Synthese-Ethanolerzeugung aus Ethylen nach der Gleichung

$$C_2H_4 + H_2O \rightarrow C_2H_5OH,$$

aber auch höhere Alkohole, wie Isopropanol, lassen sich auf diese Art und Weise herstellen [8.3].

Durch eine Reaktion von Olefinen mit Synthesegas wird ein Alkohol mit der nächsthöheren C-Zahl erzeugt (Oxosynthese). Ein Beispiel hierfür ist die Erzeugung von Isobutanol aus Propylen nach der Gleichung

$$C_3H_6 + CO + H_2 \rightarrow C_4H_7OH.$$

Isopropanol und Isobutanol sind als Zumischkomponenten zur Verbesserung der Eigenschaften von Methanol-Mischkraftstoffen hinsichtlich Phasentrennung und Heißstartverhalten von Bedeutung. Ihre Herstellung aus Produkten der Mineralölverarbeitung ist als Alternative zu sehen zu der Koppelproduktion von Methanol und höheren Alkoholen, wie sie in Kapitel 5 beschrieben wurde.

Weitere Kraftstoffkomponenten, die ähnlich wie Isopropanol und Isobutanol zur Verbesserung von Mischkraftstoffen eingesetzt werden können, sind das tertiäre Butanol (TBA) und die Ether MTBE und ETBE (Kapitel 6.6). TBA ist ein Beiprodukt der Propylenoxidherstellung. Vorprodukte zu seiner Herstellung sind Isobuten und Propylen, die beide als Spaltprodukte bei der Mineralölverarbeitung anfallen. Die Ether entstehen durch eine Reaktion zwischen Isobuten und Alkoholen und stellen damit an sich schon ein Produkt dar, dessen Herstellung als Zwischenschritt bei der Einführung von Alkoholen als Kraftstoff dienen kann [8.4].

Sowohl die höheren Alkohole IPA, IBA und TBA als auch das MTBE sind als Zumischkomponenten zum Benzin hervorragend geeignet. Sie sind aber schlecht (IPA, IBA, MTBE) oder überhaupt nicht (TBA) als unvermischter Kraftstoff zu verwenden. Der Grund liegt in der aufwendigen Herstellung und damit in den hohen Kosten sowie beim TBA im Aggregatzustand bei Raumtemperatur.

Die Produktion der erwähnten sauerstoffhaltigen Komponenten aus Produkten der Mineralölverarbeitung stellen einen aussichtsreichen Weg zur Nutzung eines größeren Teils des Mineralöls im Transportsektor dar und sind als Alternative zur Mineralölspaltung durch Hydrocracking anzusehen.

8.3.2 Komponenten aus Biomasse

Auch auf mikrobiologischem Wege können neben Ethanol weitere, prinzipiell als Kraftstoff geeignete Komponenten erzeugt werden. Ein Beispiel ist die Aceton-Butanolgärung mittels des Bakterienstamms Clostridium Acetobutilicum. Dieser Prozeß hat den Vorteil, daß mit ihm auch C_5-Zucker in Kraftstoffkomponenten umgewandelt werden können. Nachteilig und einer Verwendung zur Kraftstofferzeugung in absehbarer Zeit wohl entgegenstehend sind die geringe Umsatzrate und die geringe Produkttoleranz der Mikroorganismen [8.5].

8.4 Aktueller Einsatz von Alkoholkraftstoffen

Zur Zeit (im Jahre 1981) werden Alkoholkraftstoffe weltweit in unterschiedlichen Anwendungsbereichen teilweise getestet, teilweise bereits auf breiter Basis im Markt umgesetzt [8.6], [8.8].

8.4.1 Im Markt eingeführte Kraftstoffe

Ethanol-Benzin-Mischkraftstoffe wurden bereits vor und während des letzten Weltkrieges in vielen europäischen Ländern verwendet. Auch in den Jahren nach dem Kriege kam es insbesondere in Südeuropa zur Verwendung von Ethanol-Mischkraftstoffen. Auf dem Markt sind diese Kraftstoffe seit mehr als 10 Jahren allgemein in Brasilien eingeführt, mit einem Ethanolanteil bis über 20%. Auch in USA wird unter dem Namen „Gasohol" ein unverbleiter Kraftstoff mit 10% Ethanol vertrieben, wobei das Ethanol aus Getreide hergestellt wird. Da Ethanol-Benzin-Mischkraftstoffe relativ geringe Probleme in der Anwendung aufwerfen, ist ihr Einsatz auch in einer Reihe von Entwicklungsländern weit verbreitet.

Methanol-Benzin-Mischkraftstoffe sind regional auf dem deutschen Markt mit Methanolanteilen bis zu etwa 3% in Markenkraftstoffen eingesetzt. Freie Tankstellen haben teilweise Kraftstoffe mit wesentlich höheren Methanolanteilen am Markt angeboten, wobei es allerdings erhebliche Probleme gab.

Sauerstoffhaltige Komponenten, wie TBA, MTBE und ähnliche, werden im europäischen Kraftstoffmarkt in wenigen Prozenten bei einigen Kraftstoffqualitäten zugefügt, besonders, um hochoctanige bleiarme bzw. bleifreie Ottokraftstoffe herzustellen.

Rein-Ethanol wird in zunehmendem Maße in einem breitangelegten, von der Regierung geförderten Programm in Brasilien auf dem Markt eingeführt. Jährlich ist die Produktion von mehr als 200000 Fahrzeugen mit Ethanolmotoren vorgesehen. Das hier eingesetzte Ethanol wird hauptsächlich aus der Vergärung von Zuckerrohr gewonnen. Die Verwendung anderer Pflanzen ist in der Zukunft beabsichtigt. Durch entsprechende Subventionsmaßnahmen wurde zunächst der Preis für den Ethanolkraftstoff und die Anschaffung der entsprechenden Fahrzeuge so attraktiv gemacht, daß ein deutliches Kostengefälle gegenüber benzingetriebenen Fahrzeugen entstand. Damit war, zumindest in der Einführungsphase, der notwendige Anreiz für das Brasilianische Alkoholprogramm geschaffen.

8.4.2 Erprobungs- bzw. Forschungsprogramme

In einer Reihe von Ländern werden breitangelegte Forschungs- bzw. Erprobungsprogramme durchgeführt. In Schweden sind mehrere hundert Fahrzeuge mit M15-Kraftstoffen im Einsatz, außerdem eine begrenzte Anzahl von Reinmethanolfahrzeugen und Alkohol-Dieselfahrzeugen als 2-Kraftstoffkonzepte (Doppeleinspritzung in den Brennraum).

In Frankreich beteiligen sich eine Reihe von Fahrzeug- und Mineralölherstellern an dem „Carburol"-Programm, das in einer ersten Phase mit mehreren hundert

Fahrzeugen den Einsatz von Alkohol-Benzin-Mischkraftstoffen auf der Basis von Methanol-Ethanol und höheren Alkoholen erprobt. Vorgesehen sind zunächst Beimischungen von wenigen Prozenten, später ist eine Erhöhung auf etwa 10% Alkoholanteile vorgesehen.

Ethanol- bzw. Methanol-Mischkraftstoffe sind in einer Reihe von Ländern in Erprobung, so z. B. in Österreich [8.5], Neuseeland [8.7], [8.8], im Sudan [8.9] und in Indien [8.10]. In der Sowjetunion wird im Moskauer Raum eine Flotte von Lastkraftwagen (mit Otto-Motor) im Mischkraftstoffbetrieb erprobt. Für 1982 ist ein großangelegter Test mit ca. 1 000 Fahrzeugen geplant. Darüber hinaus werden forschungsmäßig Reinmethanolfahrzeuge untersucht. Neuseeland erprobt verschiedene Konzept zur Nutzung von Methanolkraftstoff, unter anderem Fahrzeuge mit einem Kraftstoff, dessen Methanolanteil zwischen 85–95% liegen soll.

Im Bestreben, unabhängig vom Erdöl zu werden, betreibt Südafrika eine Reihe breitangelegter Forschungs- und Untersuchungsprogramme mit Ethanol- und Methanol-Mischkraftstoffen. Außerdem ist der Einsatz von Reinmethanol in Otto- und Dieselmotoren vorgesehen. Verschiedene dieselmotorische Anwendungsverfahren werden erprobt, einschließlich dem Einsatz von Alkohol-Diesel-Mischkraftstoffen.

Außer dem bereits erwähnten Gasohol-Programm (Ethanol-Benzin-Mischkraftstoff mit 10% Ethanolgehalt) werden in USA eine Reihe von Forschungs- bzw. Erprobungsprogrammen betrieben [8.14]. Dabei werden Mischkraftstoffe verschiedener Zusammensetzung sowie der Einsatz von Reinethanol bzw. Methanolkraftstoff erprobt. Besonderes Interesse hat der Staat von Kalifornien, in der Hoffnung, durch den breitangelegten Einsatz von Alkoholkraftstoffen die dort problematische Luftverschmutzung zu reduzieren.

Das Deutsche Bundesministerium für Forschung und Technologie hat seit Jahren die Erprobung und Entwicklung von Fahrzeugen und Motoren für Alkoholkraftstoffe gefördert. Bereits in den Jahren 1973 und 1974 wurde eine Flotte von 45 VW- und Audifahrzeugen mit M15-Kraftstoff betrieben. Seit 1979 läuft ein zunächst auf 4 Jahre geplantes breitangelegtes Forschungs- und Erprobungsprogramm. Teilnehmer sind alle deutschen PKW- und Nutzfahrzeughersteller sowie zahlreiche Firmen aus der Mineralöl- und Chemiebranche, außerdem eine Reihe von Hochschulen und Forschungsinstituten. In enger Zusammenarbeit zwischen allen Beteiligten wird der Einsatz von Methanolkraftstoffen unter möglichst praxisnahen Bedingungen geprobt. Dabei sind über 1 000 Fahrzeuge für M15-Kraftstoff (Tabelle 6.12) im Einsatz.

Für den Betrieb mit Methanolkraftstoff (Tabelle 6.13) werden über 100 Fahrzeuge hergestellt und erprobt. Außer den beiden genannten Kraftstoffen, die für den Einsatz in Ottomotoren vorgesehen sind, wird der Einsatz von Alkohol-Diesel-Mischkraftstoffen erprobt sowie ein Dieselmotorkonzept mit Doppeleinspritzung (KHD) und ein Konzept mit Schichtladungsmotor (MAN, siehe Abschnitt 7.6.2).

Dieses Forschungsprogramm [8.15] ist für eine enge Zusammenarbeit aller beteiligten Firmen ausgelegt. So werden in bestimmten Arbeitsgruppen Meßverfahren erarbeitet [8.16]. Die wichtigsten Daten und Versuchsergebnisse werden zentral von einem Institut in einer Datenverarbeitungsanlage gesammelt und ausgewertet [8.17], [8.18].

Die Resultate des gesamten deutschen Forschungs- und Erprobungsprogramms werden Anfang 1983 erwartet. Über bereits vorliegende Teilergebnisse wurde in den entsprechenden Abschnitten dieses Buches berichtet.

Literatur

[8.1] Chang, C. D., Silvestri, A. J.: The Conversion of Methanol and Other O-Compounds to Hydrocarbons over Zeolite Catalysts. J. of Catalysis **47** (1977).

[8.2] Meisel, S. L.: New Synthetic Routes from Mobil. The Royal Society, London 1980.

[8.3] Neier, W., Wöllner, J.: Isopropanol durch Direkthydratation von Propylen mit Wasser. Erdöl und Kohle **28**, 1 (1975).

[8.4] Obenaus, F., Droste, W.: Huls-Process: Methyl Tertiary Butylether. Erdöl und Kohle **33**, 6 (1980).

[8.5] Bronn, W. K.: Verfahrenstechnische Probleme und Wirtschaftlichkeit der gärungstechnischen Produktion von Butanol-Aceton. 4. Symposium Technische Mikrobiologie. Berlin 1979.

[8.6] Workshop on Fermentation Alcohol for Use as Fuel and Chemical Feedstock in Developing Countries. Symposium der UNIDO, Wien 1979.

[8.7] Proc. of the First Inter American Conference on Renewable Sources of Energy. New Orleans, 1979.

[8.8] Proc. of 1st E. C. Conference on Energy from Biomass, Brighton 1980.

[8.9] Lenz, A. P.: Ergebnisse des „Kraftstoff-Alkohol-Flottentests" in Österreich. ATZ **11**, 105 (1980).

[8.10] Duncan, J., Titchener, A. L.: The M15 Blend Test Programme of the New Zealand Liquid Fuels Trust Board. Fourth International Symposium on Alcohol Fuels Technology. Guarujá, Brazil, October 5 – 8, 1980.

[8.11] Dyer, W. G.: Methanol Gasoline Blends in New Zealand. Fourth International Symposium on Alcohol Fuels Technology. Guarujá, Brazil, October 5 – 8, 1980.

[8.12] Elias, A. R.: Sudan Experience in Using Alcohol as Automotive Fuel. Fourth International Symposium on Alcohol Fuels Technology. Guarujá, Brazil, October 5 – 8, 1980.

[8.13] Gupta, R. K., Ahluwalia, J. S.: Utilization of Ethanol in Indian Cars, Scooters, Motorcycles and Tractors. Fourth International Symposium on Alcohol Fuels Technology. Guarujá, Brazil, October 5 – 8, 1980.

[8.14] Allsup, J. R., Gurney, M. D.: Comparisons of Gasohol and Gasoline in Laboratory and Field Trials. Fourth International Symposium on Alcohol Fuels Technology. Guarujá, Brazil, October 5 – 8, 1980.

[8.15] Bandel, J., Plassmann, E.: Research Program Alcoholic Fuels for Road Traffic of the German Federal Ministry for Research and Technology in the Federal Republic of Germany During the Period 1979 – 1982. Third International Symposium of Alcohol Fuels Technology. Asilomar, California, May 28 – 31, 1979.

[8.16] Strauss, W.: Emission, Verbrauch, Fahrverhalten – Erste Ergebnisse. 8. Statusseminar „Kraftfahrzeuge und Straßenverkehr" des Bundesministers für Forschung und Technologie (BMFT) in Malente, 11. bis 13. November 1980. Verlag TÜV Rheinland GmbH.

[8.17] Menrad, H., Appel, H., Schockenhoff, G., Stickel, H., Bernauer, J.: Bericht der Arbeitsgruppe Auswertung. 8. Statusseminar „Kraftfahrzeuge und Straßenverkehr" des Bundesministers für Forschung und Technologie (BMFT) in Malente, 11. bis 13. November 1980. Verlag TÜV Rheinland GmbH.

[8.18] Meckel, H.: Erprobungsschwerpunkt Berlin-Infrastruktur und Fahrzeugflotte. 8. Statusseminar „Kraftfahrzeuge und Straßenverkehr" des Bundesministers für Forschung und Technologie (BMFT) in Malente, 11. bis 13. November 1980. Verlag TÜV Rheinland GmbH.

Erläuterung von fachlichen Begriffen

Acetaldehyd: Farbloses, stechend riechendes Gas, s. a. Aldehyde.

Acetale: sind höhersiedende organische Verbindungen mit größerem Molekulargewicht und höherem volumetrischen Energieinhalt als Alkohole. Sie entstehen aus Alkoholen mit Aldehyden unter Wasserabspaltung.

Aceton: Dimethylketon, Propanon.

Aldehyde: Erste Oxidationsstufe der einwertigen Alkohole. Kennzeichnend ist die CHO-Gruppe.

$$2\,CH_3OH + O_2 \rightarrow 2\,H-CHO + 2\,H_2O$$
Methanol Formaldehyd

$$2\,C_2H_5OH + O_2 \rightarrow 2\,CH_3-CHO + 2\,H_2O$$
Ethanol Acetaldehyd

Alkohole: Sauerstoffhaltige Kohlenwasserstoffverbindungen mit der sie kennzeichnenden OH(Hydroxyl)Gruppe(n). Demnach werden ein- und mehrwertige Alkohole unterschieden. Einwertige sind Methanol, Ethanol,... Zweiwertige sind Glykole, dreiwertige Glycerine.

Ameisensäure: Farblos, stechend riechend, s. a. Carbonsäuren.

Azeotropie: Ist das nicht voraussehbare Siedeverhalten eines Gemischs von verschiedenen Bestandteilen, die zusammenwirkend leichter verdampfen, als es aus den Eigenschaften und dem Mengenverhältnis der einzelnen Mischungskomponenten zu erwarten ist. Dies führt bei Alkohol- (besonders Methanol-) Benzin-Mischkraftstoffen zu überproportionaler Steigerung von Dampfdruck und unterem und mittlerem Siedebereich.

Bezeichnungen: Bei der Bezeichnung der Alkoholkraftstoffe hat sich folgende Namensgebung eingebürgert:
M 15 für Benzin-Mischkraftstoff mit 15% Methanol
E 20 für Benzin-Mischkraftstoff mit 20% Ethanol
M 100 für Rein-Methanol
E 100 für Rein-Ethanol
usw.

Carbonsäuren: Zweite Oxidationsstufe der einwertigen Alkohole. Kennzeichnend ist die COOH-Gruppe.

$$CH_3OH + O_2 \rightarrow H-COOH + H_2O$$
Methanol Ameisensäure

$$C_2H_5OH + O_2 \rightarrow CH_3-COOH + H_2O$$
Ethanol Essigsäure

Dreiweg-Katalysator: Katalysator im Abgassystem, der gleichzeitig oxidierend (auf CO und HC-Anteile) und reduzierend (auf NO) wirkt.

Enzym: Biochemischer Katalysator.
Erdölgas: Bei der Erdölförderung zwangsweise anfallendes Erdgas.
Essigsäure: Farblos, stechend riechend, s. a. Carbonsäure.
Ester: Sind farblose, brennbare Flüssigkeiten. Sie entstehen aus einfachen Alkoholen und einfachen organischen Säuren. Sie entstehen durch Veresterung von Alkoholen mit Säuren unter Wasserabspaltung.

$$R'-OH + R-COOH \rightarrow R-COOR' + H_2O$$

Alkohol Säure Ester

ETBE: Ethyl-tertiär-Butylether.
Ether: Haben niedrigere Siedepunkte als ihre entsprechenden Alkohole und entstehen aus Alkoholen durch Entzug von Wasser.

$$2\,CH_3OH - H_2O \rightarrow (CH_3)_2O$$

Methanol Dimetylether

$$2\,C_2H_5OH - H_2O \rightarrow (C_2H_2)_2O$$

Ethanol Dietylether

Formaldehyd: Farbloses, stechend riechendes Gas, s. a. Aldehyde.
Glucose: Eine der Hexosen (C_6-Zucker).
Glühzündung: s. Vorentflammung.
Hexosane: Mehrfachzucker mit sechs Kohlenstoffatomen. Einheit, die bei der Hydrolyse Hexosen bildet.
Hexosen: Einfachzucker mit sechs Kohlenstoffatomen.
Hochgeschwindigkeitsklopfen: Klopfen bei hoher Motordrehzahl, das heißt bei vorwiegend hoher thermischer Belastung.
IPA: Isopropylalkohol.
Katalysator: Substanz, die einen chemischen Vorgang beschleunigt, ohne selbst verbraucht zu werden.
Ketone: Organische, sauerstoffhaltige Verbindung mit der Gruppe $=C=O$, z. B. Dimethylketon (Aceton)

$$\begin{array}{c} CH_3-C-CH_3 \\ \| \\ O \end{array}$$

Klopfen: Verbrennungsstörung durch ungewollte zu schnelle Zündung des noch nicht verbrannten Restgases. Als Folge entsteht ein zu hoher Druckanstieg.
Klopfsensor: Einrichtung zur Erkennung klopfender Verbrennung mit entsprechender Steuerung des Motors, um Klopfen zu vermeiden.
Lambda: s. Luftzahl
Lambda-Sonde: Fühler im Abgassystem, der bei stöchiometrischem Gemisch ein deutliches Meßsignal (Spannungssprung) liefert.
Luftzahl (Lambda): Verhältnis der tatsächlichen Luftmasse zu der theoretisch für die vollkommene Oxidation erforderlichen (stöchiometrischen) Luftmasse).
MTBE: Methyl-tertiär-Butylether.
Nitrate: Verbindungen der Salpetersäure, sie spalten Sauerstoff ab.
Oxo-Synthese: Anlagerung von Synthesegas an olefinische Doppelbindungen unter Bildung von Aldehyden oder Alkoholen.

Pentosane: Mehrfachzucker mit fünf Kohlenstoffatomen. Einheit, die bei der Hydrolyse Pentosen bildet.

Pentosen: Einfachzucker mit fünf Kohlenstoffatomen.

Perkolation: Verfahren zur Extraktion eines Stoffes, gekennzeichnet durch einmaligen Durchtritt eines Lösungsmittels.

PJ: Peta-Joule = 10^{18} Joule.

Purgegas: Aus einem Gaskreislauf ausgeschleuster Teilstrom, um eine Anreicherung inerter Komponenten zu verhindern.

Pyrolyse: Verfahren zur thermischen Zersetzung chemischer Verbindungen, bei denen aus großen Molekülen kleine, einfacher gebaute Moleküle entstehen.

Quenchen: Kontrolle einer chemischen Reaktion durch schnelle Abkühlung.

Rauchzahl: Maßzahl aus genormtem Meßverfahren für den Rußgehalt im Abgas von Dieselmotoren.

Rektifikation: Verfahren zur Anreicherung eines Stoffes aus einem Stoffgemisch, gekennzeichnet durch Mehrfachdestillation und Gegenstromführung von Dampf und Flüssigkeit.

Stöchiometrisches Gemisch: Enthält gerade so viel Sauerstoff wie zur vollkommenen Oxidation der C- und H-Atome in CO_2 und H_2O notwendig ist.

Straßenteillast: Betrieb des Motors entsprechend der Drehzahl und Last bei konstanter Geschwindigkeit im größten Gang des Getriebes.

TBA: Tertiär-Butylalkohol.

Thermoreaktor: Abgasreinigungssystem mit Verbrennungskammer zur nachträglichen Oxidation von teil- und unverbrannten Kraftstoffbestandteilen.

Vollast: Betrieb des Motors bei voll geöffneter Drosselklappe (Ottomotoren) bzw. bei maximaler Einspritzmenge (Diesel).

Vorentflammung (Glühzündung): Nicht beabsichtigte, zu frühe Zündung des Gemisches vor dem eigentlichen Zündzeitpunkt.

Zündverzug: Zeitpunkt zwischen Zündung (bei Ottomotoren) bzw. Einspritzbeginn (Diesel) und Beginn der Verbrennung.

Sachverzeichnis

Computergesteuerter Fotosatz und Umbruch: Dipl.-Ing. Schwarz' Erben KG, A-3910 Zwettl NÖ.
Reproduktion und Offsetdruck: Novographic, Ing. Wolfgang Schmid, A-1230 Wien.

GPSR Compliance

The European Union's (EU) General Product Safety Regulation (GPSR) is a set of rules that requires consumer products to be safe and our obligations to ensure this.

If you have any concerns about our products, you can contact us on ProductSafety@springernature.com

In case Publisher is established outside the EU, the EU authorized representative is:

Springer Nature Customer Service Center GmbH
Europaplatz 3
69115 Heidelberg, Germany

Batch number: 10584556

Printed by Printforce, the Netherlands